全国高等教育自学考试指定教材

电子技术基础

(2023 年版)

(含：电子技术基础自学考试大纲)

全国高等教育自学考试指导委员会　组编

主编　贾贵玺

机械工业出版社

本书是全国高等教育自学考试电力系统自动化技术（专科）、电气自动化技术（专科）等专业"电子技术基础"课程的指定教材。

本书共分三篇，第一篇为前4章，内容为模拟电子技术部分；第二篇为后4章，内容为数字电子技术部分；第三篇为实践部分，内容为实验指导书。为便于自学，本书在编写过程中突出高等教育自学考试专科教育侧重技术应用的特点，着重介绍基本电子电路的工作原理及电子器件，对过多、过深的内容做了简化，减少篇幅，力求简明、实用、易学。为了便于教学，本书配备的数字资源提供了全书各章的PPT课件。本书各章后面配有一定数量的习题来配合基础理论学习，通过分析一些实用的简化电子电路，使学生能够对所学的理论知识与实际应用结合。为了使学生在自学后能进行及时的自我检查，数字资源还提供了所有习题的答案，在独立分析和解题的过程中，不仅能加深对基础知识的理解，而且对提高学生自身分析问题和实际应用的能力有很大帮助。

本书适合参加全国高等教育自学考试电力系统自动化技术（专科）、电气自动化技术（专科）等专业"电子技术基础"课程考试的学生使用，同时可供相关专业的师生和有关工程技术人员作为参考用书。

图书在版编目（CIP）数据

电子技术基础/全国高等教育自学考试指导委员会组编；贾贵玺主编.—北京：机械工业出版社，2023.10
 全国高等教育自学考试指定教材
 ISBN 978-7-111-73869-5

Ⅰ.①电… Ⅱ.①全…②贾… Ⅲ.①电子技术－高等教育－自学考试－教材 Ⅳ.①TN

中国国家版本馆CIP数据核字（2023）第168962号

机械工业出版社（北京市百万庄大街22号 邮政编码100037）
策划编辑：何文军　　　　　　责任编辑：何文军　周海越
责任校对：张爱妮　陈　越　　责任印制：任维东
北京中兴印刷有限公司印刷
2024年1月第1版第1次印刷
184mm×260mm·18印张·445千字
标准书号：ISBN 978-7-111-73869-5
定价：59.00元

电话服务　　　　　　　　　　网络服务
客服电话：010-88361066　　　机　工　官　网：www.cmpbook.com
　　　　　010-88379833　　　机　工　官　博：weibo.com/cmp1952
　　　　　010-68326294　　　金　书　网：www.golden-book.com
封底无防伪标均为盗版　　　　机工教育服务网：www.cmpedu.com

组编前言

21世纪是一个变幻难测的世纪，是一个催人奋进的时代。随着科学技术的飞速发展，知识更替日新月异，希望、困惑、机遇、挑战随时随地都有可能出现在每一个社会成员的生活之中。抓住机遇、寻求发展、迎接挑战，适应变化的制胜法宝就是学习——依靠自己学习、终生学习。

作为我国高等教育组成部分的自学考试，其职责就是在高等教育这个水平上倡导自学、鼓励自学、帮助自学、推动自学，为每一个自学者铺就成才之路。组织编写供读者学习的教材就是履行这个职责的重要环节。毫无疑问，这种教材应当适合自学，应当有利于学习者掌握和了解新知识、新信息，有利于学习者增强创新意识、培养实践能力、形成自学能力，也有利于学习者学以致用，解决实际工作中所遇到的问题。具有如此特点的书，我们虽然沿用了"教材"这个概念，但它与仅供教师讲、学生听，教师不讲、学生不懂，以"教"为中心的教材相比，在内容安排、编写体例、行文风格等方面都大不相同。希望读者对此有所了解，以便从一开始就树立起依靠自己学习的坚定信念，不断探索适合自己的学习方法，充分利用自己已有的知识基础和实际工作经验，最大限度地发挥自己的潜能，达到学习的目标。

欢迎读者提出意见和建议。

祝每一位读者自学成功！

全国高等教育自学考试指导委员会
2022年8月

目　录

组编前言

电子技术基础自学考试大纲

大纲前言

Ⅰ．课程性质与课程目标 …………… 3
Ⅱ．考核目标 …………………………… 4
Ⅲ．课程内容与考核要求 ……………… 5
Ⅳ．关于大纲的说明与考核实施要求 …………… 14
Ⅴ．题型举例 …………………………… 16
后记 …………………………………… 24

电子技术基础

编者的话

第一篇　模拟电子技术

第1章　半导体器件 …………………… 28
1.1　半导体基础知识 ………………… 28
1.2　半导体二极管 …………………… 30
1.3　稳压二极管 ……………………… 33
1.4　双极型晶体管 …………………… 35
1.5　场效应晶体管 …………………… 40
1.6　光电器件 ………………………… 43
本章小结 ………………………………… 45
习题 ……………………………………… 46

第2章　基本放大电路 ………………… 49
2.1　共发射极交流放大电路 ………… 49
2.2　共集电极放大电路和共基极放大电路 …… 66
2.3　场效应晶体管放大电路 ………… 70
2.4　阻容耦合多级放大电路 ………… 73
2.5　功率放大电路 …………………… 78
2.6　差分放大电路 …………………… 84
本章小结 ………………………………… 90
习题 ……………………………………… 90

第3章　集成运算放大器及其应用 …… 97
3.1　集成运算放大器 ………………… 97
3.2　反馈的基本概念 ………………… 102
3.3　放大电路中的负反馈 …………… 105
3.4　集成运算放大器在信号运算电路中的应用 …………………………… 110
3.5　集成运算放大器在信号处理方面的应用 …………………………… 120
3.6　RC 正弦波振荡电路 ……………… 133

本章小结 ………………………………… 137
习题 ……………………………………… 138

第4章　直流稳压电源 ………………… 144
4.1　单相整流电路 …………………… 144
4.2　滤波电路 ………………………… 148
4.3　稳压电路 ………………………… 150
4.4　开关稳压电源 …………………… 154
本章小结 ………………………………… 157
习题 ……………………………………… 157

第二篇　数字电子技术

第5章　数字逻辑基础和门电路 ……… 162
5.1　数字电路基础 …………………… 162
5.2　基本逻辑关系及其门电路 ……… 165
5.3　TTL 门电路 ……………………… 169
5.4　CMOS 门电路 …………………… 173
5.5　逻辑代数基础 …………………… 175
本章小结 ………………………………… 180
习题 ……………………………………… 180

第6章　组合逻辑电路 ………………… 183
6.1　组合逻辑电路的分析和设计 …… 183
6.2　加法器 …………………………… 186
6.3　编码器 …………………………… 188
6.4　译码器 …………………………… 191
6.5　数据选择器和数据分配器 ……… 196
6.6　数值比较器 ……………………… 198
本章小结 ………………………………… 199
习题 ……………………………………… 199

第7章　触发器和时序逻辑电路 …… 203

7.1 触发器 ……………………………… 203
7.2 寄存器 ……………………………… 212
7.3 计数器 ……………………………… 217
7.4 脉冲波形的产生和整形 …………… 232
本章小结 ……………………………… 241
习题 …………………………………… 242

第8章 数/模和模/数转换 …………… 247
8.1 数/模转换器（DAC） ……………… 247
8.2 模/数转换器（ADC） ……………… 252
本章小结 ……………………………… 257
习题 …………………………………… 257

第三篇 实验指导书

实验1 整流、滤波电路 ……………… 261
实验2 晶体管放大电路 ……………… 263
实验3 集成运算放大器的基本运算电路 …………………………… 265
实验4 TTL 门电路 …………………… 269
实验5 集成计数器的应用 …………… 272
实验6 集成555定时器的应用 ……… 275

附录 …………………………………… 278
附录A 部分常用逻辑单元及集成电路图形符号对照表 ……………… 278
附录B 常用电子元器件参数的测量 …… 279

后记 …………………………………… 282

全国高等教育自学考试

电子技术基础
自学考试大纲

全国高等教育自学考试指导委员会 制定

大纲前言

为了适应社会主义现代化建设事业的需要,鼓励自学成才,我国在20世纪80年代初建立了高等教育自学考试制度。高等教育自学考试是个人自学、社会助学和国家考试相结合的一种高等教育形式。应考者通过规定的专业课程考试并经思想品德鉴定达到毕业要求的,可获得毕业证书;国家承认学历并按照规定享有与普通高等学校毕业生同等的有关待遇。经过40多年的发展,高等教育自学考试为国家培养造就了大批专门人才。

课程自学考试大纲是规范自学者学习范围、要求和考试标准的文件。它是按照专业考试计划的要求,具体指导个人自学、社会助学、国家考试及编写教材的依据。

为更新教育观念,深化教学内容方式、考试制度、质量评价制度改革,更好地提高自学考试人才培养的质量,全国考委各专业委员会按照专业考试计划的要求,组织编写了课程自学考试大纲。

新编写的大纲,在层次上,本科参照一般普通高校本科水平,专科参照一般普通高校专科或高职院校的水平;在内容上,及时反映学科的发展变化以及自然科学和社会科学近年来研究的成果,以更好地指导应考者学习使用。

全国高等教育自学考试指导委员会

2023年5月

Ⅰ. 课程性质与课程目标

一、课程性质和特点

电子技术基础是电力系统自动化技术（专科）、电气自动化技术（专科）等专业的重要基础课。本课程由模拟电子技术、数字电子技术和实践环节三大部分组成。通过本课程的学习，可以使考生了解电子技术的概况和应用，获得电子技术必要的基本理论、基本知识和基本技能，为学习后续课程以及从事电力系统自动化专业工作打下一定基础。

二、课程目标

1. 模拟电子技术（第 1~4 章）

（1）了解半导体的导电特性，理解 PN 结的单向导电性。

（2）了解二极管、双极型晶体管和场效应晶体管的特性和主要参数。

（3）了解共发射极单管放大电路的结构、工作原理和性能特点，掌握静态工作点的计算方法和微变等效电路的分析法，理解输入电阻和输出电阻的概念。

（4）了解射极输出器的特点，了解场效应晶体管放大电路，了解差分放大电路的工作原理，了解互补对称功率放大电路的工作原理，了解多级放大的概念，了解放大器频率特性的概念。

（5）了解集成运算放大器的基本组成，理解集成运算放大器电压传输特性和主要参数。

（6）理解反馈的概念，了解负反馈对放大器性能的影响。

（7）掌握理想运算放大器应用电路的基本分析方法，掌握用集成运算放大器组成的比例、加法、减法、积分运算电路的工作原理，理解微分运算电路的工作原理。

（8）了解有源滤波电路，理解电压比较器的工作原理和应用。

（9）理解产生正弦波的条件和 RC 正弦波产生电路的工作原理。

（10）了解直流稳压电源及其电路的种类，理解单相整流、滤波、稳压电路的工作原理，掌握集成稳压器的应用。了解开关稳压电路的工作原理。

2. 数字电子技术（第 5~8 章）

（1）理解数制及不同数制之间的转换方法。

（2）掌握与门、或门、非门、与非门、异或门的逻辑功能，了解三态门、传输门的概念，了解 TTL 和 CMOS 门电路的特点。

（3）掌握逻辑代数的基本运算法则，掌握逻辑函数的三种表示方法，掌握组合逻辑电路的分析和综合方法。

（4）理解编码器、译码器、选择器、比较器、加法器的工作原理。

（5）理解 RS 触发器，掌握 D 触发器、JK 触发器的逻辑功能和触发方式。

（6）理解寄存器和移位寄存器的工作原理。

（7）理解二进制计数器、十进制计数器、任意（N）进制计数器的工作原理。

（8）了解集成 555 定时器的工作原理，理解由集成 555 定时器组成的单稳态触发器、多谐振荡器、施密特触发器的工作原理。

（9）了解模拟量与数字量之间的转换原理，理解数/模转换器的工作原理，理解模/数转换器的工作原理。

3. 实践环节（实验指导书）

电子技术基础是一门实践性很强的课程，要求学生进行至少24学时的实验。实验内容为：整流与滤波电路、晶体管放大电路、集成运算放大器的基本运算电路、TTL门电路、集成计数器的应用、集成555定时器的应用等。

三、本课程与相关课程的联系与区别

本课程为电力系统自动化技术（专科）、电气自动化技术（专科）等专业的一门重要的专业基础课，本课程的学习必须在完成"高等数学""电工原理"等课程之后进行，本课程为"电机学""传感器与检测技术""单片机原理及应用""电力系统继电保护""电气控制与可编程控制器"等后续专业课程提供必要的基础知识。

四、本课程的重点和难点

本课程的重点包括：半导体器件的特性；放大电路的工作原理，静态工作点的计算和微变等效电路的分析方法；运算放大器组成的比例、加法、减法、积分运算电路的工作原理；反馈放大电路的概念；正弦波的振荡条件和 RC 正弦波产生电路；单相整流、滤波、稳压电路的工作原理；数制及不同数制之间的转换方法；与门、或门、非门、与非门、异或门的逻辑功能；逻辑代数的基本运算规则；组合逻辑电路的分析和设计方法；加法器、编码器、译码器、选择器、比较器的工作原理；D触发器、JK触发器的逻辑功能；寄存器和移位寄存器的工作原理；二进制计数器、十进制计数器、任意（N）进制计数器的工作原理。

本课程的难点包括：放大电路静态工作点的计算和微变等效电路的分析方法，放大电路反馈类型的判断，组合逻辑电路的分析和设计方法，任意（N）进制计数器的工作原理。

Ⅱ．考核目标

本大纲在考核目标中，按照识记、领会、简单应用和综合应用四个层次规定其应达到的能力层次要求。四个能力层次是递升的关系，后者必须建立在前者的基础上。各能力层次的含义如下：

识记：要求考生能够识别和记忆本课程中有关电子技术的定义、器件特性、计算公式、工作原理、重要结论、电路特点等，并能够根据考核的不同要求，做出正确的表述、选择和判断。

领会：要求考生能够领悟和理解本课程中有关电子技术概念及规律的内涵及外延，能在理解的基础上根据考核的不同要求对电子电路进行验算、判断、绘图、解释和推导。

简单应用：能够根据掌握的知识，对电子电路进行简单的分析和计算，解决一般应用问题。

综合应用：要求考生根据掌握和理解的知识，能够识读电子电路，如分析、计算、绘图和描述电子电路的工作过程，能够设计简单的电子电路。

Ⅲ. 课程内容与考核要求

第一篇 模拟电子技术

第1章 半导体器件

一、学习目的与要求

通过本章的学习，了解有关半导体的基本知识、PN 结的单向导电性，了解二极管、双极型晶体管和场效应晶体管的特性曲线及主要参数。

二、课程内容

1.1 半导体基础知识
1.2 半导体二极管
1.3 稳压二极管
1.4 双极型晶体管
1.5 场效应晶体管
1.6 光电器件

三、考核知识点与考核要求

1. 半导体基础知识

识记：半导体的导电特性。

领会：PN 结的单向导电特性；PN 结的导通与截止。

2. 半导体二极管

识记：二极管符号和主要参数；稳压二极管符号和主要参数；光电二极管与发光二极管符号。

领会：二极管的伏安特性曲线；稳压二极管的稳压特性；发光二极管的发光原理与导通压降。

简单应用：二极管（包括稳压二极管）电路的简单分析和计算。

3. 双极型晶体管

识记：双极型晶体管（含 NPN 型和 PNP 型）符号及主要参数。

领会：双极型晶体管电流分配和放大原理；双极型晶体管的输入、输出特性曲线；双极型晶体管 3 种工作状态的分析、判断。

4. 场效应晶体管

识记：场效应晶体管（MOS 管，含增强型、耗尽型，每一种又分 N 沟道和 P 沟道）的符号；场效应晶体管的特点。

领会：N 沟道增强型 MOS 管的结构、工作原理、特性曲线和主要参数；N 沟道耗尽型 MOS 管的结构、工作原理、特性曲线和主要参数。

四、本章重点、难点

本章的重点是 PN 结的单向导电性，二极管、双极型晶体管、场效应晶体管（MOS 管）

的特性曲线和主要参数。本章的难点是双极型晶体管、场效应晶体管的工作原理及工作状态。

第 2 章　基本放大电路

一、学习目的与要求

以晶体管共发射极电路为主，了解由分立元器件组成的放大电路结构、工作原理。掌握基本放大电路静态工作点的设置目的及其求解方法；了解非线性失真的概念；掌握运用微变等效电路分析法求解放大电路的电压放大倍数、输入电阻和输出电阻；理解静态工作点的稳定问题，了解共集电极电路和共基极放大电路；了解多级放大电路的常用耦合方式；了解场效应晶体管（MOS 管）及其放大电路；了解放大电路的频率响应；了解差分放大电路的工作原理；了解互补对称推挽功率放大电路的工作原理。

二、课程内容

2.1　共发射极交流放大电路
2.2　共集电极放大电路和共基极放大电路
2.3　场效应晶体管放大电路
2.4　阻容耦合多级放大电路
2.5　功率放大电路
2.6　差分放大电路

三、考核知识点与考核要求

1. 共发射极交流放大电路

识记：放大电路的组成。

领会：固定偏流放大电路的组成和工作原理；静态工作点：I_B、I_C、U_{CE} 的计算方法，判断工作点是否合适；固定偏流放大电路动态分析与交流性能指标，包括：微变等效电路的画法；电压放大倍数 A_u、输入电阻 r_i、输出电阻 r_o 的计算。

简单应用：放大电路的图解分析法；分压式偏置电路静态工作点的计算；分压式偏置电路微变等效电路的画法及 A_u、r_i、r_o 的计算。

2. 共集电极放大电路和共基极放大电路

识记：共集电极放大电路和共基极放大电路的特点和用途。

3. 场效应晶体管放大电路

识记：场效应管晶体放大电路的结构与特点。

领会：场效应管晶体放大电路的工作原理和用途。

4. 阻容耦合多级放大电路

识记：多级耦合方式的电路形式和特点。

领会：放大电路的频率响应。

5. 功率放大电路

识记：乙类互补对称式功率放大电路的工作原理；交越失真的产生和克服方法；复合管的四种结构；用最大值的估算法计算输出功率 P_{om}。

6. 差分放大电路

识记：差分放大电路的工作原理；差分放大电路的输入、输出形式。

四、本章重点、难点

本章的重点是放大电路的组成和工作原理、特点和交、直流分析方法。本章的难点主要是放大电路静态工作点的计算和微变等效电路法、射极输出器电路的工作原理分析、场效应晶体管放大电路工作原理分析。

第 3 章 集成运算放大器及其应用

一、学习目的与要求

通过本章的学习，了解集成运算放大器的基本组成、电压传输特性和主要参数。掌握理想运算放大器应用电路的基本分析方法，掌握用集成运算放大器组成的比例、加法、减法、积分运算电路的应用，理解微分运算电路的工作原理。了解有源滤波电路，理解用集成运算放大器组成的电压比较器及其应用。理解产生正弦波振荡的条件和 RC 正弦波振荡电路的工作原理。

二、课程内容

3.1 集成运算放大器
3.2 反馈的基本概念
3.3 放大电路中的负反馈
3.4 集成运算放大器在信号运算电路中的应用
3.5 集成运算放大器在信号处理方面的应用
3.6 RC 正弦波振荡电路

三、考核知识点与考核要求

1. 集成运算放大器

识记：理想运算放大器的图形符号和主要参数。

领会：集成运放的电压传输特性。

2. 反馈的基本概念

识记：反馈的定义。

领会：负反馈的四种组态（判断有无反馈；判别是直流反馈还是交流反馈；判别是正反馈还是负反馈；判别是电压反馈还是电流反馈；判别是串联反馈还是并联反馈）。

3. 放大电路中的负反馈

识记：负反馈对放大电路性能的影响。

4. 集成运算放大器在信号运算电路中的应用

识记：微分电路及其输出电压的表达式。

领会：反相输入比例运算电路及输出电压的表达式；同相输入比例运算、加法运算电路及输出电压的表达式；差分输入比例（减法）运算电路及输出电压的表达式；反相求和电路及其输出电压的表达式；积分电路及其输出电压的表达式。

简单应用：已知积分电路输入电压的波形画输出电压的波形。

综合应用：多输入、多个（2~3个）运算放大器组成的电路分析及其应用。

5. 集成运算放大器在信号处理方面的应用

识记：有源滤波电路的工作原理及其分类，一阶有源滤波器的电压放大倍数与截止频率；迟滞电压比较器的功能。

领会：一阶有源滤波器的分析方法；单限比较器的分析方法；不带限幅器的单限比较器电路及其电压传输特性；带输出限幅器的单限比较器电路及其电压传输特性；迟滞电压比较器的上、下门限电压与回差电压；窗口比较器的分析方法。

简单应用：已知单限比较器的输入电压波形画输出电压波形。

6. RC 正弦波振荡电路

识记：RC 网络的频率特性。

领会：RC 正弦波振荡电路的组成；振荡频率和起振条件。

四、本章重点、难点

本章的重点是负反馈的四种组态判别，信号运算电路，单限比较器的电压传输特性，RC 正弦波振荡电路的组成、振荡原理和判别起振的方法。本章的难点主要是判别负反馈组态、负反馈对放大电路性能的影响，微分、积分电路输出电压的计算和输出波形的画法。

第 4 章　直流稳压电源

一、学习目的与要求

通过本章的学习，能够了解电力电子器件、电力电子电路的种类，理解直流稳压电路的组成，整流电路、电容滤波电路的工作原理，了解集成稳压器和开关稳压电路的应用特点。

二、课程内容

4.1　单相整流电路

4.2　滤波电路

4.3　稳压电路

4.4　开关稳压电源

三、考核知识点与考核要求

1. 单相整流电路

识记：直流稳压电路的组成。

领会：单相半波整流电路；单相双半波整流电路；单相桥式整流电路。

2. 滤波电路

识记：电感滤波电路。

领会：电容滤波电路。

简单应用：单相半波整流电路、单相双半波整流电路、单相桥式整流电路、带有电容滤波器的整流电路参数计算。

3. 分立元器件稳压电路

识记：稳压管稳压电路。

领会：串联型稳压电路。

4. 集成稳压电路

识记：三端集成稳压器。

综合应用：整流电路、电容滤波电路及稳压电路的综合应用。

5. 开关稳压电路

识记：开关稳压电路的应用特点。

四、本章重点、难点

本章重点是整流电路、电容滤波电路及稳压管稳压电路的应用。本章的难点主要是带有放大环节的串联稳压电路的稳压原理。

第二篇　数字电子技术

第 5 章　数字逻辑基础和门电路

一、学习目的与要求

通过数字电路基础知识的学习，理解数字电路中所使用的二进制、十六进制数的概念及相互转换方法，掌握基本逻辑门电路，掌握数字电路的重要分析工具——逻辑代数。

二、课程内容

5.1　数字电路基础
5.2　基本逻辑关系及其门电路
5.3　TTL 门电路
5.4　CMOS 门电路
5.5　逻辑代数基础

三、考核知识点与考核要求

1. 数字电路基础

识记：数字电路的特点；门电路的逻辑符号和逻辑关系。

领会：二进制数和十进制数的一般表达式。

简单应用：二进制数与十进制数的相互转换；十六进制与二进制之间的相互转换。

2. 基本逻辑关系及其门电路

识记：逻辑变量与逻辑函数。

领会：门电路的逻辑符号。

3. TTL 门电路

识记：其他门电路的逻辑符号；三态门、OC 门的逻辑符号。

领会：TTL 门电路、三态门、OC 门的逻辑功能。

4. CMOS 门电路

识记：CMOS 电路特点，CMOS 传输门的逻辑符号。

5. 逻辑代数基础

识记：逻辑代数的运算法则。

领会：逻辑函数化简的意义和最简的概念。

简单应用：逻辑函数的公式化简法的应用（变量数不超过四个、项数不超过八个）；列出逻辑函数的真值表，给定输入信号波形画输出信号波形。

四、本章重点、难点

本章重点是数制和码制、逻辑函数的三种表示方法、逻辑代数的基本运算和基本公式、逻辑函数的公式化简法。本章的难点主要是逻辑函数的化简。

第 6 章　组合逻辑电路

一、学习目的与要求

掌握组合逻辑电路的分析和设计方法，理解加法器、编码器、译码器、数据选择器、数值比较器的应用。

二、课程内容

6.1 组合逻辑电路的分析和设计

6.2 加法器

6.3 编码器

6.4 译码器

6.5 数据选择器和数据分配器

6.6 数值比较器

三、考核知识点与考核要求

1. 组合逻辑电路的分析和设计

领会：组合逻辑电路的分析和设计方法。

简单应用：组合逻辑电路的分析和综合应用。

2. 加法器

领会：加法器的工作原理。

简单应用：加法器的应用。

3. 编码器

领会：编码器的工作原理。

简单应用：编码器的应用。

4. 译码器

领会：译码器的工作原理，7段数码管的构造和字段编号。

简单应用：译码器的应用。

5. 数据选择器和数据分配器

领会：数据选择器和数据分配器的工作原理。

简单应用：数据选择器和数据分配器的应用。

6. 数值比较器

领会：数值比较器的工作原理。

简单应用：数值比较器的应用。

四、本章重点、难点

本章重点是组合逻辑电路的分析和综合应用，编码器、译码器、数据选择器、数据比较器、半加器、全加器的功能和应用。本章的难点主要是组合逻辑电路的分析和综合应用。

第7章 触发器和时序逻辑电路

一、学习目的与要求

通过本章的学习，要掌握 RS 触发器、D 触发器、JK 触发器的逻辑功能和触发方式，理解由触发器组成的寄存器和各种计数器的工作原理，理解寄存器和移位寄存器的工作原理。理解用 555 定时器构成的施密特触发器、单稳态触发器、多谐振荡器的工作原理。

二、课程内容

7.1 触发器

7.2　寄存器
7.3　计数器
7.4　脉冲波形的产生和整形

三、考核知识点与考核要求

1. 触发器

识记：RS 触发器、D 触发器、JK 触发器的逻辑符号。

领会：RS 触发器、D 触发器、JK 触发器的逻辑功能和触发方式。

简单应用：D 触发器、JK 触发器的应用，给定输入信号波形画输出信号波形。

2. 寄存器

识记：寄存器的电路组成。

领会：寄存器的工作原理。

简单应用：寄存器的应用，给定输入信号波形画输出信号波形。

3. 计数器

识记：计数器的电路组成。

领会：计数器的工作原理。

简单应用：计数器的应用，给定输入信号波形画输出信号波形，用集成计数器构成 N 进制计数器。

综合应用：分析用门电路和集成计数器构成应用电路的功能。

4. 脉冲波形的产生和整形

识记：555 电路的组成结构及引脚功能。

领会：用 555 定时器构成的施密特触发器、单稳态触发器、多谐振荡器的工作原理。

综合应用：分析用 555 定时器构成的应用电路的功能。

四、本章重点、难点

本章的重点是触发器的逻辑符号和功能表，寄存器的工作原理和分析方法，计数器的工作原理和分析方法，用 555 定时器构成的施密特触发器、单稳态触发器、多谐振荡器的工作原理。本章的难点是寄存器的分析方法，用十进制或四位二进制集成计数器实现 N 进制计数器的分析方法。用 555 定时器构成的施密特触发器、单稳态触发器、多谐振荡器的工作原理。

第 8 章　数/模和模/数转换

一、学习目的与要求

通过本章的学习，了解 DAC、ADC 的功能及主要参数，了解常见的 DAC 和 ADC 的电路组成、特点及应用。

二、课程内容

8.1　数/模转换器（DAC）
8.2　模/数转换器（ADC）

三、考核知识点与考核要求

1. DAC

识记：DAC 的功能及主要参数。

领会：常见 DAC 的工作原理。

2. ADC

识记：ADC 的功能及主要参数。

领会：常见 ADC 的工作原理。

四、本章重点、难点

本章重点是 DAC、ADC 的功能。本章的难点主要是 DAC、ADC 的工作原理。

第三篇　实验指导书

实验 1　整流、滤波电路

一、考核目的与要求

通过该实验考生应掌握二极管单相半波整流电路、单相桥式整流电路的连接方法；应达到能正确测量整流、滤波电路输入、输出电压的能力；锻炼考生的实际操作技能和严谨的科学作风。

二、考核的内容

测量单相电阻性负载桥式整流有、无滤波两种情况下输入电压、输出电压的关系。充分理解滤波电容的作用。

主要操作内容：

1）单相桥式整流电路的连接，分别测量单相桥式整流电路（固定电阻负载）有、无电容滤波时输入、输出电压的变化。

2）用示波器观察有、无电容滤波时输入、输出电压的波形变化，验证电容的滤波作用。

实验 2　晶体管放大电路

一、考核目的与要求

通过该实验考生应学会晶体管放大电路静态工作点的调试方法，掌握电压放大倍数、最大不失真输出电压的测试方法，应达到熟悉使用常用电子仪器进行模拟电子电路实验的能力。

二、考核的内容

连接晶体管放大电路，分析静态工作点对放大电路性能的影响。

主要操作内容：

1）调试静态工作点，测量基极、集电极电压并记录，计算相应的基极、集电极电流及电流放大系数。

2）测量电压放大倍数，在放大电路输入端加入正弦信号，调节函数信号发生器的输出，用示波器观察放大器输出电压波形，在波形不失真的条件下用交流毫伏表测量输出电压值，并用双踪示波器观察 u_o 和 u_i 的相位关系。

3）观察静态工作点对电压放大倍数的影响。

4）观察静态工作点对输出波形失真的影响。

5）测量最大不失真输出电压值。

实验3　集成运算放大器的基本运算电路

一、考核目的与要求

通过该实验考生应掌握由集成运算放大器组成的比例、加法、减法等基本运算电路的功能，在实际应用运算放大器时应考虑的一些问题。

二、考核的内容

集成运算放大器在线性应用方面，可组成比例、加法、减法、积分、微分、对数等模拟运算电路。掌握理想运放在线性应用时的两个重要特性。

主要操作内容：连接以下实验电路，接通±12V电源，输入端加入适当的输入电压 u_i，测量相应的输出电压 u_o，并用示波器观察 u_o 和 u_i 的相位关系。

1) 反相比例运算电路。
2) 同相比例运算电路。
3) 反相加法运算电路。
4) 减法运算电路。

实验4　TTL门电路

一、考核目的与要求

通过该实验考生应掌握TTL与非门逻辑功能的测试方法，进一步熟悉数字电路实验装置的结构、基本功能和使用方法。

二、考核的内容

掌握常用TTL器件的使用规则及方法。

主要操作内容：

1) 验证几种常用TTL门电路的逻辑功能。
2) 掌握常用TTL门电路的接线与逻辑功能的测试方法。

实验5　集成计数器的应用

一、考核目的与要求

通过该实验考生应熟悉集成计数器的逻辑功能和各控制端的作用，掌握集成时序电路的使用方法。

二、考核的内容

掌握常用集成计数器的逻辑功能及其使用方法。

主要操作内容：

1) 掌握常用集成计数器的接线与测试方法。
2) 测试一种指定集成计数器的逻辑功能。

实验6　集成555定时器的应用

一、考核目的与要求

通过该实验考生应熟悉555定时器的逻辑功能和各控制端的作用，掌握555定时器的使用方法。

二、考核的内容

掌握555定时器的常用功能及使用方法。

主要操作内容：

1) 掌握555定时器常用电路的接线与测试方法。
2) 测试一种指定的555定时器的电路功能，使用示波器观察并绘制电路的输出波形。

实践环节的考核环境与方式要求

1) 考核环境：以上实验均在专用电子实验室进行实践操作与考核。所需设备为：电子技术综合实验装置、模拟电子实验装置、数字电子实验装置、直流可调稳压电源、数字万用表、直流电压表和电流表、交流电压表和电流表、毫伏表、信号源、示波器等仪器仪表。
2) 考核方式：实践环节的考核采用形成性考核，考生在实验前应结合指定实验阅读和理解实验指导书有关内容，认真预习，学习有关仪器、仪表的使用方法；实验中正确进行实验操作和读取实验数据，实验后应认真分析实验结果，编写准确、整洁的实验报告。

实践环节考核采用"优、良、中、及格、不及格"五级评分制。

Ⅳ. 关于大纲的说明与考核实施要求

一、自学考试大纲的目的和作用

本课程自学考试大纲是根据高等教育自学考试专业自学考试计划的要求，结合自学考试的特点而确定。其目的是对个人自学、社会助学和课程考试命题进行指导和规定。

本课程自学考试大纲明确了课程学习的内容以及深、广度，规定了课程自学考试的范围和标准。因此，它是编写自学考试教材和辅导书的依据，是社会助学组织进行自学辅导的依据，是自学者学习教材、掌握课程内容知识范围和程度的依据，也是进行自学考试命题的依据。

二、自学考试大纲与教材的关系

课程自学考试大纲是进行学习和考核的依据，教材是学习掌握课程知识的基本内容与范围，教材的内容是大纲所规定的课程知识和内容的扩展与发挥。课程内容在教材中可以体现一定的深度或难度，但大纲中对考核的要求一定要适当。

大纲与教材所体现的课程内容应基本一致；大纲里面的课程内容和考核知识点，教材里也要有。反过来教材里有的内容，大纲里就不一定体现。（注：如果教材是推荐选用的，其中内容与大纲要求不一致的地方，应以大纲规定为准。）

三、关于自学教材

《电子技术基础》，全国高等教育自学考试指导委员会组编，贾贵玺主编，机械工业出版社出版，2023年版。

四、关于自学要求和自学方法的指导

1) 在开始阅读指定教材某一章之前，先翻阅大纲中有关这一章的考核知识点及对知识点的能力层次要求和考核目标，以便在阅读教材时做到心中有数，有的放矢。
2) 阅读教材时，要逐段细读、逐句推敲、集中精力，吃透每一个知识点，对基本概念必须深刻理解，对基本理论必须彻底弄清，对基本方法必须牢固掌握。

学习电子技术既要理解又要记忆，抓基本知识点、基本概念、定义、定理、计算公式、典型电路。学习本课程要从头第1章逐节顺序学习，对常用的电路符号、各种元器件符号、模拟电路中的各种典型的单元电路的电路图及其导出的结论、分析计算方法，以及数字电路中的各种门电路、组合电路、触发器的逻辑符号和功能表等内容必须加以记忆，为以后的继续学习打下扎实的基础。

3) 在自学过程中，既要思考问题，也要做好阅读笔记，把教材中的基本概念、原理、方法等加以整理，可从中加深对问题的认知、理解和记忆，以利于突出重点，并涵盖整个内容，可以不断提高自学能力。

4) 完成教材每一章的习题是理解、消化和巩固所学知识、培养分析问题、解决问题及提高能力的重要环节，在做练习题之前，应认真阅读教材，按考核目标所要求的不同层次，掌握教材内容。在练习过程中对所学知识进行合理的回顾与发挥，注重理论联系实际和具体问题具体分析，解题时应注意培养逻辑性，针对问题围绕相关知识点进行层次（步骤）分明的论述或推导，明确各层次（步骤）间的逻辑关系。

5) 提高应试能力的有效方法是：首先要熟悉考试题型，参加自学考试考生的学习效果是通过考试成绩来反映的，多做模拟试题或往年考试试题不仅可以掌握解题方法和答题技巧，对提高应试能力和应试成绩也能起到很好的帮助作用。另外通过做模拟练习题还可以发现本课程知识点掌握上的欠缺或遗漏，弥补平时学习的不足。

6) 本课程有很强的工程实践性，通过参加电子技术实验会获得更好的学习效果。

五、课程学分与学时

本课程共6学分，其中理论课4学分，建议学生学习用时140学时；实践课2学分，建议学生实验用时24学时。理论课和实践课的学时分配如下：

章次	授课内容	学时
1	半导体器件	12
2	基本放大电路	28
3	集成运算放大器及其应用	16
4	直流稳压电源	16
5	数字逻辑基础和门电路	12
6	组合逻辑电路	16
7	触发器和时序逻辑电路	28
8	数/模和模/数转换	12
	合计	140
实验	实验内容	学时
1	整流-滤波电路	4
2	晶体管放大电路	4
3	集成运算放大器的基本运算电路	4
4	TTL门电路	4
5	集成计数器的应用	4
6	集成555定时器的应用	4
	合计	24

六、对社会助学的要求

1）应熟知考试大纲对课程提出的总要求和各章的知识点。
2）应掌握各知识点要求达到的能力层次，并深刻理解对各知识点的考核目标。
3）辅导时，应以考试大纲为依据、指定的教材为基础，不要随意增减内容，以免与大纲脱节。
4）辅导时，应对学习方法进行指导，宜提倡"认真阅读教材，刻苦钻研教材，主动争取帮助，依靠自己学通"的方法。
5）辅导时，要注意突出重点，对考生提出的问题不要有问即答，要积极启发引导。
6）注意对考生能力的培养，特别是自学能力的培养，要引导考生逐步学会独立学习，在自学过程中善于提出问题、分析问题、做出判断、解决问题。
7）要使考生了解试题的难易与能力层次高低两者是不同概念，在各个能力层次中会存在着不同难度的试题。
8）由于本课程实践性较强，故要求社会助学的组织机构结合考试大纲、教材中实验指导书内容做针对性辅导，组织实验操作与考核。

七、关于考试内容和考试要求的说明

1）本大纲各章所提到的内容和考核目标都是考试内容。试题覆盖到章，适当突出重点。
2）试卷中对不同能力层次要求的试题比例大致是："识记"为24%、"领会"为30%、"简单应用"为30%、"综合应用"为16%。
3）要合理安排试题的难易程度，试题难易程度分为：易、较易、较难、难四个等级。每份试卷中不同难度试题的分数比例一般为2∶3∶3∶2。
4）试题类型一般分为：单项选择题、填空题、分析题、计算题等。
5）考试采用闭卷笔试，考生可以携带无存储功能的计算器参加考试，考试时间150min。

Ⅴ. 题型举例

一、单项选择题

1. PN结是P型半导体和N型半导体的（　　）。
   A. 交界面　　　　　　　　B. 相互融合的区域
   C. 交界面处的空间电荷区　　D. 整体

2. 锗二极管导通后的正向压降约为（　　）。
   A. 0.2V　　　B. 0.5V　　　C. 0.7V　　　D. 1V

3. 某晶体管的极限参数为：$P_{Cmax}=120mW$、$I_{Cmax}=20mA$、$U_{(BR)CEO}=15V$，下列4种情况可以正常工作的是（　　）。
   A. $U_{CE}=20V$，$I_C=15mA$　　　B. $U_{CE}=10V$，$I_C=15mA$
   C. $U_{CE}=10V$，$I_C=10mA$　　　D. $U_{CE}=10V$，$I_C=25mA$

4. 一般低频小功率晶体管，基区电阻的阻值约为（　　）。
   A. 30Ω　　　B. 300Ω　　　C. 1kΩ　　　D. 1MΩ

5. 已知某 NPN 型晶体管处于放大状态，测得其 3 个电极的电位分别为 6V、9V 和 6.3V，则 3 个电极分别为（   ）。
   A. 发射极、基极和集电极　　　　B. 基极、发射极和集电极
   C. 集电极、基极和发射极　　　　D. 发射极、集电极和基极

6. 共发射极基本放大电路的输入电阻 r_i 一般为（   ）。
   A. 几～几十欧　　　　　　　　　B. 几十～几百欧
   C. 几百～几千欧　　　　　　　　D. 几千～几万欧

7. 固定偏置共射极放大电路的特点是（   ）。
   A. 输入电阻小，电压放大倍数大　B. 输入电阻大，电压放大倍数小
   C. 输入电阻大，电压放大倍数大　D. 输入电阻小，电压放大倍数小

8. 下列不符合运算放大器理想化条件的是（   ）。
   A. 输入电阻 $r_{id} \to \infty$　　　　　　B. 输出电阻 $r_o \to \infty$
   C. 开环放大倍数 $A_{uo} \to \infty$　　　D. 共模抑制比 $K_{CMRR} \to \infty$

9. 理想运算放大器的两个输入端的输入电流等于零，其原因是（   ）。
   A. 同相端和反相端的输入电流相等而相位相反
   B. 运放的差模输入电阻趋于无穷大
   C. 运放的开环电压放大倍数趋于无穷大
   D. 运放的共模抑制比趋于无穷大

10. 直接耦合放大电路的零点漂移是指输入端短接，输出信号不能稳定于（   ）。
    A. 静态电压　　B. 电源电压　　C. 零电流　　D. 零电压

11. 单相桥式整流电路整流二极管的数量是（   ）。
    A. 1 只　　　　B. 2 只　　　　C. 3 只　　　　D. 4 只

12. 单相桥式整流（无滤波）电路，输出电压平均值与输入电压有效值的比值为（   ）。
    A. 0.9　　　　　B. 1　　　　　C. 1.2　　　　　D. 1.4

13. 某门电路，至少一个输入信号为高电平时，输出为低电平；只有当输入都是低电平时，输出才是高电平。则可判断这个门电路为（   ）。
    A. 与门电路　　B. 或门电路　　C. 与非门电路　　D. 或非门电路

14. 变量 A、B 和函数 F 的逻辑关系真值表见表 1，F 的函数表达式为（   ）。

    表 1　题 14 表

A B	F
0 0	0
0 1	0
1 0	0
1 1	1

    A. AB　　　　　　　　　　　　B. $A+B$
    C. $\overline{A+B}$　　　　　　　　　　D. $\overline{AB}$

15. 图 1 所示逻辑门电路为（   ）。
    A. $E=0$ 工作的三态输出与非门　B. $E=0$ 工作的三态输出或非门
    C. $E=1$ 工作的三态输出与非门　D. $E=1$ 工作的三态输出或非门

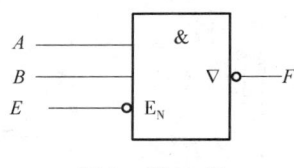

图 1　题 15 图

16. JK 触发器电路如图 2 所示，已知时钟脉冲 CP 的频率为 2000Hz，则 Q 端输出脉冲频率为（   ）。
   A. 500Hz   B. 1000Hz
   C. 2000Hz   D. 4000Hz

17. 图 3 所示逻辑电路，已知输出 $F=1$，则 ABC 的逻辑状态为（   ）。
   A. 110   B. 101   C. 011   D. 010

18. 图 4 所示触发器的时钟脉冲的触发类型为（   ）。
   A. 高电平触发   B. 低电平触发   C. 上升沿触发   D. 下降沿触发

19. 图 5 所示逻辑电路的表达式为（   ）。
   A. $\overline{\overline{AB}+C}$ B. $\overline{\overline{(A+B)}+C}$ C. $\overline{\overline{ABC}}$ D. $\overline{\overline{(A+B)}C}$

20. 已知 JK 触发器的输入状态如图 6 所示，则该触发器的逻辑功能为（   ）。
   A. 置1   B. 置0   C. 不变   D. 计数

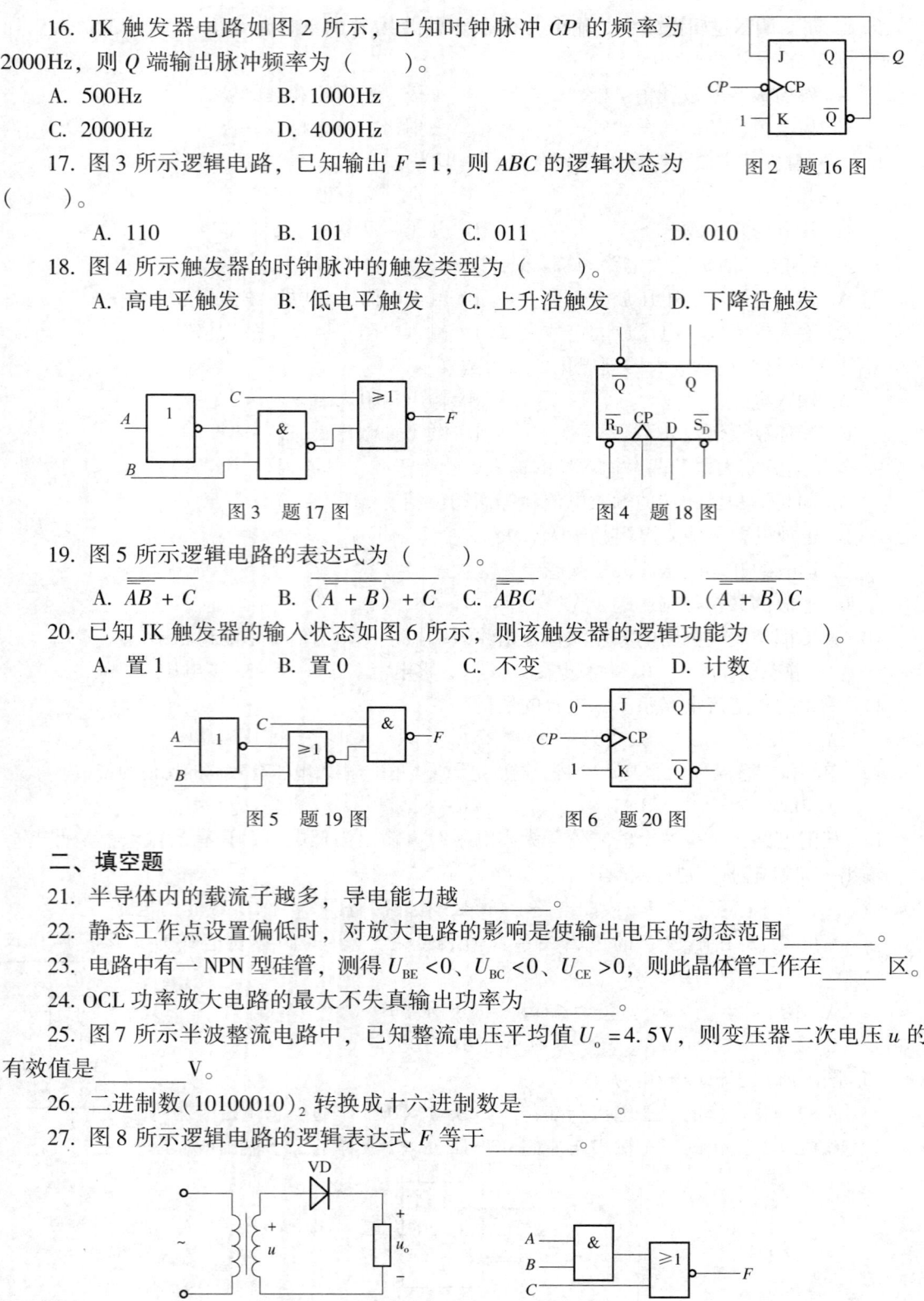

二、填空题

21. 半导体内的载流子越多，导电能力越_____。

22. 静态工作点设置偏低时，对放大电路的影响是使输出电压的动态范围_____。

23. 电路中有一 NPN 型硅管，测得 $U_{BE}<0$，$U_{BC}<0$，$U_{CE}>0$，则此晶体管工作在_____区。

24. OCL 功率放大电路的最大不失真输出功率为_____。

25. 图 7 所示半波整流电路中，已知整流电压平均值 $U_o=4.5V$，则变压器二次电压 u 的有效值是_____V。

26. 二进制数 $(10100010)_2$ 转换成十六进制数是_____。

27. 图 8 所示逻辑电路的逻辑表达式 F 等于_____。

28. 在图 9 所示逻辑电路中，输出 $F=0$，则输入 ABC 的状态为_____。

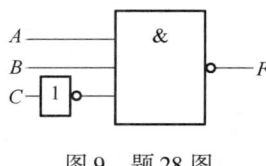

图 9 题 28 图

29. 3 线-8 线译码器 74LS138 处于译码状态时，当输入 $A_2A_1A_0 = 001$ 时，输出 $\overline{Y_7}\overline{Y_6}\overline{Y_5}\overline{Y_4}\overline{Y_3}\overline{Y_2}\overline{Y_1}\overline{Y_0} = $_____。

30. 由 555 定时器构成的多谐振荡器可产生_____波。

三、分析题

31. 图 10 所示放大电路中，已知 $V_{CC}=12V$，$\beta=50$，$R_L=4k\Omega$。要求 $I_C=1.5mA$，$U_{CE}=6V$，晶体管的 U_{BE} 忽略不计。要求：

(1) 估算 R_B、R_C 阻值。

(2) 计算电压放大倍数 A_u。

32. 运算放大器电路如图 11 所示，已知 $R_1=R_2=50k\Omega$，$R_F=R_3=100k\Omega$，$u_{i1}=2V$，$u_{i2}=4V$，试求 u_-、u_+ 及输出电压 u_o。

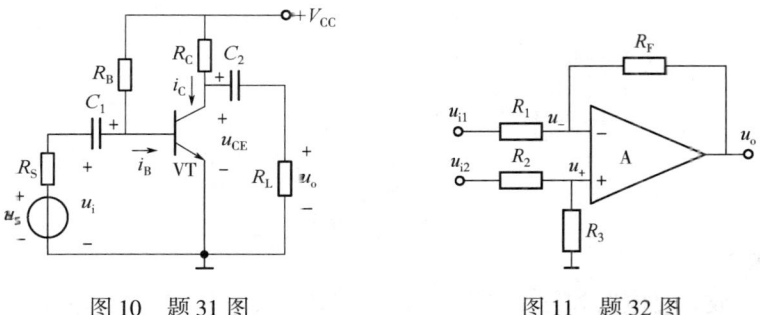

图 10 题 31 图　　　　　图 11 题 32 图

33. 桥式整流滤波电路，二极管为理想元件，已知负载电阻 $R_L=50\Omega$，负载两端直流电压 $U_o=12V$，试求：(1) 变压器二次电压有效值 U；(2) 二极管承受的最高反向电压；(3) 估算滤波电容的容量。

34. 已知逻辑电路如图 12 所示，试写出 F 的逻辑表达式，并填写表 2 中 F 的逻辑状态。

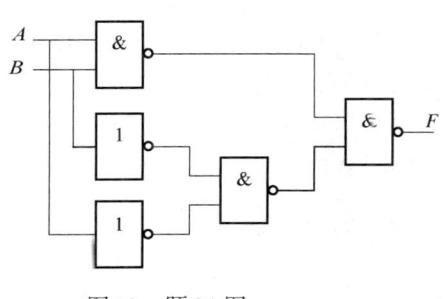

图 12 题 34 图

表 2 题 34 表

A B	F
0 0	
0 1	
1 0	
1 1	

35. 已知逻辑电路图及输入端 C、A、B 波形如图 13 所示，试写出 D 端的逻辑式，并画出 D 端和输出 Q 端的波形（设 Q 的初始状态为 "0"）。

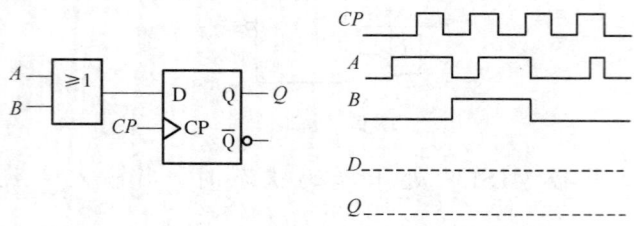

图 13　题 35 图

36. 由集成 555 定时器组成的电路如图 14a 所示。已知电容 $C=100\mu F$，输入 u_i 和输出 u_o 的波形如图 14b 所示。试说明由集成 555 定时器和 R、C 组成的是何种触发器（单稳态、双稳态、无稳态），并求电阻 R 的数值。

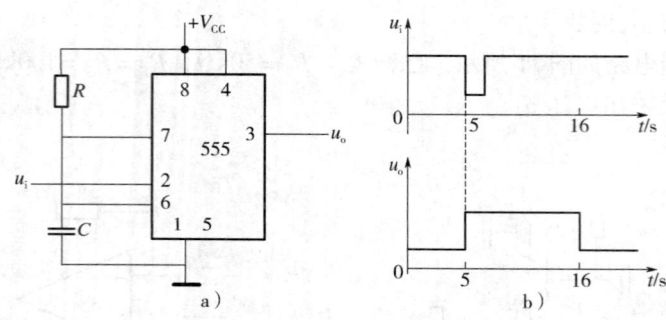

图 14　题 36 图

四、计算题

37. 理想运算放大器电路如图 15 所示，$R_1=10k\Omega$，$R_2=50k\Omega$，$R_4=R_5=R_6=10k\Omega$，$u_i=0.2V$。

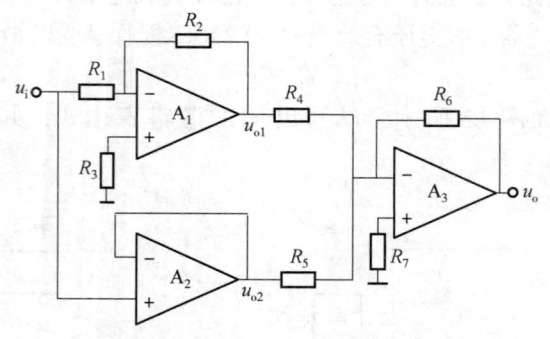

图 15　题 37 图

（1）说明运算放大器 A_1、A_2 及 A_3 分别构成哪种运算电路。

（2）求输出电压 u_{o1}、u_{o2} 及 u_o。

38. 设计一个多路电源供电故障监测系统，在 A、B、C 三处装有供电故障报警器。只有当其中两处或两处以上的报警器发出故障信号时，故障监测系统产生报警控制信号 F。用与非门设计一个产生报警控制信号电路。要求：

（1）列出输入、输出变量的真值表。

（2）写出逻辑表达式并化简。

（3）根据要求画出用与非门构成的逻辑电路图。

参考答案

一、单项选择题

1. C 2. A 3. C 4. B 5. D 6. C 7. A 8. B 9. B 10. A 11. D 12. A 13. D 14. A 15. A 16. B 17. D 18. C 19. D 20. B

二、填空题

21. 强 22. 变小 23. 截止 24. $\dfrac{V_{CC}^2}{8R_L}$ 25. 10 26. A2 27. $\overline{AB \cdot C}$ 28. 110

29. 11111101 30. 矩形

三、分析题

31. 解：（1） $I_B = \dfrac{I_C}{\beta} = \dfrac{1.5 \times 10^3}{50} \mu A = 30 \mu A$

$$R_B \approx \dfrac{V_{CC}}{I_B} = \dfrac{12}{30 \times 10^{-6}} \Omega = 400 k\Omega$$

$$R_C = \dfrac{V_{CC} - U_{CE}}{I_C} = \dfrac{12 - 6}{1.5 \times 10^{-3}} \Omega = 4 k\Omega$$

（2） $r_{be} = r_b + (1+\beta)\dfrac{26(mV)}{I_E(mA)} = 300\Omega + (50+1) \times \dfrac{26}{1.5}\Omega = 1184\Omega$

$$A_u = \dfrac{-\beta R_L'}{r_{be}} = -\dfrac{50 \times 12 // 4}{1.184} \approx -127$$

32. 解：$u_+ = \dfrac{R_3}{R_2+R_3} u_{i2} = \dfrac{100}{50+100} \times 4V = \dfrac{8}{3}V \approx 2.67V$

$u_- = u_+ = 2.67V$

$u_o = \left(1 + \dfrac{R_F}{R_1}\right)\dfrac{R_3}{R_2+R_3} u_{i2} - \dfrac{R_F}{R_1} u_{i1} = \left(1 + \dfrac{R_F}{R_1}\right) u_+ - \dfrac{R_F}{R_1} u_- = \left[\left(1 + \dfrac{100}{50}\right) \times \dfrac{8}{3} - \dfrac{100}{50} \times 2\right]V$

$= 4V$

33. 解：（1）因为桥式整流电路 $U_o = 1.2U$

所以 $U = \dfrac{U_o}{1.2} = \dfrac{12}{1.2}V = 10V$

（2） $U_{DRM} = \sqrt{2} U = \sqrt{2} \times 10 V = 14.1V$

（3）根据 $R_L C \geq (3\sim5)\dfrac{T}{2}$，取上限得

$$C \geq \dfrac{5T}{2R_L} = \dfrac{5 \times 0.02}{2 \times 50} F = 0.001 F = 1000 \mu F$$

34. 解：$\overline{\overline{AB}\,\overline{\overline{A}\,\overline{B}}} = AB + \overline{A}\,\overline{B}$

A B	F
0 0	1
0 1	0
1 0	0
1 1	1

35. 解：$D = A + B$

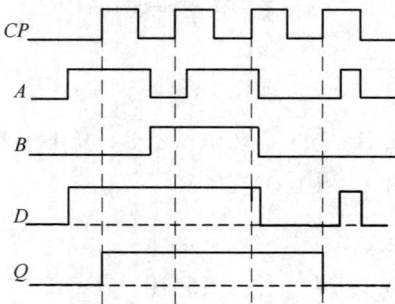

36. 解：由集成 555 定时器和 R、C 组成的是单稳态触发器。

根据单稳态输出脉冲宽度公式 $t_w = RC\ln3 \approx 1.1RC$，有 $R = \dfrac{t_w}{1.1C} = \dfrac{16-5}{1.1 \times 100 \times 10^{-6}}\Omega = \dfrac{11 \times 10^4}{1.1}\Omega = 100\text{k}\Omega$。

四、计算题

37. 解：（1）A_1 构成反相比例运算电路；A_2 构成电压跟随器；A_3 构成反相加法运算电路。

(2) $u_{o1} = -\dfrac{R_2}{R_1}u_i = -\dfrac{50}{10} \times 0.2\text{V} = -1\text{V}$

$u_{o2} = u_i = 0.2\text{V}$

$u_o = -\left(\dfrac{R_6}{R_4}u_{o1} + \dfrac{R_6}{R_5}u_{o2}\right) = -\left(-\dfrac{10}{10} \times 1 + \dfrac{10}{10} \times 0.2\right)\text{V} = 0.8\text{V}$

38. 解：（1）

真值表

输入			输出
A	B	C	F
0	0	0	0
0	0	1	0
0	1	0	0
0	1	1	1
1	0	0	0
1	0	1	1
1	1	0	1
1	1	1	1

(2) $F = \overline{A}BC + A\overline{B}C + AB\overline{C} + ABC = AB + BC + AC = \overline{\overline{AB + BC + AC}} = \overline{\overline{AB} \cdot \overline{BC} \cdot \overline{AC}}$

(3)

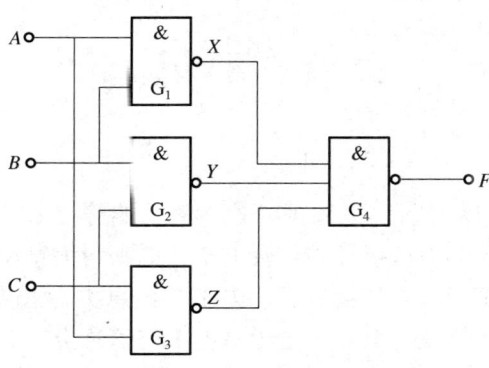

后　　记

　　《电子技术基础自学考试大纲》是根据《高等教育自学考试专业基本规范（2021年）》的要求，由全国高等教育自学考试指导委员会电子、电工与信息类专业委员会组织制定的。

　　全国高等教育自学考试指导委员会电子、电工与信息类专业委员会对本大纲组织审稿，根据审稿会意见由编者做了修改，最后由电子、电工与信息类专业委员会定稿。

　　本大纲由天津大学贾贵玺教授担任主编；参加审稿并提出修改意见的有上海交通大学蔡萍教授、南京信息工程大学庄建军教授。

　　在此对参与本大纲编写和审稿的各位专家表示感谢。

全国高等教育自学考试指导委员会

电子、电工与信息类专业委员会

2023年5月

全国高等教育自学考试指定教材

电子技术基础

全国高等教育自学考试指导委员会　组编

编 者 的 话

本书是全国高等教育自学考试电力系统自动化技术（专科）、电气自动化技术（专科）等专业"电子技术基础"课程的自学考试指定教材。电子技术是非电类专业的必修课中一门技术基础课，学习本课程的目的是要能够掌握一些电子技术中的基本概念、基本原理和基本分析方法，熟悉电子器件，了解基本放大电路和典型数字电路的功能和应用。

电力系统自动化技术是在以电气工程为代表的电工技术、信息技术迅速发展的基础上，向电力工业领域迅猛渗透，并与输、配电技术深度结合的系统工程技术。"电子技术基础"课程的理论性、实践性较强，教学内容涵盖了模拟电子技术基础和数字电子技术基础。虽然对专业知识要求不深，但知识面广、信息量大，是工科学生知识结构中不可缺少的重要组成部分。随着电子信息技术的快速发展，电气化和自动化程度不断提高，随着新方法、新技术的不断涌现，同时向电力系统自动化技术领域的日益渗透，要求电气工程技术人员掌握越来越多的电子技术知识和技能。所以要学好电子技术，为学习后续课程、从事电力系统自动化技术工作打好理论和实践基础。

本书由天津大学贾贵玺任主编，参加编写的有：贾贵玺（第1、4章、实验指导书）、田梦君（第2章）、赵刚（第3章）、马晓春（第5章）、李良洪（第6、8章）、孙琦（第7章）。本书由上海交通大学蔡萍教授、南京信息工程大学庄建军教授审阅，他们认真审阅了全书，并提出了宝贵的修改意见，在此表示衷心的感谢。

由于编者教学经验和学术水平有限，书中难免存在一些不妥和错误之处，敬请广大读者批评指正。

编者

2023 年 5 月

第一篇

模拟电子技术

第1章 半导体器件

半导体器件是组成电子电路的主要器件,二极管、晶体管是电子电路中最常用的半导体器件,掌握它们的基本结构、工作原理、特性、参数等,是分析和设计电子电路的基础。本章主要介绍 PN 结的单向导电性以及二极管、双极型晶体管、场效应晶体管等。

1.1 半导体基础知识

1.1.1 半导体的导电性能

在自然界的物质中,导电能力介于导体和绝缘体之间的物质称为半导体,常用的半导体有硅(Si)、锗(Ge)和一些金属氧化物、硫化物等。目前最常用的半导体材料是硅和锗,在硅和锗的原子结构中,最外层的价电子数目都是 4 个,因此被称为四价元素,如图 1-1 所示,图中间的"+4"表示除价电子外的正离子数为 4。

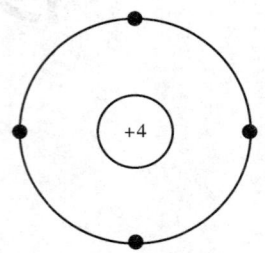

图 1-1 硅和锗原子的简化模型

自然界的半导体材料是不能直接用来制造半导体器件的,必须经过高精度提纯获得纯净的单晶体,称为本征半导体。本征半导体的单晶体结构中原子与原子之间最外层的价电子两两结合组成共价键。当本征半导体受热或光照时,共价键中的个别束缚电子吸收一定的能量而挣脱束缚,成为自由电子,与此同时,在共价键中留下一个空位,称为空穴,这个过程叫作热激发。本征半导体中的自由电子和空穴总是成对出现,温度越高,热激发产生的自由电子、空穴对会越多。在共价键中的空穴会被价电子填充,从而又在移出价电子的键中出现空穴。如此继续下去,就好像空穴在运动,即相当于正电荷的移动。若有外电场的作用,自由电子和空穴将分别朝相反方向运动,构成的电流方向一致,所以半导体中的电流是电子电流和空穴电流之和,这是半导体导电和金属导电的本质区别。自由电子和空穴统称为半导体中的载流子。

半导体材料在不同的条件下,会呈现不同的导电性能。

(1)热敏性 有些半导体对温度的变化特别敏感,当环境温度升高时,热激发加强,载流子增多,其电阻率会下降,例如锗,当温度每升高 10℃ 时,电阻率会减少到原来的 50% 左右,因此导电能力会显著增强。利用半导体的热敏性可以制成各种热敏器件。

(2)光敏性 有些半导体对光的变化非常敏感,当受到光的照射时载流子也会增多,使其电阻率下降,例如硫化镉,在没有光照时,电阻率高达几十兆欧,受到光照时,电阻率可下降到几十千欧,导电能力显著增强。利用半导体的光敏性可以做成各种光敏器件。

(3)掺杂特性 在纯净的半导体材料中掺入微量杂质后可以增强其导电能力。常温下本征半导体的载流子数量较少，因此导电能力较差，利用半导体的掺杂特性在本征半导体中掺入某些微量元素来提高载流子数量，一般以 1/1000000 的比例掺入，掺入的杂质越多，导电能力越强。例如在纯净的硅中掺入 1/1000000 的硼后，它的电阻率就从 $2k\Omega \cdot m$ 减小到 $4m\Omega \cdot m$ 左右。利用半导体的这种掺杂特性可以制造出各种半导体器件。

1.1.2　P型半导体和N型半导体

在本征半导体硅中掺入微量三价元素硼（B），硼原子最外层有 3 个价电子，故每一个硼原子在与四价元素硅原子结合成共价键结构时，由于缺少一个价电子而产生一个空穴，每个硼原子都会提供一个空穴，于是出现大量空穴，导电能力大大增强，空穴成为这种掺杂半导体的主流，这种半导体称为空穴半导体或 P 型半导体。P 型半导体中空穴为多数载流子，自由电子为少数载流子。

在本征半导体硅中掺入微量五价元素磷（P），磷原子最外层有 5 个价电子，故每一个磷原子在与四价元素硅原子结合成共价键结构时，由于多出一个价电子而产生一个自由电子，每个磷原子都会提供一个自由电子，于是出现大量自由电子，导电能力大大增强，自由电子成为这种掺杂半导体的主流，这种半导体称为电子半导体或 N 型半导体。N 型半导体中自由电子为多数载流子，空穴为少数载流子。

1.1.3　PN结及其单向导电性

在本征半导体薄片的两个侧面分别掺入三价和五价杂质元素，以分别形成 P 型半导体和 N 型半导体。由于 P 区的空穴浓度大，N 区的自由电子浓度大，所以 P 区的空穴向 N 区扩散，与 N 区的自由电子复合，而 N 区的自由电子向 P 区扩散，并与 P 区的空穴复合。因此在 P 区与 N 区的交界面，多数载流子离去，在 N 区一侧留下的是正离子，在 P 区一侧留下的是负离子，产生一个由 N 区指向 P 区的内电场，如图 1-2 所示。P 区与 N 区的交界面就是 PN 结。

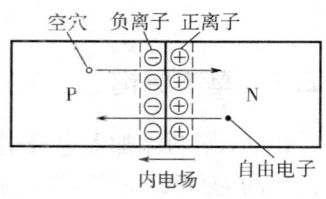

图 1-2　PN 结

内电场有阻止多数载流子的扩散和促进少数载流子的漂移运动的双重作用。

如果给 PN 结外加正向偏置电压，即 P 区接电源正极，N 区接电源负极，外电场与内电场方向相反且外电场大于内电场，克服了内电场的阻挡作用，相当于 PN 结变薄，如图 1-3a 所示。P 区的多数载流子空穴和 N 区的多数载流子自由电子在外电场的作用下，能够形成较大的从 P 区到 N 区的正向电流，即 PN 结正向电阻很低，此时 PN 结处于正向导通状态。在一定范围内，PN 结外加的正向偏压越强，正向电流越大。

如果给 PN 结外加反向偏置电压，即 P 区接电源负极，N 区接电源正极时，外电场与内电场方向相同，外电场加强了内电场的阻挡作用，相当于 PN 结变厚，如图 1-3b 所示。此时 P 区的多数载流子空穴和 N 区的多数载流子自由电子运动受阻，但 P 区的少数载流子自由电子和 N 区的少数载流子空穴可以通过 PN 结，但由于少数载流子的数量有限，形成的由 N 区到 P 区的反向电流很小，即 PN 结反向电阻很大，此时 PN 结处于反向截止状态。

PN 结在正向偏置时导通，反向偏置时截止，这就是 PN 结的单向导电性。

PN 结是构成各种半导体器件的重要基础。

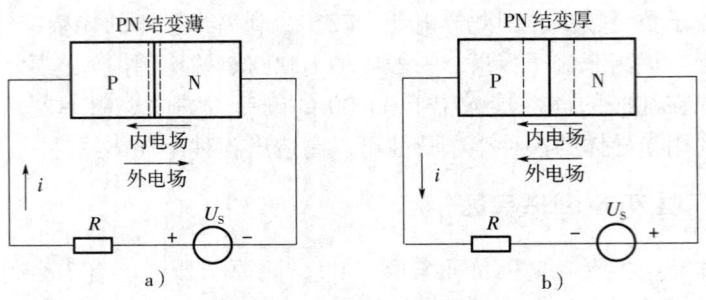

图 1-3 PN 结的单向导电性
a) PN 结正向偏置　b) PN 结反向偏置

【思考题】

1-1-1　半导体具有哪几种特性？
1-1-2　什么是 P 型半导体，什么是 N 型半导体？
1-1-3　什么是 PN 结？
1-1-4　为什么 PN 结具有单向导电性？
1-1-5　PN 结有哪两种工作状态？

1.2　半导体二极管

1.2.1　基本结构

在 PN 结两端加上电极引线，与 P 区相连的为正极（又称阳极），与 N 区相连的为负极（又称阴极），再封装起来，就构成半导体二极管。图 1-4 所示为二极管的电路符号，VD 为二极管的文字符号。

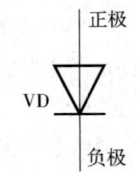

图 1-4　二极管电路符号

二极管按内部结构不同分为点接触型和面接触型。点接触型二极管的 PN 结面积很小，不能通过太大的电流（一般在几十毫安以下），它们的结电容很小，高频性能好，适用于高频检波和小功率整流电路，也常用于数字电路，通常为锗管。面接触型二极管的 PN 结面积较大，能通过较大的电流（可达上千安），但它们的结电容大，最高工作频率低，一般用于低频大功率整流电路，通常为硅管。

1.2.2　伏安特性

伏安特性是元器件电压和电流的关系曲线。

二极管的伏安特性曲线如图 1-5 所示。由特性曲线可以看出，当二极管外加的正向电压小于某一数值 U_T 时，二极管正向电流几乎为零，U_T 称为二极管的死区电压，硅管的 U_T 约为 0.5V，锗管的 U_T 约为 0.1V。当正向电压超过 U_T 时，电流随电压的升高迅速增大。二极管正向导通时，其两端的电压称为二极管的正向导通压降 U_F，U_F 数值很小，一般硅管的 U_F 为 0.6~0.7V，锗管的 U_F 为 0.2~0.3V，二极管相当于一个阻值很小的电阻，这就是二极管的正向导通状态。

当二极管加反向电压时，由少数载流子的漂移运动形成反向电流，正常时二极管的反向电流很小且基本恒定，二极管相当于一个阻值极大的电阻，这就是二极管的反向截止状态。

当外加反向电压大于某一定值 U_{BR} 时，反向电流会急剧增大，二极管失去了单向导电性，这种现象称为反向击穿，U_{BR} 称为二极管的反向击穿电压。各类二极管的反向击穿电压的大小不等，通常为几十伏至几百伏，有的可达几千伏。

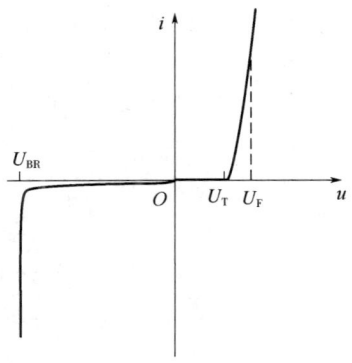

图1-5　二极管的伏安特性曲线

1.2.3　主要参数

器件的参数是器件特性的定量描述，是合理选择和正确使用器件的依据。二极管的主要参数有：

（1）最大整流电流 I_{FM}　I_{FM} 是指二极管长时间工作时，允许通过二极管的最大正向平均电流。平均电流超过此值，将使PN结过热而烧坏二极管。

（2）反向工作峰值电压 U_{RM}　U_{RM} 是保证二极管不被击穿所容许的最高反向电压，超过此值，二极管就可能损坏，为了确保二极管可靠工作，通常器件手册上给出的 U_{RM} 为反向击穿电压 U_{BR} 的1/2。

（3）反向峰值电流 I_{RM}　I_{RM} 是指在二极管上加反向工作峰值电压时的反向电流值，I_{RM} 越小，说明二极管的单向导电性越好，I_{RM} 越大则二极管的单向导电性能越差，并且受温度的影响大。硅二极管的 I_{RM} 较小，一般在几微安以下；锗二极管的 I_{RM} 较大，是硅管的几十到几百倍。

（4）最高工作频率 f_M　f_M 的低、高取决于二极管结电容的大、小，当二极管的工作频率超过 f_M 时，二极管反向阻抗很小，反向电流增大，导致二极管单向导电性变差。

1.2.4　二极管的基本应用

二极管的单向导电性被广泛用于整流、限幅、钳位、保护电路等，在数字电路中二极管作为开关器件使用。

在分析电路时，一般可以假设二极管为理想二极管，即二极管加正向偏压导通时，正向电阻为零，等效为开关接通。当二极管加反向偏压截止时，反向电阻为无穷大，等效为开关断开。

1. 钳位电路

1）在信号处理过程中，通常会失去或改变信号原有的直流分量，利用钳位电路，可以使信号的直流分量得以恢复，而不改变信号的波形。图1-6a是一种简单的钳位电路。

在 $\omega t = 0 \sim \pi/2$、u_i 从0上升至 U_{im} 期间，二极管处于正向导通状态，因二极管正向电阻很小，所以电容电压迅速充电到 u_i 的峰值 U_{im}，后因 $u_i < U_{im}$，二极管处于反向截止状态，电容不能放电使得电容电压始终保持为 U_{im}。由图1-6a可得

$$u_o = u_i - U_{im}$$

即相当于给输入信号 u_i 叠加了直流分量 $-U_{im}$，使输出电压 u_o 被钳制在零电平以下，却不改

变信号波形，如图 1-6b 所示。如果将二极管反接，则可将波形负峰钳制在零电平（读者可自行分析）。

2）将二极管串联一电压源，则可以改变钳位基准电平，如图 1-7 所示。

$$u_o = u_i - U_{im} + U$$

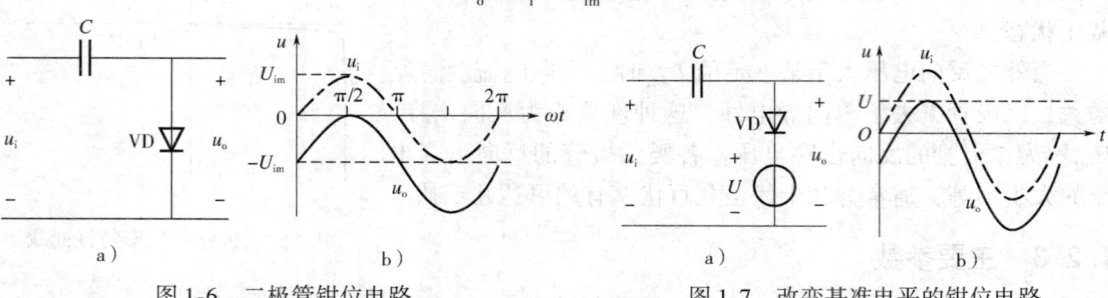

图 1-6　二极管钳位电路
a）钳位电路　b）波形图

图 1-7　改变基准电平的钳位电路
a）电路图　b）波形图

2. 限幅电路

限幅电路也叫作电压限制器或削波器，常用来将电压限制在某一参考电压以上或以下，也可以用来有选择地传输信号波形的某一部分。图 1-8a 是一种常用的限幅电路，电路等效模型如图 1-8b、c 所示。不难看出

$$u_o = \begin{cases} u_i & u_i < U \\ U & u_i > U \end{cases}$$

u_i 为正弦信号时，u_o 波形如图 1-8d 所示，$u_i > U$ 的部分被削去，故称为上限幅。若将二极管反接，则可将 $u_i < U$ 的部分削去，称为下限幅（读者可自行分析）。改变参考电压 U 的大小和极性，就可以改变限幅电平大小和极性。

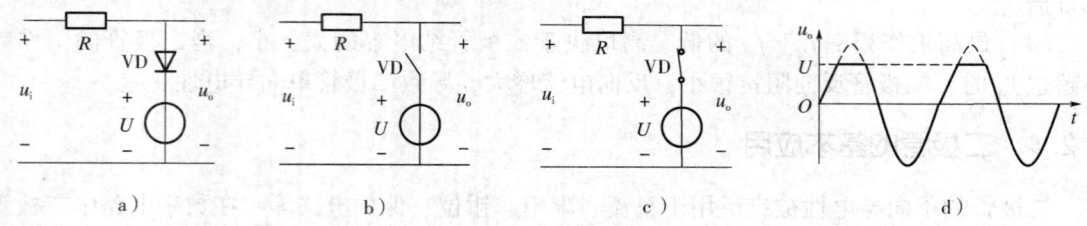

图 1-8　限幅电路
a）电路图　b）$u_i < U$　c）$u_i > U$　d）波形图

3. 双向限幅电路

图 1-9 是一种最简单的用于保护的双向限幅电路，利用二极管的正向饱和压降，将 u_o 限制在 ±0.7V 之间，该电路常用于集成运算放大器的输入信号限幅，防止因输入信号过高导致集成运算放大器损坏。

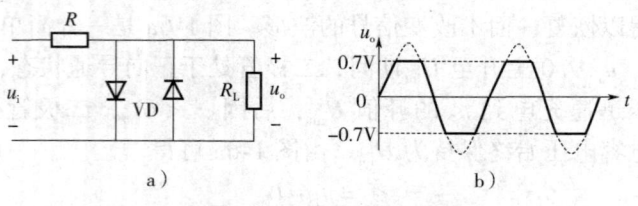

图 1-9　双向限幅电路
a）电路图　b）波形图

【思考题】

1-2-1 常用的二极管主要有哪几种类型？它们有何共性，有何区别？
1-2-2 二极管正常工作时有哪些工作状态？它有哪些主要参数？
1-2-3 限幅电路的别名是什么？限幅电路有什么作用？它的输出波形和输入波形有什么不同？
1-2-4 钳位电路有什么作用？它是怎样工作的？

1.3 稳压二极管

稳压二极管是一种特殊的面接触型二极管，其外形、内部结构同普通二极管相似，但反向击穿电压较低。稳压二极管通常工作在反向击穿状态，利用反向击穿时的稳压特性，与适当数值的限流电阻配合后，在电路中能起到稳定电压的作用，因此经常用在稳压设备和电子电路中。稳压二极管的图形符号如图 1-10 所示，文字符号为 VS。

图 1-10 稳压二极管的图形符号

1.3.1 伏安特性

稳压二极管的伏安特性曲线如图 1-11 所示，与普通二极管特性曲线相似，只是稳压二极管的反向特性曲线比较陡。稳压二极管在正向工作状态时，和普通二极管是相同的。稳压二极管在反向工作状态时，反向击穿电流 I_Z 在较大范围内变化，其两端电压 U_Z 变化很小，因而可以从它两端获得一个稳定的电压。

稳压二极管的反向击穿是可逆的，这是因为采取了特殊的制造工艺，使通过 PN 结接触面上各点的电流比较均匀。工作时把反向电流限制在一定数值内，因此虽然稳压二极管工作在击穿状态，但其 PN 结的温度不会超过允许值，稳压二极管不致损坏；当反向电压减小到 U_Z 以下时，PN 结又自动恢复为反向截止状态。

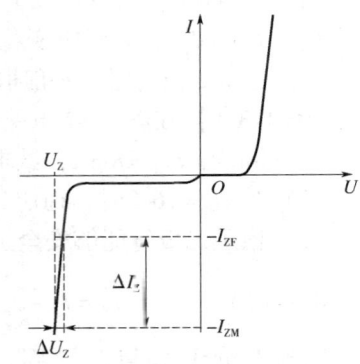

图 1-11 稳压二极管伏安特性曲线

1.3.2 主要参数

（1）稳定电压 U_Z U_Z 是稳压二极管在反向击穿状态下两端的稳定工作电压。同一型号的稳压二极管，其稳定电压分布在一定数值范围内，例如型号为 2CW18 的 U_Z 为 10~12V，但就某一个稳压二极管来说，在温度一定时，其稳定电压是一确定值。

（2）电压温度系数 α_U 稳压二极管的稳定电压随工作温度不同而有所变化，α_U 是说明稳压二极管温度稳定性的系数，例如 2CW18 的电压温度系数 $\alpha_U = +0.095\%/℃$，表示温度每升高 1℃，稳定电压要增加 0.095%，假如在 20℃时它的稳压值是 11V，则在 50℃时变为

$$\left[11 + \frac{0.095}{100}(50-20) \times 11\right] V \approx 11.3 V$$

由于硅的热稳定性比锗好，因此一般都用硅材料制作稳压二极管，例如 2CW 和 2DW 系

列都是硅稳压二极管。

（3）稳定电流 I_{ZF} 和最大稳定电流 I_{ZM} I_{ZF} 为稳压二极管工作电压等于稳定电压时的反向电流。I_{ZM} 为稳压二极管允许通过的最大反向电流。使用稳压二极管时，工作电流应介于 I_{ZF} 与 I_{ZM} 之间，不能超过 I_{ZM}，否则将导致稳压二极管损坏。

（4）动态电阻 r_Z r_Z 是稳压二极管两端电压变化量与相应的电流变化量的比值，即

$$r_Z = \frac{\Delta U_Z}{\Delta I_Z} \tag{1-1}$$

稳压二极管的动态电阻 r_Z 越小，反向特性越陡，则稳压性能越好。

（5）最大允许耗散功率 P_{ZM} P_{ZM} 是稳压二极管不致发生热击穿的最大功率损耗，即

$$P_{ZM} = U_Z I_{ZM} \tag{1-2}$$

1.3.3 稳压二极管的基本应用

实际中稳压二极管要和限流电阻配合使用，稳压二极管 VS 和负载电阻 R_L 并联，再与限流电阻 R 串联构成稳压电路，如图 1-12 所示。要求稳压电路的输入电压 U_i 大于负载电压 U_o 2 倍以上，保证稳压二极管始终处于反向击穿稳压状态，使 $U_o = U_Z$，当输入电压 U_i 发生波动时，U_o 与 I_o 保持不变，$U_o = U_i - U_R$，U_R、I_R 与 I_Z 发生相应变化，限流电阻 R 起到电压补偿作用。选择稳压二极管时，一般取 $U_Z = U_o$，$U_i = (2 \sim 3) U_o$。

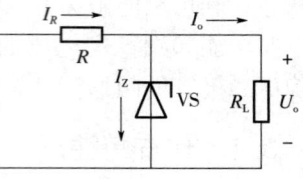

图 1-12 稳压二极管基本电路

【例 1-3-1】在图 1-12 电路中，已知：$R = 1\text{k}\Omega$，$R_L = 1\text{k}\Omega$，稳压二极管 VS 的参数 $U_Z = 6\text{V}$、$I_{ZF} = 3\text{mA}$、$I_{ZM} = 8\text{mA}$，试求：

（1）当 $U_i = 16\text{V}$ 时，稳压二极管能否正常工作。

（2）稳压二极管能够安全工作的输入电压最大值 U_{im}。

解：（1） $$I_Z = I_R - I_o = \frac{U_i - U_o}{R} - \frac{U_o}{R_L} = \left(\frac{16-6}{1} - \frac{6}{1}\right)\text{mA} = 4\text{mA}$$

因为 I_Z 介于 I_{ZF} 与 I_{ZM} 之间，所以稳压二极管可以正常工作。

（2） $$U_{im} = (I_{ZM} + I_o)R + U_o = \left[\left(8 + \frac{6}{1}\right) \times 1 + 6\right]\text{V} = 20\text{V}$$

【例 1-3-2】在图 1-12 电路中，已知：稳压二极管 VS 的参数 $U_Z = 10\text{V}$、$I_{ZF} = 5\text{mA}$、$I_{ZM} = 20\text{mA}$，$R_L = 2\text{k}\Omega$。要求当输入电压由正常值发生 ±20% 波动时，负载电压基本不变。

求：电阻 R 和输入电压 U_i 的正常值。

解：$U_o = U_Z = 10\text{V}$。

当输入电压达到上限即为 $1.2U_i$ 时，流过稳压二极管的电流为 I_{ZM}，有

$$I_R = I_{ZM} + \frac{U_o}{R_L} = \left(20 + \frac{10}{2}\right)\text{mA} = 25\text{mA}$$

则

$$1.2U_i = I_R R + U_o = 25R + 10 \qquad ①$$

当输入电压降到下限即为 $0.8U_i$ 时，流过稳压二极管的电流为 I_{ZF}，有

$$I_R = I_{ZF} + \frac{U_o}{R_L} = \left(5 + \frac{10}{2}\right)\text{mA} = 10\text{mA}$$

则

$$0.8U_i = I_R R + U_o = 10R + 10 \qquad ②$$

将①、②联立求解,可得

$$U_i = 18.75\text{V},\ R = 0.5\text{k}\Omega$$

【思考题】

1-3-1 稳压二极管正常工作时,它的工作电流应该限制在什么范围?

1-3-2 稳压电路的功能是什么?稳压电路中的稳压二极管正常工作时处在什么状态?

1-3-3 什么是稳压二极管的动态电阻?

1-3-4 利用二极管的正向导通压降是否也可以起到稳压作用?

1-3-5 在图 1-12 所示的电路中,稳压二极管和电阻 R 各起什么作用?

1-3-6 有两个稳压二极管,稳定电压分别为 6V 和 9V,正向电压降都是 0.7V,则通过串联(加限流电阻)可以组合出几种稳压值?

1-3-7 有两个稳压二极管 VS_1 和 VS_2,其稳定电压分别为 5.5V 和 8.5V,正向电压降均为 0.5V。如果要得到 0.5V、3V、6V、9V 和 14V 几种稳定电压,VS_1、VS_2 和限流电阻 R 应如何连接?画出各个电路。

1.4 双极型晶体管

双极型晶体管简称晶体管(又称三极管),是一种重要的半导体器件。在双极型晶体管中,自由电子和空穴两种载流子都参与导电过程,具有电流放大作用和开关作用,本节主要介绍双极型晶体管的结构组成和电流放大作用。

1.4.1 基本结构

晶体管的种类很多,外形不同但其基本结构相同,都是通过一定的工艺在一块半导体基片上制成两个 PN 结,再引出 3 个电极,然后用管壳封装而成。

晶体管都是由 3 层不同的半导体构成的。根据结构不同,晶体管可分成 NPN 型和 PNP 型。NPN 型和 PNP 型晶体管的结构示意及电路符号如图 1-13 所示。

NPN 型或者 PNP 型晶体管的 3 层半导体形成 3 个不同的导电区。中间薄层半导体掺入杂质最少,因而多数载流子浓度最低,称为基区。基区两侧为同型

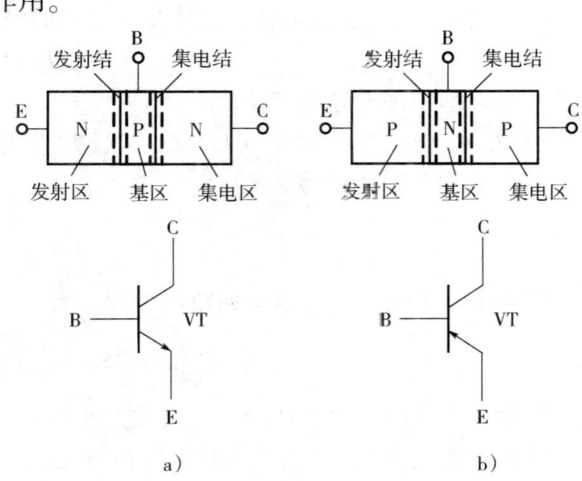

图 1-13 NPN 型和 PNP 型晶体管结构示意及电路符号
a) NPN 型 b) PNP 型

半导体,但两者掺入杂质的浓度不同,故多数载流子的浓度不同。一侧的多数载流子浓度较大,发射多数载流子,称为发射区。另一侧多数载流子浓度较小,收集载流子,称为集电区。从发射区、基区和集电区引出的 3 个电极分别称为发射极、基极和集电极,并分别用字母 E、B、C 表示。发射区与基区交界处的 PN 结称为发射结,集电区与基区交界处的 PN 结

称为集电结。集电结面积大于发射结,其目的在于保证集电区能有效地收集载流子。

1.4.2 电流分配与放大作用

NPN 型和 PNP 型晶体管的内部结构虽然不同,但工作原理是相同的,只是在使用时电源极性相反。根据晶体管的内部结构,给它提供一定的外部条件(加适当的电压)时,载流子便会按一定规律运动和分配。由于应用中采用 NPN 型晶体管较多,因此下面以 NPN 型晶体管为例说明其电流放大作用,所得结论同样适用于 PNP 型晶体管。

某 NPN 型晶体管实验电路如图 1-14 所示,首先必须使电路中 $U_{BE}>0$,使发射结加正向电压(正偏),$U_{CC}>U_{BB}$、$U_{CE}>U_{BE}$ 使集电结加反向电压(反偏),这是保证晶体管能够进行电流放大的必要条件。

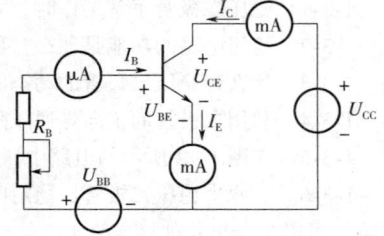

图 1-14 某 NPN 型晶体管实验电路

改变可变电阻 R_B 的阻值,则基极电流 I_B、集电极电流 I_C 和发射极电流 I_E 都会相应发生变化,实验测量结果见表 1-1。

表 1-1 晶体管电流测试数据 (单位:mA)

I_B	0	0.02	0.04	0.06	0.08
I_C	<0.001	1.50	3.01	4.55	6.20
I_E	<0.001	1.52	3.05	4.61	6.28

由表 1-1 中的实验数据可以得出如下结论:

1)观察每一列数据可知,晶体管 3 个极的电流分配为
$$I_E = I_B + I_C \tag{1-3}$$
此结果符合基尔霍夫电流定律。

2)I_C 和 I_E 比 I_B 大得多($I_E \approx I_C$),且 I_C 与 I_B 保持一定的比例,二者之比称为晶体管直流(静态)电流放大系数,有
$$\bar{\beta} = \frac{I_C}{I_B} \tag{1-4}$$

以表 1-1 中第 3 列和第 4 列数据为例,有
$$\bar{\beta} = \frac{3.01}{0.04} = 75.25,\ \bar{\beta} = \frac{4.55}{0.06} \approx 75.83$$

这就是晶体管的电流放大作用。电流放大作用还体现在基极电流的少量变化 ΔI_B 引起集电极电流的较大变化 ΔI_C,二者之比称为交流(动态)电流放大系数,用 β 表示,仍以表 1-1 中第 3 列和第 4 列数据为例,有
$$\beta = \frac{\Delta I_C}{\Delta I_B} = \frac{4.55 - 3.01}{0.06 - 0.04} = \frac{1.54}{0.02} = 77$$

3)由表 1-1 中第 1 列数据可知,当 $I_B = 0$ 时(基极开路),$I_C = I_{CEO} < 0.001\,\text{mA} = 1\,\mu\text{A}$,$I_{CEO}$ 称为穿透电流。

4)要使晶体管具有放大作用,发射结必须正向偏置,集电结必须反向偏置。

上述分析表明,发射结正偏,才可使发射区向基区大量地发射自由电子,而集电结反

偏，才有利于集电区收集电子，这两点是晶体管能进行电流放大的必要条件。对于 PNP 型晶体管，为满足上述条件，U_{BB} 和 U_{CC} 的极性应与图 1-14 相反，电流 I_E、I_B 和 I_C 的方向也相反。

U_{CC} 的另一个作用是向晶体管提供能量，即产生电流 I_C，由此可见，晶体管的电流放大，就是用一个小电流 I_B 来控制一个大电流 I_C。因此，晶体管是一种电流控制器件。

1.4.3 伏安特性曲线

晶体管的伏安特性，即各极电压、电流间的关系，可以用输入特性和输出特性来描述，伏安特性测试电路如图 1-15 所示。如果采用"晶体管伏安特性图示仪"就可以在显示屏上直接观察被测晶体管的伏安特性曲线。

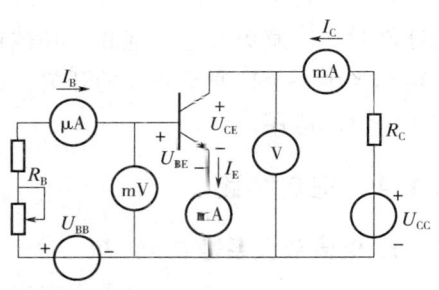

图 1-15　晶体管伏安特性测试电路

1. 输入特性曲线

晶体管的输入特性是指当集-射极之间电压 U_{CE} 为常数时，输入电路中基极电流 I_B 与基-射极电压 U_{BE} 之间的关系，即 $I_B = f(U_{BE})|_{U_{CE}=常数}$。某 NPN 型小功率硅晶体管的输入特性曲线如图 1-16 所示，实际上，对于每个给定的 U_{CE} 都对应着一条输入特性曲线，但通常只需给出有代表性的两条曲线，即可满足实用要求：一条是 $U_{CE}=0V$ 的曲线，相当于 C、E 短路的情况，输入特性为两个 PN 结并联的正向特性；另一条是 $U_{CE} \geq 1V$ 的曲线，对应于集电结反偏的情况，集电极收集电子的能力已足够强，由发射极注入基区的大部分自由电子都可被拉入集电区形成 I_C，只

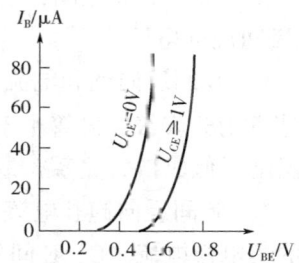

图 1-16　晶体管的输入特性曲线

有少数自由电子在基区与空穴复合形成 I_B，所以，在相同的 U_{BE} 下 I_B 大大减小，曲线右移。当 $U_{CE} \geq 1V$ 时，因无更多的自由电子可供收集，所以 I_B 无明显变化，曲线基本上是重合的，因此一般只需测试出 $U_{CE} \geq 1V$ 的一条曲线。

2. 输出特性曲线

晶体管的输出特性是指当基极电流 I_B 为常数时，输出电路中集电极电流 I_C 与集-射极电压 U_{CE} 之间的关系，即 $I_C = f(U_{CE})|_{I_B=常数}$。某 NPN 型小功率硅晶体管的输出特性曲线如图 1-17 所示，曲线可划分为 3 个区域，对应着晶体管 3 种不同的工作状态。

（1）放大区　输出特性曲线近于平行的部分为放大区。晶体管工作在放大区的条件是发射结处于正偏、集电结处于反偏，在放大区 I_C 几乎与 U_{CE} 无关，$I_C = \beta I_B$，I_C 受 I_B 的控制，表现为恒流特性。

（2）截止区　输出特性曲线靠近横轴、$I_B = 0$ 以下的

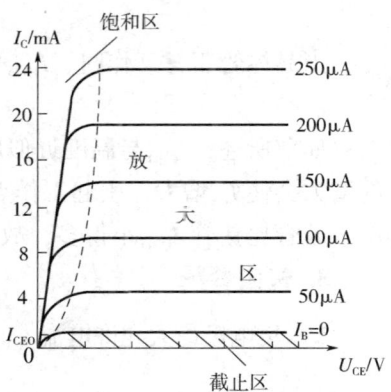

图 1-17　晶体管的输出特性曲线

区域称为截止区。NPN 型晶体管当 $U_{BE} < U_T$ 时，发射结和集电结都处于反向偏置，即工作在截止区，此时 $I_B = 0$，$I_C = I_{CEO} \approx 0$。为了使晶体管可靠截止，通常使 $U_{BE} \leq 0$。

（3）饱和区　输出特性曲线靠近纵轴、U_{CE} 较小的区域称为饱和区。饱和区 $U_{CE} < U_{BE}$ 使得发射结和集电结都处于正向偏置，此时 $U_{CE} = U_{CES} \approx 0$，$I_C = I_{CS} \approx U_{CC}/R_C$，$I_C$ 不再随 I_B 的增大而增大。U_{CES} 为晶体管饱和电压，约为 0.3V；I_{CS} 为晶体管饱和电流；基极临界饱和电流 $I_{BS} = I_{CS}/\beta$，当 $I_B > I_{BS}$ 时，晶体管进入饱和状态。

当晶体管工作在饱和区和截止区时，则失去了正常的电流放大作用，所以晶体管作为放大器件时，应避免其进入饱和区和截止区。但是另一方面，由于晶体管工作在这两个区时，分别相当于一个接通或断开的开关，这种良好的开关特性，使晶体管在脉冲和数字电路中得到了广泛的应用。

1.4.4　主要参数

1. 电流放大系数 β

如前所述，电流放大系数有直流（静态）电流放大系数 $\bar{\beta}$ 和交流（动态）电流放大系数 β。因二者数值相近，常不加区别，统称为共射极电流放大系数，以 β 表示。普通小功率晶体管的 β 在 20~200 之间，手册中 β 常用 h_{FE} 表示。

2. 极间反向电流

（1）C、B 间反向饱和电流 I_{CBO}　I_{CBO} 是指发射极开路时，集电结的反向电流。I_{CBO} 一般很小（锗管为微安级，硅管小于 1μA），对电流放大作用影响不大，但因该电流对温度很敏感，与温度近似成指数关系，是影响晶体管热稳定性的重要因素，所以越小越好。

（2）C、E 间反向饱和电流（穿透电流）I_{CEO}　I_{CEO} 为基极开路且在集-射间加上规定电压时的集电极电流。C、E 间外加电压使发射结正偏、集电结反偏，集电结两侧的少子必然相对漂移，致使基区空穴浓度有所提高，因基极开路，这些空穴只能与来自发射区的自由电子复合，以维持基区空穴浓度不变。此时，发射结正偏，发射区向基区注入电子，其中一部分与基区由少子漂移产生的空穴复合，形成电流 I_{CBO}，而另一部分为集电区所收集，其数量必然等于在基区复合数量的 β 倍，并形成电流 βI_{CBO}，C、E 间总电流为

$$I_{CEO} = (1+\beta)I_{CBO} \tag{1-5}$$

当晶体管正常工作时，I_{CEO} 依然存在，且构成集电极电流的一部分，则

$$i_C = \beta i_B + I_{CEO}$$

如前所述，I_{CEO} 与温度近似成指数关系，所以 I_{CEO} 对温度也很敏感。当温度升高时，I_{CEO} 的增大会使 I_C 增大，引起工作点的变动，所以 I_{CEO}、I_{CEO} 是决定晶体管热稳定性的重要参数。由于硅管比锗管 I_{CEO} 小得多，故硅管的热稳定性比锗管好得多。

3. 极限参数

1）集电极最大允许电流 I_{CM}：晶体管在大电流下 β 会下降，通常将 β 下降为正常值的 $\frac{1}{3}$~$\frac{1}{2}$ 时的 I_C 规定为 I_{CM}，在实际应用中，超过此值晶体管并不一定损坏。

2）反向击穿电压 $U_{(BR)CEO}$：基极开路时，集-射极之间的最大允许电压。当集-射极之间

的电压超过 $U_{(BR)CEO}$ 时，会造成晶体管击穿损坏，为保证安全，使用中应选取晶体管的 $U_{(BR)CEO}$ 大于 2～3 倍电源电压 U_{CC}。

3）集电极最大允许耗散功率 P_{CM}：P_{CM} 为集电极允许耗散功率（U_{CE} 和 I_C 的乘积）的最大值。超过此值，可能造成晶体管过热损坏。图 1-18 所示的功耗曲线表示在不同 U_{CE} 下允许的 I_C 值。

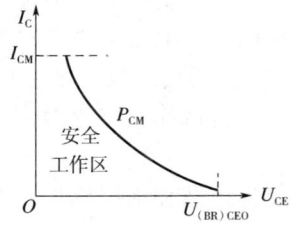

图 1-18　晶体管的安全工作区

由 I_{CM}、$U_{(BR)CEO}$ 和 P_{CM} 共同限定了晶体管的安全工作区。

【思考题】

1-4-1　晶体管按照导电类型分类，有哪几种类型？它们的结构和电路符号是怎样的？

1-4-2　在 NPN 型晶体管中，掺杂浓度最高的是什么区？面积最大的是什么区？

1-4-3　NPN 型晶体管的三层结构与反向串联的两个二极管相似（见图 1-19），后者有没有电流放大作用？为什么。

1-4-4　交流电流放大系数和直流电流放大系数意义是否相同？

1-4-5　晶体管正常进行电流放大的外部条件是什么？电流放大的本质是什么？

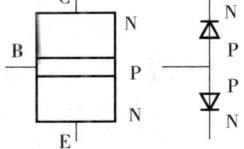

图 1-19　题 1-4-3 图

1-4-6　晶体管可以作为开关使用，开和关时分别工作在哪种工作状态？

1-4-7　晶体管的输入和输出特性各描述了哪些量之间的关系？

1-4-8　晶体管的输入特性曲线在 $U_{CE} \geq 2V$ 后为什么差别不大？

1-4-9　结合晶体管的输入和输出特性曲线，解释说明"饱和""截止""电流放大"3 种工作状态。

1-4-10　晶体管在"饱和""截止""电流放大"3 种状态下，晶体管各有什么样电路作用？怎样使它分别工作在这几种不同的状态？

1-4-11　在某放大电路中，测得晶体管 3 个极的对地电位分别为：-9V、-3V、-3.2V，试判断该晶体管是 NPN 型还是 PNP 型？锗管还是硅管？并确定 3 个电极。

1-4-12　在某放大电路中，测得晶体管 3 个极的静态电位分别为 0V、10V、9.3V，这只晶体管是什么类型的？

1-4-13　晶体管测量电路如图 1-15 所示，该晶体管工作在放大区：（1）若 U_{CC}、U_{BB}、R_C 不变，增大 R_B，试问 I_B、I_C 和 U_{CE} 如何变化？（2）若 U_{CC}、U_{BB}、R_B 不变，增大 R_C，试问 I_B、I_C 和 U_{CE} 如何变化？

1-4-14　有两只晶体管，一只晶体管的 $\beta = 80$，$I_{CBO} = 1\mu A$；另一只晶体管的 $\beta = 160$，$I_{CBO} = 60\mu A$，其他参数基本相同。你认为哪一只晶体管的性能更好？

1-4-15　某一晶体管 $P_{CM} = 700mW$，$I_{CM} = 120mA$，$U_{(BR)CEO} = 35V$，试问在下列几种情况下，哪种属于正常工作状态，为什么？（1）$U_{CE} = 12V$，$I_C = 50mA$；（2）$U_{CE} = 5V$，$I_C = 150mA$；（3）$U_{CE} = 20V$，$I_C = 100mA$。

1.5 场效应晶体管

前面讲过的双极型晶体管是电流控制器件,其输入电阻相对较小(仅有 $10^2 \sim 10^4 \Omega$),当它工作在放大状态时,必须给基极输入一定的基极电流,需要较大的输入功率。场效应晶体管是一种单极型电压控制器件,利用改变电场的强弱来控制半导体的导电能力,它不仅具有较高的输入电阻(可达 $10^9 \sim 10^{14} \Omega$)、还具有噪声低、热稳定性好、抗辐射能力强、耗电省、制造工艺简单、易于集成化等优点,目前已广泛地应用于各种电子电路中,尤其在实现超大规模集成电路方面更为突出。

场效应晶体管按其结构的不同分为结型和绝缘栅型,本书仅介绍常用的绝缘栅型场效应晶体管。

1.5.1 绝缘栅型场效应晶体管的结构与特性曲线

绝缘栅型场效应晶体管根据导电沟道的不同,可分为 N 沟道和 P 沟道两种,每一种又分为增强型和耗尽型两类。

1. 增强型场效应晶体管

N 沟道绝缘栅增强型场效应晶体管结构如图 1-20a 所示,它是用一块杂质浓度较低的 P 型薄硅片作衬底,在上面扩散两个杂质浓度很高的 N^+ 区,分别用金属铝各引出一个电极,称为源极 S 和漏极 D,并用热氧化的方法在硅片表面生成一层薄薄的二氧化硅(SiO_2)绝缘层,在它上面再添加一层金属铝,也引出一个电极,称为栅极 G。

因为绝缘栅场效应晶体管的栅极和其他电极以及硅片之间是绝缘的,所以输入电阻很高,输入电流几乎为零;又由于它是由金属、氧化物和半导体所构成,所以又称为金属-氧化物-半导体(Metal-Oxide-Semiconductor)场效应晶体管,简称 MOS 管。N 沟道绝缘栅增强型场效应晶体管的电路符号如图 1-20b 所示,一般情况下,衬底 B 和源极 S 接在一起。

N 沟道 MOS 管源极与漏极之间是 $N^+ P N^+$ 结构,相当于两个背靠背的 PN 结。如果将衬底改为 N 型,源极与漏极所连区域改为 P^+ 杂质区,则形成 $P^+ N P^+$ 结构的 P 沟道 MOS 管,如图 1-21 所示。与 NPN 型、PNP 型晶体管道理相同,N 沟道 MOS 管与 P 沟道 MOS 管工作原理完全相同,只是两者电源极性、电流方向相反。

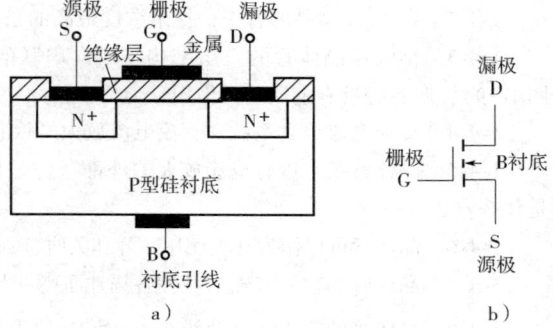

图 1-20 N 沟道增强型场效应晶体管的结构与电路符号
a) 结构 b) 电路符号

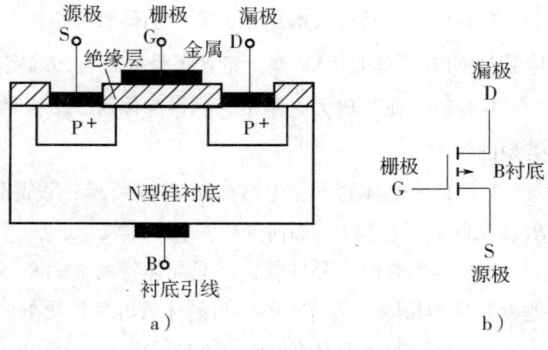

图 1-21 P 沟道增强型 MOS 管的结构与电路符号
a) 结构 b) 电路符号

本节以 N 沟道增强型 MOS 管为例讲述其工作原理。N 沟道增强型 MOS 管导通原理示意图如图 1-22 所示。当 $U_{GS}=0$ 时（G、S 之间短路），无论 D、S 之间电压 U_{DS} 极性如何，总有一个 PN 结是反偏的，漏极电流几乎为零。如果在栅极和源极之间加一正向电压 U_{GS}，在 U_{GS} 的作用下，会产生垂直于衬底表面的电场，P 型衬底与 SiO_2 绝缘层的界面将感应出负电荷层，随着 U_{GS} 的增加，负电荷的数量也增多，当积累的负电荷足够多时，使两个 N^+ 区之间形成导电沟道，在一定的漏-源电压 U_{DS} 的作用下，漏、源极之间便有漏极电流 I_D 出现。使晶体管由不导通转为导通的临界栅、源电压称为开启电压，用 $U_{GS(th)}$ 表示。当 $0<U_{GS}<U_{GS(th)}$ 时，导电沟道尚未完全形成，$I_D=0$；当 $U_{GS}>U_{GS(th)}$ 时，随 U_{GS} 的增加，导电沟道会加宽，漏极电流 I_D 也会随之增大。

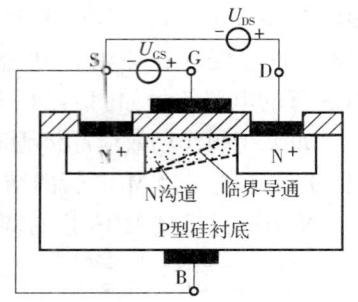

图 1-22　N 沟道增强型 MOS 管导通原理示意图

N 沟道增强型 MOS 管的电压控制关系可用特性曲线描述。

（1）转移特性曲线　转移特性曲线是指当漏-源电压 U_{DS} 为常数时，输出电流 I_D 与输入电压 U_{GS} 之间的关系，即 $I_D=f(U_{GS})|_{U_{DS}=常数}$。图 1-23a 为 N 沟道增强型 MOS 管的转移特性曲线。

（2）输出特性曲线　输出特性曲线是指当栅-源电压 U_{GS} 为常数时，输出电流 I_D 与漏、源极之间电压 U_{DS} 之间的关系，即 $I_D=f(U_{DS})|_{U_{GS}=常数}$。图 1-23b 为 N 沟道增强型 MOS 管的输出特性曲线。

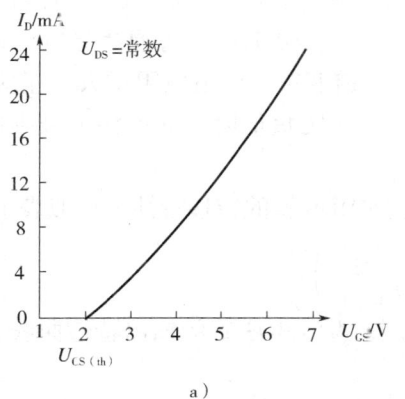
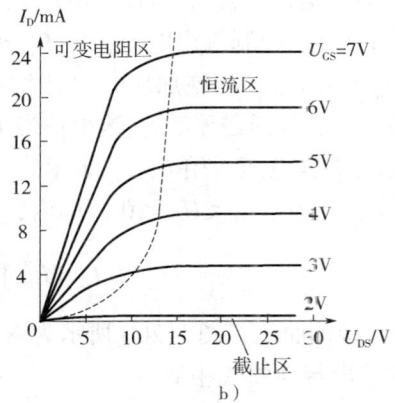

图 1-23　N 沟道增强型 MOS 管特性曲线
a）转移特性曲线　b）输出特性曲线

N 沟道增强型 MOS 管的输出特性曲线分成 3 个区域：①可变电阻区，在这个区域内 U_{DS} 相对较小，对沟道影响不大，当 U_{GS} 为一定值时，沟道电阻也一定，I_D 与 U_{DS} 之间基本上呈线性关系，且 U_{GS} 越大，沟道电阻越小，曲线越陡，即沟道电阻大小由 U_{GS} 决定，故称为可变电阻区；②恒流区，在恒流区内，$U_{DS}>U_{GS}-U_{GS(th)}$，I_D 几乎不随 U_{DS} 的变化而变化，呈恒流特性，特性曲线近乎与横轴平行，I_D 的大小由 U_{GS} 决定；③截止区（也称夹断区），当 $U_{GS}<U_{GS(th)}$ 为时，MOS 管的沟道尚未建立起来，I_D 几乎为零，处于截止状态。

2. 耗尽型场效应晶体管

如果在制造 MOS 管时，在 SiO_2 绝缘层中掺入大量的正离子产生足够强的内电场，使得 P 型衬底的硅表层的多数载流子空穴被排斥开，从而感应出很多的负电荷使漏极与源极之间形成 N 型导电沟道，如图 1-24a 所示。因此，即使栅、源极之间不加电压（$U_{GS}=0$），漏、源极之间已经存在原始导电沟道，这种场效应晶体管称为耗尽型 MOS 管。N 沟道耗尽型 MOS 管的电路符号如图 1-24b 所示。

如果在制作场效应晶体管时采用 N 型硅作衬底，漏极、源极为 P^+ 型，则导电沟道为 P 型。P 沟道耗尽型 MOS 管的结构与电路符号如图 1-25 所示。

N 沟道耗尽型 MOS 管的特性曲线如图 1-26 所示。

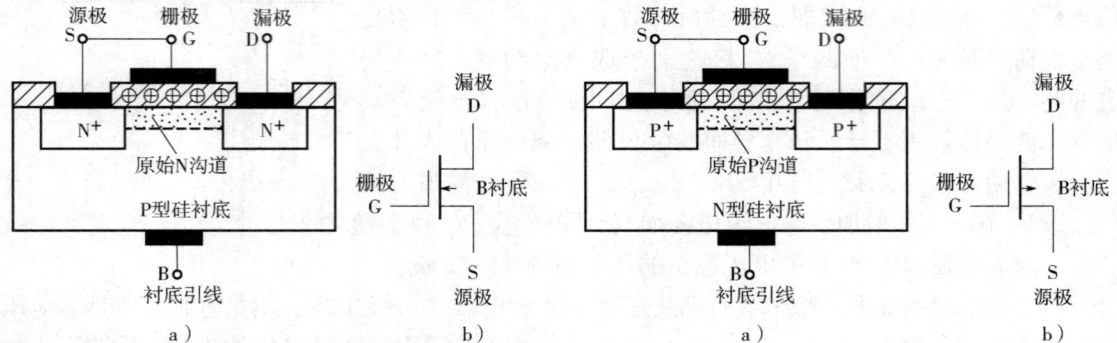

图 1-24　N 沟道耗尽型 MOS 管的结构与电路符号　　　图 1-25　P 沟道耗尽型 MOS 管的结构与电路符号
　　　　a）结构　b）电路符号　　　　　　　　　　　　　　　a）结构　b）电路符号

（1）转移特性曲线　图 1-26a 所示为 N 沟道耗尽型 MOS 管的转移特性曲线。当漏-源电压 U_{DS} 为常数时，输出电流 I_D 与输入电压 U_{GS} 之间基本上呈线性关系，U_{GS} 极性可正可负，实际中通常采用负栅压控制输出电流，即 $U_{GS} \leq 0$。当 $U_{GS} = 0$ 时，流过原始导电沟道的输出电流为漏极饱和电流 I_{DSS}。当施加反向 U_{GS} 时，导电沟道变窄，沟道电阻增大，相应的 I_D 会减小；U_{GS} 负值越大，沟道越窄，I_D 越小；当 U_{GS} 达到一定负值时，导电沟道被夹断，$I_D = 0$，此时的 U_{GS} 称为夹断电压，用 $U_{GS(off)}$ 表示。

实验表明，在 $U_{GS(off)} \leq U_{GS} \leq 0$ 范围内，耗尽型 MOS 管的转移特性可近似表示为

$$I_D = I_{DSS}\left(1 - \frac{U_{GS}}{U_{GS(off)}}\right)^2 \tag{1-6}$$

（2）输出特性曲线　图 1-26b 所示为 N 沟道耗尽型 MOS 管的输出特性曲线，它与增强型 MOS 管的输出特性曲线相似。

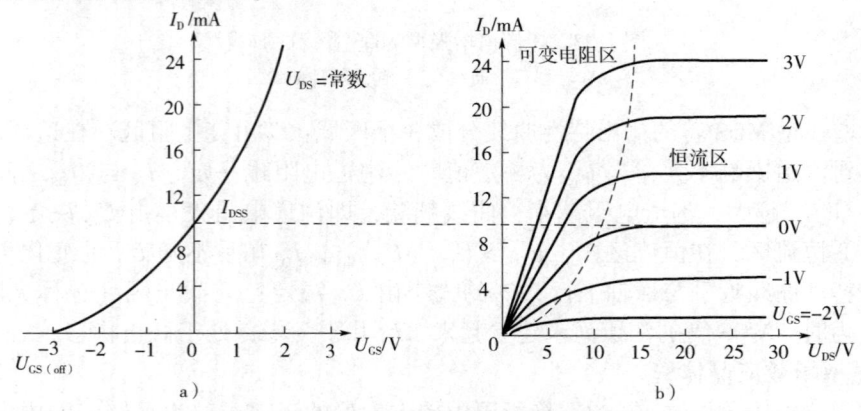

图 1-26　N 沟道耗尽型 MOS 管特性曲线
a）转移特性曲线　b）输出特性曲线

1.5.2 主要参数

场效应晶体管的主要参数有前面提到的输入电阻 r_{GS}、开启电压 $U_{GS(th)}$ 和夹断电压 $U_{GS(off)}$，还有以下参数。

(1) 跨导 g_m　在 U_{DS} 为定值时，漏极电流 I_D 的变化量 ΔI_D，与引起这个变化的栅-源电压 U_{GS} 的变化量 ΔU_{GS} 的比值称为跨导，表示为

$$g_m = \frac{\Delta I_D}{\Delta U_{GS}}\bigg|_{U_{DS}=常数}$$

g_m 是衡量 MOS 管的 U_{GS} 对 I_D 控制能力大小的重要参数，它的单位是 μA/V 或 mA/V。

(2) 通态电阻 r_{DS}　在确定的栅、源电压 U_{GS} 下，MOS 管进入饱和导通时，漏、源极之间的电阻值的大小决定了 MOS 管的开通损耗。

(3) 最大漏-源击穿电压 $U_{(BR)DS}$　是指漏极与源极之间允许的最大反向电压，当漏-源电压超过 $U_{(BR)DS}$ 时，会造成 MOS 管击穿损坏，为保证安全，使用中应选取 MOS 管的 $U_{(BR)DS}$ 大于 2~3 倍电源电压 U_{DD}。

(4) 漏极最大耗散功率 P_{DM}　它是漏极耗散功率 $P_D = U_{DS}I_D$ 的最大允许值，是从发热角度对 MOS 管提出的限制条件。

另外，由于 MOS 管的输入电阻很高，所以栅极上很容易积累较高的静电电压，将绝缘层击穿。为了避免这种损坏，在保存场效应晶体管时应将它的 3 个极短接；在电路中，栅、源极间应有固定电阻或稳压二极管并联，以保证有一定的直流通道；在焊接时应使电烙铁外壳良好接地。

【思考题】

1-5-1　场效应晶体管与双极型晶体管比较有何特点？
1-5-2　为什么说双极型晶体管是电流控制器件，而场效应晶体管是电压控制器件？
1-5-3　说明场效应晶体管的夹断电压 $U_{GS(off)}$ 和开启电压 $U_{GS(th)}$ 的意义。
1-5-4　试分析 P 沟道绝缘栅增强型和耗尽型 MOS 管的转移特性。
1-5-5　为什么 MOS 管的栅极不能开路？
1-5-6　MOS 管的 $U_{GS}=0V$（G、S 之间短接）时，漏极电流 $I_D=0$，试判断它是什么类型的 MOS 管？如果漏极电流 I_D 不为 0，又是什么类型的 MOS 管，为什么？
1-5-7　如何改变 MOS 管导电沟道电阻的大小？
1-5-8　如何控制 MOS 管漏极电流的大小？
1-5-9　怎样用简易方法来区分增强型和耗尽型 MOS 管？

1.6　光电器件

1.6.1　发光二极管

发光二极管（Light Emitting Diode，LED）是一种将电能直接转换成光能的半导体器件。和普通二极管相似，LED 也是由一个 PN 结构成。LED 多采用磷/砷化镓制作 PN 结，这种半

导体材料的 PN 结在正向导通时，由于空穴和电子的复合而放出能量，发出一定波长的可见光。光的波长不同，颜色也不同，常见的 LED 有红、绿、黄、蓝等颜色。LED 的 PN 结封装在透明塑料管壳内，外形有方形、矩形和圆形等。LED 的驱动电压低、工作电流小，具有很强的抗振动和抗冲击能力、体积小、可靠性高、耗电省和寿命长等优点，广泛用于信号指示和传递中。

LED 的图形符号如图 1-27 所示。它的伏安特性和普通二极管相似，开启电压为 0.9 ~ 1.1V，正向工作电压为 1.5 ~ 2.5V，工作电流为 5 ~ 15mA，反向击穿电压较低，一般小于 10V。

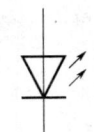

图 1-27 LED 的图形符号

1.6.2 光电器件

将光信号（或光能）转变成电信号（或电能）的器件称为光电器件。光电器件主要有利用半导体光敏特性工作的光电导器件、利用半导体光伏效应工作的光电池和半导体发光器件等。

1. 光敏电阻

光敏电阻是一种电导率随吸收的光量子多少而变化的电子元件。在一定波长范围内光照下，载流子浓度增加，从而电导率增加，电阻值明显变小，这就是光电导效应。利用不同材料制作的光敏电阻可以制成各种光探测器。

2. 光电二极管

光电二极管管壳上有透明聚光窗，由于 PN 结的光敏特性，当有光线照射时，光电二极管在一定的反向偏压范围内，其反向电流将随光照强度的增加而线性增加，这时光电二极管等效于一个理想电流源。当无光照时，光电二极管的伏安特性与普通二极管相同。光电二极管的等效电路如图 1-28a 所示，图 1-28b、c 分别为光电二极管的图形符号与伏安特性曲线。

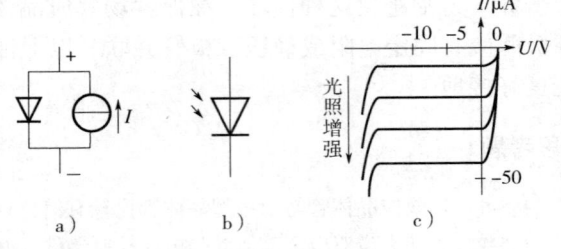

图 1-28 光电二极管
a) 等效电路 b) 图形符号 c) 伏安特性曲线

光电二极管的主要参数有：

1) 暗电流：无光照时的反向饱和电流，一般很小，可以忽略不计。
2) 光电流：在额定照度下的反向电流，一般为几十微安。
3) 灵敏度：在给定波长（如 0.9μm）的单位光功率时，光电二极管产生的光电流，一般不小于 $0.5\mu A/\mu W$。
4) 峰值波长：使光电二极管具有最高响应灵敏度（光电流最大）的光波长。一般光电二极管的峰值波长在可见光和红外线范围内。
5) 响应时间：加定量光照后，光电流达到稳定值的 63% 所需要的时间，一般为 $10^{-7}s$。

3. 光电晶体管

将光电二极管与晶体管结合即构成光电晶体管。其等效电路如图 1-29a 所示。光电晶体管的灵敏度较光电二极管提高了 β 倍，但响应时间也相应增加。它的图形符号与伏安特性曲线如图 1-29b、c 所示。

1.6.3 光电耦合器

将发光器件和受光器件组装在一起就构成了光电耦合器。使用时将电信号送入光电耦合器的发光器件，发光器件将电信号转换成光信号，由输出侧的受光器件接收再转换成电信号。由于信号是通过光耦合传输的，输出与输入之间没有直接电气联系，所以也称其为光电隔离器，可用以代替继电器等装置。

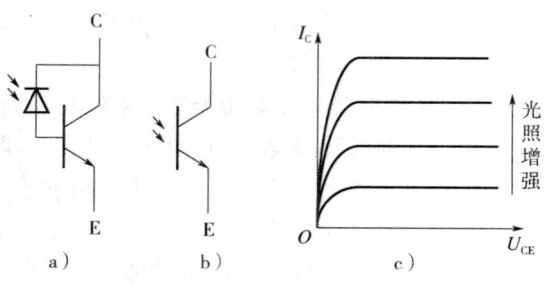

图 1-29 光电晶体管
a) 等效电路 b) 图形符号 c) 伏安特性曲线

光电耦合器的发光器件和受光器件封装在同一不透明的管壳内，由透明、绝缘的树脂隔开。发光器件常用发光二极管，受光器件则根据输出电路的不同要求有光电晶体管、光电晶闸管和光电集成电路等。图 1-30 所示为晶体管输出型光电耦合器。

光电耦合器具有如下特点：

1) 光电耦合器的发光器件与受光器件互不接触，绝缘电阻很高，可达 $10^{10}\Omega$ 以上，并能承受 2000V 以上的高压，因此经常用来隔离强电和弱电系统。

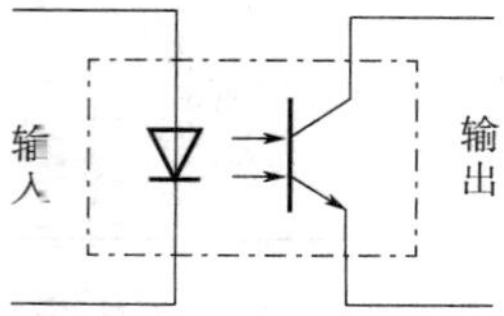

图 1-30 晶体管输出型光电耦合器

2) 光电耦合器的发光二极管是电流驱动器件，输入电阻很小，而干扰源一般内阻较大，且能量很小，很难使发光二极管误动作，所以光电耦合器有极强的抗干扰能力。

3) 光电耦合器具有较高的信号传递速度，响应时间一般为数微秒，高速型光电耦合器的响应时间可以小于 100ns。

光电耦合器的用途很广，如作为信号隔离转换，脉冲系统的电平匹配，微机控制系统的输入、输出回路等。

1.6.4 光（太阳能）电池

光电池是通过光电转换原理直接将太阳能转换成电能的一种半导体器件，这种光电转换过程通常称为"光生伏特效应"，简称光伏。光电池等效于一个 PN 结，通过太阳光照形成新的空穴-电子对，在 PN 结两端产生电动势，接上负载后会有电流流过，产生一定的输出功率。由于太阳能是取之不尽的绿色环保能源，因此光电池被广泛用于通信卫星、空间站系统电源、光伏水泵（饮水或灌溉）、光缆通信基站电源、光伏发电等。

本 章 小 结

1) PN 结具有单向导电性，PN 结承受正向电压时，其电阻很小，为导通状态；PN 结承受反向电压时，其电阻很大，为截止状态。

2) 普通二极管和稳压二极管都是由一个 PN 结构成的半导体器件，它们的正向特性很相似，主要区别是：普通二极管不允许反向击穿，一旦击穿会造成永久性损坏；而稳压二极管则可以工作在反向击穿状态，且反向击穿时动态电阻很小，即电流在允许范围内变化时，稳定电压 U_Z 基本不变。

3）双极型晶体管是由两个 PN 结构成的电流控制半导体器件，其内部是两种载流子参与导电，可分为 NPN 型和 PNP 型两大类，其主要功能是可以用较小的基极电流控制较大的集电极电流，控制能力用电流放大系数 β 表示。

晶体管的电流关系为 $I_E = I_B + I_C = (1+\beta)I_B$。

晶体管的输入特性与二极管的正向特性相似。

晶体管的输出特性可划分为 3 个区域，即截止区、放大区、饱和区，分别对应晶体管的 3 种工作状态。

表 1-2 晶体管的工作状态

工作状态	截止	放大	饱和
外部偏置	发射结反偏，集电结反偏	发射结正偏，集电结反偏	发射结正偏，集电结正偏
特征（NPN 型硅管）	$U_{BE} \leq 0$，$U_{CE} \approx U_{CC}$ $I_C = I_{CEO}$ $I_B = 0$	$U_{BE} = 0.6 \sim 0.7\text{V}$ $U_{CE} > U_{BE}$ $I_C = \beta I_B$	$U_{BE} = 0.6 \sim 0.7\text{V}$ $U_{CE} = U_{CES} \approx 0$ $I_C = I_{CS}$，$I_B > \dfrac{I_{CS}}{\beta}$

4）场效应晶体管（MOS 管）是单极型电压控制的半导体器件，其内部只有一种载流子参与导电，可分为 N 沟道和 P 沟道两种，每一种又分为增强型和耗尽型两类。其基本功能是用栅-源电压 U_{GS} 控制漏极电流 I_D，具有输入电阻高、噪声低、热稳定性好、耗电少等优点。

5）利用某些半导体材料 PN 结在正向导通时能够发出可见光的特性，制成发光二极管；利用 PN 结的光敏特性，制成光敏电阻、光电二极管和光电晶体管。将它们组合在一起可制成光电耦合器。光电池能够通过半导体的光生伏特效应将太阳能转换成电能。

习 题

一、单项选择题

1-1 PN 结典型的工作状态为（　　）。
  A. 正向导通　　　　　　　　B. 反向截止
  C. 正向导通和反向截止　　　D. 正向导通、反向截止和反向击穿

1-2 PN 结反向击穿时的状态相当于（　　）。
  A. 恒流源　　B. 恒压源　　C. 很小的电阻　　D. 很大的电阻

1-3 图 1-31 所示电路中，VD_1 与 VD_2 均为理想二极管，则 U_o 为（　　）。
  A. 0V　　　　　　　　　　B. 2V
  C. 3V　　　　　　　　　　D. 5V

1-4 限幅电路的作用是（　　）。
  A. 将电压限制在某一参考电压以上或以下

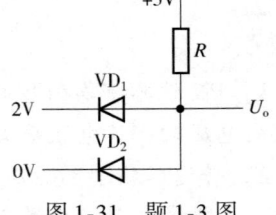

图 1-31　题 1-3 图

B. 限制电压的最大值

C. 限制电压的有效值

D. 限制电压的平均值

1-5 稳压电路中稳压二极管的正常工作状态为（　　）。
A. 正向导通　　　　　　　　B. 反向截止
C. 反向击穿　　　　　　　　D. 正向导通和反向截止

1-6 图1-12的稳压电路中，电流I_R（　　）。
A. 随R_L的变化而变化　　　B. 随I_o的变化而变化
C. 随I_Z的变化而变化　　　D. 随U_i的变化而变化

1-7 工作在放大状态的晶体管，其电压偏置为（　　）。
A. 发射结正偏、集电结反偏　B. 发射结反偏、集电结正偏
C. 发射结与集电结均正偏　　D. 发射结与集电结均反偏

1-8 晶体管的工作点如图1-32所示，当前晶体管的工作状态为（　　）。
A. 截止　　　　　　　　　　B. 饱和
C. 放大　　　　　　　　　　D. 不能判断

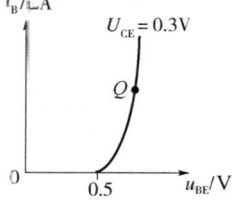

图1-32 题1-8图

1-9 用电流表测得一个晶体管的基极电流为1mA，集电极电流为3mA，调节基极电流时，集电极电流只有微小的变化，则结论为（　　）。
A. 晶体管电流放大系数太小　B. 晶体管损坏
C. 晶体管工作在饱和状态　　D. 晶体管工作在截止状态

1-10 场效应晶体管是（　　）。
A. 单极型电流控制器件　　　B. 单极型电压控制器件
C. 双极型电流控制器件　　　D. 双极型电压控制器件

二、分析计算题

1-11 在图1-33所示的钳位电路中，输入电压$u_i = 6U\sin\omega t$，画出输出电压u_o的波形。

1-12 在图1-34所示电路中，已知u_i的波形，试画出电压u_o的波形，并说明电路的原理，设VD为理想二极管。

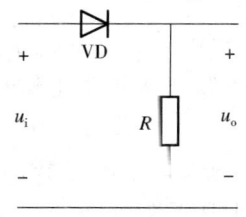

图1-33 题1-11图

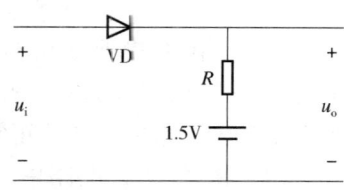

图1-34 题1-12图

1-13 稳压电路及其伏安关系如图1-35所示，试求：R_1、R_2和U_Z。

1-14 在图1-36所示电路中，$V_A = 10V$，$V_B = 0V$；试求输出电位V_F和通过各二极管的电流。设二极管为理想二极管。

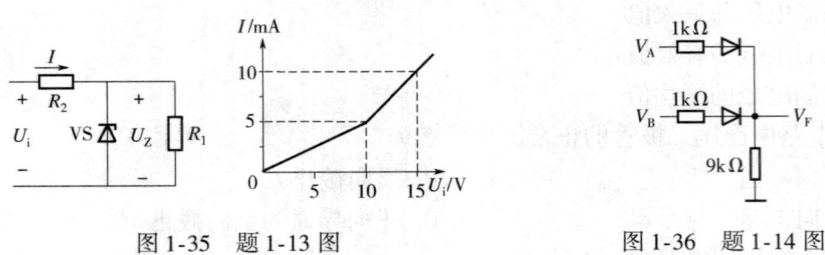

图 1-35 题 1-13 图   图 1-36 题 1-14 图

1-15 在图 1-37 所示各限幅电路中，$u_i = 2U\sin\omega t$，试画出 u_o 波形。

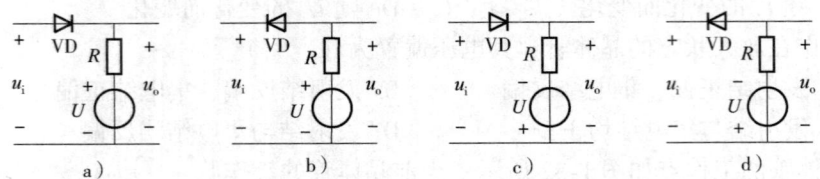

图 1-37 题 1-15 图

1-16 图 1-38 所示限幅电路的输入电压 $u_i = 8\sin 314t$ V，试画出输出 u_o 的波形。

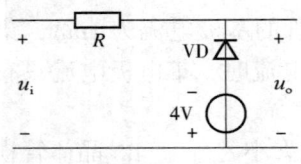

图 1-38 题 1-16 图

1-17 图 1-39 所示为与门和或门电路（二极管可视为理想二极管），试完成表 1-3 并归纳输出 F、F′与输入 A、B 之间的关系。

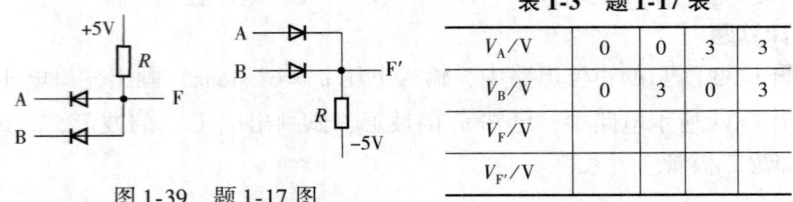

图 1-39 题 1-17 图

表 1-3 题 1-17 表

V_A/V	0	0	3	3
V_B/V	0	3	0	3
V_F/V				
$V_{F'}$/V				

1-18 在图 1-12 所示电路中，已知：稳压二极管 VS 的参数 $U_Z = 10$V、$I_{ZF} = 5$mA、$I_{ZM} = 20$mA，$U_i = 30$V，$R = 1$kΩ，$R_L = 2$kΩ。试分析当 U 波动 ±10% 时，电路能否正常工作？如果波动 ±30%，电路还能否正常工作？

1-19 在图 1-12 电路中，已知：$R = 500$Ω，$R_L = 500$Ω，稳压二极管 VS 的参数 $U_Z = 10$V、$I_{ZF} = 5$mA、$I_{ZM} = 30$mA，试分析 U_i 在什么范围内变化，电路能正常工作。

1-20 晶体管测量电路如图 1-15 所示，已知：$R_B = 10$kΩ，$R_C = 1$kΩ，$U_{CC} = 10$V，晶体管参数 $\beta = 50$、$U_{BE} = 0.7$V。试分析在下列情况时，晶体管为何种工作状态？（1）$U_{BB} = 0$V；（2）$U_{BB} = 2$V；（3）$U_{BB} = 3$V。

1-21 某场效应晶体管漏极特性曲线如图 1-26 所示，试判断：（1）该场效应晶体管属于哪种类型；（2）其夹断电压约为多少伏；（3）漏极饱和电流约为多少毫安。

第 2 章 基本放大电路

放大电路的作用是将微弱的电信号（电压、电流）放大到足够的幅度，以推动后级放大电路（功率放大电路）或负载工作。本章介绍的是由分立元器件组成的常用基本放大电路，讨论放大电路的结构、工作原理、分析方法以及特点和应用。

2.1 共发射极交流放大电路

2.1.1 放大电路的基本概念

放大电路（又称为放大器）用来放大弱小的交流信号，广泛用于音像设备、电子仪器、测量及控制等系统中，是应用最广泛的电子电路之一。

电子技术中的放大电路，以放大信号的电压（或电流）为主要任务。按工作频率分，放大电路可分为直流放大电路和交流放大电路；按电路结构分，可分为分立元器件放大电路和集成放大电路，在实际应用中已广泛使用集成放大电路。

放大电路并不能放大能量，实际上，负载得到的能量来自于放大电路的供电电源，放大电路的作用是控制电源的能量，使其按输入信号的变化规律向负载传送。所以，放大电路的实质是用弱小的能量控制大的能量传输。

由于集成放大电路的广泛应用，人们的关注点放在了放大电路的外部特性，即输入、输出特性，如图 2-1 所示。

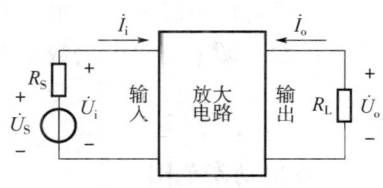

图 2-1 放大电路示意图

需要放大的信号加在输入端口，以电压源 u_S、R_S（或电流源 I_S、R_S）表示，输出端口的 R_L 表示放大电路的负载，u_i 和 i_i 为放大电路的输入电压和输入电流，u_o 和 i_o 为放大电路的输出电压和输出电流。以正弦信号作为输入信号，此时放大电路中的电压、电流用相量表示。

放大电路的三要技术指标如下。

1. 输入电阻

放大电路的入口对信号源来说相当于一个负载，在中频范围内，可忽略放大电路中电容的影响而等效为一个电阻 r_i，称为放大电路的输入电阻。该等效变换是在放大电路输入端口，将放大电路连同负载在内，视为一个二端网络，如图 2-2 所示，二端网络的端口电阻即为放大电路的输入电阻 r_i。

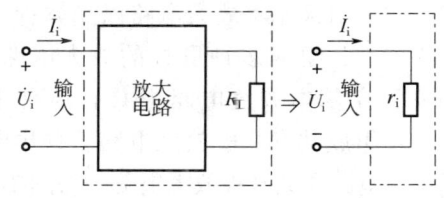

图 2-2 放大电路输入等效电路

$$r_i = \frac{\dot{U}_i}{\dot{I}_i}$$

r_i 决定了放大电路从信号源所取电流（即放大电路的输入电流）i_i 的大小，为了减轻信号源的负担，通常希望 r_i 尽可能大，另一方面，由于放大电路的输入电阻 r_i 与信号源内阻 R_S 对信号源电压 u_S 分压，r_i 上分得的电压才是放大电路的输入电压 u_i（见图 2-1、图 2-2）。所以，在信号源内阻较大时，应尽可能提高放大电路的输入电阻，以使放大电路获得尽可能大的信号电压 u_i，改善放大电路实际的放大效果。

2. 输出电阻

放大电路对负载而言，相当于一个有源二端网络，根据等效电源定理，放大电路的出口特性可等效为一个电压源（或电流源），如图 2-3 所示。电压源（或电流源）的内阻即为二端网络的端口电阻，即放大电路的输出电阻，以 r_o 表示，电压源的开路电压即放大电路的空载（断开 R_L）输出电压 u_o。

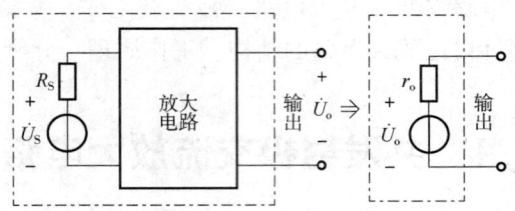

图 2-3 放大电路输出等效电路

放大电路的输出电阻 r_o 越小，负载电阻 R_L 的变化对输出电压 u_o 的影响越小，即放大电路的带负载能力越强，所以放大电路的输出电阻 r_o 越小越好。

3. 放大倍数

电压增益 A_u（以下称为电压放大倍数）即放大电路对正弦交流信号的电压放大倍数，为

$$A_u = \frac{\dot{U}_o}{\dot{U}_i} \tag{2-1}$$

当信号源内阻较大时，电压放大倍数 A_u 不足以表示实际的放大效果，此时常采用源电压放大倍数。源电压放大倍数是考虑信号源内阻影响时的电压放大倍数，以 A_{uS} 表示，有

$$A_{uS} = \frac{u_o}{u_S} = \frac{u_o}{u_i} \cdot \frac{u_i}{u_S} = A_u \frac{r_i}{r_i + R_S} \tag{2-2}$$

4. 输出动态范围

输出动态范围是指在无明显失真的情况下，放大电路能达到的最大输出电压（或电流），通常用峰-峰值 U_{opp}（或 I_{opp}）表示。

2.1.2 共发射极基本放大电路的组成

共发射极基本放大电路以晶体管为核心器件，组成多种形式的放大电路。晶体管在基本放大电路中共有 3 种组态，可组成共发射极放大电路、共集电极放大电路和共基极放大电路，如图 2-4 所示。

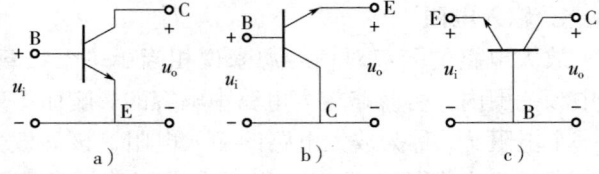

图 2-4 晶体管的 3 种接法
a) 共发射极接法 b) 共集电极接法 c) 共基极接法

由晶体管组成的单管放大电路是构

成各种类型放大电路的基本单元电路，如图2-5所示。由于晶体管的发射极接地，是输入信号u_i和输出信号u_o的公共参考点，所以该电路称为固定偏置式共发射极放大电路。

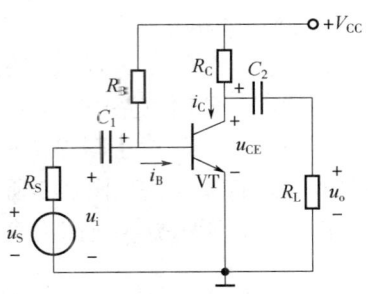

图2-5 固定偏置式共发射极放大电路

图2-5电路中各元器件的作用如下：

VT：晶体管，电流放大器件，用基极电流i_B控制集电极电流i_C，是放大电路的核心器件。

V_{CC}：偏置电源，使晶体管的发射结正偏，集电结反偏，是放大电路能量的来源。

R_B：偏置电阻，用以调节晶体管的偏置电流i_B、i_C，使其有一个合适的静态工作点。

R_L：负载电阻，为放大电路的外接负载。

R_C：集电极电阻，与负载电阻R_L一起，将晶体管电流i_C的变化转换为电压的变化，使晶体管的电压u_{CE}随电流i_C的变化而变化，以获得输出电压u_o。

C_1、C_2：耦合电容。C_1、C_2只要足够大，就能顺利地传递交流信号，同时，又实现了放大电路和信号源（u_S、R_S）及负载（R_L）之间的直流隔离（简称"隔直"）作用。C_1、C_2一般选用较大容量的电解电容。

2.1.3 共发射极基本放大电路的工作原理

当晶体管组成的单管放大电路有输入交流信号时，各极的电流、电压都包含直流和交流两种分量，直流分量可保证放大电路的正常工作，交流分量是放大电路的放大对象。可以对放大电路进行静态和动态分析，放大电路的静态是指没有输入信号（$u_i=0$）时的工作状态；动态是指有输入信号（即$u_i \neq 0$）时的工作状态。

静态分析是根据放大电路的直流通路确定各极电压、电流的直流值（I_B、I_C、U_{CE}），也称之为静态值，放大电路的性能指标与静态工作点有着很大的关系。

动态分析是通过放大电路的交流通路确定放大电路的电压放大倍数A_u、输入电阻r_i和输出电阻r_o等。为了便于分析，对放大电路中晶体管各极电压、电流的符号做统一规定，见表2-1。

表2-1 晶体管放大电路中电压、电流符号

名称	直流分量 静态值	交流分量		总电压或电流		直流电源	
		瞬时值	有效值	瞬时值	平均值	电动势	电压
基极电流	I_B	i_b	I_b	i_B	$I_{B(AV)}$		
集电极电流	I_C	i_c	I_c	i_C	$I_{C(AV)}$		
发射极电流	I_E	i_e	I_e	i_E	$I_{E(AV)}$		
集-射极电压	U_{CE}	u_{ce}	U_{ce}	u_{CE}	$U_{CE(AV)}$		
基-射极电压	U_{BE}	u_{be}	U_{be}	u_{BE}	$U_{BE(AV)}$		
集电极电源						E_C	V_{CC}
基极电源						E_B	V_{BB}
发射极电源						E_E	V_{EE}

1. 静态分析

在无输入信号 u_i（或输入信号 u_i 为零）时，放大电路的工作状态称为静态，此时电路中的电压、电流都是直流量，称为静态值，以 I_B、I_C、U_{CE} 表示。对于图2-5所示电路中的电容 C_1、C_2 相当于开路，电路的等效直流通路如图2-6所示。

由图2-6所示放大电路的直流通路可得

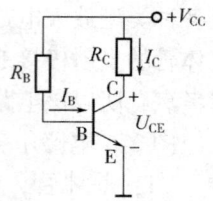

图2-6 等效直流通路

$$I_B = \frac{V_{CC} - U_{BE}}{R_B} \tag{2-3}$$

$$I_C = \beta I_B \tag{2-4}$$

$$U_{CE} = V_{CC} - R_C I_C \tag{2-5}$$

式中，U_{BE} 为 NPN 型硅晶体管发射结正向压降，约为 0.7V。

【例 2-1-1】 在图 2-5 所示放大电路中，已知 $V_{CC} = 12\text{V}$，$R_C = 4\text{k}\Omega$，$R_B = 300\text{k}\Omega$，$\beta = 37.5$。试求电路的静态值。

解：由于 $V_{CC} \gg U_{BE}$，U_{BE} 可忽略不计。

由式（2-3）~式（2-5）可得

$$I_B \approx \frac{V_{CC}}{R_B} = \frac{12}{300 \times 10^3}\text{A} = 4 \times 10^{-5}\text{A} = 40\mu\text{A}$$

$$I_C = \beta I_B = 37.5 \times 40\mu\text{A} = 1.5\text{mA}$$

$$U_{CE} = V_{CC} - I_C R_C = 12\text{V} - 1.5 \times 4\text{V} = 6\text{V}$$

【例 2-1-2】 在例 2-1-1 中若 $V_{CC} = 24\text{V}$，$\beta = 50$，已选定 $I_C = 2\text{mA}$，$U_{CE} = 8\text{V}$，试估算 R_B、R_C 阻值。

解：

$$I_B = \frac{I_C}{\beta} = \frac{2 \times 10^3}{50}\mu\text{A} = 40\mu\text{A}$$

$$R_B \approx \frac{V_{CC}}{I_B} = \frac{24}{40 \times 10^{-6}}\Omega = 600\text{k}\Omega$$

$$R_C = \frac{V_{CC} - U_{CE}}{I_C} = \frac{24 - 8}{2 \times 10^{-3}}\Omega = 8\text{k}\Omega$$

2. 动态分析

放大电路的动态是指有输入信号（$u_i \neq 0$）的工作情况，晶体管的各极电流和电压都含有直流分量和交流分量，动态分析是在静态值确定后，分析交流信号的传输情况。

在图 2-5 所示放大电路中，设输入电压为一正弦信号，为

$$u_i = U_{im}\sin\omega t$$

其波形如图 2-7a 所示。

u_i 经电容 C_1 加到晶体管的基极上，基-射极电压为直流电压 U_{BE} 和信号电压的叠加，即

$$u_{BE} = U_{BE} + U_{im}\sin\omega t$$

以 U_{BE} 为基础，随 u_i 上下波动，其波形如图 2-7d 所示。

在 U_{BE} 的作用下，i_B 将随 U_{BE} 成比例的变化，它也由直流分量和交流分量叠加而成。

$$i_B = I_B + i_b = I_B + I_{bm}\sin\omega t$$

其中

$$i_B = \frac{u_i}{r_{be}} = I_{bm}\sin\omega t$$

i_B 波形如图 2-7b 所示。

将 i_B 放大 β 倍，得到集电极电流为

$$i_C = \beta i_B = I_C + I_{cm}\sin\omega t$$

其中 $I_C = \beta I_B$，$I_{cm} = \beta I_{bm}$，波形如图 2-7c 所示。

集-射极间的电压 u_{CE} 将由 i_C 和电路参数决定，为

$$u_{CE} = -i_C R_C = U_{CE} - U_{CEm}\sin\omega t$$

式中，$U_{CEm} = I_{cm}R_C$，$U_{CE} = V_{CC} - I_C R_C$。当 $i_C \uparrow$ 时，$i_C R_C \uparrow$，$u_{CE} \downarrow$；当 $i_C \downarrow$ 时，$i_C R_C \downarrow$，$u_{CE} \uparrow$。可见，u_{CE} 与 i_C 相位相反，波形如图 2-7e 所示。因 i_C 与输入信号 u_i 同相，所以 u_{CE} 与 u_i 反相。

u_{CE} 经耦合电容 C_2 输出时，其直流分量被隔断。输出电压 u_o 就是 u_{CE} 中的交流分量，为

$$u_o = -i_C R_C = -U_{om}\sin\omega t$$

其波形如图 2-7f 所示。

综上所述，可得结论如下：

1) 放大电路有输入信号时，晶体管各极电流、电压都包含直流和交流两种分量。直流分量可保证放大电路的正常工作，交流分量是放大电路的放大对象。

2) u_{BE}、i_B、i_C 与输入信号 u_i 同相位，与 u_{CE} 反相，即输出电压 u_o 与输入电压 u_i 相位相反，这种情况称为放大电路的反相放大作用。

3) 输出回路的信号电流 i_C 是输入回路电流的 β 倍，i_C 在 R_C 上的压降 $|i_C R_C|$ 即为输出信号电压，适当选取 R_C 值，即可得到所需要的放大的输出电压 u_o。

2.1.4 静态工作点的稳定和分压式偏置放大电路

当放大电路输出信号的波形与输入信号的波形不成比例时，就产生了非线性失真。引起非线性失真的因素很多，其中最主要的是静态工作点选择不当或输入信号太大而引起的失真。由于输出电压波形与静态工作点有着密切的关系，静态工作点过高或过低都会导致失真。

为了使放大电路不产生非线性失真，必须要有一个合适的静态工作点。但是放大电路的静态工作点常因外界条件的变化（温度变化、晶体管老化、电源电压波动等）而变动。例如，晶体管的特性和参数对温度的变化非常敏感，当温度上升时，会使发射结正向压降 U_{BE} 减小，在电源电压 V_{CC} 和偏置电阻 R_B 一定时，将使 I_B 增加，从而使集电极电流 I_C 也随之增加。结果导致静态工作点发生漂移，放大

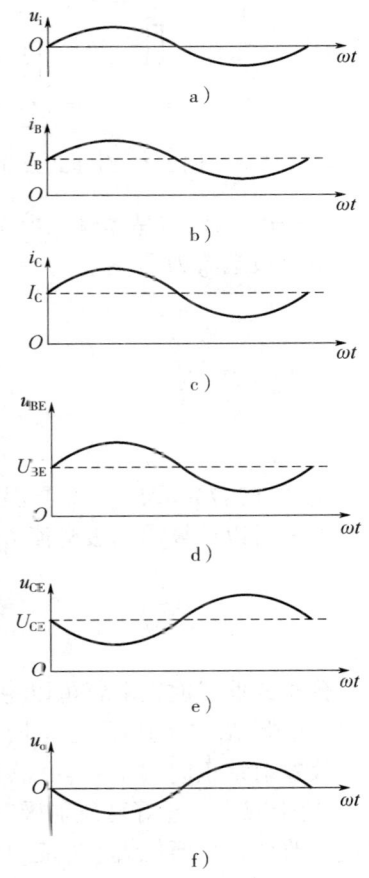

图 2-7 放大电路的动态波形图

电路不能正常工作。图 2-5 所示的放大电路，采用的固定偏置电路虽然简单，但在外部因素的影响下将会影响静态工作点的变动，这将大大影响放大电路的性能和正常工作。

常用图 2-8 所示的分压式偏置放大电路来稳定静态工作点。图中，R_{B1} 和 R_{B2} 为偏置电阻，使基极电位 V_B 基本固定，发射极电路串接电阻 R_E，利用 R_E 上直流电流负反馈的作用稳定静态工作点。

在设计放大电路时，适当选取电阻 R_{B1}、R_{B2} 的阻值，以满足 $I_1 \gg I_B$，则可将 I_B 忽略不计，于是放大电路静态工作点的计算可以用下面的估算法计算。

图 2-8 所示分压式偏置放大电路的直流通路如图 2-9 所示，当满足 $I_1 \gg I_B$ 时，I_B 可以忽略，晶体管基极电位 V_B 仅由 R_{B1}、R_{B2} 对 V_{CC} 的分压决定，有

$$V_B = \frac{R_{B2}}{R_{B2} + R_{B1}} V_{CC} \tag{2-6}$$

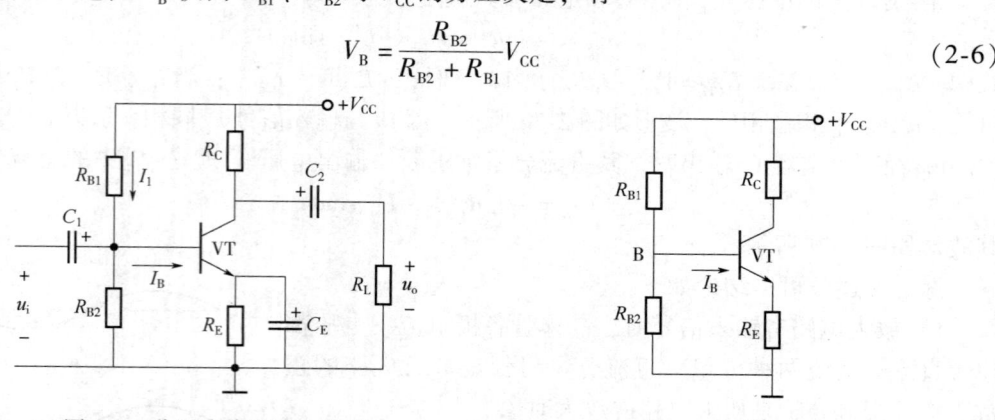

图 2-8　分压式偏置放大电路　　　　图 2-9　直流通路

基极电位 V_B 与晶体管参数无关，即与温度无关。

集电极电流为

$$I_C \approx I_E = \frac{V_B - U_{BE}}{R_E}$$

当 $V_B \gg U_{BE}$ 时，

$$I_C \approx I_E \approx \frac{V_B}{R_E} \tag{2-7}$$

由式（2-7）看出，V_B 与温度无关，则集电极电流也与温度无关。

然后可以计算出基极电流 I_B 和 U_{CE}。

$$I_B = \frac{I_C}{\beta} \tag{2-8}$$

$$U_{CE} = V_{CC} - I_C R_C - I_E R_E \tag{2-9}$$

分压式偏置放大电路可以稳定静态工作点。当温度改变如升高时，晶体管电流 I_C、I_E 及发射极电阻 R_E 上的压降趋于增大，发射极电位 V_E 有升高的趋势，但因基极电位 V_B 基本恒定，故发射结正向偏压 U_{BE} 必然趋于减小，由晶体管的输入特性曲线可知，这将导致基极电流 I_B 趋于减小，正好对发射极电流 I_E 和集电极电流 I_C 起到了补偿作用，即阻碍了 I_E、I_C 随温度的改变，从而使 I_E、I_C 趋于稳定。上述自动调节过程可表示为

温度 $T \uparrow \longrightarrow I_E \uparrow \longrightarrow V_E \uparrow \longrightarrow U_{BE} \downarrow \longrightarrow I_B \downarrow$
　　　　　$I_E \downarrow$

其中，↑ 和 ↓ 仅表示增大或减小的趋势。

上述调节作用显然与发射极电阻 R_E 有关，R_E 越大，调节作用（即稳定工作点的效果）

越显著，但 R_E 太大，R_E 上过大的直流压降将使放大电路输出电压的动态范围减小。通常在选择 R_E 时，使 R_E 上的压降 $\geqslant (3 \sim 5) U_{BE}$，即 $2.1 \sim 3.5V$ 为宜。

电路中的电容 C_E 称为发射极旁路电容，通常选择较大的容量（几十至几百微法），在动态情况下，C_E 对 i_E 中的变化量（即交流分量）i_e 而言，可视为短路，即在 R_E 上的交流压降为零，从而消除了 R_E 对放大电路性能的影响。对交流信号而言，晶体管发射极相当于接地，所以该电路仍然是共发射极放大电路。

【例2-1-3】 图 2-8 所示放大电路中，已知：$V_{CC}=15V$，$R_{B1}=100k\Omega$，$R_{B2}=30k\Omega$，$R_C=2.5k\Omega$，$R_E=2k\Omega$，$U_{BE}=0.7V$，$\beta=50$，试用估算法计算电路的静态工作点。

解： 由图 2-8 所示放大电路的直流通路图 2-9，用估算法计算静态工作点。
电路满足 $I_1 \gg I_B$ 时，由式（2-6）得

$$V_B = \frac{R_{B2} V_{CC}}{R_{B1}+R_{B2}} = \frac{30 \times 15}{100+30}V \approx 3.46V$$

由式（2-7）~式（2-9）得

$$I_C \approx I_E = \frac{V_B - U_{BE}}{R_E} = \frac{3.46-0.7}{2\times 10^3}mA = 1.38mA$$

$$I_B = \frac{I_C}{\beta} = \frac{1.38}{50}mA = 27.6\mu A$$

$$U_{CE} = V_{CC} - I_C R_C - I_E R_E$$
$$= (15 - 1.38 \times 2.5 - 1.38 \times 2)V = 8.79V$$

2.1.5 放大电路的图解分析法

由于晶体管伏安特性的非线性，含有晶体管的放大电路的分析通常采用图解分析法和小信号模型分析法。

图解分析法是基于晶体管的特性曲线，利用几何作图的方法对电路求解，可用于放大电路的静态分析和动态分析，下面以图 2-5 所示共发射极放大电路为例讨论。

1. 静态分析

静态分析可以确定放大电路的静态工作点 I_{BQ}、U_{BEQ} 和 I_{CQ}、U_{CEQ}。由于耦合电容 C_1、C_2 的隔直作用，在静态情况下，图 2-5 放大电路在直流上与信号源及负载没有联系，单独画出如图 2-10 所示。该电路的静态图解分析可对基极回路和集电极回路分别进行。两个回路单独画出如图 2-11a、图 2-12a 所示，图中晶体管的基极-发射极和集电极-发射极之间各相当于一个非线性电阻，其伏安特性分别为 $U_{CE}>1V$ 的输入特性曲线和 $I_B=I_{BQ}$ 的输出特性曲线。

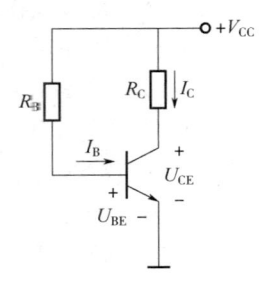

图 2-10 直流通路

首先对基极回路进行图解分析。由图 2-10 可列出电压方程为

$$U_{BE} = V_{CC} - I_B R_B$$

称为直流负载线方程，作直流负载线如图 2-11b 所示，晶体管的工作点（U_{BEQ}、I_{BQ}）一定会在这条直线上，这体现了电路的结构约束。另一方面，U_{BEQ}、I_{BQ} 也必然受晶体管固有特性的约束（元器件约束），即工作点（U_{BEQ}、I_{BQ}）也一定在特性曲线上，同时满足两个约束条件的点只能是二者的交点 Q，这就是晶体管的静态工作点，也叫 Q 点。

根据图解得到的 I_{BQ}，在晶体管的输出特性曲线簇中找出 $I_B = I_{BQ}$ 的一条曲线，这就是晶体管工作点 U_{CEQ}、I_{CQ} 的元器件约束。

接下来进行集电极回路的图解，如图 2-12b 所示，方法与基极回路的图解相同。

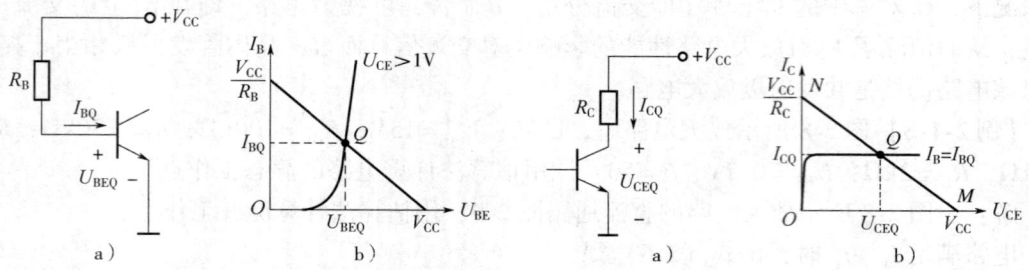

图 2-11　基极回路图解分析
　　a) 基极回路　b) 图解分析

图 2-12　集电极回路图解分析
　　a) 集电极回路　b) 图解分析

直流负载线方程为

$$U_{CE} = V_{CC} - I_C R_C$$

作直流负载线 MN 如图 2-12b 所示。与特性曲线的交点 Q 即为晶体管的静态工作点（U_{CEQ}，I_{CQ}）。

在静态情况下，当调节偏置电阻 R_B 以改变 I_B 时，静态工作点 Q 将随 I_B 的变化沿着图 2-12b 中的直流负载线 MN 移动，所以直流负载线是静态工作点移动的轨迹。直流负载线的斜率为

$$K = -\frac{1}{R_C}$$

仅与 R_C 有关。

由于 $U_{CE} \gg U_{BEQ}$，基极回路的图解分析比较困难，误差也较大，所以通常不进行基极回路的图解分析，而用式（2-8）估算 I_{BQ}，发射结正向压降 U_{BE} 可近似取为 0.7V。

2. 动态分析

动态分析是研究在输入信号的作用下，晶体管的工作点变动的规律，以便了解放大电路的工作情况。比如对应于给定的输入信号 u_i（或 i_i），求输出信号 u_o（或 i_o）；分析放大电路输出波形的非线性失真；求线性输出动态范围；确定放大电路中晶体管的最佳工作点等。

（1）作交流负载线　在输入信号的作用下，晶体管的工作点将沿着交流负载线移动，所以作交流负载线必然是动态分析的重要步骤。

前面的分析表明，在动态情况下，对于电压、电流的变化量，R_C 和 R_L 并联，它们共同构成了交流等效负载 R'_L（$R'_L = R_C /\!/ R_L$），而 R'_L 决定了动态情况下作为工作点移动轨迹的交流负载线的斜率，有

$$K' = -\frac{1}{R'_L}$$

在动态情况下，当输入信号为零时，放大电路的状态与静态情况相同，这表明交流负载线必然过静态工作点 Q，所以过静态工作点且斜率为 $-1/R'_L$ 的直线即为交流负载线。

作交流负载线通常采用辅助线法，即先作一条辅助线 $MJ\left[M(V_{CC}, 0), J\left(0, \dfrac{V_{CC}}{R'_L}\right)\right]$，如

图 2-13 所示,辅助线的斜率为 $-1/R'_L$,与交流负载线相同,所以过静态工作点 Q 作 MJ 的平行线 LH,即为交流负载线。

在输入信号 u_i 的作用下,随着基极电流 i_B 的变化,放大电路的工作点将沿着交流负载线移动。

(2) 根据给定的输入信号求输出信号 为便于分析,设输入电压为参考正弦量,即

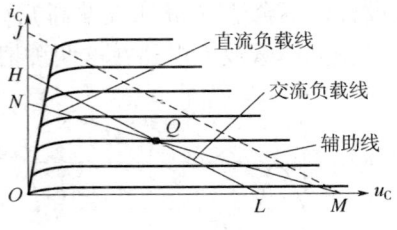

图 2-13 交流负载

$$u_i = U_{im}\sin\omega t$$

首先进行输入回路的图解分析,如图 2-14 所示。输入信号 u_i 经耦合电容 C_1 加在晶体管的发射结上,与发射结静态电压 U_{BEQ} 相叠加,引起发射结压降 u_{BE} 发生变化(如图 2-14a 中 u_{BE} 波形所示),从而使得工作点沿输入特性曲线上、下移动:u_i 的正半周,工作点由静态工作点 Q 先随 u_{BE} 的增大而上移,当 $u_i = U_{im}$ 时,到达 Q_1,然后又随 u_i 的减小而下移,当 u_i 过零时,回到静态工作点 Q;u_i 的负半周,先随 u_{BE} 的减小继续下移,当 $u_i = -U_{im}$ 时,到达 Q_2,然后又随 u_{BE} 的增大而上移,回到静态工作点 Q。这就是对应于 u_i 的一个周期,工作点移动情况的分析描述。

随着工作点的变动,晶体管的基极电流 i_B(工作点的纵坐标值)的变化如图 2-14a 所示(与图 2-7b 一致)。

然后进行输出回路的图解分析,如图 2-14b 所示。随着基极电流 i_B 的变化,工作点将由静态工作点 Q 沿着交流负载线上、下移动,而晶体管的 i_C、u_{CE} 也随着工作点的移动而变化,分别如图 2-14b 的右方和下方所示(与图 2-7c、e 分别相同)。

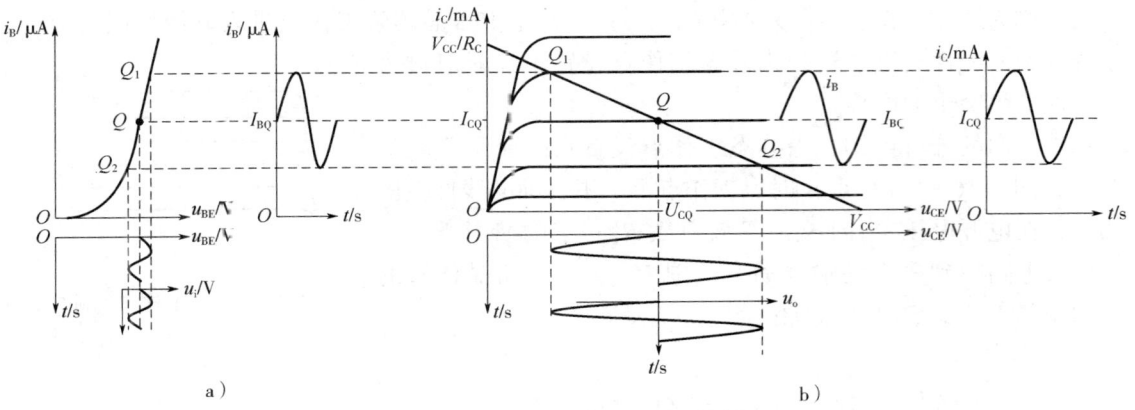

图 2-14 放大电路图解分析
a) 输入特性　b) 输出特性

由 u_{CE} 波形可知,u_{CE} 包含直流分量(静态值 U_{CE})和交流分量 u_{ce},u_{ce} 即为输出电压 u_o,波形如图 2-14b 下方所示。比较 u_o 与 u_i 的波形可知,二者相位相反。由 u_o 的坐标值可得到输出电压 u_o 的最大值 U_{om},从而计算出放大电路的电压放大倍数为

$$|A_u| = \frac{U_{om}}{U_{im}}$$

(3) 放大电路大信号情况下的非线性失真和输出动态范围 如果放大电路的静态工作

点设置得不合适（偏低或偏高），当输入信号 u_i 较大时，输出电压 u_o 将出现非线性失真。NPN 型晶体管放大电路在这两种情况下输出电压 u_o 的失真波形如图 2-15 所示。

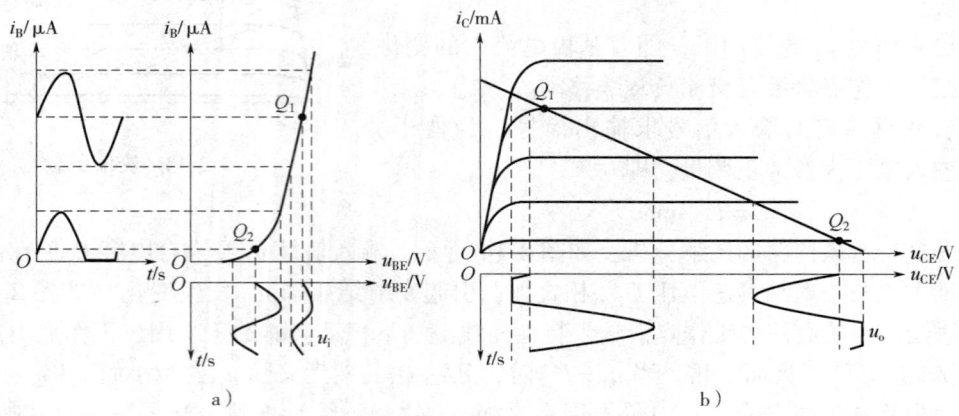

图 2-15　工作点不合适引起的非线性失真
a）输入特性　b）输出特性

静态工作点偏高（位于 Q_1）时，在输入信号的正半周，有一段时间工作点将进入饱和区，使得 u_{CE}、i_C 在这段时间几乎不随输入信号 u_i 而变化，造成输出电压 u_o 的负半周出现平顶畸变，这种失真称为饱和失真。而当静态工作点偏低（位于 Q_2）时，在输入信号 u_i 的负半周，有一段时间晶体管因 $i_B=0$ 而截止，工作点停留在交流负载线与横轴的交点，使得 u_{CE}、i_C 在这段时间也不随输入信号 u_i 而变化，造成输出电压 u_o 的正半周出现平顶畸变，这种失真称为截止失真。饱和失真和截止失真，都是由于晶体管工作点进入非线性区造成的，故统称为非线性失真，这是当静态工作点设置不当时对放大电路性能最突出的影响。

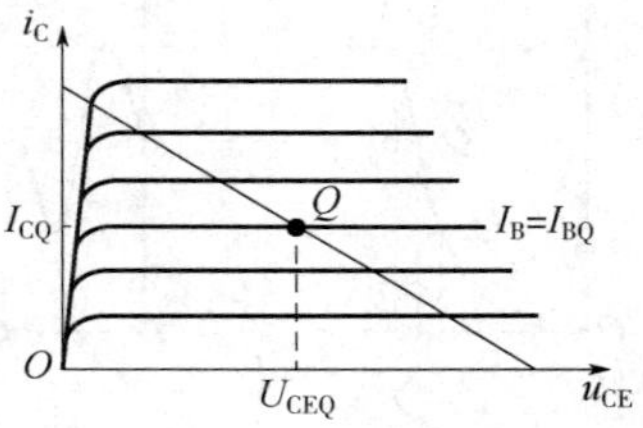

由上面的分析可知，当静态工作点设置在交流负载线的中点（图 2-16 中的 Q 点）时，工作点上、下移动的线性范围相等，在电源电压 V_{CC} 和交流等效负载 R_L' 一定的情况下，可使放大电路得到最大的输出动态范围 U_{opp}，若忽略晶体管的饱和压降 U_{CES}，输出动态范围为

图 2-16　最佳工作点的确定

$$U_{opp}=2U_{CEQ}$$

式中，U_{CEQ} 为静态工作点 Q 处的静态管压降。

通常认为，交流负载线的中点是静态工作点的最佳位置，由最佳静态工作点 Q 所在的输出特性曲线可得到最佳静态基极电流 I_{BQ}，由式（2-3）可计算出最佳偏置电阻 R_B。

尽管将静态工作点设置在交流负载线中点时可使放大电路得到最大的输出动态范围，但如果输入信号 u_i 过大，使输出电压 u_o 超出了放大电路的输出电压动态范围，仍然会出现非线性失真，但不同于上述静态工作点偏高或偏低的情况，此时饱和失真和截止失真将同时出现。利用这一特点，可通过实验的方法，将放大电路的静态工作点调整在交流负载线的中点。

图解分析法可以清楚地了解放大电路在各种情况下的工作状态，对于分析放大电路中的非线性失真，求输出动态范围以及确定最佳静态工作点等，非常直观。所以，图解分析法在放大电路的定性分析中经常被采用，对集成放大电路的定性分析，也是非常重要的。但是，图解分析法也有其突出的缺点和局限性，如作图比较麻烦、小信号分析精度较低，对于复杂放大电路（如负反馈放大电路）和放大电路的特殊问题（如频率特性）的分析，图解法无能为力，在这些情况下，用小信号模型分析法（微变等效电路分析法）则非常简便。

2.1.6 放大电路的微变等效电路分析法

在小信号情况下，如果仅对放大电路电压、电流的变化量感兴趣，通常采用小信号模型分析法（也称为微变等效电路分析法），对放大电路做比较精确的分析。微变等效电路分析法是将放大电路中的晶体管用晶体管的微变等效电路代替，将非线性的放大电路转换成线性电路，从而借助于线性电路的分析方法来分析放大电路。

1. 放大电路的交流通路

图 2-17 所示为一个输出端接有负载电阻 R_L 的固定偏置式共发射极放大电路。

对于输入电压的交流分量来讲，耦合电容 C_1、C_2 的容抗很小，可视为短路；一般直流电源 V_{CC} 的内阻很小，交流分量在其上的压降可以忽略不计，因此对交流分量来说直流电源可视为接地。因此，可以画出放大电路的交流通路，如图 2-18 所示。

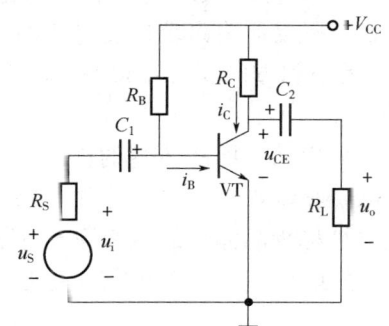

图 2-17 固定偏置式共发射极放大电路

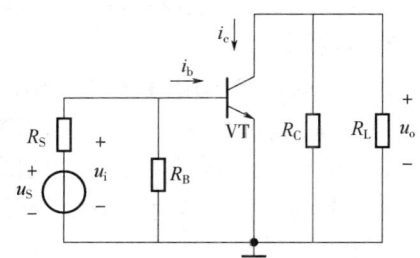

图 2-18 放大电路的交流通路

2. 晶体管的微变等效电路

由于晶体管的输入与输出特性都是非线性的，所以晶体管是一个非线性器件。但是在一定的条件下，例如晶体管工作在小信号情况下，就可以认为在给定工作范围内，它的特性曲线是线性的，从而将晶体管看成一个线性器件，用一个与它等效的小信号模型——晶体管的微变等效电路来表示，这样就可以用线性电路的分析方法来分析晶体管放大电路。

晶体管具有两个端口，一个是输入端口，另一个是输出端口，如图 2-19 所示。

当晶体管工作在线性区时，可以视为一个线性二端网络，其输入端口的电流和电压之间的关系可用其输入特性来确定，如图 2-20 所示。

从图 2-20 可见，如果晶体管工作在输入特性曲线的线性部分，则 ΔI_B 与 ΔU_{BE} 成正比，因而可用一个等效电阻 r_{be} 来表示输入电压和输入电流之间的关系，称为晶体管的输入电阻。低频小功率晶体管的输入电阻常用式（2-10）估算。

$$r_{be} \approx r_b + (1+\beta)\frac{26(\text{mV})}{I_E(\text{mA})} \tag{2-10}$$

式中，r_b 为晶体管的基区电阻，对于一般小功率晶体管 $I_E < 5\text{mA}$，并工作在低频信号的条件下，r_b 的阻值约为 300Ω。

从式（2-10）可见，发射极静态电流 I_E 越大，r_{be} 就越小；晶体管的电流放大系数 β 越高，则 r_{be} 就越大。r_{be} 为几百欧至几千欧。手册中 r_{be} 常用 hie 表示。

晶体管输出端口的电流和电压的关系可用其输出特性来确定，如图 2-21 所示。

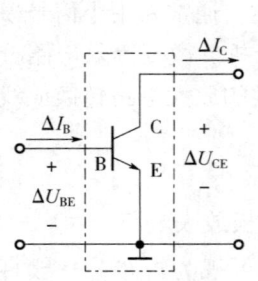
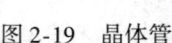
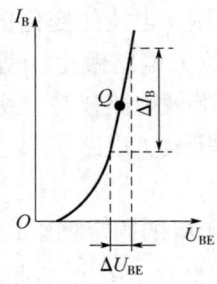
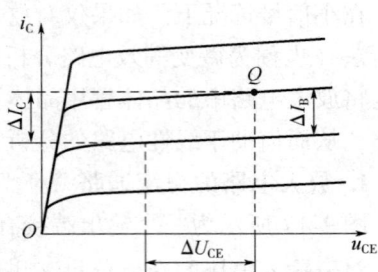

图 2-19　晶体管　　　图 2-20　从输入特性求 r_{be}　　　图 2-21　晶体管的恒流特性

由图 2-21 可见晶体管工作在放大区时，应用在输出特性的近似水平直线的部分，ΔI_C 只受 ΔI_B 控制，而几乎与 ΔU_{CE} 无关，即受 ΔI_B 控制。所以从输出端口看进去时，可以用一个电流源 $\beta\Delta I_B$ 来表示。应该指出，电流源 $\beta\Delta I_B$ 的大小和方向与 ΔI_B 有关，即受 ΔI_B 控制，是一个受控电流源。

综上所述，晶体管可用图 2-22 所示的等效电路来表示，即晶体管的输入端口用它的输入电阻 r_{be} 来等效，输出端口用一个受控电流源 $\beta\Delta I_B$ 来等效。在这个等效电路中，忽略了 U_{CE} 对 I_C 和 U_{BE} 的影响，因此图 2-22 所示的等效电路被称为晶体管的微变等效电路。

当输入信号为正弦信号时，图 2-22 等效电路中的电压变化量和电流变化量均可用相量表示，如图 2-23 所示。

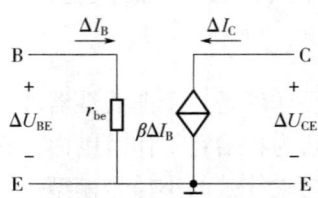
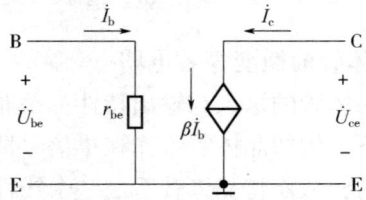

图 2-22　晶体管的微变等效电路　　　图 2-23　相量表示的晶体管的微变等效电路

【例 2-1-4】 已知晶体管的电流放大系数 $\beta = 100$，发射极静态工作电流 $I_E = 4\text{mA}$。试求输入电阻。

解： 对于小功率晶体管，基区电阻 $r_b \approx 300\Omega$，由式（2-10）可得输入电阻为

$$r_{be} = r_b + (1+\beta)\frac{26(\text{mV})}{I_E(\text{mA})}$$

$$= \left[300 + (1+100)\times\frac{26}{4}\right]\Omega = 956.5\Omega$$

3. 放大电路的微变等效电路

由晶体管的微变等效电路和图 2-18 所示放大电路的交流通路可得出放大电路的微变等效电路，如图 2-24 所示。微变等效电路中的电压和电流用相量表示，电流正方向如箭头所示。

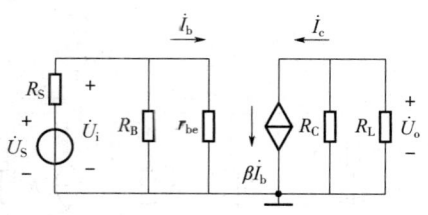

图 2-24　放大电路的微变等效电路

例如，对于图 2-8 所示分压式偏置放大电路画出其交流通路，如图 2-25a 所示，晶体管发射极 E 接地；电阻 R_{B1} 接在晶体管基极 B 和地之间；由于 V_{CC} 对交流信号相当于短路，故 R_{B2} 也接在晶体管基极 B 与地之间，与 R_{B1} 并联（图 2-25 中 $R_B = R_{B1} // R_{B2}$），而 R_C 接在晶体管集电极 C 与地之间，由于 C_1、C_2 对交流信号相当于短路，故信号源直接接在晶体管基极 B 与地之间，而负载电阻 R_L 接在晶体管集电极 C 与地之间，与 R_C 并联，结果与图 2-24 相同，则画出的微变等效电路如图 2-25b 所示，由图 2-25b 可计算图 2-8 所示分压式偏置放大电路的技术指标。

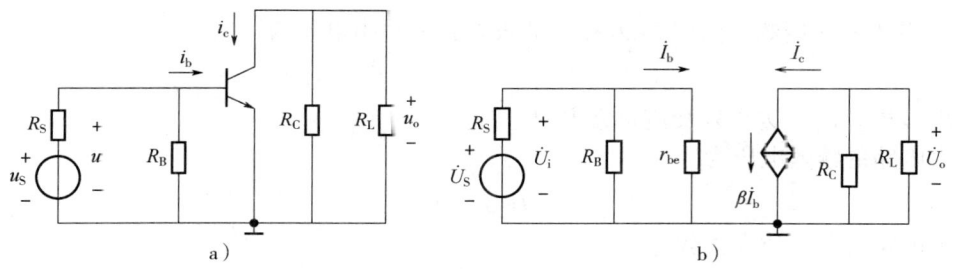

图 2-25　交流通路和微变等效电路
a）交流通路　b）微变等效电路

（1）输入电阻　在放大电路的入口，将放大电路和负载 R_L 包含在内，视为一个二端网络如图 2-26 所示，二端网络的入端电阻即为放大电路的输入电阻，即

$$r_i = \frac{\dot{U}_i}{\dot{I}_i} = R_B // r_{be} \tag{2-11}$$

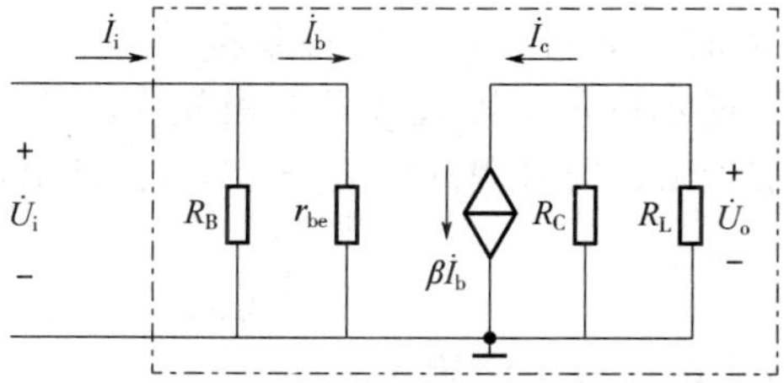

图 2-26　计算输入电阻的二端网络

（2）输出电阻　在放大电路的输出端口，将信号源和放大电路包含在内，视为一个二端网络如图 2-27 所示，二端网络的入端电阻即为放大电路的输出电阻。

由图 2-27 得二端网络的开路电压为

$$\dot{U}_{oc} = -\beta \dot{I}_b R_C$$

由图 2-28 得二端网络的短路电流

$$\dot{I}_{osc} = -\beta \dot{I}_b$$

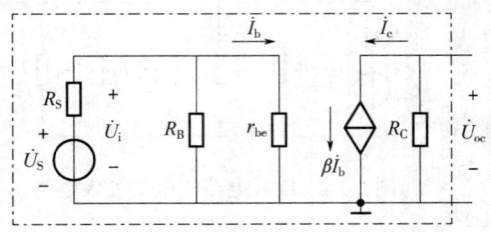 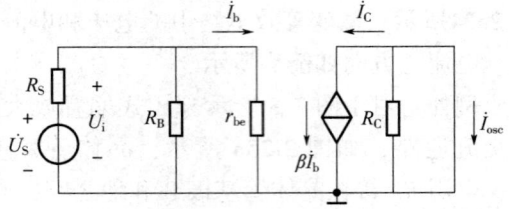

图 2-27 输出开路的二端网络　　　　图 2-28 输出短路的二端网络

二端网络的入端电阻即放大电路的输出电阻，为

$$r_o = \frac{\dot{U}_{oc}}{\dot{I}_{osc}} = \frac{-\beta \dot{I}_b R_C}{-\beta \dot{I}_b} = R_C$$
$$r_o \approx R_C \tag{2-12}$$

（3）电压放大倍数　由图 2-26 得，放大电路的输出电压为

$$\dot{U}_o = -\beta \dot{I}_b R_L'$$

式中，$R_L' = R_C /\!/ R_L$，为等效交流负载电阻。

放大电路的输入电压为

$$\dot{U}_i = r_{be} \dot{I}_b$$

放大电路的电压放大倍数为

$$A_u = \frac{\dot{U}_o}{\dot{U}_i} = \frac{-\beta \dot{I}_b R_L'}{r_{be} \dot{I}_b} = \frac{-\beta R_L'}{r_{be}} \tag{2-13}$$

由式（2-13）所示，A_u 与交流等效负载电阻 R_L' 成正比，其中负号表示输出电压与输入电压相位相反。

如果考虑信号源内阻 R_S 的影响，则放大电路的源电压放大倍数为

$$A_{uS} = \frac{\dot{U}_o}{\dot{U}_S} = \frac{\dot{U}_o}{\dot{U}_i} \frac{\dot{U}_i}{\dot{U}_S} = A_u \frac{r_i}{r_i + R_S} \tag{2-14}$$

由式（2-14）可见，当 $r_i \gg R_S$ 时，R_S 对放大倍数的影响不大。

【例 2-1-5】已知图 2-17 所示固定偏置式共发射极放大电路中，$R_B = 300\text{k}\Omega$，$R_C = R_L = 4\text{k}\Omega$，$V_{CC} = 12\text{V}$，晶体管的 $\beta = 50$，信号源内阻 $R_S = 10\text{k}\Omega$，试求：

（1）输入电阻 r_i。

（2）输出电阻 r_o。

（3）电压放大倍数 A_u 及源电压放大倍数 A_{uS}。

解：因参数 r_{be} 与静态电流 I_E 有关，故先计算静态电流 I_E，由式（2-3）和式（2-4）得

$$I_B \approx \frac{V_{CC}}{R_B} = \frac{12}{300 \times 10^3}\text{A} = 4 \times 10^{-5}\text{A} = 40\mu\text{A}$$

$$I_E \approx I_C = \beta I_B = 50 \times 40\mu\text{A} = 2\text{mA}$$

$$r_{be} = r_b + (1+\beta)\frac{26(\text{mV})}{I_E(\text{mA})} = \left[300 + (1+50) \times \frac{26}{2}\right]\Omega = 963\Omega$$

(1) 输入电阻 $\quad r_i \approx r_{be} = 963\Omega$
(2) 输出电阻 $\quad r_o \approx R_C = 4\text{k}\Omega$
(3) 电压放大倍数为

$$A_u = \frac{-\beta R_L'}{r_{be}} = -\frac{50 \times 4 /\!/ 4}{0.863} = -116$$

源电压放大倍数为

$$A_{uS} = A_u \frac{r_i}{r_i + R_S} = -50 \times \frac{963}{963 + 10 \times 10^3} = -9.1$$

计算结果表明：尽管电压放大倍数高达116，但源电压放大倍数极低，这是由于信号源内阻 R_S 远远大于放大电路的输入电阻 r_i，致使信号源电压绝大部分降在信号源内阻上，而放大电路得到的输入电压极小，故输出电压极小，实际的放大效果很差。可见，源电压放大倍数比电压放大倍数更能反映放大电路的实际放大效果，为了改善放大电路的性能，应尽可能提高放大电路的输入电阻。

【例2-1-6】 已知如图2-29a所示分压式偏置放大电路中，$R_{B1} = 12\text{k}\Omega$，$R_{B2} = 3.9\text{k}\Omega$，$R_C = R_L = 2.7\text{k}\Omega$，$R_E = 2\text{k}\Omega$，$V_{CC} = 12\text{V}$，晶体管的 $\beta = 50$，试求：
(1) 计算静态值。
(2) 画出微变等效电路。
(3) 输入电阻 r_i。
(4) 输出电阻 r_o。
(5) 电压放大倍数 A_u。

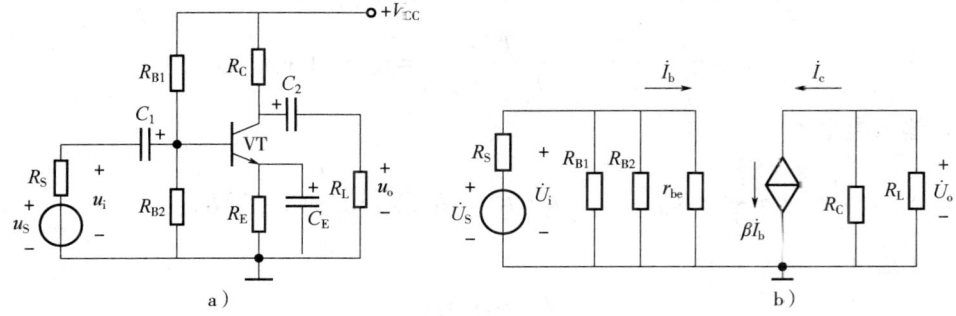

图2-29 工作点稳定的共发射极放大电路
a) 放大电路 b) 微变等效电路

解：(1) 计算静态值。
因模型参数 r_{be} 与静态电流 I_E 有关，故先用估算法进行静态工作点的估算。

$$V_B = \frac{R_{B2}}{R_{B1} + R_{B2}} V_{CC} = \frac{3.9}{12 + 3.9} \times 12\text{V} \approx 2.94\text{V}$$

$$R_B = R_{B1} /\!/ R_{B2} = \frac{12 \times 3.9}{12 + 3.9}\text{k}\Omega \approx 2.94\text{k}\Omega$$

$$I_B = \frac{V_B - U_{BE}}{R_B + (1+\beta)R_E} = \frac{2.94 - 0.7}{2.94 + (1+50) \times 2}\text{mA} \approx 0.0213\text{mA}$$

$$I_E = (1+\beta)I_B = (1+50) \times 0.0213\text{mA} \approx 1.09\text{mA}$$

$$r_{be} = r_b + (1+\beta)\frac{26}{I_E} = \left[300 + (1+50) \times \frac{26}{1.09 \times 10^{-3}}\right]\Omega \approx 1.516\text{k}\Omega$$

(2) 画出微变等效电路,如图 2-29b 所示。

(3) 输入电阻　　$r_i = R_{B1} // R_{B2} // r_{be} = 12 // 3.9 // 1.416\text{k}\Omega \approx 16\text{k}\Omega$

(4) 输出电阻　　　　　　$r_o = R_C = 2.7\text{k}\Omega$

交流等效负载电阻　　$R'_L = R_C // R_L = 2.7 // 2.7\text{k}\Omega = 1.35\text{k}\Omega$

(5) 电压放大倍数　　$A_u = \frac{-\beta R'_L}{r_{be}} = -\frac{50 \times 1.35}{1.516} \approx 44.5$

【例 2-1-7】 如果去掉图 2-29 所示放大电路中的发射极旁路电容 C_E 后,放大电路如图 2-30 所示,设电路参数与例 2-1-6 相同,试计算该放大电路的 (1) 输入电阻 r_i;(2) 输出电阻 r_o;(3) 电压放大倍数 A_u。

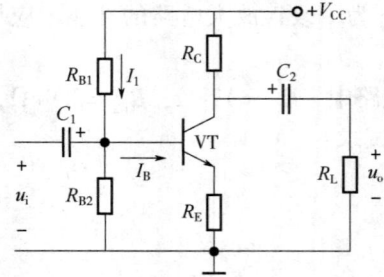

图 2-30　无 C_E 的放大电路

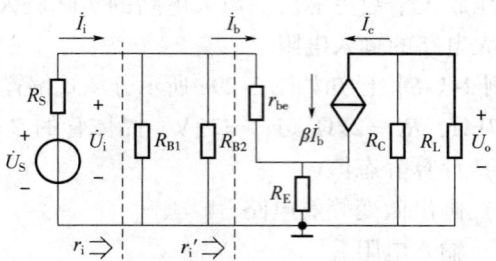

图 2-31　微变等效电路

解:图 2-30 所示的放大电路的微变等效电路如图 2-31 所示。

$$r'_i = \frac{\dot{U}_i}{\dot{I}_b} = \frac{\dot{I}_b r_{be} + (1+\beta)\dot{I}_b R_E}{\dot{I}_b} = r_{be} + (1+\beta)R_E$$

(1) 输入电阻为

$$r_i = \frac{\dot{U}_i}{\dot{I}_i} = R_{B1} // R_{B2} // r'_i = R_{B1} // R_{B2} // [r_{be} + (1+\beta)R_E] \tag{2-15}$$

代入数值计算得

$$r'_i = 103.5\text{k}\Omega$$

$$r_i = 2.87\text{k}\Omega$$

输入电阻没有明显增大。

在放大电路的出口,将放大电路和信号源包含在内视为一个二端网络,内部除源后的二端网络如图 2-32 所示。

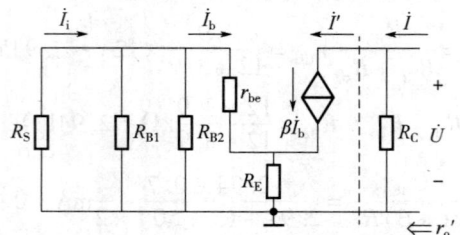

图 2-32　内部除源后的二端网络

在端口上外加电压 $\dot{U}$，则

$$\dot{I}' = \beta \dot{I}_b$$

$$\dot{I}_b [(R_S // R_{B1} // R_{B2}) + r_{be}] + \dot{I}_b (1+\beta) R_E = 0$$

得

$$\dot{I}_b = 0$$

所以

$$\dot{I}' = 0 \quad r'_o = \frac{\dot{U}}{\dot{I}'} = \infty$$

（2）输出电阻为

$$r_o = \frac{\dot{U}}{\dot{I}} = R_C // r'_o \approx R_C = 2.7\text{k}\Omega$$

（3）电压放大倍数为

$$A_u = \frac{\dot{U}_o}{\dot{U}_i} = \frac{\beta \dot{I}_b R'_L}{\dot{I}_b [r_{be} + (1+\beta) R_E]} = \frac{-\beta R'_L}{r_{be} + (1+\beta) R_E} \tag{2-16}$$

式中，$R'_L = R_C // R_L$ 为等效交流负载电阻。

代入数值计算得

$$A_u = -0.65$$

去掉发射极旁路电容 C_E 后，R_E 对直流分量和交流分量都有负反馈作用，使电压放大倍数 A_u 由原来的 -47.7 锐减到 -0.65，显著减小。因此在常用的放大电路中，不能去掉发射极旁路电容 C_E。

由于晶体管的微变等效电路仅对电压、电流的微变量才成立，所以放大电路的微变等效电路法仅能用来分析小信号放大电路的交流分量。

【思考题】

2-1-1 放大电路如何分类？放大的实质是什么？

2-1-2 放大电路的主要技术指标有哪些？

2-1-3 什么是放大电路的输入电阻和输出电阻？

2-1-4 放大电路的输入电阻和输出电阻的数值是大一些好还是小一些好？为什么？

2-1-5 何谓静态图解分析？何谓动态图解分析？它们各包含哪些主要步骤？静态分析对动态分析有何意义？为什么说图解分析也是依据电路的两类约束条件？

2-1-6 简述交流负载线的画法，交流负载线在动态图解分析中有何重要意义？

2-1-7 放大电路产生饱和失真和截止失真的原因是什么？

2-1-8 当静态工作点设置得偏低或偏高时，对放大电路的性能有什么影响？是否一定会产生非线性失真？

2-1-9 如何确定放大电路的输出动态范围？

2-1-10 为什么把静态工作点设置在交流负载线的中点时，放大电路的输出动态范围最大？此时，是否可以避免输出电压出现非线性失真？最大输出动态范围还和哪些因素有关？

2-1-11 怎样用图解法把静态工作点设置在交流负载线的中点？

2-1-12 图解分析法有何优、缺点？什么情况下用图解分析法最合适？

2-1-13 如何建立放大电路的微变等效电路?
2-1-14 放大电路的微变等效电路能不能用来计算放大电路的静态工作点? 为什么?
2-1-15 微变等效电路分析法和图解分析法各有什么优点和局限性?
2-1-16 分压式偏置放大电路为什么能稳定静态工作点?
2-1-17 信号源内阻的大小对放大电路有什么影响?
2-1-18 能否去掉发射极旁路电容 C_E? 为什么?

2.2 共集电极放大电路和共基极放大电路

2.2.1 共集电极放大电路的组成

共集电极放大电路也叫射极输出器,是一种应用很广泛的放大电路,电路如图 2-33 所示。图中,R_B 为偏置电阻,用以调节晶体管的静态工作点;R_E 为直流负载电阻;C_1、C_2 为耦合电容。

2.2.2 射极输出器的静态和动态分析

图 2-33 射极输出器

下面举例进行射极输出器的静态分析和动态分析。

【例 2-2-1】已知图 2-34 所示射极输出器放大电路中,$V_{CC}=12V$,$R_B=200kΩ$,$R_E=R_L=4kΩ$,$R_S=100Ω$,晶体管 $\beta=60$,试求:

(1) 静态值。
(2) 输入电阻 r_i。
(3) 电压放大倍数 A_u 及源电压放大倍数 A_{uS}。
(4) 输出电阻 r_o。

1. 静态分析

静态分析就是求放大电路的静态值。

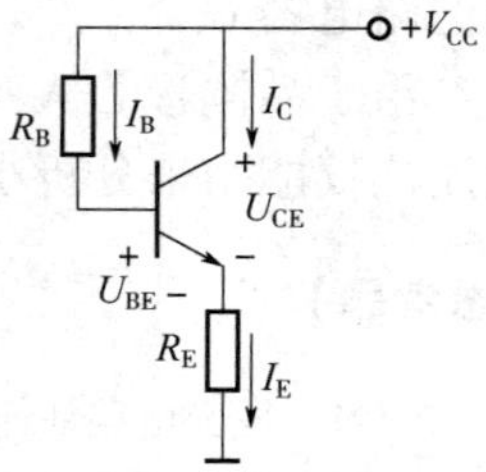

在静态情况下,射极输出器电路中电容 C_1、C_2 相当于开路,画出的直流通路如图 2-34 所示。

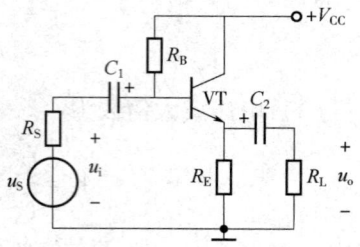

图 2-34 射极输出器的直流通路

由直流通路可得

$$V_{CC} = R_B I_B + U_{BE} + R_E I_E = R_B I_B + U_{BE} + R_E(1+\beta)I_B$$

其中,U_{BE} 为晶体管发射结饱和压降,约为 0.7V。求得

$$I_B = \frac{V_{CC} - U_{BE}}{R_B + (1+\beta)R_E} = \frac{12 - 0.7}{200 + (1+60) \times 4} \text{mA} = 0.026 \text{mA} \tag{2-17}$$

$$I_E = (1+\beta)I_B = (1+60) \times 0.026 \text{mA} = 1.586 \text{mA}$$

晶体管 C、E 间压降为

$$U_{CE} = V_{CC} - R_E I_E = (12 - 4 \times 1.586)V = 5.656V \tag{2-18}$$

2. 动态分析

对交流信号而言,射极输出器电路中的电容 C_1、C_2 及电源 V_{CC} 相当于短路,因此可画出

射极输出器的微变等效电路如图 2-35 所示。由微变等效电路可以看出，射极输出器的集电极相当于直接接地，为输入信号 u_i 与输出信号 u_o 的公共参考点，所以射极输出器也称为共集电极放大电路。

还可将图 2-35 所示的射极输出器的微变等效电路改画为图 2-36。

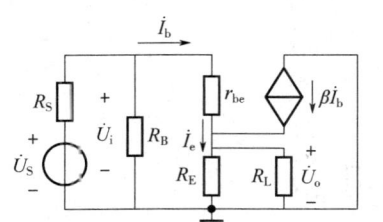 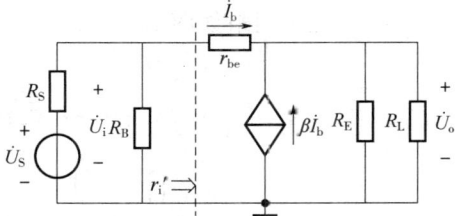

图 2-35 射极输出器的微变等效电路 　　图 2-36 射极输出器微变等效电路的另一种画法

(1) 计算输入电阻 r_i　在图 2-36 中，将电阻 R_B 右面的电路连同负载 R_L 一起，视为一个二端网络，其入端电阻为

$$r'_i = \frac{\dot{U}_i}{\dot{I}_b} = \frac{\dot{I}_b r_{be} + (1+\beta)\dot{I}_b R'_L}{\dot{I}_b} = r_{be} + (1+\beta)R'_L$$

交流等效负载 　　　　　　　　$R'_L = R_E \mathbin{/\mkern-6mu/} R_L$ 　　　　　　　　　　　　　　　(2-19)

射极输出器的输入电阻为

$$r_i = \frac{\dot{U}_i}{\dot{I}_i} = R_B \mathbin{/\mkern-6mu/} r'_i = R_B \mathbin{/\mkern-6mu/} [r_{be} + (1+\beta)R'_L] \tag{2-20}$$

$$r_{be} = r_b + (1+\beta)\frac{26}{I_E} = \left[300 + (1+60)\times\frac{26}{1.586\times10^{-3}}\right]\Omega = 1.3\text{k}\Omega$$

$$R'_L = R_E \mathbin{/\mkern-6mu/} R_L = 4\mathbin{/\mkern-6mu/}2\text{k}\Omega = 1.33\text{k}\Omega$$

$$r_i = R_B \mathbin{/\mkern-6mu/} [r_{be} + (1+\beta)R'_L] = 200\mathbin{/\mkern-6mu/}[1.12 + (1+60)\times1.33]\text{k}\Omega = 58.4\text{k}\Omega$$

由计算结果看出，射极输出器的输入电阻 r_i 远远大于共发射极放大电路的输入电阻。

(2) 计算电压放大倍数　由图 2-36 得

$$A_u = \frac{\dot{U}_o}{\dot{U}_i} = \frac{(1+\beta)\dot{I}_b R'_L}{\dot{I}_b r_{be} + (1+\beta)\dot{I}_b R'_L} = \frac{(1+\beta)R'_L}{r_{be} + (1+\beta)R'_L} \tag{2-21}$$

上述分析结果表明，射极输出器电压放大倍数 $A_u < 1$，但一般情况下 $r_{be} \ll (1+\beta)R'_L$，所以

$$A_u = \frac{(1+\beta)R'_L}{r_{be} + (1+\beta)R'_L} = \frac{(1+60)\times1.33}{1.3+(1+60)\times1.33} = 0.984 \approx 1$$

射极输出器电压放大倍数非常接近于 1，即输入信号与输出信号大小近似相等，该电路没有电压放大作用，但仍有一定的电流放大作用和功率放大作用。射极输出器的输入信号与输出信号相位相同，也就是说，输出信号总是跟随输入信号的变化而变化，所以也称为射极跟随器。

考虑信号源内阻 R_S 影响的源电压放大倍数为

$$A_{uS} = \frac{\dot{U}_o}{\dot{U}_S} = A_u \frac{r_i}{r_i + R_S} = \frac{(1+\beta)R_L}{r_{be} + (1+\beta)R_L} \frac{r_i}{r_i + R_S} \tag{2-22}$$

$$A_{uS} = \frac{\dot{U}_o}{\dot{U}_S} = A_u \frac{r_i}{r_i + R_S} = 0.984 \times \frac{58.3}{58.3 + 0.1} = 0.98$$

(3) 计算输出电阻 r_o。在射极输出器的出口，将放大电路和信号源包含在内视为一个二端网络，二端网络的入端电阻即为射极输出器的输出电阻。

内部除源后的二端网络如图 2-37 所示。

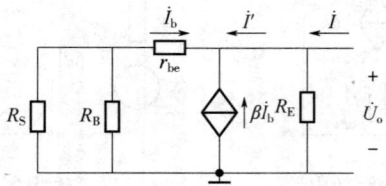

图 2-37 内部除源后的二端网络

在端口上外加电压 $\dot{U}$，则

$$\dot{I}_b = \frac{-\dot{U}}{r_{be} + R_S // R_B}$$

$$\dot{I}' = -(1+\beta)\dot{I}_b = -(1+\beta)\frac{-\dot{U}}{r_{be} + R_S // R_B}$$

$$r_o' = \frac{\dot{U}}{\dot{I}'} = \frac{r_{be} + R_S // R_B}{1+\beta}$$

输出电阻为

$$r_o = \frac{\dot{U}}{\dot{I}'} = R_E // r_o' = \frac{R_E(r_{be} + R_S // R_B)}{(1+\beta)R_E + (r_{be} + R_S // R_B)} \tag{2-23}$$

$$r_o = R_E // \frac{r_{be} + R_S // R_B}{1+\beta} = 4 // \frac{1.3 + 0.1 // 200}{1+60}\Omega = 4 // 0.023\Omega = 22.9\Omega$$

一般信号源内阻 R_S 都很小，当 $R_S = 0$ 或 $\beta \gg 1$ 时

$$r_o \approx \frac{r_{be}}{\beta} \tag{2-24}$$

所以，射极输出器的输出电阻一般远远小于共发射极放大电路的输出电阻。

综上所述，射极输出器具有的特点为：

1) 电压放大倍数小于 1 但接近于 1，输出电压几乎等于输入电压，具有电压跟随作用，且输出电压与输入电压同相。

2) 具有较高的输入电阻。

3) 具有较低的输出电阻。

因此，射极输出器常被用作多级放大电路的输入级或输出级，也可用于中间隔离级。

输入级 射极输出器用作多级放大电路的输入级时，其高的输入电阻可以减轻信号源的负担，在信号源内阻比较大的情况下，其高的输入电阻可以减小信号源内阻上的电压损耗，增大放大电路的输入电压，获得较高的源电压放大倍数，得到比较好的放大效果。

输出级 射极输出器用作多级放大电路的输出级时，其低的输出电阻可以减小负载变化对输出电压的影响（也称带负载能力强），并使放大电路易于与低阻负载相匹配，以利向负载传送尽可能大的功率。

中间隔离级 射极输出器放在两级共发射极放大电路之间时，由于它的输入电阻高，相当于前级的负载电阻大，提高了前级的电压放大倍数；又因它的输出电阻低，对后级放大电路相当于一个低内阻信号源，使后级电路的净输入信号提高。这就是射极输出器的阻抗变换作用，这一级的射极输出器也称为缓冲级或中间隔离级。

2.2.3 共基极放大电路的组成

共基极放大电路的组成如图2-38a所示。它从发射极输入信号，从集电极输出信号，基极是交流通路的公共端，因而称为共基极放大电路。

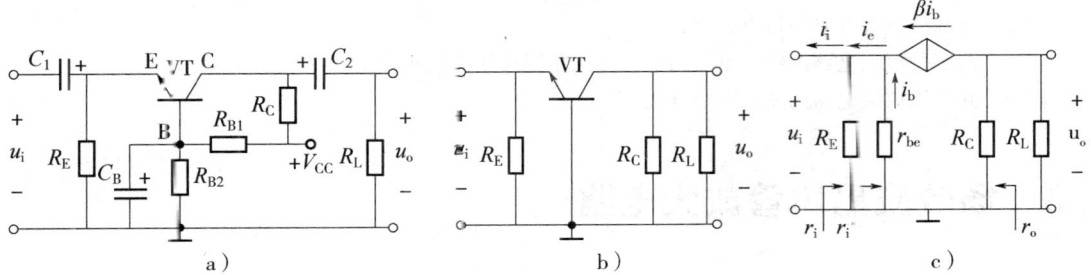

图2-38 共基极放大电路
a) 放大电路 b) 交流通路 c) 微变等效电路

2.2.4 共基极放大电路的静态和动态分析

1. 静态分析

共基极放大电路的直流通路与分压式偏置共发射极放大电路的直流通路（图2-9）完全相同，其静态工作点的计算也完全相同，这里不再赘述。

2. 动态分析

共基极放大电路的微变等效电路如图2-38c所示。

由微变等效电路图可知

$$A_u = \frac{\dot{U}_o}{\dot{U}_i} = \frac{\beta R'_L \dot{I}_b}{r_{be} \dot{I}_b} = \frac{\beta R'_L}{r_{be}} \tag{2-25}$$

由微变等效电路还可求得输入电阻为

$$r_i = \frac{\dot{U}_o}{\dot{I}_i} = R_E \mathbin{/\mkern-5mu/} r'_i \tag{2-26}$$

式中，r'_i为不计R_E的输入电阻，即

$$r'_i = \frac{\dot{U}_o}{\dot{I}_i} = \frac{\dot{I}_b r_{be}}{\dot{I}_b(1+\beta)} = \frac{r_{be}}{1+\beta}$$

放大电路的输出信号由集电极输出，由图2-38c所示电路得输出电阻为

$$r_o = R_C \tag{2-27}$$

综上所述，共基极放大电路的特点是：输入电阻低，输出电阻与共发射极放大电路相同，输出电压与输入电压同相，电压放大倍数与共发射极放大电路绝对值相同。共基极放大电路频率特性好，适用于宽带或高频放大电路。

【思考题】

2-2-1 为什么说射极输出器是共集电极放大电路？
2-2-2 射极输出器为什么又叫射极跟随器？
2-2-3 射极输出器有何特点？
2-2-4 射极输出器主要应用在哪些场合？起什么作用？
2-2-5 射极输出器有无电压放大作用？
2-2-6 射极输出器有无电流放大和功率放大作用？
2-2-7 共基极放大电路的特点是什么？
2-2-8 共基极放大电路的输出电压与输入电压是同相还是反相？
2-2-9 共基极放大电路的输入电阻高吗？

2.3 场效应晶体管放大电路

本节将介绍 N 沟道耗尽型绝缘栅场效应晶体管（MOS 管）组成的分压式偏置放大电路。

为了保证放大电路正常工作，场效应晶体管放大电路也必须设置合适的静态工作点，以保证晶体管工作在线性区，否则将造成输出信号的失真。

2.3.1 场效应晶体管分压式偏置放大电路

耗尽型绝缘栅场效应晶体管是电压控制器件，当 V_{DD} 和 R_D 选定后，静态工作点由栅-源电压 U_{GS}（偏压）确定。

耗尽型 MOS 管放大电路常用的偏置电路有两种，如图 2-39 和图 2-40 所示。

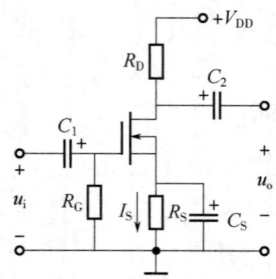
图 2-39 自给偏压偏置电路

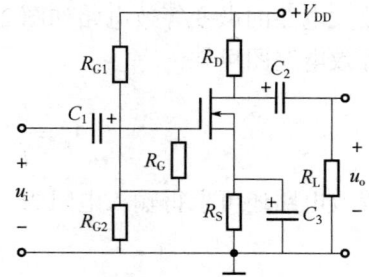
图 2-40 分压式偏置电路

1. 自给偏压偏置电路

图 2-39 所示为耗尽型 MOS 管的自给偏压偏置电路。

在自给偏压偏置电路中，源极电流 I_S（等于 I_D）流经源极电阻 R_S，在 R_S 上产生压降 $I_S R_S$，显然 $U_{GS} = -I_S R_S = -I_D R_S$，它是自给偏压。

电路中各元器件的作用如下：

V_{DD} 为直流电源。

R_S 为源极电阻,静态工作点受它控制,其阻值几千欧。

C_S 为源极电阻的交流旁路电容,用它防止交流负反馈,其容量为几十微法。

R_G 为栅极电阻,用以构成栅-源板间的直流通路,R_G 阻值不能太小,否则影响放大电路的输入电阻,其阻值为 $200k\Omega \sim 10M\Omega$。

R_D 为漏极电阻,它使放大电路具有电压放大功能,其阻值为几十千欧。

C_1、C_2 分别为输入电路和输出电路的耦合电容,其容量一般为 $0.01 \sim 0.047\mu F$。

2. 分压式偏置电路

图 2-40 所示为耗尽型 MOS 管分压式偏置电路。在分压式偏置电路中,R_{G1} 和 R_{G2} 为分压电阻,由于 $R_G \gg R_{G1}$ 和 R_{G2},电阻 R_G 中并无电流。这个电路的栅、源电压除与 R_S 有关外,还随 R_{G1} 和 R_{G2} 的分压比而改变,因此适应性较大。适当选择 R_{G1} 或 R_{G2} 阻值,就可获得正、负及零 3 种偏压。对于 N 沟道耗尽型 MOS 管,U_{GS} 为负值;对于 N 沟道增强型 MOS 管,U_{GS} 为正值。图 2-40 中 R_G 阻值很大,用以隔离 R_{G1} 或 R_{G2} 对信号的分流作用,以保持放大器高的输入电阻。

2.3.2 场效应晶体管放大电路的分析方法

下面分析 N 沟道耗尽型 MOS 管分压式偏置放大电路。

1. 静态分析

图 2-40 所示的耗尽型 MOS 管分压式偏置电路中,R_{G1} 和 R_{G2} 为分压电阻,由于 $R_G \gg R_{G1}$ 和 R_{G2},电阻 R_G 上没有电流和电压,栅极电位为

$$V_G = \frac{R_{G2}}{R_{G1}+R_{G2}}V_{DD} \tag{2-28}$$

源极的对地电压为

$$U_S = I_D R_S$$

如果 $V_G \gg U_{GS}$,则 $U_S = V_G$,静态漏极电流为

$$I_D = \frac{U_S}{R_S} \approx \frac{V_G}{R_S} \tag{2-29}$$

漏、源电压为

$$U_{DS} \approx V_{DD} - I_D(R_D + R_S) \tag{2-30}$$

栅、源电压为

$$U_{GS} = \frac{R_{G2}}{R_{G1}+R_{G2}}V_{DD} - I_D R_S = V_G - I_D R_S \tag{2-31}$$

对于 N 沟道耗尽型 MOS 管,U_{GS} 为负值,所以 $I_D R_S > V_G$。

2. 动态分析

(1) 电压放大倍数 在小信号输入情况下,MOS 管放大电路也可用微变电路等效法进行分析。

图 2-41 是图 2-40 所示分压式偏置电路的交流通路和微变等效电路。从场效应管的微变等效电路可以看出,输入、输出端共用源极,所以此电路也称为场效应晶体管共源极放大电路。

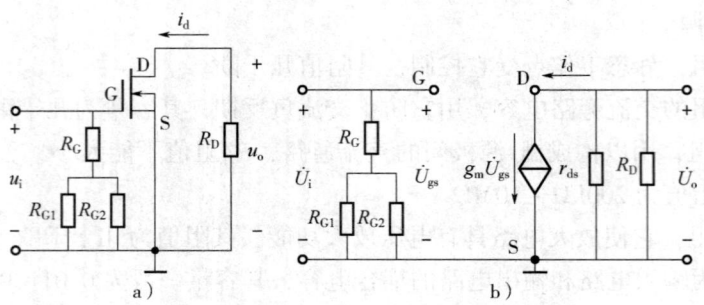

图 2-41 交流通路和微变等效电路
a) 交流通路 b) 微变等效电路

由图 2-41b 可知，当 $r_{ds} \gg R_D$ 时，放大电路的输出电压为

$$U_o = -I_D R_D = -g_m U_{gs} R_D$$

所以电压放大倍数为

$$A_u = \frac{U_o}{U_i} = \frac{U_o}{U_{gs}} = -g_m R_D \tag{2-32}$$

式中的负号表明输出电压与输入电压反相。

当输出端接有负载电阻 R_L 时，放大电路的总负载电阻为

$$R'_L = R_D // R_L$$

则电压放大倍数为

$$A_u = -g_m R'_L \tag{2-33}$$

MOS 管的跨导较小（一般在 0.1～10mA/V 之间），所以 MOS 管共源极放大电路的电压放大倍数较晶体管共发射极放大电路低。

（2）输入电阻　由图 2-41b 可得输入电阻为

$$r_i = R_G + (R_{G1} // R_{G2})$$

一般 $R_G \gg (R_{G1} // R_{G2})$，因而

$$r_i \approx R_G \tag{2-34}$$

可见，在分压点和栅极之间接入电阻 R_G 的目的在于大大提高 MOS 管放大电路的输入电阻。R_G 的接入对电压放大倍数并无影响；在静态时 R_G 中没有电流流过，因此也不会影响静态工作点。

（3）输出电阻　由于 MOS 管的输出特性具有恒流特性（从特性曲线可以看出），故输出电阻很高。

$$r_{ds} = \frac{\Delta U_{DS}}{\Delta I_D}\bigg|_{u_{GS}=常数}$$

在共源极放大电路中，漏极电阻 R_D 是与场效应管的输出电阻 r_{ds} 并联的，所以当 $r_{ds} \gg R_D$ 时，放大电路的输出电阻为

$$r_o \approx R_D \tag{2-35}$$

【例 2-3-1】场效应晶体管的分压式偏置电路如图 2-40 所示，已知：$V_{DD} = 15V$，$R_G = 1M\Omega$，$R_{G1} = 500k\Omega$，$R_{G2} = 200k\Omega$，$R_S = 10k\Omega$，$R_D = 10k\Omega$，$R_L = 10k\Omega$，$g_m = 2mA/V$。试求：(1) 静态工作点；(2) 电压放大倍数；(3) 输入电阻；(4) 输出电阻。

解：(1) 静态工作点。

由式 (2-28) ~ 式 (2-30) 得

$$V_G = \frac{R_{G2}}{R_{G1}+R_{G2}}V_{DD} = \frac{200}{200+500} \times 15\text{V} \approx 4.3\text{V}$$

静态漏极电流为

$$I_D \approx \frac{V_G}{R_S} = \frac{4.3}{10}\text{mA} = 0.43\text{mA}$$

漏、源电压为

$$U_{DS} = V_{DD} - I_D(R_D + R_S) = [15 - 0.43 \times (10+10)]\text{V} = 6.4\text{V}$$

(2) 由式 (2-33) 得电压放大倍数为

$$A_u = -g_m R'_L = -2 \times (10 /\!/ 10) = -10$$

(3) 由式 (2-34) 得输入电阻为

$$r_i \approx R_G = 1\text{M}\Omega$$

(4) 由式 (2-35) 得输出电阻为

$$r_o \approx R_D = 10\text{k}\Omega$$

【思考题】

2-3-1 场效应晶体管是电压控制元件还是电流控制元件？
2-3-2 场效应晶体管组成的放大电路时必须有栅极偏压吗？
2-3-3 场效应晶体管组成的放大电路有没有偏流？
2-3-4 MOS 管是指哪一种场效应晶体管？

2.4 阻容耦合多级放大电路

前面所介绍的放大电路，是由一只晶体管组成的单级放大电路。但在电子设备中，输入信号往往是非常微弱的，要把这些微弱的信号放大到足够大的程度，则需要将两个或者两个以上的单级放大电路逐级连接起来组成多级放大电路。多级放大电路的级连除了提高放大倍数外，还有阻抗变换的作用。

2.4.1 多级放大电路的组成

组成多级放大电路的每一个基本单管放大电路称为多级放大电路的一级。在多级放大电路中，第一级叫作输入级，最后一级叫作输出级，输出级的前一级叫作末前级，其余的级叫作中间级。一个典型的多级放大电路的输入级是连接信号源的，常采用具有较高输入电阻的射极输出器；中间级采用具有较高放大倍数的共发射极放大电路；输出级要求有一定的输出功率来推动负载，一般采用功率放大电路。

2.4.2 多级放大电路的耦合和分析方法

1. 多级放大电路的耦合方式

多级放大电路级与级之间的连接方式称为耦合，对应电路叫作耦合电路。对耦合电路的基本要求是：首先要保证各级放大电路都有合适的静态工作点；其次要保证前级（或信号源）输出的信号尽可能无衰减地传递到后一级放大电路的输入端，而且不引起信号失真。

在多级放大电路中，前一级的输出电压（或电流）通过一定的方式有效地传递到后一级，称为级间耦合。低频放大电路常用的级间耦合方式有阻容耦合、直接耦合和变压器耦合 3 种。变压器耦合由于高频和低频特性差、体积大、成本高，除了特殊场合一般很少使用；直接耦合在差分放大电路中介绍，本节只介绍阻容耦合方式。

阻容耦合是把电容作为两级放大电路之间的连接元件并与电阻配合而组成的一种耦合方式。

2. 多级放大电路的分析方法

图 2-42 所示为两级阻容耦合放大电路。两级之间由耦合电容 C_2 和第二级的输入电阻连接。耦合电容的取值较大，一般为几微法到几十微法，对交流信号而言，C_2 相当于短路，可以顺利地通过。对直流信号而言，C_2 相当于开路，从而使放大电路各级的静态工作点彼此独立，互不影响。这就给电路的分析、设计和调试带来了很大的方便。这是阻容耦合在低频放大电路中得以广泛应用的一个显著特点。

由于多级阻容耦合放大电路各级的静态工作点彼此独立，各级放大电路的静态分析和单级放大电路的静态分析相同，这里就不再赘述。下面进行动态分析。

（1）多级放大电路的输入、输出电阻　多级阻容耦合放大电路的输入电阻是第一级放大电路的输入电阻，输出电阻是最末级放大电路的输出电阻。对于一个多级放大电路而言，后一级放大电路对前一级放大电路的影响可用一个等效负载电阻来替代，这个等效负载电阻就是后一级放大电路的输入电阻。也就是说前一级放大电路的负载就是后一级放大电路的输入电阻。

图 2-43 所示为两级阻容耦合放大电路的框图。

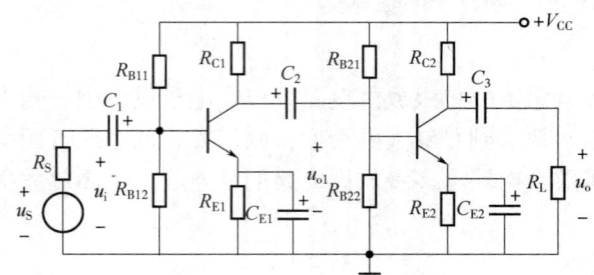

图 2-42　两级阻容耦合放大电路

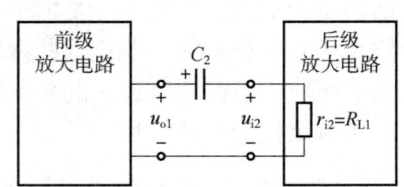

图 2-43　两级阻容耦合放大电路的框图

输入电阻就是第一级放大电路的输入电阻，为

$$r_\mathrm{i} = r_\mathrm{i1} = R_\mathrm{B11} /\!/ R_\mathrm{B12} /\!/ r_\mathrm{be1} \tag{2-36}$$

输出电阻就是第二级放大电路的输出电阻，为

$$r_\mathrm{o} = r_\mathrm{o2} = R_\mathrm{C2} \tag{2-37}$$

（2）多级放大电路的电压放大倍数　n 级阻容耦合放大电路的总电压放大倍数为末级输出电压 u_on 与第一级输入电压 u_i1 之比，即

$$A_\mathrm{u} = \frac{u_\mathrm{on}}{u_\mathrm{i1}} \tag{2-38}$$

因为在多级放大电路中前一级的输出即为后一级的输入，即

$$u_{o1} = u_{i2}, \ u_{o2} = u_{i3}, \ \cdots, \ u_{o(n-1)} = u_{in}$$

则总电压放大倍数为

$$A_u = \frac{u_{o1}}{u_{i1}} \frac{u_{o2}}{u_{i2}} \frac{u_{o3}}{u_{i3}} \cdots \frac{u_{on}}{u_{in}} = A_{u1} A_{u2} A_{u3} \cdots A_{un} \tag{2-39}$$

式（2-39）说明，多级放大电路中的总电压放大倍数等于各级放大电路电压放大倍数的乘积。

对于一个多级放大电路而言，后一级放大电路对前一级放大电路的影响可用一个等效负载电阻来替代，这个等效负载电阻就是后一级放大电路的输入电阻。

【例 2-4-1】 如图 2-42 所示的两级阻容耦合放大电路中，已知 $R_{C1} = R_{C2} = R_{E1} = R_L = 3\text{k}\Omega$，$R_{B11} = 30\text{k}\Omega$，$R_{B12} = 15\text{k}\Omega$，$R_{B21} = 20\text{k}\Omega$，$R_{B22} = 10\text{k}\Omega$，$R_{E2} = 2\text{k}\Omega$，$r_{be1} = 1.58\text{k}\Omega$，$r_{be2} = 1.15\text{k}\Omega$，$\beta_1 = \beta_2 = 50$。试求：

(1) 放大电路的输入、输出电阻。
(2) 放大电路的总电压放大倍数。

解：(1) 两级阻容耦合放大电路的微变等效电路如图 2-44 所示。

由图 2-44 可知，第一级的输入电阻为两级放大电路总的输入电阻，即

$$r_i = r_{i1} = R_{B11} /\!/ R_{B12} /\!/ r_{be1} = 30 /\!/ 15 /\!/ 1.58\text{k}\Omega \approx 1.36\text{k}\Omega$$

两级放大电路的输出电阻即为第二级的输出电阻，即

$$r_o = r_{o2} = R_{C2} = 3\text{k}\Omega$$

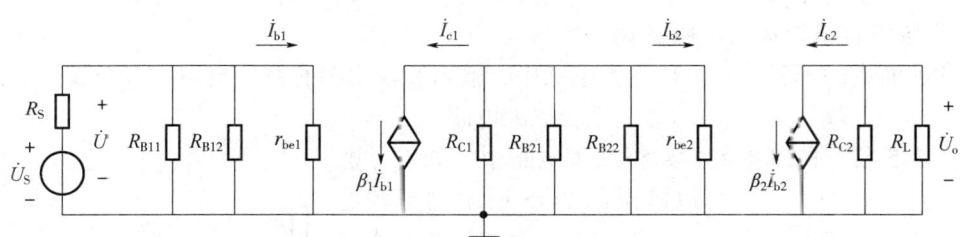

图 2-44 两级放大电路的微变等效电路

(2) 第二级的输入电阻即为第一级的等效负载电阻，为

$$r_{i2} = R_{B21} /\!/ R_{B22} /\!/ r_{be2} = 20 /\!/ 10 /\!/ 1.15\text{k}\Omega \approx 0.94\text{k}\Omega$$

第一级的等效负载电阻为

$$R'_{L1} = R_{C2} /\!/ r_{i2} = 3 /\!/ 0.94\text{k}\Omega \approx 0.716\text{k}\Omega$$

第二级的等效负载电阻为

$$R'_{L2} = R_{C2} /\!/ R_L = 3 /\!/ 3\text{k}\Omega = 1.5\text{k}\Omega$$

第一级的电压放大倍数为

$$A_{u1} = \frac{\dot{U}_{o1}}{\dot{U}_i} = -\beta_1 \frac{R'_{L1}}{r_{be1}} = -50 \times \frac{0.716}{1.58} \approx -22.6$$

第二级的电压放大倍数为

$$A_{u2} = \frac{\dot{U}_o}{\dot{U}_{o1}} = -\beta_2 \frac{R'_{L2}}{r_{be2}} = -50 \times \frac{1.5}{1.15} \approx -65.22$$

两级总电压放大倍数为

$$A_u = A_{u1}A_{u2} = -22.6 \times (-65.22) \approx 1474$$

2.4.3 放大电路的频率响应

在实际工程应用中，电子电路所处理的信号如语音信号、电视信号等，都不是简单的单一频率信号，它们都是由幅值和相位具有固定比例关系的多频率分量组合而成的复杂信号，即具有一定的频谱。例如，音频信号的频率范围为20Hz~20kHz，而视频信号的频率范围是从直流到几十兆赫。

由于放大电路中存在电抗性元件，如晶体管的极间电容，电路的负载电容、分布电容、耦合电容、射极旁路电容等，使得放大电路可能对不同频率信号分量的放大倍数和相移不同。例如，当输入信号的频率过高或过低时，不仅电路的放大倍数会下降，而且还将产生附加的相移，说明放大倍数是频率的函数。这种函数关系就是频率特性或频率响应。

频率响应是衡量放大电路对不同频率信号适应能力的一项技术指标。其表达式为

$$\dot{A}_u = |A_u(f)| \varphi(f) \tag{2-40}$$

$A_u(f)$ 表示电压放大倍数的模与频率 f 之间的关系，称为幅频响应。$\varphi(f)$ 表示放大电路输出电压与输入电压之间的相移 φ 与频率 f 之间的关系，称为相频响应。放大电路的幅频响应和相频响应统称为放大电路的频率响应或频率特性。

如果放大电路对不同频率信号的幅值放大不同，就会引起幅度失真；如果放大电路对不同频率信号产生的相移不同，就会引起相位失真。幅度失真和相位失真总称为频率失真。

1. 单级阻容耦合放大电路的频率响应

本章前面讲的单管共发射极放大电路中，输入和输出都有耦合电容，多级放大电路也是通过电容耦合，故称为阻容（RC）耦合放大电路。

如图2-5所示的基本共发射极放大电路中，如果考虑不同频率时电容的影响，可以画出图2-45所示的等效电路。其中耦合电容 C_2 串联在输出回路中，晶体管及电路中存在的极间电容、结电容、分布电容等效为电容 C' 并联在输入回路中，R' 为输入回路的等效电阻。

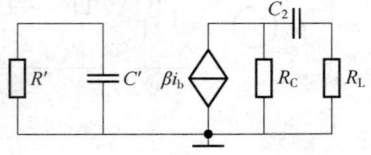

图2-45 考虑电容的微变等效电路

耦合电容一般为微法级，而结电容和分布电容等构成的等效电容 C' 为皮法级。根据频率和接法的不同，各电容对输出电压幅值和电路的相移有不同的影响。

幅值与频率的关系称为幅-频特性，相位与频率的关系称为相-频特性，如图2-46所示。

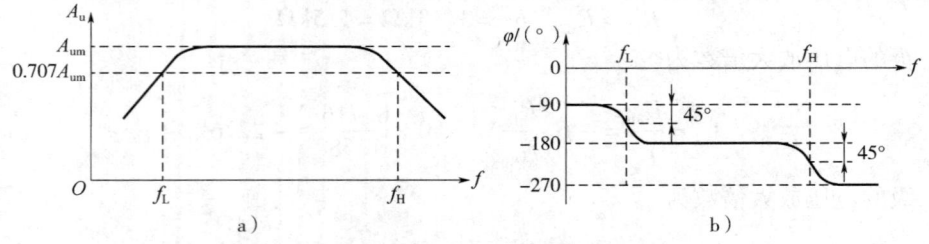

图2-46 单级放大电路的频率特性
a) 幅-频特性 b) 相-频特性

以下为3种情况分析：

1) 中频时，C_2 的容抗远小于其他电阻，相当于短路；C' 的容抗远大于其他电阻，相当于开路。所以中频可以忽略电容的影响，电压放大倍数 A_u 基本是一条直线，用 A_{um} 表示中频电压放大倍数。而放大电路的相移 $\varphi = -180°$，无附加相移。

2) 频率降低到 $f = f_L$ 时，A_u 降为中频时的 70.7%，附加相移 $\Delta\varphi = 45°$。当 $f \ll f_L$ 时，C_2 的容抗增加而不能视为短路，输出电压（即电压放大倍数）继续下降直至零，相移继续增加直到 $\Delta\varphi = 90°$。其中 f_L 称为下限截止频率。因为频率高于某一特定频率 (f_L) 时，输出为正常值，故称为"高通电路"。

3) 当频率升高到 $f = f_H$ 时，A_u 降为中频时的 70.7%，附加相移 $\Delta\varphi = -45°$。当 $f \gg f_H$ 时，C' 容抗下降而不能视为开路，电压（即电压放大倍数）继续下降直至为零，附加相移继续变化直到 $\Delta\varphi = -90°$。其中 f_H 称为上限截止频率。因为频率低于某一特定频率 (f_H) 时，输出为正常值，故称为"低通电路"。

上限截止频率和下限截止频率之间的频段称为"通频带"，简称"通带"。其宽度为

$$BW = f_H - f_L \tag{2-41}$$

上限截止频率和下限截止频率与各自回路的时间常数有关，其表达式为

$$f_H = \frac{1}{2\pi(R_L + R_C)C_2}$$

$$f_L = \frac{1}{2\pi R'C'}$$

结论：RC 耦合的放大电路中，低频和高频时，分别受电路耦合电容和晶体管等效电容的影响而使电压放大倍数下降并产生附加相移。而中频时电容的影响忽略不计，电压放大倍数基本不变。

在回路电阻一定的情况下，下限频率与耦合电容成反比；上限频率与晶体管本身的结电容、分布电容等效的电容 (C') 成反比，而这些参数与晶体管的一个重要参数有关，即特征频率 (f_T) 有关。

特征频率的定义是：当频率升高到 f_T 时，晶体管的 β 值下降为正常值的 70.7%。要提高上限截止频率，就要选择特征频率更高的晶体管。

在分析共发射极放大电路（见图 2-8）时，前面的讨论都是将信号频率设定在中频范围，将耦合电容 C_1、C_2 和旁路电容 C_E 视为短路，将晶体管极间电容及分布电容视为开路。但实际上当输入信号的频率改变时，这些因素均不能忽略。

2. 多级阻容耦合放大电路的频率特性

多个单级放大电路串接就构成多级阻容耦合放大电路，多级放大电路的电压放大倍数为各级放大倍数之积，即

$$\dot{A}_u = \prod_{k=1}^{N} \dot{A}_{uk} \tag{2-42}$$

故其对数幅-频特性和相-频特性为

$$\begin{cases} 20\lg|\dot{A}_u| = \sum_{k=1}^{N} 20\lg|\dot{A}_{uk}| \\ \varphi = \sum_{k=1}^{N} \varphi_k \end{cases} \tag{2-43}$$

只要将各级对数频率特性的电压放大倍数相加和相位相加，就能得到多级放大电路的幅频特性和相频特性。

如果将两个单级放大电路（参数分别为 A_{u1} 和 A_{u2}、f_{L1} 和 f_{L2}、f_{H1} 和 f_{H2}、BW_1 和 BW_2）组成两级阻容耦合放大电路后，新的下限截止频率 f_L 将大于 f_{L1} 或 f_{L2}，上限截止频率 f_H 将小于 f_{H1} 或 f_{H2}，通频带 BW 也将比 BW_1 和 BW_2 窄。

因此，多级放大电路与单级放大电路相比，总的频带宽度 BW 比任何一单级的通频带都窄，但频带变窄换来的是电路总的放大倍数的提高。

【思考题】

2-4-1 什么是阻容耦合？
2-4-2 多级阻容耦合放大电路各级的静态工作点是否彼此独立？
2-4-3 怎样计算两级阻容耦合放大电路的放大倍数？
2-4-4 怎样计算两级阻容耦合放大电路的输入电阻？
2-4-5 怎样计算两级阻容耦合放大电路的输出电阻？
2-4-6 什么是放大电路的频率响应？
2-4-7 两级放大电路的频率响应与单级放大电路的频率响应比较有什么不同？
2-4-8 两级放大电路的频率响应与单级放大电路的频率响应比较哪个通频带窄？为什么？

2.5 功率放大电路

电子设备的放大电路一般是由电源、输入级、中间级和输出级等部分组成，将信号放大后输出足够大的功率来驱动负载如扬声器、继电器等工作。要完成这些工作，就要求输出级向负载提供足够大的信号功率，即要求输出足够大的输出电压和输出电流，这种放大电路称为功率放大电路。

2.5.1 功率放大电路的主要技术指标

1. 功率放大电路的特点

功率放大电路和前面讲过的电压放大电路都是将信号进行放大，但侧重点不同，电压放大电路是将小信号电压不失真地放大，而功率放大电路是将中间级放大的信号再进行放大，属于大信号放大电路。因此，对功率放大电路有以下几点要求。

（1）输出功率 P_o 大 通常用功率放大电路的最大不失真输出功率 P_{om} 表示输出电压和电流波形不失真或失真程度在允许范围内的最大输出功率。

$$P_{om} = \frac{U_{om}}{\sqrt{2}} \frac{I_{om}}{\sqrt{2}} = \frac{U_{om} I_{om}}{2}$$

由于功率放大电路的晶体管工作在接近于极限工作的状态，因此它的工作状态不超过其极限参数 I_{CM}、P_{CM} 和 $U_{(BR)CEO}$。

（2）效率高 功率放大电路主要把直流电源供给的直流电能转换成交流电能输送给负载，效率是功率放大电路输出的最大功率 P_{om} 与直流电源提供的功率 P_E 的比值。

$$\eta = \frac{P_{om}}{P_E} \times 100\%$$

(3) 非线性失真小 由于功率放大电路的晶体管处于大信号工作状态,所以由晶体管特性的非线性引起的非线性失真不可避免。因此,要将非线性失真限制在允许的范围内。

2. 功率放大电路的分类

由于功率放大电路通常处于多级放大电路的输出级,其输入信号是经过电压放大电路放大的大信号,即功率放大电路工作在大信号下,因而电路的工作情况不宜用微变等效电路法进行分析,通常采用图解分析法。

根据功率放大电路中晶体管的静态工作点在交流负载线上的位置不同,放大电路有以下3种工作状态,如图2-47所示。

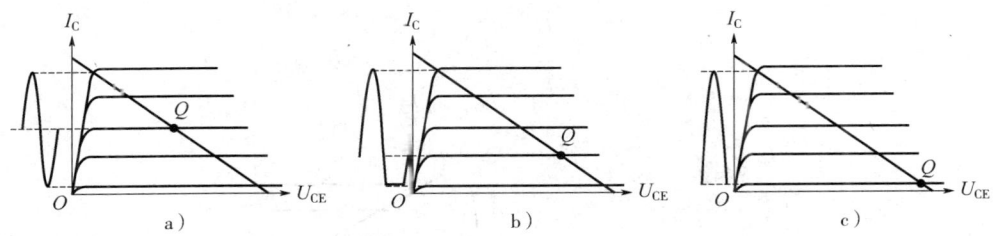

图2-47 功率放大电路的工作状态
a) 甲类 b) 甲乙类 c) 乙类

(1) 甲类工作状态 当静态工作点Q设置在交流负载线的中点时,静态工作点Q太高,静态电流太大。在输入信号变化的整个周期内,晶体管都有电流通过,所以晶体管的直流功率损耗太大,放大电路的最高理想效率也只有50%。这种工作状态称为甲类工作状态,如图2-47a所示。

(2) 乙类工作状态 当静态工作点Q设置在接近横轴($I_C \approx 0$)上时,晶体管只在信号的正半周内导通,负半周时晶体管截止,无电流通过。这种工作状态称为乙类工作状态,如图2-47c所示。如果工作在乙类工作状态,静态($u_i = 0$)时,$I_C = 0$,没有损耗;动态($u_i \neq 0$)时,i_C的平均分量也很小,损耗也将大大下降,功率放大电路的效率将有很大的提高,理想情况下最大效率的理论值为78.5%,但会造成严重的波形失真。

(3) 甲乙类工作状态 当静态工作点Q的设置比乙类工作状态略向上移时,如图2-47b所示,这种工作状态称为甲乙类工作状态。甲乙类功率放大电路中,晶体管的静态工作点处于放大区,但接近于截止区,在输入信号的整个周期内,晶体管的导通时间大于半个周期而小于全周期,这类功率放大电路的特性介于甲类和乙类之间,但输出信号仍有较大失真。

2.5.2 互补对称式功率放大电路

如果选用两个工作在乙类状态的功率放大电路,一个在正半周工作,另一个在负半周工作,形成互补对称的电路结构,理论上将会大大提高放大电路的效率,又可减小信号波形的失真。

1. 乙类互补对称功率放大电路

图2-48a所示为乙类互补对称功率放大电路。图中,VT_1为NPN型晶体管,VT_2为PNP型晶体管,两个晶体管基极相连作为输入端,发射极的R_L为负载电阻。为了使输出波形正

负半周对称，VT_1、VT_2 的特性曲线和参数完全对称，且 $|+V_{CC}|=|-V_{CC}|$。

静态时，$I_B=0$，$I_{C1}=I_{C2}=0$，两个晶体管均工作在乙类工作状态。由于电路的对称性，发射极电位 $V_E=0$，即输出电压 $u_o=0$。

动态时，若输入信号 u_i 为正半周，VT_1 发射结处于正向偏置而导通，VT_2 发射结处于反向偏置而截止，正半周电流通过负载电阻 R_L；若输入信号 u_i 为负半周，则 VT_2 导通，VT_1 截止，负半周电流通过 R_L，负载电阻 R_L 上获得完整的输出电压 u_o 的波形，如图 2-48a 所示。有输入信号时两个晶体管轮流导通，组成推挽式电路，两个晶体管互补对方缺少的另一个半周，且互相对称。所以，图 2-48a 所示电路称为乙类互补对称功率放大电路。

下面分析放大电路的最大功率转换效率。电路输出最大功率时的工作情况如图 2-48b 所示。此时，由输出特性曲线得

$$U_{om} \approx V_{CC}$$

$$I_{om} \approx I_{Cm} \approx \frac{U_{om}}{R_L} \approx \frac{V_{CC}}{R_L}$$

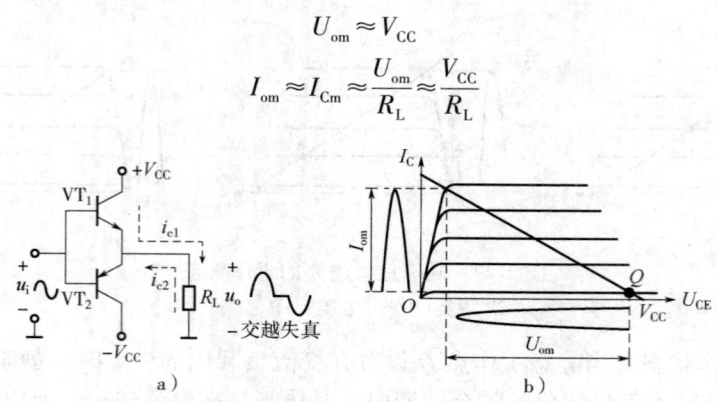

图 2-48 乙类互补对称功率放大电路的工作情况
a) 电路 b) 输出特性

输出最大功率为

$$P_{om} = \frac{U_{om}}{\sqrt{2}} \frac{I_{om}}{\sqrt{2}} = \frac{U_{om}}{\sqrt{2}} \frac{U_{om}}{\sqrt{2}R_L} = \frac{1}{2}\frac{U_{om}^2}{R_L} \approx \frac{1}{2}\frac{V_{CC}^2}{R_L} \qquad (2\text{-}44)$$

由于一个周期内 VT_1、VT_2 轮流导通，每个直流电源只在半个周期供给功率，每个电源提供的功率为

$$P'_E = \frac{1}{2\pi}\int_0^\pi V_{CC} i_{C1} \mathrm{d}(\omega t) = \frac{1}{2\pi}\int_0^\pi V_{CC} I_{om}\sin\omega t \mathrm{d}(\omega t) = \frac{V_{CC}^2}{\pi R_L}$$

两个直流电源提供的总功率为

$$P_E = 2P'_E = \frac{2V_{CC}^2}{\pi R_L} \qquad (2\text{-}45)$$

故电路的功率转换效率为

$$\eta_m = \frac{P_{om}}{P_E}\times100\% = \left(\frac{V_{CC}^2}{2R_L}\bigg/\frac{2V_{CC}^2}{\pi R_L}\right)\times100\% = \frac{\pi}{4}\times100\% = 78.5\% \qquad (2\text{-}46)$$

乙类互补对称功率放大电路的转换效率 $\eta_m=78.5\%$ 是理论值，实际达不到这样高，考虑到晶体管的管压降及每个晶体管导电时间等原因，转换效率一般在 60% 左右。由于转换效率高于射极输出器，故该电路作为基本功率放大电路已获得了广泛的应用。

乙类互补对称功率放大电路，由于没有直流偏置，当输入信号 u_i 低于晶体管死区电压

时，VT_1、VT_2 都截止，i_{c1} 和 i_{c2} 基本上为零。因此在两个晶体管交替导通时，在交替处（输出电压 u_o 波形的正负半周过零处）会出现一段"死区"，使得输出电压波形不能很好地反映输入电压的变化，输出电压 u_o 波形在正、负半周过零处产生的非线性失真，称为交越失真，如图 2-48a 所示。

2. 甲乙类互补对称功率放大电路

在功率放大电路设置偏置电路，提供一个基极偏流，就可以减小输出电压 u_o 的交越失真。但为了提高功率放大效率，一般基极偏流较小，以能消除交越失真为限。当输入信号 $u_i = 0$ 时，VT_1、VT_2 都处于微导通状态，这时晶体管工作在甲乙类工作状态。

(1) OTL 互补对称功率放大电路

图 2-49 所示为单电源供电的甲乙类互补对称功率放大电路，其输出端需接耦合电容 C，这种功率放大电路称为 OTL（Output Transformerless，无输出变压器）电路。

为了使输出电压 u_o 的正、负半周完全对称，所选择的 VT_1、VT_2 的特性和参数完全对称。静态时调节 R_P 可使晶体管上的电压 $|+U_{CE1}| = |-U_{CE2}|$，分别为电源电压 V_{CC} 的一半，即输出端电容 C 上的电压 U_C 也等于 $V_{CC}/2$。

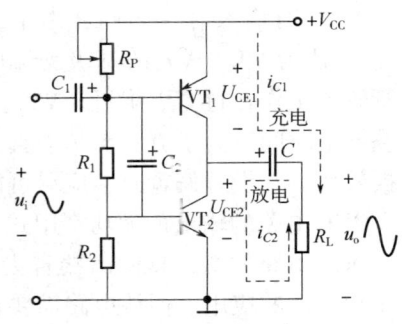

图 2-49 OTL 互补对称功率放大电路

当输入信号 u_i 在正半周时，VT_1 导通，VT_2 截止，电源 V_{CC} 通过 VT_1 对电容 C 充电，充电电流 i_{C1} 经过负载电阻 R_L，如图 2-49 所示，形成输出电压 u_o 的正半周波形。当输入信号 u_i 在负半周时，VT_1 截止，VT_2 导通。电容 C 上电压 U_C 作为电源通过 VT_2 对负载电阻 R_L 放电，放电电流 i_{C2} 经过负载电阻 R_L，形成输出电压 u_o 的负半周波形。

所以，在输入信号 u_i 的整个周期里，VT_1、VT_2 交替工作，结果在负载电阻 R_L 上就可以得到一个完整的正弦波输出电压 u_o。

由上述分析可见，OTL 互补对称功率放大电路是单电源供电的甲乙类功率放大电路，输出端电容 C 实际上起到一个负电源的作用。图 2-49 中电容 C_2 为交流信号的旁路电容。其作用使 VT_1、VT_2 的基极对交流信号的电位相同，以保证 VT_1 和 VT_2 对地输入信号的幅值相等，从而改善输出电压 u_o 正、负半周波形的对称性。

由于电路的对称性，有

$$U_{om} = U_{cem} = \frac{1}{2}V_{CC}$$

则 OTL 电路的输出最大功率为

$$P_{om} = \frac{U_{om}}{\sqrt{2}} \frac{I_{om}}{\sqrt{2}} = \frac{U_{om}}{\sqrt{2}} \frac{U_{om}}{\sqrt{2}R_L} = \frac{1}{2}\frac{U_{om}^2}{R_L} = \frac{V_{CC}^2}{8R_L} \tag{2-47}$$

(2) OCL 互补对称功率放大电路

图 2-50 所示为一个输出端不接电容的甲乙类互补对称功率放大电路，称为 OCL（Output Capacitorless，无输出电容）电路。

图 2-50 中 VT_1 工作在典型的甲类电压放大状态，用作功率放大电路前的推动级。在 VT_1

的集电极,即在功率放大级(输出级)VT$_2$、VT$_3$的基极间加了两只二极管 VD$_1$、VD$_2$(加电阻,或者电阻和二极管串联),利用VT$_1$的静态电流在 VD$_1$、VD$_2$上产生的正向压降,给VT$_2$、VT$_3$提供大于死区电压的基极偏置。静态时VT$_2$、VT$_3$处于微导通状态,即预先给每只晶体管以一定的电流,VT$_2$、VT$_3$轮流导电时,交替过程比较平滑,从而克服了交越失真。

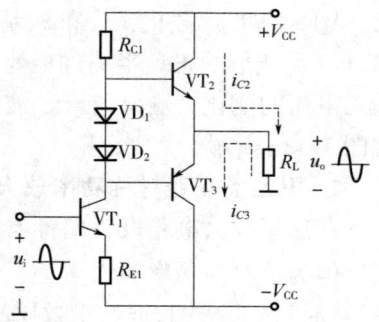

图 2-50　OCL 互补对称功率放大电路

由于电路完全对称,静态时 VT$_2$、VT$_3$电流相等,负载电阻R_L上没有静态电流流过,两只晶体管的发射极电位 $V_E=0$。当有输入信号u_i时,由于二极管的交流电阻$r_D \ll R_{C1}$,可认为VT$_2$、VT$_3$的基极交流电位基本相等,两只晶体管轮流工作在过零点附近。VT$_2$、VT$_3$的导电时间都比半个周期长,即有一定的交替时的重叠导电时间。为了克服交越失真,互补对称电路工作在甲乙类工作状态,但为了提高功率转换效率,在设置偏置时,应尽可能接近乙类工作状态。

OCL 电路的输出最大功率用式(2-44)计算。

OCL 电路的特点是输出端省去了隔直电容,改善了放大电路在低频时的特性,目前得到比较广泛的应用。但该电路需要正、负双电源($+V_{CC}$ 和 $-V_{CC}$)供电。

OTL 和 OCL 互补对称功率放大电路的优点是线路简单、效率较高,但要求有一对特性参数相同的 NPN 型和 PNP 型功率输出管。在输出功率较小时,可以选配这对晶体管,但在要求输出功率较大时就难于配对。为了克服两种晶体管的特性参数差异,以及温度特性不一致等造成的输出信号的严重失真,通常采用复合管组成互补对称电路。

3. 复合管

复合管也叫达林顿管,如图 2-51 所示。

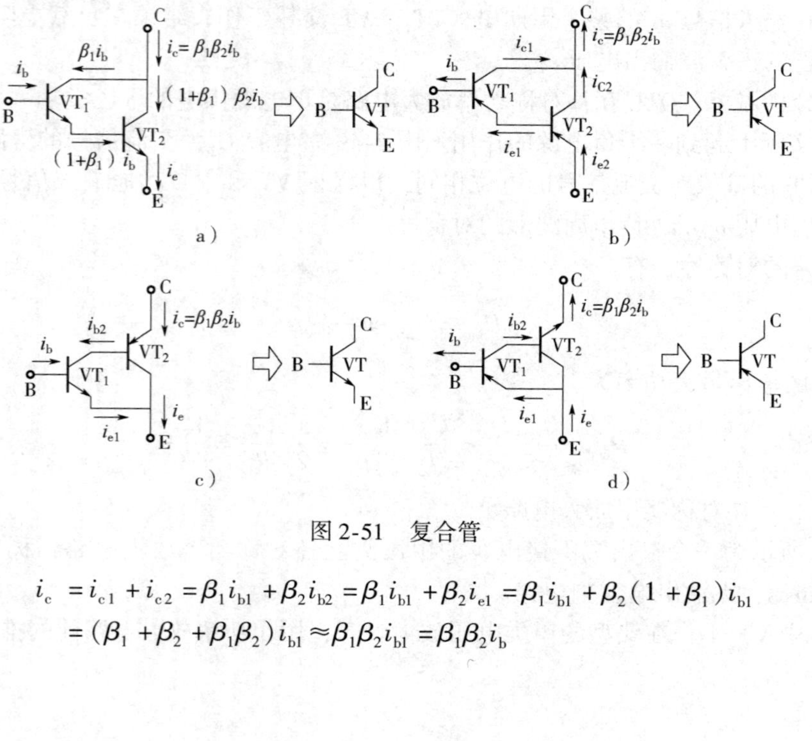

图 2-51　复合管

$$i_c = i_{c1} + i_{c2} = \beta_1 i_{b1} + \beta_2 i_{b2} = \beta_1 i_{b1} + \beta_2 i_{e1} = \beta_1 i_{b1} + \beta_2(1+\beta_1)i_{b1}$$
$$= (\beta_1 + \beta_2 + \beta_1\beta_2)i_{b1} \approx \beta_1\beta_2 i_{b1} = \beta_1\beta_2 i_b$$

复合管的电流放大系数 β 为

$$\beta \approx \frac{i_c}{i_b} = \beta_1 \beta_2$$

可见，电流放大系数近似为两只晶体管电流放大系数的乘积。复合管的导电特性取决于第一只晶体管的导电特性。

4. 准互补对称功率放大电路

图 2-52 所示为用两个复合管代替图 2-50 中 VT_2 和 VT_3 的准互补对称功率放大电路。

图 2-52 中，VT_2、VT_3 复合管为 NPN 型，替代图 2-50 中的 VT_2；VT_4、VT_5 复合管为 PNP 型，替代图 2-50 中的 VT_3；发射极电阻 R_{E3}、R_{E5} 的阻值比较小，其作用是稳定静态工作点；电阻 R_{E2} 和 R_{E4} 分别为 VT_3、VT_4 的穿透电流 I_{CEO} 分流，因为功率管的穿透电流一般比较大，否则它们全部进入 VT_3 和 VT_5，复合管的总穿透电流就会更大，不利于提高温度的稳定性；R 和正向连接的二极管 VD_1、VD_2 的串联电路是避免产生交越失真的另一种电路，如果不接电阻 R，二极管 VD_1、VD_2 导通时的端电压几乎是恒定的，偏流也就无法调节。

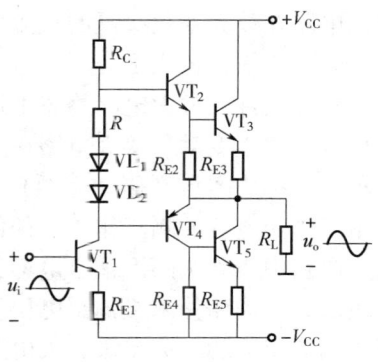

图 2-52 准互补对称功率放大电路

5. 集成功率放大电路

随着集成制造技术的发展，现已制造出种类较多的集成功率放大电路，分为通用型和专用型两大类。使用时只需外接少许元件，接入电源就可在负载上得到所需要的功率。常用的集成功放有 TDA2003、LA4112、LM386、STK465 等。

例如，音响功率放大电路就是音响系统中不可缺少的重要部分，其主要任务是将音频信号放大到足以推动外接负载（如扬声器等）。图 2-53 所示为 LM386 组成的 OTL 电路。

图 2-53 中，引脚 3（同相输入端）输入音频电压信号，引脚 2（反相输入端）交流接地。引脚 1 和引脚 8 之间接电容（引脚 1 和引脚 8 交流短路），实现最大电压放大倍数。R_1、C_5 是相位补偿电路，输出通过大电容耦合接扬声器负载，将音频输出电压信号转换为声音信号。

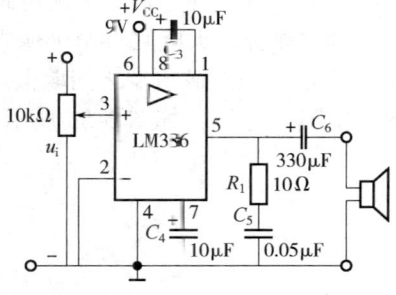

图 2-53 LM386 组成的 OTL 电路

【思考题】

2-5-1 功率放大电路的特点是什么？

2-5-2 功率放大电路有几种工作状态？

2-5-3 对功率放大电路有什么要求？

2-5-4 什么是交越失真？怎样克服交越失真？

2-5-5 什么是复合管？互补对称功率放大电路为什么要用复合管？

2-5-6 OCL 和 OTL 是什么功率放大电路？

2-5-7 OCL 和 OTL 电路工作在什么状态下？

2.6 差分放大电路

在非电量测量和自动控制系统中，经常遇到一些变化非常缓慢的信号，称为直流信号。放大电路在放大变化缓慢的直流信号时，必须采用直接耦合的方式，即把前级的输出端直接连接到后一级的输入端。

外界条件对放大电路静态工作点的诸多影响中最主要的是温度的影响。当温度变化时，工作点会发生变动。放大电路在无输入信号的情况下，输出电压发生缓慢、不规则的波动，这种现象称为零点漂移（零漂）。在阻容耦合放大电路中，各级放大电路都有零点漂移，但是由于耦合电容的隔直作用，任何一级输出电压的漂移都不会传输到下一级。而在直接耦合放大电路中，因级间无耦合电容，任何一级输出电压的漂移都可以向下一级传递，并经后面逐级放大，因而使末级输出电压发生较大的漂移。所以，零点漂移是直接耦合放大电路必须解决的突出问题，而多级放大电路的第一级放大电路的漂移是至关重要的。

对于多级直接耦合放大电路，必须抑制第一级放大电路的零点漂移。抑制零点漂移的方法很多，最理想的办法是用两个相同的放大电路相互补偿，这就产生了一种全新的电路——差分放大电路。

2.6.1 典型差分放大电路

1. 基本差分放大电路

图 2-54 所示为基本差分放大电路，由完全相同的两个共发射极单管放大电路组成，要求两个晶体管特性一致，两侧电路参数对称。

基本差分放大电路有两个输入端和两个输出端，输入信号 u_i 加在两个输入端之间，输出信号 u_o 由两个输出端之间取得。输入信号 u_i 被两个单管放大电路的输入电阻（输入端对地的电阻）分压，如图 2-55 所示，它们各分得 u_i 的一半，但极性相反，有

$$u_{i1} = \frac{u_i}{2}$$

$$u_{i2} = -\frac{u_i}{2}$$

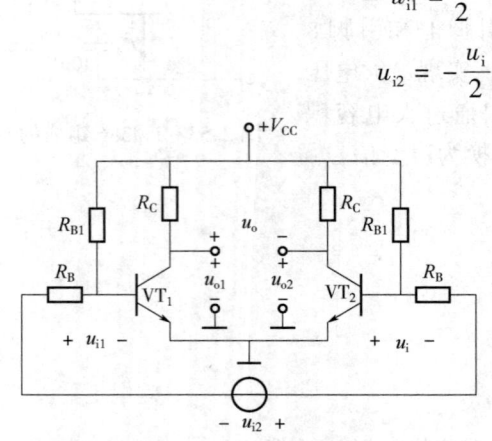

图 2-54 基本差分放大电路

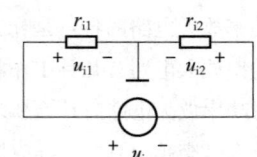

图 2-55 输入端对地电阻

所以，输入信号 u_i 是两个单管放大电路输入电压的差值，即

$$u_i = u_{i1} - u_{i2}$$

而输出电压 u_o 也是两个单管放大电路输出电压的差值，即

$$u_o = u_{o1} - u_{o2}$$

(1) 抑制零点漂移 当温度变化时，两个单管放大电路工作点都要发生变动，因而产生输出漂移 Δu_{o1}、Δu_{o2}，但是由于电路是对称的，所以 $\Delta u_{o1} = \Delta u_{o2}$，差分放大电路的输出漂移为

$$\Delta u_o = \Delta u_{o1} - \Delta u_{o2} = 0$$

即消除了零点漂移。

(2) 差模输入 当两个单管放大电路的输入信号是一对大小相等而极性相反的信号（$u_{i1} = -u_{i2}$ 称为差模信号）时，为差模输入状态。因两侧电路对称，放大倍数相等，以 A_u 表示，则

$$u_{o1} = A_u u_{i1}$$
$$u_{o2} = A_u u_{i2}$$
$$u_{od} = u_{o1} - u_{o2} = A_u(u_{i1} - u_{i2}) = A_d u_{id}$$

u_{id}、u_{od} 为输入、输出差模电压信号，A_d 称为差模电压放大倍数，则

$$A_d = \frac{u_{od}}{u_{id}} = A_u \tag{2-48}$$

可见，差模电压放大倍数等于单管放大电路的电压放大倍数，差模信号就是需要被放大的有用信号。

差分放大电路用增加一倍的元件为代价，换来的是对零点漂移很强的抑制能力。

(3) 共模输入 当两个单管放大电路的输入信号是一对大小相等、极性相同的信号（$u_{i1} = u_{i2} = u_{ic}$ 称为输入共模信号）时，为共模输入状态。u_{oc} 为输出共模电压信号，由于电路的对称性有

$$u_{oc1} = u_{oc2} = A_u u_{ic}$$
$$u_{oc} = u_{oc1} - u_{oc2} = 0$$

共模电压放大倍数为

$$A_c = \frac{u_{oc}}{u_{ic}} = 0$$

即差分放大电路由于电路的对称性，完全抑制了共模信号。共模信号是反映温漂干扰或噪声等无用的信号。

(4) 比较输入 在实际情况中，差分放大电路的两个输入信号 u_{i1}、u_{i2} 可能既非差模信号，又非共模信号，其大小和相位都是任意的，称为比较输入方式。可以通过等效变换，将任意输入信号变换为一个差模分量 u_{id} 和一个共模分量 u_{ic} 的组合，差模信号是两个输入信号之差，即

$$u_{id1} = \frac{u_{i1} - u_{i2}}{2} = -u_{id2}$$
$$u_{id} = u_{id1} - u_{id2}$$

共模信号是两个输入信号的算术平均值，即

$$u_{ic1} = u_{ic2} = \frac{u_{i1} + u_{i2}}{2}$$

因此，差分放大电路的两个输入信号可以等效为差模信号和共模信号的组合

$$u_{i1} = u_{ic1} + u_{id1} \tag{2-49}$$

$$u_{i2} = u_{ic2} - u_{id2} \tag{2-50}$$

根据前面的分析，差分放大电路对共模信号没有放大作用，放大的只是差模分量。只有当两个信号有差别时，电路才有输出，"差分"放大电路的名称也由此而来。

（5）共模抑制比 K_{CMRR}　对差分放大电路来说，差模信号是有用信号，要求对它有较大的放大倍数；而共模信号是需要抑制的，因此对它的放大倍数要越小越好，对共模信号的放大倍数越小，就意味着零点漂移越小，抗共模干扰能力越强。为了全面衡量差分放大电路放大差模信号和抑制共模信号的能力，通常引用共模抑制比（Common-Mode Rejection Ratio, CMRR）K_{CMRR} 来表征，其定义为放大电路对差模信号的放大倍数 A_d 和对共模信号的放大倍数 A_c 之比，并将 A_d、A_c 之比以对数形式表示为

$$K_{CMRR} = 20\lg\left|\frac{A_d}{A_c}\right| \tag{2-51}$$

K_{CMRR} 表示差分放大电路对共模信号抑制能力的大小，其单位以分贝（dB）表示。

显然，共模抑制比越大，差分放大电路分辨有用的差模信号的能力越强，受共模信号的影响越小。对于双端输出差分电路，若电路完全对称，则在共模信号作用下，两个晶体管电流同时等量增大，结果双端输出的电压 $u_{oc} = 0$，零点漂移被完全抑制，即 $A_c = 0$，$K_{CMRR} \to \infty$，这是理想情况。而实际情况是，电路完全对称是不可能的，共模抑制比也不可能趋于无穷大。

在理想情况下，两个单管放大电路的输出电压漂移 Δu_{o1}、Δu_{o2} 相等，若将它们分别折合为各自输入电压的漂移，则有 $\Delta u_{i1} = \Delta u_{i2}$，为一对共模信号。可见，零点漂移等效于共模输入，这也说明，差分放大电路对共模信号的抑制作用和对零点漂移的抑制作用是一致的。

2. 典型差分放大电路

一般情况下，电路不可能绝对对称，因此图 2-54 中两个单管放大电路的输出电压漂移不可能完全抵消，不能抵消的部分即成为差分放大电路的输出漂移。改进的差分放大电路如图 2-56 所示，与图 2-54 的主要区别在于增加了发射极电阻 R_E 和负电源 V_{EE}。发射极电阻 R_E 对零点漂移和共模信号有抑制作用，同时又不影响差模放大倍数，所以希望 R_E 越大越好。但 R_E 越大，产生的直流压降越大。为了补偿 R_E 上的直流压降，使晶体管基极基本保持零电位，以便于信号的输入，增加负电源 V_{EE}，此时基极电流 I_B 可由 V_{EE} 经 R_B 提供，故图 2-54 中的 R_{B1} 可以省去。

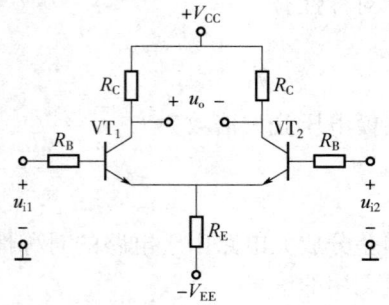

图 2-56　改进的差分放大电路

例如当温度升高时，两个晶体管的发射极电流会随温度升高而增大，流过发射极电阻 R_E 的电流增加，发射极电位升高，使两个晶体管的发射结压降同时减小，基极电流也都减小，从而阻止了它们发射极电流随温度升高而增大的趋势，使发射极电流基本稳定。这就稳定了两个单管放大电路的工作点，使它们的输出电压漂移减小，即减小了差分放大电路的零点漂移。由于零点漂移等效于共模输入，所以发射极电阻 R_E 对于共模信号必然也有很强的抑制能力。

在差模信号输入时,因电路对称,因此流过发射极电阻 R_E 的电流保持不变,发射极电位恒定,即 R_E 对差模信号而言相当于短路,不影响差模放大倍数。

3. 差分放大电路工作情况分析

图 2-57 所示为双端输入-双端输出差分放大电路。

输入电压 u_i 经电阻 R 的分压作用,每个晶体管的输入电压大小相等、极性相反,即

$$u_{i1} = \frac{1}{2}u_i \tag{2-52}$$

$$u_{i2} = -\frac{1}{2}u_i \tag{2-53}$$

是一对称差模信号。

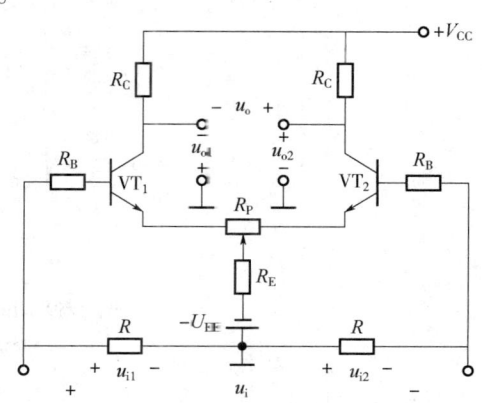

图 2-57 双端输入-双端输出差分放大电路

图 2-57 中的"+"和"-"号表示当输入电压 u_i 为正时(左输入端电位比右输入端高)各个信号电压的相应极性。比较两点电位,高端标"+",低端标"-"。晶体管的基极电位升高时(标"+"),集电极电位降低(标"-")。电压的正负则根据它的正方向和实际极性而定。例如在图 2-57 所示电路中,u_{i1} 为正,u_{o1} 为负,而 u_{o2} 为正。

(1)静态分析 由于电路对称,计算一个晶体管的静态值即可。图 2-58 是图 2-57 所示电路的单管直流通路。因为 R_P 的阻值很小,所以在图 2-58 中未画出。R_E 上流过两只晶体管的发射极电流,故图 2-58 中标出电流为 $2I_E$。

在静态时,$I_{B1} = I_{B2} = I_B$,$I_{C1} = I_{C2} = I_C$,$I_{E1} = I_{E2} = I_E$,$U_{BE1} = U_{BE2} = U_{BE}$。

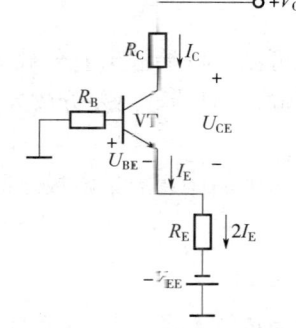

图 2-58 单管直流通路

由基极电路可列出

$$I_B R_B + U_{BE} + 2I_E R_E = V_{EE}$$

式中,$I_B R_B + U_{BE} \ll 2I_E R_E$,则每个晶体管的集电极电流为

$$I_C \approx I_E \approx \frac{V_{EE}}{2R_E} \tag{2-54}$$

由此可知,发射极电位 $V_E \approx 0$。每个晶体管的基极电流为

$$I_B = \frac{I_C}{\beta} \approx \frac{V_{EE}}{2\beta R_E} \tag{2-55}$$

每个晶体管的集-射极电压为

$$U_{CE} \approx V_{CC} - I_C R_C \approx V_{CC} - \frac{R_C U_{EE}}{2R_E} \tag{2-56}$$

(2)动态分析 图 2-59a 是图 2-57 所示电路的单管差模信号通路。

由于 R_E 对差模信号不起作用,其两端的电压降不变,对交变信号可视为短路,故其微变等效电路如图 2-59b 所示。

因调零电位器 R_P 阻值很小,图 2-59 中忽略了它的影响。由此可得出单管差模电压放大

倍数为

$$A_{d1} = \frac{u_{o1}}{u_{i1}} = \frac{-\beta i_b R_C}{i_b(R_B + r_{be})} = \frac{-\beta R_C}{R_B + r_{be}}$$

同理可得

$$A_{d2} = \frac{u_{o2}}{u_{i2}} = \frac{-\beta i_b R_C}{i_b(R_B + r_{be})} = \frac{-\beta R_C}{R_B + r_{be}} = A_{d1}$$

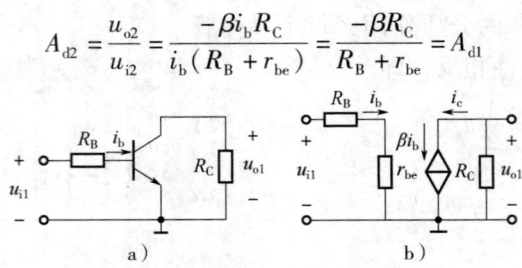

图 2-59 单管交流通路和微变等效电路
a) 交流通路 b) 微变等效电路

双端输出电压为

$$u_o = u_{o1} - u_{o2} = A_{d1} u_{i1} - A_{d2} u_{i2} = A_{d1}(u_{i1} - u_{i2}) = A_{d1} u_i$$

双端输入-双端输出差分放大电路的差模电压放大倍数为

$$A_d = \frac{u_o}{u_i} = A_{d1} = -\beta \frac{R_C}{R_B + r_{be}}$$

由此可见，双端输出差分放大电路的电压放大倍数与单管放大电路的电压放大倍数相等。双端输入-双端输出差分放大电路在放大倍数上受到一定的损失，但却有效地抑制了零点漂移。

当在两个晶体管的集电极之间接入负载电阻 R_L 时，有

$$A_d = -\frac{\beta R_L'}{R_B + r_{be}} \tag{2-57}$$

式中，$R_L' = R_C // \frac{1}{2} R_L$。因为当输入差模信号时，一个晶体管的集电极电位下降，另一晶体管的集电极电位增高，在 R_L 的中点相当于"零"电位（接"地"），所以每个晶体管各带一半负载电阻。

由于是双端输入，电路的输入电阻 r_i 是由两个 R_B 和两个 r_{be} 构成的，所以输入电阻为

$$r_i = 2(R_B + r_{be}) \tag{2-58}$$

同样由于是双端输出，输出电压取自两个晶体管的集电极，则输出电阻为

$$r_o = R_C + R_C = 2R_C \tag{2-59}$$

2.6.2 差分放大电路输入、输出形式

差分放大电路有两个输入端和两个输出端，信号的输入、输出方式可根据具体使用要求不同选择不同的形式。除了前面已介绍过的双端输入-双端输出形式外，还有以下几种输入、输出形式，如图 2-60 所示。

当输出端（负载）需要有一端接地时，可采用双端输入-单端输出，如图 2-60a 所示。当输入端（信号源）和输出端需要有一个公共接地时，可采用图 2-60b 所示的单端输入-单

端输出。当只需要输入端接地时，可采用图 2-60c 所示的单端输入-双端输出。

可见，差分放大电路的连接方式实际上是根据输入端和输出端接地的不同而定的；图 2-60 中恒流源 I_S 是用晶体管恒流源电路；VT_1 和 VT_2 的偏流由负电源 $-V_{EE}$ 提供，因此省掉了偏置电阻 R_{B1}。

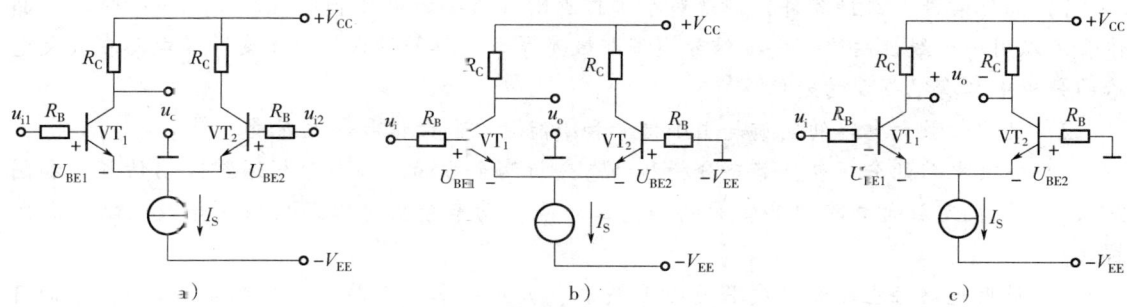

图 2-60　差分放大电路的连接方式
a) 双端输入-单端输出　b) 单端输入-单端输出　c) 单端输入-双端输出

由于差分放大电路两边的对称性，信号从单端输入时，作用在两个晶体管 VT_1 和 VT_2 的发射结上的电压仍为一差模信号，即 $u_{i1} = -u_{i2}$，所以与双端输入时一样，电路具有电压放大作用。

当单端输出时，由于输出电压只与一个晶体管的集电极电压变化有关，因此输出电压变化量 u_o 只有双端输出的一半。所以，单端输出的差模电压放大倍数只有双端输出的一半，即

$$A_d = \pm \frac{1}{2} \frac{\beta R_C}{R_B + r_{be}} \qquad (2\text{-}60)$$

式中，负号表示从 VT_1 的集电极输出，此时 u_o 与 u_i 的极性相反；正号表示从 VT_2 的集电极输出，则 u_o 与 u_i 的极性相同。

综上所述，可得出以下结论：差模电压放大倍数与输出方式有关，而与输入方式无关。双端输出时，其差模电压放大倍数等于每一边单管放大的电压放大倍数。单端输出时，差模电压放大倍数只有每一边单管放大的电压放大倍数的一半。

无论是单端输入还是双端输入，输入电阻均相同。双端输出时的输出电阻 $r_o = 2R_C$，单端输出时的输出电阻 $r_o = R_C$。

【思考题】

2-6-1　什么是零点漂移？
2-6-2　什么是共模信号？什么是差模信号？
2-6-3　差分放大电路如何抑制零点漂移？
2-6-4　零点漂移与差分放大电路的连接方式有关吗？
2-6-5　共模抑制比越大越好吗？
2-6-6　差分放大电路有几种输入、输出连接方式？

本 章 小 结

1) 晶体管是非线性器件,但是对于工作点附近微小的电压和电流的变化量的情况,晶体管可以用一个线性网络——小信号模型即微变等效电路等效代换。微变等效电路在放大电路的分析中具有很重要的地位。

2) 晶体管放大电路的实质是用小信号和小能量控制大信号和大能量。

3) 放大电路的分析包括静态分析和动态分析两个方面。静态分析通常采用估算法和图解法,用来确定放大电路中晶体管的静态工作点。动态分析可以采用微变等效电路法和图解法。

4) 放大电路存在非线性失真(饱和失真、截止失真、交越失真、频率失真),它们可以通过选择放大电路的元件参数、调整合适的工作点、稳定工作点、限制输入信号及引入负反馈等措施予以削弱或消除。

5) 三种基本组态的放大电路中,共发射极放大电路的电压放大倍数较大,应用较广泛;共基极放大电路适用于高频放大;共集电极放大电路(射极输出器)的输入电阻高,输出电阻小,可以用于阻抗变换。射极输出器的电压放大倍数接近1,有电压跟随作用。

6) 多级放大电路常见的耦合方式有阻容耦合、直接耦合、变压器耦合等。多级放大器的总电压放大倍数是各级放大倍数的乘积。

7) 场效应晶体管是电压控制器件,利用栅、源电压控制漏极电流。由于 MOS 管的栅、源间是绝缘的,故有很高的输入电阻。

8) 功率放大电路的任务是向负载提供符合要求的输出功率,因此主要考虑信号的失真要小,输出功率要大,晶体管的损耗要小,效率要高。常用的互补对称功率放大电路有 OCL 和 OTL 电路。

9) 放大电路对不同频率的信号具有不同的放大能力,用频率响应来表示这种特征。放大倍数在低频段下降的主要原因是由于耦合电容及射极旁路电容的存在;在高频段下降的主要原因是晶体管的极间电容及分布电容的影响。

10) 差分放大电路由于电路的对称性,对共模信号的抑制作用和对零点漂移的抑制作用是一致的。差分放大电路一般放在多级放大电路的输入级,在放大差模信号的同时,还可以抑制电路中的零点漂移。

习 题

一、单项选择题

2-1 NPN 型晶体管共发射极放大电路的输入信号为正弦波,输出信号正半周出现了平顶畸变,原因是静态工作点设置(   )。

  A. 偏高   B. 偏低   C. 偏左   D. 偏右

2-2 放大电路如图 2-61 所示,下列电路中能正常放大交流信号的图为(   )。

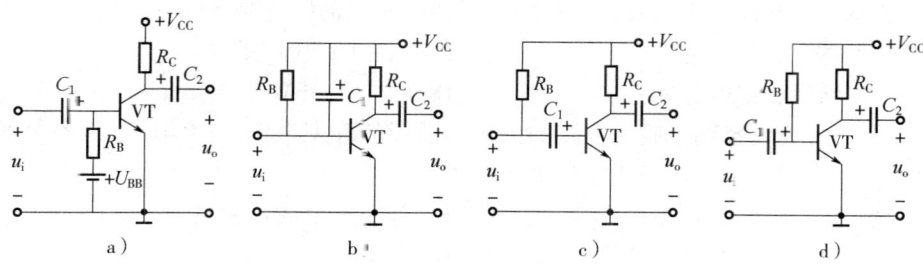

图 2-61 题 2-2 图

A. 图 2-61a B. 图 2-61b C. 图 2-61c D. 图 2-61d

2-3 固定偏置式共发射极放大电路如图 2-62a 所示，输入正弦交流电时，输出波形如图 2-62b 所示，试判断电路的状态是（　　）。

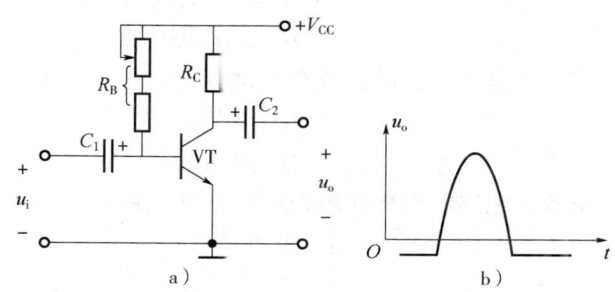

图 2-62 题 2-3 图

a）电路图 b）输出波形

A. 放大 B. 截止失真 C. 饱和失真 D. 交越失真

2-4 固定偏置式共发射极放大电路如图 2-5 所示，已知 $V_{CC}=12V$，$R_C=3k\Omega$，$\beta=40$，忽略 U_{BE}，若要使静态时 $U_{CE}=9V$，则 R_B 应取（　　）。

A. 240kΩ B. 360kΩ C. 480kΩ D. 600kΩ

2-5 在分压式偏置共发射极放大电路中，如果输出电压的正负半周都出现了失真，失真的原因是（　　）。

A. 工作点 Q 偏高 B. 工作点 Q 偏低
C. 工作点 Q 在横轴上 D. 输入信号太大

2-6 晶体管的下列特性中，哪个不是绝缘栅型场效应晶体管的特性（　　）。

A. 电流控制器件 B. 电压控制器件
C. 输入电阻高 D. 单极型晶体管

2-7 对放大电路进行动态分析的主要任务是（　　）。

A. 确定静态工作点 Q
B. 确定集电结和发射结的偏置电压
C. 确定电压放大倍数 A_u 和输入、输出电阻 r_i、r_o
D. 确定静态工作点 Q、放大倍数 A_u 和输入、输出电阻 r_i、r_o

2-8 RC 耦合放大电路不能放大（　　）。

A. 交流信号 B. 直流信号 C. 交直流信号 D. 正弦波信号

2-9 多级放大电路与单级放大电路的频率特性相比的结论是（　　）。
　　A. A_u 增大，BW 变宽　　　　B. A_u 减小，BW 变宽
　　C. A_u 增大，BW 变窄　　　　D. A_u 减小，BW 变窄

2-10 一个两级阻容耦合放大电路的前级和后级的静态工作点均偏低，当前级的输入信号足够大且无失真时，后级的输出电压波形将（　　）。
　　A. 首先产生饱和失真　　　　B. 首先产生截止失真
　　C. 双向同时失真　　　　　　D. 正常

2-11 射极输出器放在多级放大电路输入端的原因是（　　）。
　　A. 输入电阻低　　　　　　　B. 输入电阻高
　　C. 输出电阻低　　　　　　　D. 输出电阻高

2-12 射极输出器放在多级放大电路输出端的原因是（　　）。
　　A. 输入电阻低　　　　　　　B. 输入电阻高
　　C. 输出电阻低　　　　　　　D. 输出电阻高

2-13 下列 4 种功率放大电路中，最高效率为 50% 的是（　　）。
　　A. 甲类　　　　　　　　　　B. 乙类
　　C. 甲乙类　　　　　　　　　D. 丙类

2-14 乙类互补功率放大电路的效率在理想情况下可达到（　　）。
　　A. 72%　　　　　　　　　　B. 78.5%
　　C. 85%　　　　　　　　　　D. 90%

2-15 OTL 电路的负载电阻 $R_L = 10\Omega$，电源电压 $V_{CC} = 20V$，忽略晶体管的饱和压降时，其最大不失真正弦波输出功率为（　　）。
　　A. 5W　　　　B. 10W　　　　C. 20W　　　　D. 40W

2-16 OTL 电路输出端接耦合电容的作用是（　　）。
　　A. 交流耦合　　　　　　　　B. 对地旁路
　　C. 相当于提供正电源　　　　D. 相当于提供负电源

2-17 图 2-63 所示的功率放大电路的类型是（　　）。
　　A. OCL 乙类
　　B. OTL 乙类
　　C. OCL 甲乙类
　　D. OTL 甲乙类

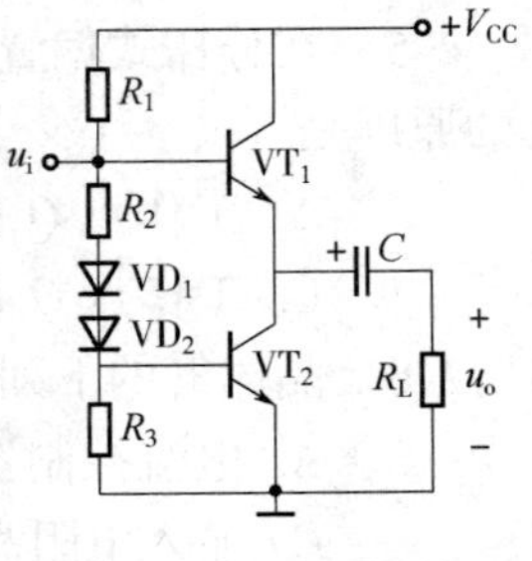

2-18 OCL 电路的负载电阻 $R_L = 10\Omega$，电源电压 $V_{CC} = 20V$，忽略晶体管的饱和压降时，其最大不失真正弦波输出功率为（　　）。
　　A. 5W　　　　　　　　　　　B. 10W
　　C. 20W　　　　　　　　　　D. 40W

图 2-63　题 2-17 图

2-19 放大电路产生零点漂移的主要原因是（　　）。
　　A. 放大倍数太大
　　B. 环境温度变化引起器件参数变化
　　C. 外界存在干扰源
　　D. 耦合电容

2-20 共模抑制比越大，差分放大电路抑制能力越强的信号是（　　）。
　　A. 交流信号　　B. 直流信号　　C. 共模信号　　D. 差模信号

2-21 典型差分放大电路的射极电阻 R_E 可以抑制（　　）。
　　A. 共模信号
　　B. 差模信号
　　C. 差模信号与共模信号
　　D. 直流信号

2-22 差分放大电路如图 2-64 所示，这个差分放大电路的连接形式是（　　）。
　　A. 双端输入-双端输出
　　B. 双端输入-单端输出
　　C. 单端输入-双端输出
　　D. 单端输入-单端输出

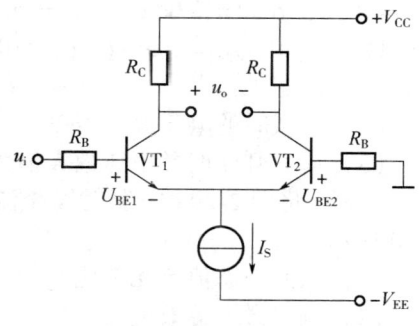

图 2-64　题 2-22 图

二、分析计算题

2-23 如图 2-65 所示电路中，已知：$R_{B2}=10\text{k}\Omega$，$R_C=R_E=1\text{k}\Omega$，晶体管 $\beta=30$，$U_{BE}=0.7\text{V}$，$V_{CC}=12\text{V}$，$U_{CES}=0\text{V}$，分别求当 R_{B1} 为：

（1）300kΩ 时，晶体管的管压降 U_{CE}，并说明晶体管的工作状态。

（2）20kΩ 时，晶体管的管压降 U_{CE}，并说明晶体管的工作状态。

（3）2kΩ 时，晶体管的管压降 U_{CE}，并说明晶体管的工作状态。

2-24 如图 2-5 所示的固定偏置式共发射极放大电路中，已知：晶体管的 $\beta=50$，$R_B=680\text{k}\Omega$，$V_{CC}=20\text{V}$，$R_C=6.2\text{k}\Omega$，U_{BE} 忽略不计。求：

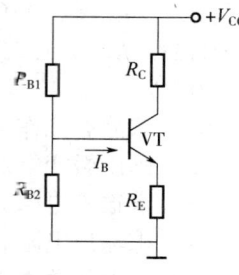

图 2-65　题 2-23 图

（1）静态管压降 U_{CE}。

（2）若要求使 $U_{CE}=6.8\text{V}$，应将 R_B 调到多大阻值？

2-25 如图 2-5 所示放大电路中，已知：晶体管 $\beta=100$，$U_{BE}=0.7\text{V}$，$R_B=450\text{k}\Omega$，$R_C=3\text{k}\Omega$，$R_L=3\text{k}\Omega$，$V_{CC}=12\text{V}$。

（1）求静态工作点。

（2）画出微变等效电路。

（3）求电压放大倍数 A_u、输入电阻 r_i 和输出电阻 r_o。

（4）若改为 $\beta=120$，则 A_u 变为多大？

2-26 如图 2-66 所示放大电路中，已知：$V_{CC}=12\text{V}$，$R_B=120\text{k}\Omega$，$R_C=R_L=3\text{k}\Omega$，$\beta=60$，U_{BE} 忽略不计。求：静态值。

2-27 在图 2-29 所示的分压式偏置放大电路中，已知：$V_{CC}=12\text{V}$，$R_C=3\text{k}\Omega$，$R_E=2\text{k}\Omega$，$U_{BE}=0.7\text{V}$，$I_C=1.5\text{mA}$，$\beta=50$。试估算 R_{B1} 和 R_{B2}。

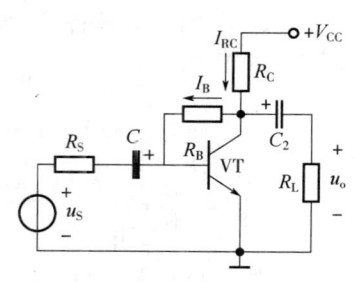

图 2-66　题 2-26 图

2-28 图 2-67 所示放大电路中,已知:$\beta = 20$,$U_{BE} = 0.7V$,稳压管的稳定电压 $U_Z = 6V$,试确定该电路静态时的 U_{CE} 和 I_C 值。

2-29 图 2-29a 是分压式偏置共发射极放大电路,已知:$V_{CC} = 12V$,$R_{B1} = 22k\Omega$,$R_{B2} = 4.7k\Omega$,$R_E = 1k\Omega$,$R_C = 2.5k\Omega$,$\beta = 50$,$r_{be} = 1.3k\Omega$,$U_{BE} = 0.7V$,试求:

(1) 静态工作点。

(2) 空载时的电压放大倍数。

(3) $R_L = 4k\Omega$ 时的电压放大倍数。

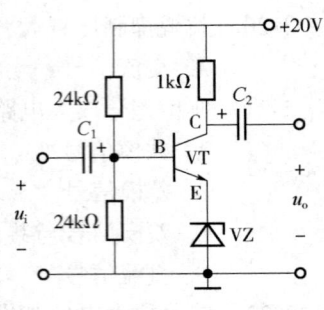

图 2-67 题 2-28 图

2-30 将图 2-29a 中发射极交流旁路电容 C_E 除去,如图 2-30 所示。

(1) 试问静态值有无变化?

(2) 画出微变等效电路。

(3) 计算电压放大倍数 A_u,并说明发射极电阻 R_E 对电压放大倍数的影响。

(4) 计算放大电路的输入电阻 r_i。

(5) 计算放大电路的输出电阻 r_o。

2-31 如图 2-68 所示放大电路中,已知:$r_{be} = 2k\Omega$,$V_{CC} = 12V$,$R_{B1} = 270k\Omega$,$R_{B2} = 100k\Omega$,$R_C = R_L = 1.5k\Omega$,$R_S = 1k\Omega$,$R_{E1} = 150\Omega$,$R_{E2} = 1k\Omega$,晶体管的 $\beta = 75$,$U_{BE} = 0.7V$。

(1) 求静态工作点。

(2) 画出微变等效电路。

(3) 求输入电阻 r_i。

(4) 求输出电阻 r_o。

(5) 求电压放大倍数 A_u。

(6) 求源电压放大倍数 A_{uS}。

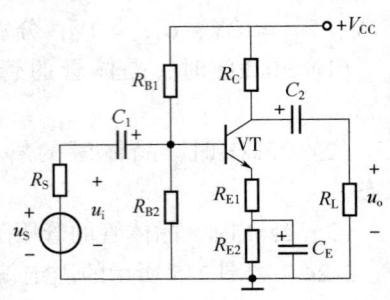

图 2-68 题 2-31 图

2-32 如图 2-69 所示电路中,已知 $V_{CC} = 12V$,$R_{B1} = 30k\Omega$,$R_{B2} = 30k\Omega$,$R_E = 1k\Omega$,$R_L = 1k\Omega$,$\beta = 100$,$r_{be} = 1k\Omega$,$U_{BE} = 0.7V$。

(1) 试计算电路的静态工作点。

(2) 画出电路的微变等效电路。

(3) 求电路中的 A_u、r_i、r_o。

2-33 电路如图 2-70 所示,已知 $V_{CC} = 12V$,$\beta = 70$,$r_{be} = 1.4k\Omega$,当信号源电压均为 $u_S = 5\sin\omega t \, mV$ 时,计算各自的输出电压 u_o,并比较计算结果,说明图 2-70b 电路中射极输出器所起的作用。

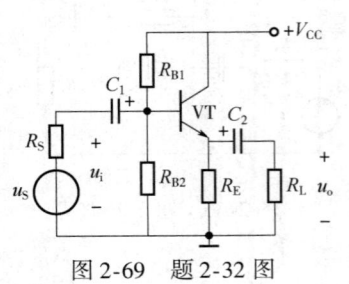

图 2-69 题 2-32 图

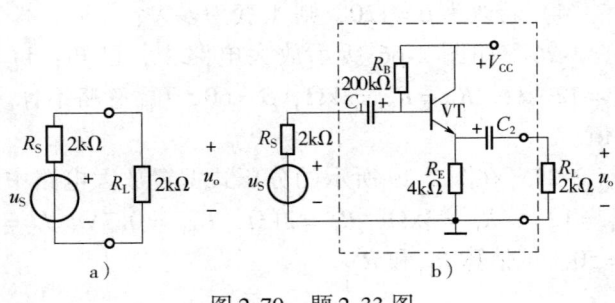

图 2-70 题 2-33 图

2-34 电路如图 2-71 所示，已知：$V_{CC} = 10\text{V}$，$\beta = 50$，$U_{BE} = 0.7\text{V}$，$R_{B1} = 24\text{k}\Omega$，$R_{B2} = 15\text{k}\Omega$，$R_C = 2\text{k}\Omega$，$R_E = 2\text{k}\Omega$，$R_L = 10\text{k}\Omega$。

(1) 估算静态工作点 Q。

(2) 计算分别自 M、N 两端输出时的电压放大倍数的表达式。

(3) 上述两种情况下的输出电压 u_{o1} 和 u_{o2} 的相位有什么关系？

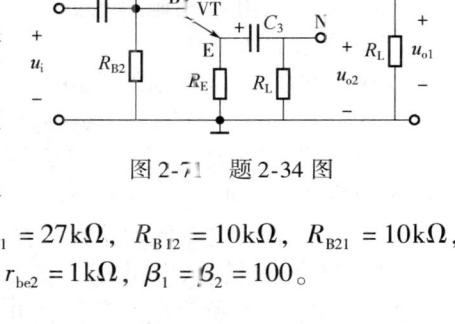

图 2-71 题 2-34 图

2-35 如图 2-42 所示的两级阻容耦合放大电路中，已知 $R_{C1} = 4\text{k}\Omega$，$R_{C2} = R_L = 3\text{k}\Omega$，$R_{E1} = 2\text{k}\Omega$，$R_{B11} = 27\text{k}\Omega$，$R_{B12} = 10\text{k}\Omega$，$R_{B21} = 10\text{k}\Omega$，$R_{B22} = 3.3\text{k}\Omega$，$R_{E2} = 1\text{k}\Omega$，$\text{VT}_1$ 的 $r_{be1} = 1.6\text{k}\Omega$，$\text{VT}_2$ 的 $r_{be2} = 1\text{k}\Omega$，$\beta_1 = \beta_2 = 100$。

(1) 画出微变等效电路。

(2) 求总电压放大倍数 A_u。

(3) 求输入电阻 r_i。

(4) 求输出电阻 r_o。

2-36 图 2-72 所示是两级阻容耦合放大电路，已知：$\beta_1 = \beta_2 = 50$，$U_{BE} = 0.7\text{V}$，$V_{CC} = 12\text{V}$，$R_{B2} = 15\text{k}\Omega$，$R_{E1} = 4\text{k}\Omega$，$R_{C1} = 3\text{k}\Omega$，$R_{B3} = 120\text{k}\Omega$，$R_{E2} = 3\text{k}\Omega$，$R_L = 3\text{k}\Omega$。

(1) 求前、后级放大电路的静态值 I_{B1}、I_{C1}、U_{CE1}、I_{B2}、I_{C2}、U_{CE2}。

(2) 画出微变等效电路。

(3) 求各级的 r_{i1}、r_{o1}、r_{i2}、r_{o2} 及整个电路的 r_i 和 r_o。

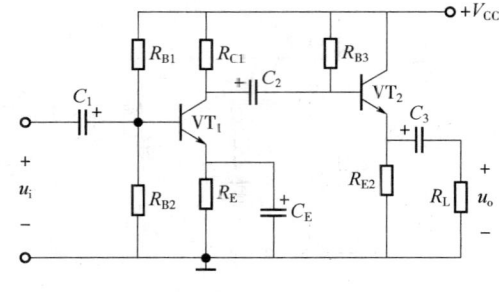

图 2-72 题 2-36 图

(4) 求各级放大电路的电压放大倍数 A_{u1}、A_{u2}，总电路的 A_u。

(5) 说明后级采用射极输出器有何好处。

2-37 射极输出器放大电路如图 2-73a 所示，已知：$R_B = 470\text{k}\Omega$，$R_{E1} = 3.9\text{k}\Omega$，$R_L = 680\Omega$，$\beta_1 = 60$，$r_{be1} = 1\text{k}\Omega$。

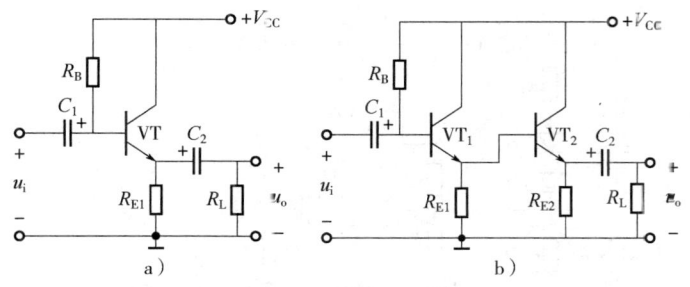

图 2-73 题 2-37 图
a) 单级射极输出器 b) 两级射极输出器

(1) 试求其输入电阻 r_i。

(2) 如果在此射极输出器的输出和负载之间再插入一级同样的射极输出器，如图 2-73b 所示，且 $R_{E2} = 3.9\text{k}\Omega$，$r_{be2} = 1\text{k}\Omega$，$\beta_2 = 60$，$R_L = 680\Omega$，试求其输入电阻 r_i。

(3) 比较两次计算结果，说明两级射极输出器的优点。

2-38 图 2-40 所示场效应晶体管放大电路,已知:$V_{DD}=12V$,$R_{G1}=100k\Omega$,$R_{G2}=50k\Omega$,$R_G=1M\Omega$,$R_D=5k\Omega$,$R_S=5k\Omega$,$R_L=5k\Omega$,设:$V_G=V_S$,$g_m=5mA/V$。试求:

(1) 静态值 I_D、U_{DS}。

(2) 输入电阻 r_i 和输出电阻 r_o。

(3) 电压放大倍数 A_u。

2-39 在图 2-74 所示的电路中,已知:$V_{CC}=16V$,$R_L=4\Omega$,VT_1 和 VT_2 的饱和管压降 $|U_{CES}|=2V$,输入正弦波电压足够大。试求最大不失真输出功率 P_{omax} 为多少?

2-40 图 2-75 是由两个三极管组成的复合管,两管的电流放大系数分别为 β_1 和 β_2,输入电阻分别为 r_{be1} 和 r_{be2}。试证明:

(1) 复合管的电流放大系数为 $\beta\approx\beta_1\beta_2$。

(2) 复合管的输入电阻 $r_{be1}\approx\beta_1 r_{be2}$。

2-41 图 2-76 所示电路是什么电路?VT_3、VT_4 是如何连接的,起什么作用?在静态时 $V_A=0V$,这时 VT_5 的集电极电位 V_{C5} 应调到多少?设电路中各晶体管的发射结压降为 0.7V。

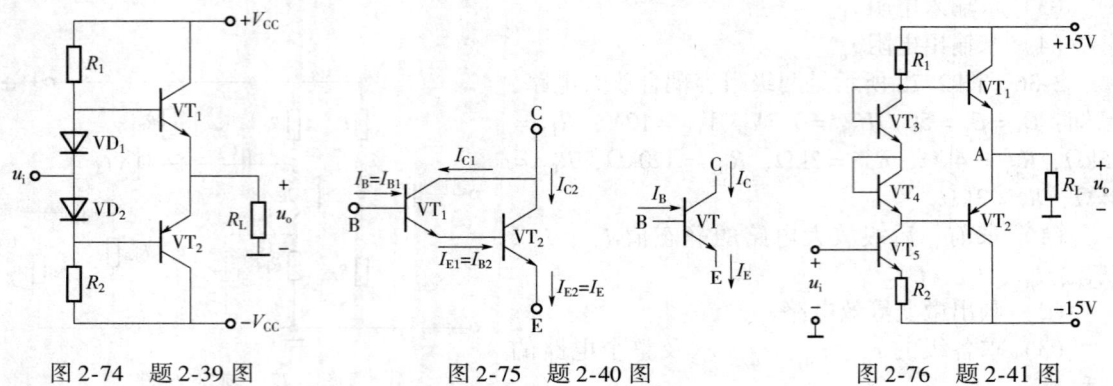

图 2-74 题 2-39 图　　图 2-75 题 2-40 图　　图 2-76 题 2-41 图

2-42 OTL 互补对称功率放大电路如图 2-77a 所示,试问:

(1) VT_1、VT_3 及 VT_2、VT_4 各组成何种类型的晶体管,$VT_1\sim VT_5$ 各组成何种工作状态?

(2) 输入正弦波时,如果输出电压 u_o 出现图 2-77b 所示的失真波形,则为何种失真?应调整哪个电阻?如何调整?

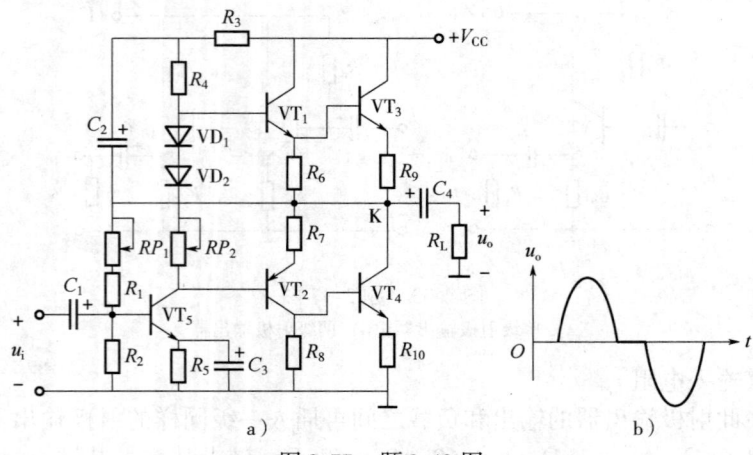

图 2-77 题 2-42 图

a) OTL 互补对称功率放大电路　b) 失真波形

第 3 章　集成运算放大器及其应用

集成运算放大器的应用是电子技术的一个重要内容，反馈是电子技术中的重要概念，通过本章的学习，熟悉理想运算放大器各种应用电路的分析方法，特别是负反馈作用下，通过理解反馈的基本概念和应用，掌握集成运算放大器组成的比例、加、减、积分等运算电路的应用，理解微分运算电路的工作原理。了解有源滤波电路、RC 正弦波振荡电路的工作原理以及运算放大器在其中的作用，理解用集成运算放大器组成的电压比较器及其应用。

3.1　集成运算放大器

集成电路是相对于分立电路而言，利用半导体集成工艺，将电路的所有元器件和连接导线，全部制作在一块很小的硅片上，封装而成。集成放大电路的出现实现了元器件、电路和系统的统一，大大提高了电子设备的可靠性，减轻了重量，缩小了体积，降低了功耗和成本，也使电路设计人员摆脱了从电路设计、元器件选配到组装调试等一系列烦琐的过程，大大缩短了电子设备的制造周期。

集成运算放大器简称集成运放，属于模拟集成电路，是一种高增益、高输入电阻、低输出电阻的直流放大器。早期的运算放大器主要用于模拟计算机中，通过改变运算放大器的外接反馈电路和输入电路的形式与参数，可完成加、减、乘、除、微分和积分、对数和指数等信号的数学运算，其名称即由此而来。近年来，由于集成技术的飞速发展，各种新型的集成运算放大器不断涌现（如 CMOS 集成运算放大器），在信号变换与处理、有源滤波、自动测量、程序控制及波形产生等技术领域中作为基本器件得到了广泛的应用，而且更新型的集成运算放大器正处在不断研制和发展之中。

3.1.1　集成运算放大器的电路结构

1. 集成运算放大器的基本结构

图 3-1 所示为集成运算放大器的符号，有两个输入端（对地电压分别为 u_- 和 u_+），一个输出端（对地电压为 u_o）。图 3-2 所示为运算放大器的组成框图，由输入级、中间级和输出级以及偏置电路组成。

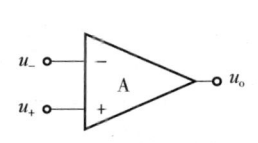
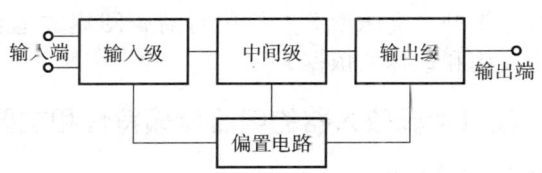

图 3-1　集成运算放大器符号　　　　图 3-2　运算放大器的组成框图

输入级 输入级要求输入电阻高、静态电流小,有一定的差模电压放大倍数,抑制零点漂移和共模干扰信号的能力强,具有较高的共模抑制比,一般采用具有恒流源的差分放大电路,具有同相和反相两个输入端。

中间级 中间级主要进行电压放大,要求电压放大倍数高,具有较大的输出电压和电流以驱动输出级,中间级可以是各种形式的电路,一般多采用共发射极放大电路,多采用复合管提高电流放大系数,集电极电路常采用晶体管恒流源代替。

输出级 为了降低输出电阻(有较强的带负载能力),提高输出功率,输出级一般由互补对称功率放大电路或射极输出器组成。

偏置电路 为上述各级电路提供稳定和合适的偏置电流,偏置电路一般采用各种恒流源构成。

使用集成运算放大器时,主要掌握各引脚的含义和性能参数,而其内部电路结构可做一般了解,本章内容也就不涉及集成运算放大器的内部电路。

2. 集成运算放大器的输入方式

在静态时,由于输出级的电路是对称的,所以输出端的电位为零,即输出电压 $u_o = 0$。

两个输入端分别为同相输入端和反相输入端,当输入信号 u_i 加到其中一个输入端时,称为单端输入方式。

如果输入电压 u_i 加在"+"端,而"-"端接地时,输出电压 u_o 与输入电压 u_i 同相,所以标注"+"号为同相输入端,即同相输入方式,如图3-3a所示。

如果输入电压 u_i 加在"-"端,而"+"端接地时,输出电压 u_o 与输入电压 u_i 反相,所以标注"-"号为反相输入端,即反相输入方式,如图3-3b所示。

如果同时在两个输入端分别输入信号电压为 u_{i1} 和 u_{i2},对于输入级的差分放大电路而言,相当于输入一个差模信号(u_{i1} 与 u_{i2} 之差),称为差分输入,如图3-3c所示。

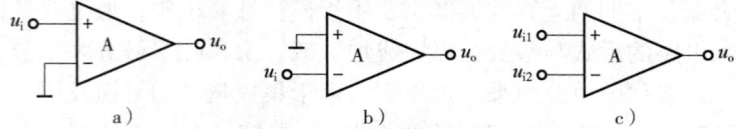

图 3-3 集成运算放大器的输入方式
a) 同相输入 b) 反相输入 c) 差分输入

3. 集成运算放大器的种类

集成运算放大器根据用途不同可分为以下几种。

通用型:性能、指标适合一般性应用,按出现先后和性能先进程度分为Ⅰ型(一代)、Ⅱ型(二代)和Ⅲ型(三代)产品,如F007(国产型号CF741)为Ⅲ型产品。

低功耗型:静态功耗≤2mW,如国产FX253等。

高精度型:失调电压温度系数在 $1\mu V/℃$ 左右,如国产FC72等。

高阻型:输入电阻可达 $10^{12}\Omega$,如国产F55系列等。

还有宽带型、高压型等。使用时需查阅集成运算放大器手册,详细了解它们的各种参数,作为使用和选择的依据。

3.1.2 集成运算放大器的电压传输特性和主要参数

1. 电压传输特性

电压传输特性是指输出电压 u_o 与输入电压 u_i 的关系曲线,而 u_i 与同相和反相两个输入

端对地电压的关系为

$$u_i = u_+ - u_-$$

运算放大器的电压传输特性如图 3-4a 所示。

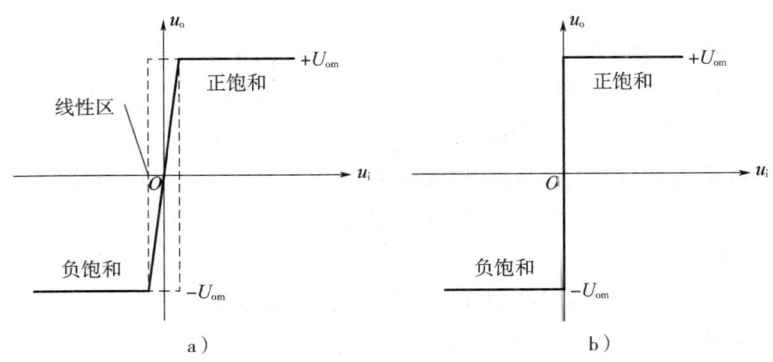

图 3-4 运算放大器的电压传输特性
a) 实际运算放大器 b) 理想运算放大器

电压传输特性包括线性区和非线性区（正饱和区和负饱和区）。运算放大器工作在线性区和非线性区时，分析方法各不相同。

当运算放大器工作在线性区时，输出电压 u_o 与输入电压 u_i 为线性关系，即

$$u_o = A_{uo} u_i = A_{uo}(u_+ - u_-) \tag{3-1}$$

式中，A_{uo} 称为开环电压放大倍数（开环增益），一般为 $10^4 \sim 10^7$。理想运算放大器的 A_{uo} 可视为无穷大，电压传输特性如图 3-4b 所示，线性区为一条与纵轴重合的直线。

运算放大器是一个多级线性放大器件。由于 A_{uo} 很高，即使输入毫伏级以下的信号，也足以使输出电压饱和，其饱和值为 $\pm U_{om}$。要使运算放大器工作于线性区，通常要引入深度电压负反馈。

2. 主要参数

运算放大器的参数是评价其性能好坏的主要指标，是正确选择和使用运算放大器的重要依据。运算放大器常用的主要技术指标如下：

（1）输入失调电压 U_{iS} 在理想状态下，将运算放大器两个输入电压 $u_{i1} = u_{i2} = 0$（即两输入端同时接地）时，输出电压 u_o 应为 0，但在实际中由于内部电路的不对称而引起输出电压 $u_o \neq 0$，称为"失调"。如果要消除失调，则需要在输入端加一个电压 U_{iS}，称为输入失调电压，一般为毫伏级，显然它越小越好。

（2）输入失调电流 I_{iS} 输入失调电流是指输入信号为零时，两个输入端静态基极电流之差，即

$$I_S = |I_{B1} - I_{B2}| \tag{3-2}$$

输入失调电流也是由于内部电路的不对称而引起的，为微安级，其值越小越好。

（3）输入偏置电流 I_{iB} 输入偏置电流是指输入信号为零时，两个输入端静态电流的平均值，即

$$I_{iB} = \frac{1}{2}(I_{B1} - I_{B2}) \tag{3-3}$$

其一般在零点几微安级,该电流也是越小越好。

(4) 开环电压放大倍数(差模电压放大倍数)A_{uo} 开环状态下差模输入的电压放大倍数,即集成运算放大器在没有外接反馈电路的情况下,输入端加一小信号,测得的电压放大倍数。它是决定运算放大器精度的主要参数,其值越大,精度越高。通用型运算放大器F007 的 A_{uo} 约为 100dB(10^5倍),目前已有高达 140dB(10^7倍)的集成运算放大器。

(5) 最大输出电压 U_{om} 能使输出电压和输入电压失真不超过允许值的最大输出电压,称为运算放大器的最大输出电压。F007 的 U_{om} 为 ±12 ~ ±13V。

(6) 最大共模输入电压 U_{icm} 运算放大器对共模信号具有抑制的性能,但这个性能是在规定的共模电压范围内才具备。如果超过这个电压,运算放大器的共模抑制性能就会大为下降,甚至造成器件损坏。

(7) 共模抑制比 K_{CMRR} 共模抑制比表示运算放大器的差模电压放大倍数 A_d 与共模电压放大倍数 A_c 之比的绝对值。若用分贝(dB)为单位,则

$$K_{CMRR} = 20\lg\left|\frac{A_d}{A_c}\right| \tag{3-4}$$

A_d 越大,说明运算放大器对共模信号的抑制性能越好。F007 的共模抑制比约为 80dB,目前最高可高达 160dB。

除上述各参数外,还有开环输入电阻 r_i、开环输出电阻 r_o、静态功耗 P_{CM} 等,具体使用时可查阅有关手册,这里不再赘述。

3. 理想运算放大器

在分析运算放大器时,通常可将它看成是一个理想运算放大器,理想化的条件为:

1) 开环电压放大倍数 $A_{uo} \to \infty$。
2) 开环输入电阻 $r_i \to \infty$。
3) 开环输出电阻 $r_o \to 0$。
4) 共模抑制比 $K_{CMRR} \to \infty$。

用理想运算放大器代替实际运算放大器分析各种运算电路所引起的误差很小,在工程上是允许的,这样可使分析过程大大简化。下面分析各种运算放大器组成的电路都将运算放大器看成是理想运算放大器。

根据上述理想化条件,对于工作在线性区的运算放大器,可得以下两个重要结论:

1) 由于 $r_i \to \infty$,运算放大器两输入端流入的电流忽略不计,即

$$i_i \approx 0 \tag{3-5}$$

两输入端没有真正断路,但流入的电流忽略不计,称这种现象为"虚拟断路",简称"虚断",如图 3-5a 所示。

2) 工作在线性区时,其输出电压 u_o 为有限值,而在理想条件下 $A_{uo} \to \infty$,所以

$$u_+ - u_- = \frac{u_o}{A_{uo}} \approx 0$$

即

$$u_+ \approx u_- \tag{3-6}$$

两输入端之间没有真正短路,但电位相等的现象称为"虚拟短路",简称"虚短",如图 3-5b 所示,"虚短"只适用于运算放大器工作在线性区的情况。

当运算放大器工作在非线性区(饱和区)时,不再存在"虚短",所以

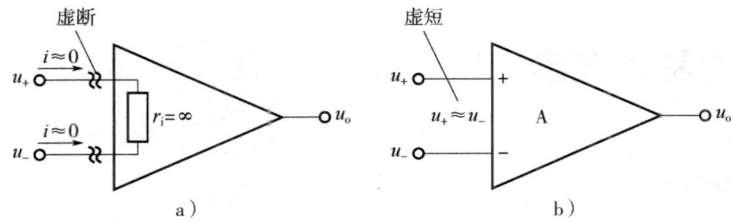

图 3-5 运算放大器的虚断和虚短
a) 虚断 b) 虚短

当 $u_+ > u_-$ 时,$u_o = +U_{om}$。
当 $u_+ < u_-$ 时,$u_o = -U_{om}$。

实际上,理想化条件是不存在的,它的实际意义在于：一方面,理想化条件符合集成运算放大器的发展方向,随着半导体集成技术的迅速发展,诞生了许多高性能运算放大器,其参数指标已接近理想化条件；另一方面,"虚断"和"虚短"的概念为运算放大器分析和计算提供了方便,通常不会引起明显的误差。所以,由理想化条件得出的"虚断"和"虚短"的概念,是分析运算放大电路的基本出发点。

【例 3-1-1】 工作在开环状态下的运算放大器,其最大输出电压 $\pm U_{om}$ 为 $\pm 14V$,当输出电压为不同取值时,分析实际集成运算放大器 ($A_{uo} = 7 \times 10^5$) 和理想集成运算放大器 ($A_{uo} = \infty$) 的工作状态、输出电压大小和极性。

解：实际集成运算放大器中,只要 $|A_{uo}(u_+ - u_-)| < U_{om}$,集成运算放大器就工作在线性区,$u_o = A_{uo}(u_+ - u_-)$；否则,集成运算放大器就工作在非线性区,$u_o = \pm U_{om}$,即输出电压为最大值。

(1) 对于实际运算放大器,输入电压的临界值为

$$u_+ - u_- = \frac{U_{om}}{A_{uo}} = \frac{\pm 14}{7 \times 10^5}V = 20\mu V$$

所以

$u_+ - u_- > 20\mu V$,$u_o = +14V$ （工作在正饱和区）
$u_+ - u_- < -20\mu V$,$u_o = -14V$ （工作在负饱和区）
$|u_+ - u_-| < 20\mu V$,$u_o = A_{uo}|u_+ - u_-|$ （工作在线性区）

(2) 对于理想运算放大器

$u_+ > u_-$,$u_o = +14V$ （工作在正饱和区）
$u_+ < u_-$,$u_o = -14V$ （工作在负饱和区）

【思考题】

3-1-1 理想运算放大器的条件是什么？
3-1-2 什么是"虚短"？什么是"虚断"？
3-1-3 集成运算放大器工作在什么区时,使用"虚短"和"虚断"的概念？
3-1-4 集成运算放大器工作在饱和区时,输出电压是多少？

3.2 反馈的基本概念

3.2.1 反馈的概念

反馈是现代科学技术的基本概念之一，产生于无线电工程技术，后来成为研究工程、社会和生产技术等领域自动调节现象的重要原理，反馈的目的是通过输出对输入的影响，改善系统的运行和控制效果。

"馈"即馈送、传送、传输，"反馈"即反向传输。在控制系统或放大电路中，如果输入对输出的控制称为"正向传输"，则输出对输入的反向传输（反向作用）就称为反馈。

图 3-6a 所示为一个典型的运用反馈进行温度控制的系统，电动机带动压缩机工作来控制温度（被控制对象），称为正向传输（正向控制）；如果开关 S 闭合，形成反馈回路，温度传感器将检测到的温度信号转换为电信号，反作用于电动机-压缩机，则为反向控制（反馈控制），达到稳定温度（恒温）的作用。

含有反馈的电路包括基本放大部分和反馈网络两个部分，如图 3-6b 所示。其中 A 为放大电路，F 为反馈网络。输入信号经过 A 到输出信号，称为正向传输（放大），而输出信号反向传输，通过 F 产生反馈信号，与输入信号叠加产生"净输入信号"，称为反馈。

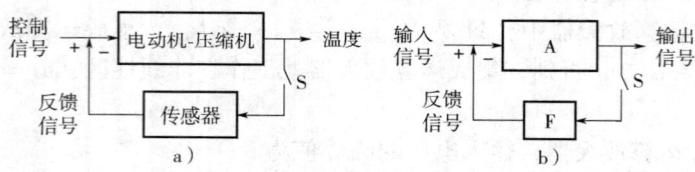

图 3-6 反馈的基本概念
a) 温度控制中的反馈 b) 电路中的反馈

无论是温度控制还是电路放大中的反馈，都有一个共同的特点，即构成反馈回路，形成"闭环"。

当开关断开时，只有输入信号控制输出信号，而输出信号对输入信号无影响，即无反馈，称为开环控制。当开关闭合时构成反馈回路，输出信号的一部分或全部通过反馈网络构成反馈信号作用到输入端，称为闭环控制或反馈控制。

在电路中的输入信号、输出信号、反馈信号、净输入信号等均为电压或电流，电路中的反馈，就是将输出电压或电流的一部分或者全部，通过一定的电路形式作用到输入回路，用以影响输入量的措施。

所以，反馈是一个闭环的控制系统，是被控制的对象对控制机构的反作用。判断是否存在反馈，最重要的一点就是判断是否存在反馈回路，是否构成闭环。

3.2.2 反馈的极性及判别方法

根据反馈对输入信号的不同影响，可将反馈分为正反馈和负反馈，称为反馈的极性。

如果反馈增强了输入信号的作用，称为正反馈；反之，如果反馈削弱了输入信号的作用,则称为负反馈。

在温度控制系统中,传感器将温度转换为电信号,电动机-压缩机是控制者,是输入;温控室温度是被控制的对象,是输出。压缩机转动使环境温度降低,当温度低于设定值时,并通过反馈控制压缩机减速或停止工作,即削弱了原来输入的作用(削弱压缩机原来转动加速导致温度下降的趋势),由于热源或环境温度使温控室温度升高;反之,由于压缩机减速或停止工作,而使环境温度高于设定值,通过反馈控制压缩机开启或加速,即削弱了原来输入的作用,使温度降低。因为反馈削弱了输入信号的作用,称为负反馈。由此可见,负反馈有稳定输出的功能,在温度控制系统中具有自动保持恒温的作用,在电路中可以达到稳定输出电压或输出电流的作用。

如果压缩机工作使环境温度降低,通过反馈使压缩机加速(即增强了输入信号的作用),则环境温度会继续降低;反之,当温度升高时,通过反馈使压缩机减速,则温度继续升高。这种反馈称为正反馈。

在图 3-7a 所示电路中,输入电压 u_i 接运算放大器的同相输入端 u_+,输出信号 u_o 反馈到反相输入端 u_-,当输入电压 u_i 增加时,净输入 $u_+ - u_-$ 随之增加,电路会产生以下变化:

$$u_i \uparrow \rightarrow (u_+ - u_-) \uparrow \rightarrow u_o \uparrow \rightarrow u_- \uparrow \rightarrow (u_+ - u_-) \downarrow$$

净输入增加,输出电压 u_o 随之增加,经过反馈使 u_- 增加,又使净输入减小,即通过反馈削弱了净输入原来的变化趋势,或者说与净输入原来的变化趋势相反,故为负反馈。

在图 3-7b 所示电路中,输入电压 u_i 接运算放大器的反相输入端 u_-,输出信号反馈到同相输入端。当输入电压 u_i 增加时,净输入 $u_+ - u_-$ 随之减小,电路中产生以下变化:

$$u_i \uparrow \rightarrow (u_+ - u_-) \downarrow \rightarrow u_o \downarrow \rightarrow u_+ \downarrow \rightarrow (u_+ - u_-) \downarrow$$

即输入增加使净输入减小,通过反馈,净输入继续减小,增强了净输入原来的变化趋势,或者说与净输入原来的变化趋势相同,故为正反馈。

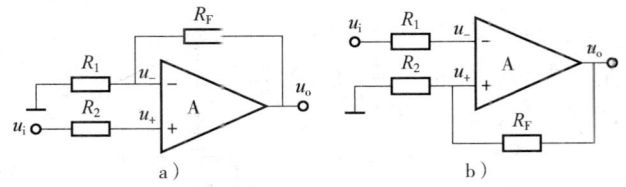

图 3-7 负反馈与正反馈
a) 负反馈 b) 正反馈

上面是假设输入电压增加的结果,如果假设其减小,中间的变化过程相反,但最后的结论不变。

在由单个集成运算放大器组成的简单反馈电路(如图 3-7 所示电路)中,反馈信号接到反相输入端即为负反馈,接到同相输入端即为正反馈。在多个集成运算放大器组成的复杂电路中,可以采用"瞬时极性法"判断反馈的极性。

先任意设定输入电压的瞬时极性,可为正(即认为输入信号使输入端电位瞬间升高,在电路图上以正号标记)或为负(即认为输入信号使输入端电位瞬间降低,在电路图上以负号标记),然后沿放大→反馈环路绕行一周,逐点确定相应的瞬时极性,并在电路图上以 ⊕ 或 ⊖ 标记(⊕ 表示该点电位趋于升高,⊖ 表示该点电位趋于降低),再根据它对净输入信号的作用（增强或者削弱）来确定反馈极性。

【例 3-2-1】 用瞬时极性法判断图 3-8 所示电路中"级间反馈"的反馈极性。

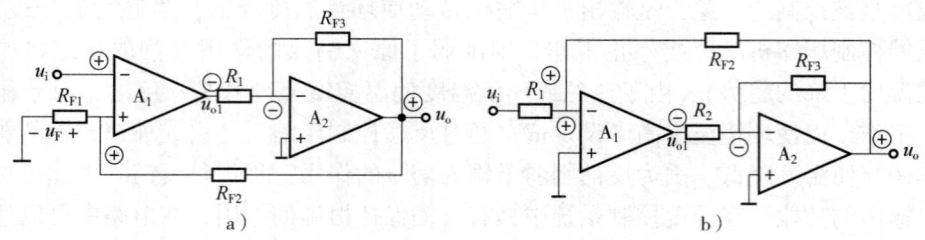

图 3-8　例 3-2-1 电路

解：在含有负反馈的电路中，仅限于本级的反馈称为局部反馈，不同级之间的反馈称为级间反馈。图 3-8 中两个电路的 A_2 和反馈电阻 R_{F3} 构成局部反馈；第二级的输出 u_o 经过电阻 R_{F2} 到第一级（A_1）输入的反馈则为极间反馈，即两级之间的反馈。

图 3-8a 所示电路中，根据瞬时极性法，设某时刻 A_1 的输入 u_i 增加标记为⊕，A_1 的净输入 $u_+ - u_-$ 减小。因 A_1 为反相输出，所以其输出 u_{o1} 减小，标记为⊖；因为 A_2 也是反相输入，所以其输出 u_o 增加，标记为⊕，反馈到第一级的 u_+ 增加，标记为⊕，即 A_1 的净输入 $u_+ - u_-$ 增加。与原设定的 A_1 净输入 $u_+ - u_-$ 减小的变化相反，削弱其作用，故为负反馈。

图 3-8b 所示电路中，仍设某时刻 u_i 增加，标记为⊕，A_1 的净输入 $u_+ - u_-$ 减小，其输出 u_{o1} 减小，标记为⊖。A_2 的输出 u_o 增加，标记为⊕，反馈到第一级的 u_- 增加，标记为⊕，即 A_1 的净输入 $u_+ - u_-$ 减小，与原设定的 A_1 净输入减小的变化趋势相同，增强其作用，故为正反馈。

3.2.3　交流反馈和直流反馈

在电路中，较大容量的电容（μF 级）对交流信号相当于短路，而对直流信号则相当于开路。所以在反馈网络中，根据电容的作用，分为直流反馈和交流反馈。在图 3-9a 所示电路中，在 R_1 支路串联电容以隔断直流信号，反馈网络中只能通过交流信号，所以反馈电压 u_F 只有交流成分，没有直流成分，故称为交流反馈。在图 3-9b 所示电路中，电容与 R_2 并联，交流成分被短路，反馈电压 u_F 只有直流成分，故称为直流反馈。

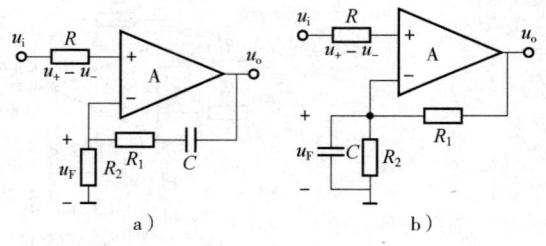

图 3-9　交流反馈与直流反馈
a）交流反馈　b）直流反馈

如果反馈网络中不接入电容，则交、直流反馈均有。

【思考题】

3-2-1　怎样判断电路中是否存在反馈？
3-2-2　反馈与电路的"开环"和"闭环"是什么关系？
3-2-3　单个运算放大器组成的简单反馈电路中，如何判断反馈的极性？

3-2-4 哪种极性的反馈（正、负）可以稳定输出量？为什么？
3-2-5 反馈信号的成分为什么与反馈网络中的电容有关？
3-2-6 怎样区分交流反馈和直流反馈？

3.3 放大电路中的负反馈

3.3.1 反馈类型及判断

1. 电压反馈和电流反馈

根据反馈网络与基本放大电路输出回路的连接方式不同，反馈分为电压反馈和电流反馈。

若反馈量取自输出电压，为电压反馈。其特征是：输出电压为零时，反馈消失。若反馈量取自输出电流，则为电流反馈。其特征是：输出电流为零时，反馈消失。

2. 串联反馈和并联反馈

根据反馈网络与基本放大电路输入回路的连接方式不同，反馈分为串联反馈和并联反馈。

若反馈信号与输入信号在输入端以电流的形式做比较，其差为净输入电流，称为并联反馈；若反馈信号与输入信号在输入端以电压的形式做比较，其差为净输入电压，则为串联反馈。

3. 反馈的四种类型

综上所述，根据反馈信号取自不同的输出信号，分为电压反馈和电流反馈；而根据反馈信号在输入端与输入信号的连接方式，又分为串联反馈和并联反馈。输出端和输入端各有两种反馈形式，所以实际的反馈可以组合为四种方式，即四种不同的类型（或称组态）：电压串联反馈、电压并联反馈、电流串联反馈和电流并联反馈，以下均以负反馈为分析对象。

（1）电压串联负反馈 图 3-10a 所示电路中，反馈信号 u_F 取自输出电压 u_o，即 u_o 在 R_1 和 R_2 上的分压，即

$$u_F = u_o \frac{R_2}{R_1 + R_2}$$

反馈系数为反馈电压与输出电压的比值，即

$$F = \frac{u_F}{u_o} = \frac{R_2}{R_1 + R_2} \tag{3-7}$$

如果输出电压短路（$u_o = 0$），则反馈信号 u_F 消失，故为电压反馈。

因反馈信号 u_F 与输入信号 u_i 分别接集成运算放大器的不同输入端，以电压的形式串联，其差为净输入信号 $u_+ - u_-$，即

$$u_+ - u_- = u_i - u_F$$

所以该电路全称为电压串联负反馈。

（2）电压并联负反馈 图 3-10b 所示电路中，反馈信号 i_F 取自输出电压 u_o，因 $u_- = 0$，所以

$$i_F = -\frac{u_o}{R_F}$$

反馈系数为反馈电流与输出电压的比值,即

$$F = \left|\frac{i_F}{u_o}\right| = \frac{1}{R_F} \quad (3-8)$$

如果输出电压短路($u_o = 0$),则反馈信号 i_F 消失,所以为电压反馈。

因反馈信号 i_F 与输入信号 i_i 接在集

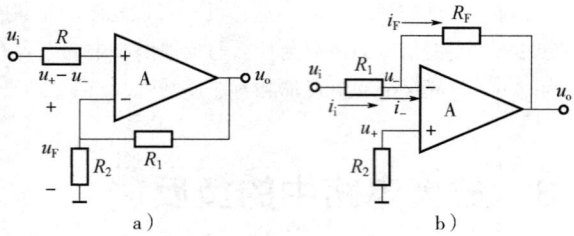

图 3-10　电压串联负反馈与电压并联负反馈
a) 电压串联负反馈　b) 电压并联负反馈

成运算放大器的同一输入端,以电流的形式并联,其差为净输入电流 i_-,即

$$i_- = i_i - i_F$$

所以该电路全称为电压并联负反馈。

(3) 电流串联负反馈　图 3-11a 所示电路中,负载 R_L 两端为输出电压 u_o,输出电流 i_o 流经 R_L 和 R_1,反馈信号 u_F 取自输出电流 i_o,即

$$u_F = i_o R_1$$

反馈系数为反馈电压与输出电流的比值,即

$$F = \frac{u_F}{i_o} = R_1 \quad (3-9)$$

当输出电压 $u_o = 0$ 时,输出电流 i_o 仍存在,所以依然存在反馈;而当输出电流 i_o 为零时,反馈信号 u_F 消失,所以为电流反馈。输入信号 u_i 与反馈信号 u_F 以电压的形式串联,其差为净输入信号 $u_+ - u_-$,故全称为电流串联负反馈。

(4) 电流并联负反馈　图 3-11b 为电流并联负反馈,反馈电流 i_F 为输出电流 i_o 在 R_1 和 R_2 上的分流(u_- 为虚地点,电位为零),即

$$i_F = -i_o \frac{R_1}{R_1 + R_2}$$

反馈系数为反馈电流与输出电流的比值,即

$$F = \left|\frac{i_F}{i_o}\right| = \frac{R_1}{R_1 + R_2} \quad (3-10)$$

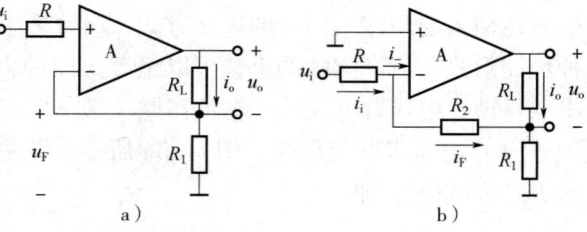

图 3-11　电流串联负反馈与电流并联负反馈
a) 电流串联负反馈　b) 电流并联负反馈

反馈电流 i_F 与输入电流 i_i 以电流的形式并联,其差为净输入电流 i_-,故全称为电流并联负反馈。

式 (3-7)~式 (3-10) 分别为四种类型负反馈的反馈系数。

综上所述,有关反馈的判断可以总结为以下几点:

1) 反馈信号直接引自输出端,是电压反馈;引自负载靠近接地端,是电流反馈。

2) 反馈信号与输入信号接在同一输入端的,是并联关系,即并联反馈;反馈信号与输入信号接在不同输入端的,是串联关系,即串联反馈。

(5) 负反馈的基本关系式　综上所述,引入负反馈的放大电路由基本放大电路和反馈

网络组成，可以由图 3-12 所示的框图表示。

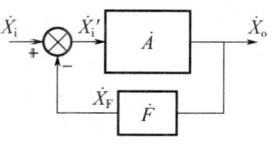

图 3-12 负反馈放大电路的框图

框图中的 $\dot{A}$ 为基本放大倍数（或称为开环放大倍数），$\dot{F}$ 为反馈系数，$\dot{X}_i$、$\dot{X}_o$、$\dot{X}_F$ 分别为电路的输入信号、输出信号和反馈信号，均以相量表示。符号 $\otimes$ 表示求和（叠加）环节，$\dot{X}_F$ 与 $\dot{X}_i$ 在此叠加后得到基本放大电路的净输入信号 $\dot{X}'_i$。各信号可能是电压信号，也可能是电流信号，由反馈方式决定，箭头表示信号的传递方向。

基本放大倍数（开环放大倍数）为输出信号与净输入信号的比值，即

$$\dot{A} = \frac{\dot{X}_o}{\dot{X}'_i} \tag{3-11}$$

反馈系数为反馈信号与输出信号的比值，即

$$\dot{F} = \frac{\dot{X}_F}{\dot{X}_o} \tag{3-12}$$

净输入信号为输入信号与反馈信号的叠加，两者极性相反为负反馈，即

$$\dot{X}'_i = \dot{X}_i - \dot{X}_F \tag{3-13}$$

含反馈的放大倍数（闭环放大倍数）为输出信号与输入信号的比值，即

$$\dot{A}_F = \frac{\dot{X}_o}{\dot{X}_i} \tag{3-14}$$

将式（3-11）~式（3-13）代入式（3-14），求得闭环放大倍数的表达式为

$$\dot{A}_F = \frac{\dot{A}}{1 + \dot{A}\dot{F}} \tag{3-15}$$

在中频段，上述参数均为实数，式（3-15）可写成

$$A_F = \frac{A}{1 + AF} \tag{3-16}$$

式（3-15）和式（3-16）为反馈放大电路的基本关系式，通常定义 $|1+AF|$ 为反馈深度。

若 $|1+AF|>1$，则 $|A_F|<|A|$，即为负反馈。$|1+AF|$ 越大，$|A_F|$ 下降越多，表明负反馈越强烈。反馈深度是一个非常重要的概念，引入反馈后，放大电路性能的改变几乎都与反馈深度有关。当 $AF \gg 1$ 时，称为深度负反馈。式（3-16）可以写成

$$A_F = \frac{1}{F} \tag{3-17}$$

式（3-17）为深度负反馈的表达式。

3.3.2 负反馈对放大电路工作性能的影响

1. 降低放大倍数

根据式（3-16），闭环放大倍数 A_F 小于开环放大倍数 A。故引入反馈后放大倍数会下降，特别是深度负反馈条件下更加明显。

【例3-3-1】图3-10a所示电压串联负反馈电路中,开环放大倍数$A=10^4$,$R_1=4R_2$,计算闭环电压放大倍数。

解:根据式(3-7),电压串联负反馈的反馈系数为

$$F = \frac{R_2}{R_1+R_2} = 0.2$$

根据式(3-16)有

$$A_F = \frac{A}{1+AF} = \frac{10^4}{1+10^4 \times 0.2} \approx 5$$

因为$AF=2000$($\gg 1$),属于深度负反馈,根据式(3-17),可以直接计算,即

$$A_F = \frac{1}{F} = \frac{1}{0.2} = 5$$

引入负反馈前,开环电压放大倍数$A=10^4$,引入反馈后,闭环电压放大倍数$A_F=5$,明显降低。

2. 稳定放大倍数

直流负反馈可以稳定静态值,一般用于晶体管放大电路中,如第2章介绍的分压式共发射极放大电路中,通过直流负反馈稳定静态工作点。

对负反馈的基本关系式(3-16)两边求微分,得到

$$dA_F = \frac{(1+AF)dA - AFdA}{(1+AF)^2} = \frac{dA}{(1+AF)^2}$$

上式左、右式分别除以式(3-16)的左、右式,可得

$$\frac{dA_F}{A_F} = \frac{1}{1+AF} \frac{dA}{A} \tag{3-18}$$

式(3-18)为通过引入负反馈前、后放大倍数相对变化量的对比。很明显,引入负反馈后,放大倍数的相对变化减小为原来的$1/(1+AF)$,大大增加了其稳定性。

【例3-3-2】图3-10a所示电压串联负反馈应用电路,参数不变。如果开环放大倍数变化10%,闭环放大倍数变化多少?

解:引入负反馈后,闭环放大倍数的相对变化为

$$\frac{dA_F}{A_F} = \frac{1}{1+AF} \frac{dA}{A} = \frac{1}{2001} \times 10\% \approx 0.005\%$$

引入负反馈后,闭环放大倍数的相对变化为0.005%,仅为原变化率的$1/(1+AF)$。

在输入不变的条件下,稳定放大倍数即稳定输出信号。具体而言,电压负反馈具有稳定输出电压的作用,电流负反馈具有稳定输出电流的作用,可以根据需求引入不同类型的负反馈。

3. 减小非线性失真

在第2章学习的晶体管放大电路中,如果静态工作点不合适或输入信号过大,输出部分波形进入晶体管的非线性区引起的波形失真,称为非线性失真。图3-13a所示为

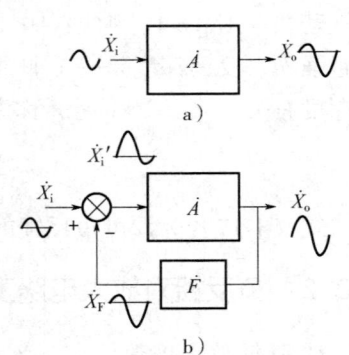

图3-13 负反馈减小非线性失真
a) 无反馈情况 b) 引入负反馈的情况

无反馈的放大电路，输出 $\dot{X}_o$ 产生非线性失真（波形不对称，假设上半波小于下半波）。在引入负反馈后，可将输出端的失真信号作为反馈信号 $\dot{X}_F$（依然是上半波小于下半波），与输入信号叠加后，得到波形相反（上半波大于下半波）净输入信号，经过放大后，使输出信号的失真得到改善，如图 3-13b 所示。

需要说明的是，引入负反馈仅可以改善非线性失真，而不能完全消除非线性失真。

4. 展宽频带

由于集成运算放大器采用直接耦合，无耦合电容，所以下限频率为零，低频性能良好。引入负反馈后，在中频段 $|\dot{A}|$ 和反馈信号都较高，$|\dot{A}_F|$ 下降得也较多；而在高频段 $|\dot{A}|$ 和反馈信号都下降，$|\dot{A}_F|$ 下降也较少，所以频带随之展宽。

同时，负反馈的作用之一就是稳定放大倍数，也包括频率变化引起的放大倍数变化，降低放大倍数的同时，也使频带得到展宽，如图 3-14 所示。引入负反馈前的电压放大倍数为 A，上限频率为 f_H，引入负反馈后的放大倍数 A_F 下降，但上限频率 f_{HF} 增加，频带得到展宽。

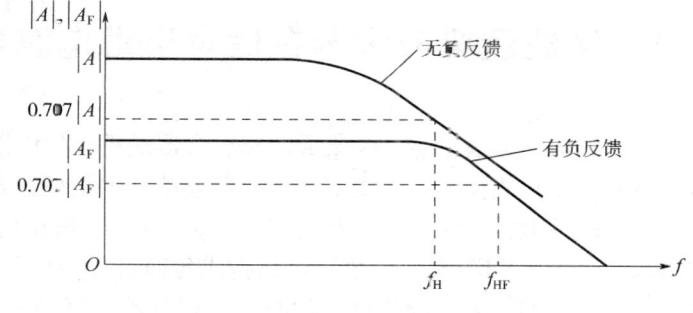

图 3-14　负反馈对频带的展宽

5. 改变输入电阻和输出电阻

输入电阻是从放大电路输入端看进去的等效电阻，而输出电阻是从放大电路输出端看进去的等效电阻，均为交流参数，与相关电压与电流变化的比值有关。

在串联负反馈中，由于输入电压和反馈电压反相串联，输入电压的一部分被抵消，相当于输入电流减小，放大电路的输入电阻必然会增加；而在并联反馈中，由于输入电流和反馈电流并联，相当于输入电流增加，即放大电路的输入电阻必然会减小。

电压负反馈中具有稳定输出电压的作用，输出电压变化率的减小必然使输出电阻减小；而电流负反馈有稳定输出电流的作用，输出电流变化率的减小必然会使输出电阻增加。

结论：串联反馈增加输入电阻，并联反馈减小输入电阻；电压反馈减小输出电阻，电流反馈增加输出电阻。可以根据对输出、输入电阻的不同要求引入不同的反馈类型。例如，要求运算放大电路输入电阻较大、输出电阻较小，应引入电压串联负反馈。

关于反馈类型的分析和引入，将结合后面的运算电路继续介绍。负反馈类型对放大电路部分性能的影响，见表 3-1。

表 3-1　各种类型的交流负反馈对电路参数的影响

类型	输入电阻	输出电阻	稳定对象	净输入信号	反馈信号	反馈系数
电压串联	增加	减小	u_o	$u_+ - u_-$	u_F	u_F/u_o
电压并联	减小	减小	u_o	$i_i - i_F$	i_F	i_F/u_o
电流串联	增加	增加	i_o	$u_+ - u_-$	u_F	u_F/i_o
电流并联	减小	增加	i_o	$i_i - i_F$	i_F	i_F/i_o

【思考题】

3-3-1　为什么说集成运算放大器引入的负反馈，一般认为是深度负反馈？
3-3-2　反馈系数 F 的定义是什么？可能大于 1 吗？
3-3-3　串联负反馈和并联负反馈中，输入信号与净输入信号都是电压信号，这种说法对吗？
3-3-4　如何区分电压负反馈和电流负反馈？哪种类型的负反馈可以减小输出电阻？
3-3-5　如何区分串联负反馈和并联负反馈？哪种类型的负反馈可以增加输入电阻？
3-3-6　对输入和输出电阻有影响的是交流负反馈还是直流负反馈？
3-3-7　如果要求稳定输出电压，减小输入电阻，应该引入哪种类型的负反馈？
3-3-8　如果要求稳定输出电流，增加输入电阻，应该引入哪种类型的负反馈？

3.4　集成运算放大器在信号运算电路中的应用

对模拟信号的数学运算是集成运算放大器最重要的应用并由此而得名。为了保证输出电压稳定的工作在线性区，需要引入电压负反馈。因集成运算放大器的开环放大倍数 A 很大，所以引入的反馈符合深度负反馈的条件（$AF \gg 1$）。根据反馈网络和反馈类型的不同，电路的输入（变量）和输出（函数）可以构成各种对模拟信号的运算关系，即输出电压是输入电压某种运算的结果，如比例、加减、微积分等。可以根据"虚短"和"虚断"两个重要特点，以及叠加原理、节点电流法等电路常用的分析方法，求解输出和输入的运算关系。

3.4.1　比例运算电路

特点：输出电压和输入电压为比例关系，即 $A = u_o/u_i$ 或 $u_o = Au_i$，其中 A 为比例系数。比例运算是其他运算电路的基础，后面介绍的加减、微积分等运算电路都是以比例运算电路为基础。

根据输入信号接在运算放大器的反相输入端还是同相输入端，其输出和输入可能为反相关系或同相关系，所以又分为反相比例运算和同相比例运算两种电路。

1. 反相比例运算

图 3-15 所示电路引入电压并联负反馈，R_F 为反馈电阻，输入信号接反相端，故输出电压 u_o 与输入电压 u_i 反相。

反相输入端电位和输入端电流分别为 u_- 和 i_-，同相输入端的电位和输入端电流分别为 u_+ 和 i_+，因为"虚断"，所以 $i_+ = 0$，$u_+ = 0$。又因为"虚短"，所以 $u_- = u_+$，即 u_- 虽未接地，但实际电位为零，故 $u_- = 0$ 称为"虚地"。

因为"虚断"，$i_- = 0$，所以 $i_1 = i_F$，则反相输入端的节点电流方程为

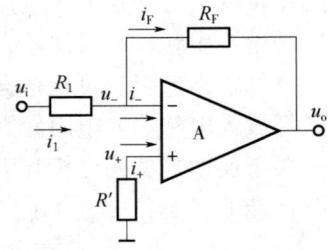

图 3-15　反相比例运算电路

$$\frac{u_i - u_-}{R_1} = \frac{u_- - u_o}{R_F}$$

因 u_- 为"虚地"，将 $u_- = 0$ 代入上式，得到

$$u_o = -\frac{R_F}{R_1}u_i = Au_i$$

或

$$\frac{u_o}{u_i} = -\frac{R_F}{R_1} = A \tag{3-19}$$

式（3-19）为反相比例运算电路的基本关系式，A 为比例系数或放大倍数。

结论：输出电压和输入电压为反相比例关系，比例系数为负值（$A = -R_F/R_1$），所以称为反相比例运算电路。

其中 R' 为同相输入端的平衡电阻，因为集成运算放大器的输入级为差分放大电路，为保证其在静态时的平衡性，要求两输入端外接电阻相等。而静态时，输入信号和输出信号均为 0，所以同一输入端所有外接电阻为并联关系。即要求：反相输入端所有外接电阻的并联等于同相输入端所有外接电阻的并联，因此在图 3-15 电路中

$$R' = R_1 // R_F$$

后面介绍的其他运算电路也按此要求选择平衡电阻。

如果图 3-15 电路中的 $R_1 = R_F$，比例系数 $A = -1$，即 $u_o = -u_i$，输入与输出幅值相同而符号相反，则此电路称为反相器。

因为反相比例运算电路属于电压并联负反馈，所以输入电阻和输出电阻都很小，其中输入电阻约等于 R_1，图 3-15 所示电路属于反相比例运算电路的基本型，其缺点是：R_1 既与比例系数成反比，又相当于输入电阻，如果要提高输入电阻，必须加大 R_1 的值，如果同时要保证一定的比例系数（放大倍数），就要选择更大阻值的反馈电阻。例如，要求输入电阻为 $100\text{k}\Omega$，电压放大 60 倍，则 R_1 选择为 $100\text{k}\Omega$，R_F 必须为 R_1 的 60 倍，即阻值为 $6\text{M}\Omega$ 的电阻。

【例 3-4-1】图 3-16 所示为改进型反相比例运算电路，利用基本运算电路的分析方法求出输入-输出电压的关系式，说明电路的特点并与基本型电路相比较。

解：根据"虚短""虚断"及电路分析方法，考虑到反相输入端 u_- 为"虚地"，列出以下电流方程。

$$i_1 = i_2 = \frac{u_i}{R_i}$$

$$i_3 = i_2 + i_4$$

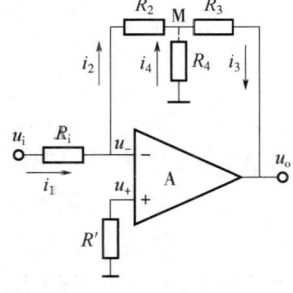

图 3-16　例 3-4-1 电路

节点 M 的电位为

$$u_M = -i_2R_2 = -i_4R_4$$

所以

$$i_4 = \frac{R_2}{R_4}i_2$$

输出电压为

$$u_o = -i_2R_2 - i_3R_3 = -\frac{u_i}{R_1}\left(R_2 + R_3 + \frac{R_2R_3}{R_4}\right) \tag{3-20}$$

这个电路实际是将基本型电路（见图 3-15）的反馈电阻 R_F 分为 R_2 和 R_3 两部分，中间插入一个电阻 R_4，这 3 个电阻（R_2、R_3、R_4）组成 T 形结构反馈网络，所以该电路称为 T 形

网络反相比例运算电路。式（3-20）为T形网络反相比例运算电路的基本关系式。如果R_4开路，电路形式与基本型电路完全相同。

如果仍要求输入电阻为100kΩ，电压放大60倍，根据式（3-20）有

$$A = \frac{u_o}{u_i} = \left| -\frac{1}{R_1}\left(R_2 + R_3 + \frac{R_2 R_3}{R_4}\right) \right| = 60$$

如果选择$R_1 = R_2 = R_3 = 100\text{k}\Omega$，求得$R_4 = 1.724\text{k}\Omega$，即可达到60倍的比例系数。

与基本型反相比例运算电路（见图3-15）相比，反馈电阻采用"T形网络"后，可以在保证较高的输入电阻和较大的比例系数的前提下，避免使用大阻值电阻的情况。

2. 同相比例运算

图3-17a为引入电压串联负反馈的运算电路，R_F为反馈电阻，输入信号接同相端，故输出电压u_o与输入电压u_i同相。因同相端电位u_+不为0，所以反相端电位u_-不存在"虚地"的情况。

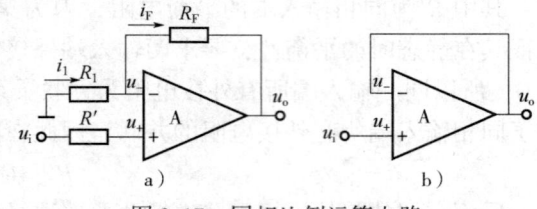

图3-17 同相比例运算电路
a）原理电路 b）电压跟随器

根据"虚短"和"虚断"的结论，$u_i = u_+ = u_-$，由于$i_+ = i_- = 0$，所以$i_1 = i_F$，则u_-端的节点电流方程为

$$\frac{0 - u_-}{R_1} = \frac{u_- - u_o}{R_F}$$

将$u_i = u_+ = u_-$代入上式，得到

$$u_o = \left(1 + \frac{R_F}{R_1}\right) u_i$$

或

$$\frac{u_o}{u_i} = \left(1 + \frac{R_F}{R_1}\right) = A \tag{3-21}$$

式（3-21）为同相比例运算电路的基本关系式，A为比例系数或放大倍数。其中A为正值且$A \geq 1$，故称为同相比例运算电路。

如果R_F短路或R_1开路，则$A = 1$，即$u_o = u_i$，输入和输出电压的幅值和符号完全相同，如同输出"跟随"输入，所以称为电压跟随器，电路如图3-17b所示。电压跟随器与晶体管放大电路中的射极输出器功能相同，都具有较大的输入电阻和较低的输出电阻，输出、输入同相且放大倍数为1，但前者的性能远高于后者。

也可以利用深度负反馈的条件分析计算。作为电压串联负反馈，其反馈电压u_F是输出电压在两个电阻上的分压，即

$$u_F = \frac{R_1}{R_1 + R_F} u_o$$

所以，反馈系数为

$$F = \frac{u_F}{u_o} = \frac{R_1}{R_1 + R_F}$$

根据深度负反馈的表达式

$$A_F = \frac{A}{1 + AF} = \frac{1}{F} = \frac{R_1 + R_F}{R_1} = 1 + \frac{R_F}{R_1}$$

结论：输出电压和输入电压为同相比例关系，称为同相比例运算电路。比例系数为正值且大于或等于1。因属于电压串联负反馈，所以输入电阻很大（理想情况下可视为无穷大），输出电阻很小。

通过对两种比例运算电路的分析，在理想集成运算放大器条件下，比例运算电路的比例系数与集成运算放大器本身的参数无关，仅取决于外接电阻的比值。只要电阻的精度足够精确，就可以保证比例电路的精确度和稳定性。

对两种比例运算电路相比较，反相比例运算电路引入并联负反馈，输入电阻小，比例系数为负值，其绝对值可以小于或大于1；同相比例运算电路引入串联负反馈，输入电阻大，比例系数为正值且大于或等于1，由于同相比例电路不存在"虚地"，集成运算放大器承受的共模电压输入电压比较大，要求集成运算放大器有较高的共模抑制比。

【例 3-4-2】设计一个运算电路，其运算关系为：$u_o = 0.5u_i$。

解：比例系数为正值且小于1，不能单独用反相比例或同相运算电路实现，可以选择两级反相比例运算电路，其中一级比例系数为 -0.5，另一级比例系数为 -1（反相器），如图 3-18 所示。

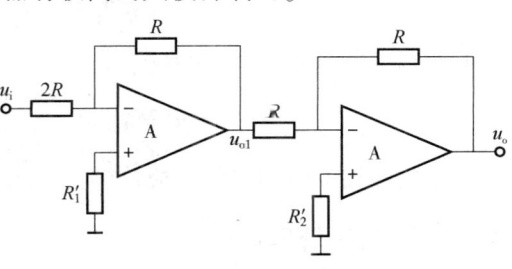

图 3-18　例 3-4-2 电路

输出电压为

$$u_{o1} = -\frac{R}{2R}u_i = -0.5u_i$$

$$u_o = -\frac{R}{R}u_{o1} = 0.5u_i$$

平衡电阻为

$$R_1' = R // 2R = \frac{2}{3}R$$

$$R_2' = R // R = \frac{1}{2}R$$

【例 3-4-3】设计一个同相比例放大电路，要求电压放大倍数 $A_u = 100$，电路如图 3-17a 所示，已知 $R_1 = 1\text{k}\Omega$，求 R_F。

解：

$$A = \frac{u_o}{u_i} = 1 + \frac{R_F}{R_1} = 100$$

$$R_F = 99\text{k}\Omega$$

【例 3-4-4】图 3-19 所示电路，$U_z = 12\text{V}$，求输出电压，分析其功能。

解：稳压二极管提供的 12V 电压在电阻和电位器上分压后，通过电压跟随器输出。当调节电位器时，输出电压可以在一定范围调节。当电位器调到最上端时，输出电压最大；反之，电位器在最下端时，输出电压最小。

$$u_{o\min} = \frac{20}{20+80+20}U_z = \frac{1}{6} \times 12\text{V} = 2\text{V}$$

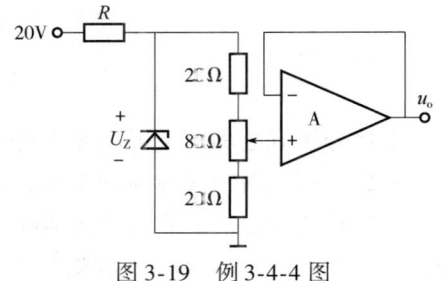

图 3-19　例 3-4-4 图

$$u_{omax} = \frac{20+80}{20+80+20}U_Z = \frac{5}{6} \times 12\text{V} = 10\text{V}$$

通过计算可以得出结论，输出电压可以在 2~10V 之间调节，由于电压跟随器为电压串联负反馈，具有输入电阻大的特点，所以接负载后，对分压后的电压精确度影响很小。又由于电压跟随器的输出电阻很小，作为基准电源带负载能力也得到提高。

【例 3-4-5】 如图 3-20 所示电路，写出运算关系。

解：因为与图 3-17a 所示的同相比例运算电路相比多一个电阻 R_3，所以 u_+ 不再与 u_i 相等，而是 u_i 在电阻 R_2 和 R_3 上的分压，即

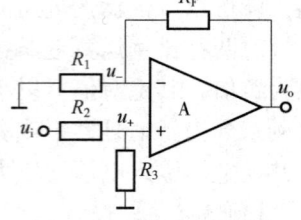

$$u_+ = u_i \frac{R_3}{R_2 + R_3}$$

图 3-20 例 3-4-5 电路

根据式（3-21），输出电压为

$$u_o = u_+ \left(1 + \frac{R_F}{R_1}\right) = \frac{R_3}{R_2 + R_3}\left(1 + \frac{R_F}{R_1}\right)u_i \tag{3-22}$$

考虑到外接电阻的平衡，应该满足：$R_2 // R_3 = R_1 // R_F$。

3.4.2 加法运算电路

特点：在运算电路的同一输入端并联多路输入信号，输出电压与各输入信号的电压之和有关，即

$$u_o = Au_{i1} + Bu_{i2} + \cdots$$

如图 3-21 所示电路，在反相比例运算电路的基础上，在同一输入端并联输入两路信号，R_F 为反馈电阻，R' 为平衡电阻。

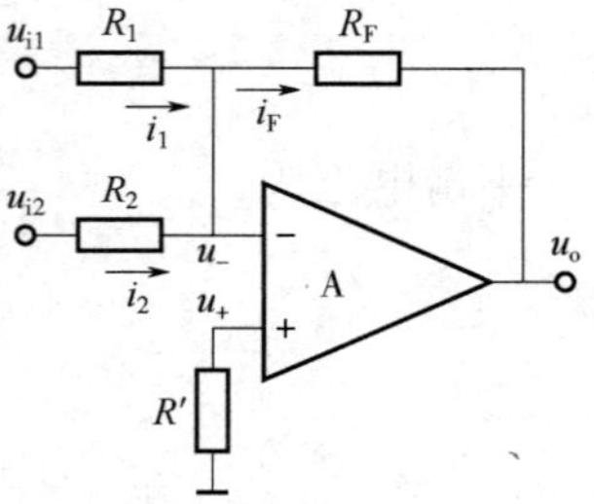

根据"虚短"和"虚断"的结论，反相输入端 u_- 仍为"虚地"，其节点电流方程为

$$i_1 + i_2 = i_F$$

即

$$\frac{u_{i1}}{R_1} + \frac{u_{i2}}{R_2} = \frac{0 - u_o}{R_F}$$

图 3-21 反相加法运算电路

输出电压的表达式为

$$u_o = -\left(\frac{R_F}{R_1}u_{i1} + \frac{R_F}{R_2}u_{i2}\right) = -(Au_{i1} + Bu_{i2}) \tag{3-23}$$

式（3-23）为反相加法运算电路的基本关系式，其中系数 A、B 的数值为反馈电阻和输入端电阻的比值。如果满足 $R_F = R_1 = R_2$，则 $A = B = 1$，则

$$u_o = -(u_{i1} + u_{i2}) \tag{3-24}$$

平衡电阻为

$$R' = R_1 // R_2 // R_F$$

上述分析方法和结论可以推广到任意多个输入信号的加法运算，由于输出电压与输入电压之和为反相关系，又称为反相加法运算电路或反相求和运算电路。

如果在同相比例运算电路的基础上，在同相端并联多路输入信号，称为同相加法运算电路，读者可自行分析或参考相关资料。

【例 3-4-6】 设计一个电路，实现 $u_o = 3u_{i1} + 4u_{i2} + 6u_{i3}$（$R_F$ 给定为 $24\mathrm{k}\Omega$）。

解：因输出电压与输入电压之和为同相，如果采用反相加法运算电路，需再加一级反相器。根据题目要求选择各电阻，其中反相加法部分的电阻为

$$R_1 = R_F/3 = 8\mathrm{k}\Omega$$
$$R_2 = R_F/4 = 6\mathrm{k}\Omega$$
$$R_3 = R_F/6 = 4\mathrm{k}\Omega$$
$$R' = 24 // 8 // 6 // 4 \approx 1.71\mathrm{k}\Omega$$

其中第一级输出为

$$u_{o1} = -(3u_{i1} + 4u_{i2} + 6u_{i3})$$

第二级输出为

$$u_o = -u_{o1} = 3u_{i1} + 4u_{i2} + 6u_{i3}$$

电路如图 3-22 所示。

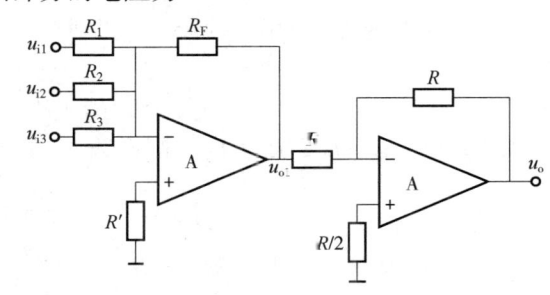

图 3-22 例 3-4-6 电路

【例 3-4-7】 设计一个电路，实现 $u_o = 5u_{i1} - 6u_{i2} - 15u_{i3}$ 的模拟运算（R_F 给定为 $30\mathrm{k}\Omega$）。

解：将原式改写为反相加法运算的基本形式。

$$u_o = -(6u_{i2} + 15u_{i3} - 5u_{i1})$$

根据题目要求，在 u_{i1} 端加一级反相器，R_1、R_2 和 R_3 分别为 $6\mathrm{k}\Omega$、$5\mathrm{k}\Omega$ 和 $2\mathrm{k}\Omega$，电路如图 3-23 所示。其中第一级输出为

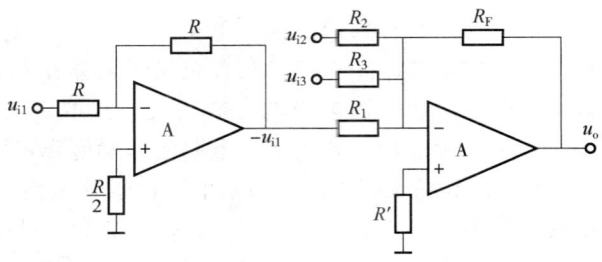

图 3-23 例 3-4-7 电路

$$u_o = -u_{i1}\frac{R}{R} = -u_{i1}$$

第二级输出为

$$u_o = -[6u_{i2} + 15u_{i3} - 5(-u_{i1})]$$
$$= 5u_{i1} - 6u_{i2} - 15u_{i3}$$

3.4.3 减法运算电路

在比例运算中，输入信号加到反相端时比例系数为 $-A$，而加到同相端时比例系数为 $+A$，如果采用差分输入方式，即两路信号同时加到不同输入端，输出信号的电压必然是两个输入信号电压的叠加，所以与两输入信号的电压之差有关。

在图 3-24 所示电路中，即两个输入信号 u_{i1} 和 u_{i2} 分别接到集成运算放大器的同相和反相输入端。

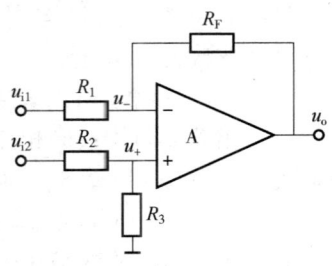

图 3-24 减法运算电路

根据"虚短"和"虚断"的原理，列出反相输入端的节点电流方程为

$$\frac{u_{i1} - u_-}{R_1} = \frac{u_- - u_o}{R_F}$$

整理后得到

$$u_o = u_-\left(1 + \frac{R_F}{R_1}\right) - \frac{R_F}{R_1}u_{i1} \tag{3-25}$$

因 $u_- = u_+$，而 u_+ 为同相端输入电压在电阻的分压，即

$$u_- = u_+ = \frac{R_3}{R_2 + R_3} u_{i2}$$

将 u_- 的表达式代入式（3-25），得到

$$u_o = \left(1 + \frac{R_F}{R_1}\right)\frac{R_3}{R_2 + R_3} u_{i2} - \frac{R_F}{R_1} u_{i1} = Au_{i2} - Bu_{i1} \quad (3-26)$$

如果满足 $R_1 = R_2$、$R_3 = R_F$，则系数 A、B 相等，式（3-26）为

$$u_o = \frac{R_F}{R_1}(u_{i2} - u_{i1}) \quad (3-27)$$

如果满足 $R_F = R_1$，则系数 $A = B = 1$，式（3-27）为

$$u_o = u_{i2} - u_{i1} \quad (3-28)$$

式（3-26）~式（3-28）为减法运算电路的基本关系式，电路实现了模拟信号的减法运算，所以该电路称为减法运算电路。

与比例运算电路相同，在理想集成运算放大器条件下，加、减法运算电路的运算关系式也与集成运算放大器本身的参数无关，仅取决于外接电阻的参数。只要电阻的精度足够精确，就可以保证加、减法运算电路的精确度和稳定性。

【例3-4-8】 在图3-24所示的减法运算电路中，如果 R_3 开路，$R_2 = R_1 /\!/ R_F$，$R_1 = R_F$，写出其运算关系。当 $u_{i2} = 2.8\text{V}$、$u_{i1} = 1.2\text{V}$ 时，计算输出电压。

解：如果 R_3 开路，根据"虚短"和"虚断"的结论，$u_- = u_+ = u_{i2}$，代入反相输入端的节点电流方程有

$$\frac{u_{i1} - u_{i2}}{R_1} = \frac{u_{i2} - u_o}{R_F}$$

得到

$$u_o = 2u_{i2} - u_{i1}$$

代入给定数据得

$$u_o = (2 \times 2.8 - 1.2)\text{V} = 4.4\text{V}$$

【例3-4-9】 如图3-25所示电路，说明各部分分别构成什么运算电路？分析计算各输出端的参数。

解：A_1 及相关电阻构成反相比例运算电路，比例系数为 $-30/15 = -2$，输出电压为

$$u_{o1} = -2 \times 6\text{mV} = -12\text{mV}$$

A_2 及相关电阻构成同相比例运算电路，比例系数为 $1 + 60/40 = 2.5$，输出电压为

$$u_{o2} = 2.5 \times 4\text{mV} = 10\text{mV}$$

A_3 及相关电阻构成减法运算电路，其同相和反相输入电压为

$$u_- = u_+ = u_{o2} = 10\text{mV}$$

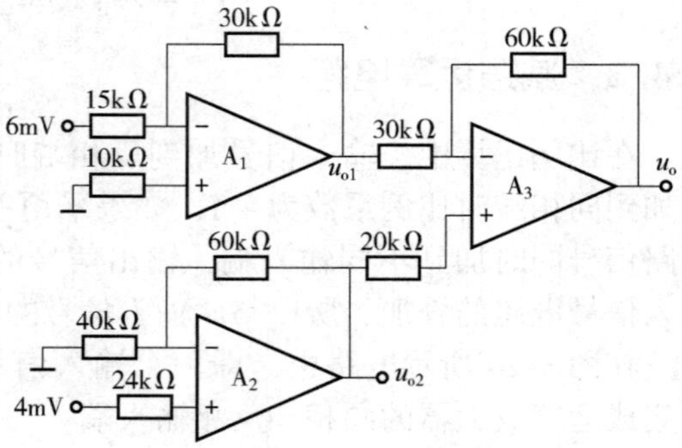

图 3-25 例3-4-9 电路

代入反相输入端的节点电流方程有

$$\frac{u_{o1} - u_{o2}}{30} = \frac{u_{o2} - u_o}{60}$$

整理后得到输出电压为

$$u_o = 3u_{o2} - 2u_{o1} = [3 \times 10 - 2 \times (-12)]\text{mV} = 54\text{mV}$$

3.4.4 积分运算电路

图 3-26 所示电路中,将反相比例运算电路中的反馈电阻 R_F 换为电容 C,利用电容上电压和电流的关系,构成积分运算电路。

电容上的电压与所通过电流的积分有关,即

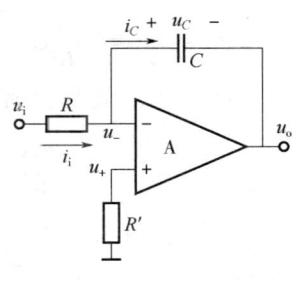

图 3-26 积分运算电路

$$u_C = \frac{1}{C}\int i_C dt \qquad (3-29)$$

根据"虚短"和"虚断"的结论,u_- 为"虚地",电容中电流 i_C 和电阻中电流 i_i 相等,所以

$$i_C = i_i = \frac{u_i}{R}$$

将上式代入式 (3-29),得到

$$u_o = -u_C = -\frac{1}{RC}\int u_i dt \qquad (3-30)$$

式 (3-30) 是积分运算电路的基本关系式,输出电压是输入电压积分的函数,其中 RC 为时间常数,当 R 的单位为 Ω、C 的单位为 F 时,时间常数的单位为 s。

如果求解某段时间的积分值,有

$$u_o = -u_C = -\frac{1}{RC}\int_{t_1}^{t_2} u_i dt + u_o(t_1) \qquad (3-31)$$

如果 u_i 为常量,输出电压为

$$u_o = -u_C = -\frac{u_i}{RC}(t_2 - t_1) + u_o(t_1) \qquad (3-32)$$

【例 3-4-10】图 3-26 所示积分运算电路,其输入信号分别为正弦波、阶跃信号、矩形波 3 种情况下,分析输出电压的波形和参数。(设 RC 为 1s,集成运算放大器最大输出电压 U_{om} 为 $\pm 12V$。)

解:根据积分电路的工作原理和基本关系式得到:

(1) u_i 为正弦波,因积分电路具有正弦-余弦移相的功能,输出电压为

$$u_o = -\frac{1}{RC}\int \sin u_i dt = -\cos u_i + C$$

(2) 输入端在 $t=0s$ 时 $u_i=0$,$t=1s$ 时加入 10V 阶跃信号,如图 3-27a 所示,输出电压向反方向线性变化,可求出其达到最大值的时间。

$$u_o = -\frac{10}{1}(t_2 - t_1)\big|_{t_1=1s} + 0 = -12V$$

$$t_2 = 2.2s$$

经过 1.2s,即 $t=2.2s$ 时,输出电压 u_o 达到最大值 (-12V) 后不再变化。所以,积分电路具有电压延迟的功能。

(3) 输入为图 3-27b 所示的矩形波,设 $u_o(0)=5V$,分时段计算,输出信号呈正负交替的线性变化,如果时间常数合适,输出为三角波。

$$0 \sim 1s: u_o = -\frac{u_i}{RC}(t_1 - 0) + u_o(t_1) = \left[-\frac{10}{1}(1-0) + 5\right]V = -5V$$

$1\sim 2\mathrm{s}$: $u_o = -\dfrac{u_i}{RC}(t_2-t_1)+u_o(t_1)=\left[\dfrac{10}{1}(2-1)-5\right]\mathrm{V}=5\mathrm{V}$

$2\sim 3\mathrm{s}$: $u_o = -\dfrac{u_i}{RC}(t_3-t_2)+u_o(t_1)=\left[-\dfrac{10}{1}(3-2)+5\right]\mathrm{V}=-5\mathrm{V}$

所以，积分电路具有将矩形波转换为三角波的功能。

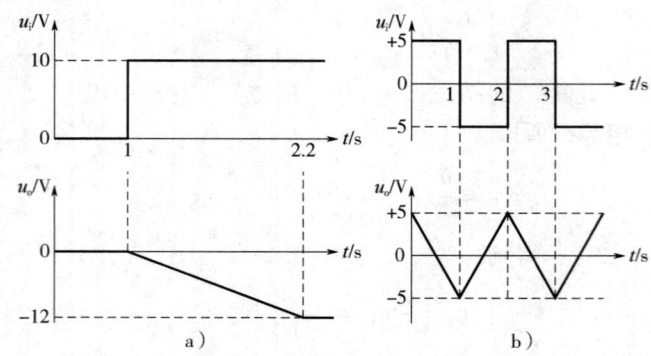

图 3-27 例 3-4-10 电路的输入、输出波形
a) 输入阶跃信号 b) 输入矩形波

3.4.5 微分运算电路

微分是积分的逆运算，将积分电路中的反馈电容和电阻交换位置，就构成微分电路，如图 3-28 所示。

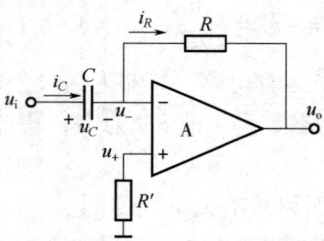

图 3-28 微分运算电路

因为"虚断"，所以电阻中电流和电容中电流相等，即

$$i_R = i_C$$

电容中电流与两端电压的微分有关，即

$$i_C = C\dfrac{\mathrm{d}u_C}{\mathrm{d}t} \tag{3-33}$$

根据"虚短"和"虚断"的结论，u_- 为"虚地"，输出电压为

$$u_o = -i_R R = -i_C R = -RC\dfrac{\mathrm{d}u_i}{\mathrm{d}t} \tag{3-34}$$

即

$$u_o = -RC\dfrac{\mathrm{d}u_i}{\mathrm{d}t} \tag{3-35}$$

式 (3-35) 为微分运算电路的基本关系式，输出电压与输入电压的变化率成正比，即

微分关系。

【例 3-4-11】 如图 3-28 所示微分运算电路，设 $RC=1\text{s}$，输入端加入三角波（见图 3-29），画出输出波形并计算参数。

解：根据式（3-35）得

0～1s 时：输入信号幅值增加，$\Delta u_i = 5\text{V}$，输出电压为

$$u_o = -C\frac{du_i}{dt} = -C\frac{\Delta u_i}{\Delta t} = -\frac{5}{1}\text{V} = -5\text{V}$$

1～2s 时：输入信号幅值减小，$\Delta u_i = -5\text{V}$，输出电压为

$$u_o = -C\frac{du_i}{dt} = -C\frac{\Delta u_i}{\Delta t} = -\frac{-5}{1}\text{V} = 5\text{V}$$

输出为 ±5V 的矩形波，与积分电路相反。所以，微分电路具有将三角波转换为方波的功能，如图 3-29 所示。

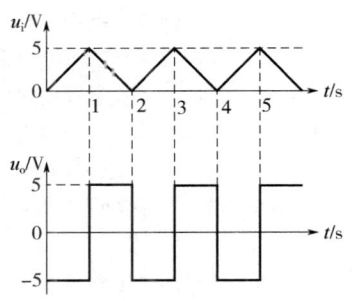

图 3-29 例 3-4-11 输入、输出波形

【例 3-4-12】 如图 3-30 所示电路，写出输入-输出关系。

解：根据"虚短"和"虚断"的结论，u_- 为虚地，以及电容中电压与电流的关系，写出以下各电流的表达式。

$$i_F = i_{C1} + i_{R1}, \quad i_{C1} = C_1\frac{du_i}{dt}, \quad i_{R1} = \frac{u_i}{R_1}$$

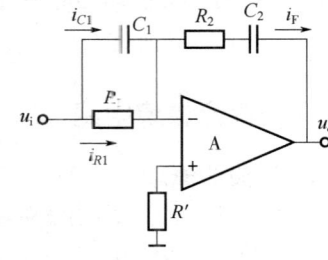

图 3-30 例 3-4-12 电路

输出电压为

$$\begin{aligned}
u_o &= -(u_{C2} + u_{R2}) \\
&= -\left(\frac{1}{C_2}\int i_F dt + i_F R_2\right) \\
&= -\left[\frac{1}{C_2}\int\left(C_1\frac{du_i}{dt} + \frac{u_i}{R_1}\right)dt + \left(\frac{R_2}{R_1}u_i + R_2 C_1\frac{du_i}{dt}\right)\right] \\
&= \frac{C_1}{C_2}u_i + \frac{1}{R_1 C_2}\int u_i dt + \frac{R_2}{R_1}u_i + R_2 C_1\frac{du_i}{dt} \\
&= -\left(\frac{R_2}{R_1} + \frac{C_1}{C_2}\right)u_i - R_2 C_1\frac{du_i}{dt} - \frac{1}{R_1 C_2}\int u_i dt
\end{aligned} \quad (3-36)$$

这是包含比例、加法、积分和微分环节的综合应用电路，式（3-36）为其基本关系式。输出电压分为三部分运算，即与输入电压的比例、积分、微分有关，称为比例微分积分（Proportional Integral Differential，PID）调节器，广泛应用于自动调节系统中。

如果 $R_2 = 0$，只有比例积分环节，称为 PI 调节器。

如果 $C_2 = 0$，只有比例微分环节，称为 PD 调节器。

【思考题】

3-4-1 如何识别某集成运算放大器应用电路是否为运算电路？
3-4-2 运算电路为什么必须工作在负反馈状态？
3-4-3 运算电路为什么引入电压负反馈。
3-4-4 某运算电路，如果要求运算关系不变而增加电路的输入电阻，可以采取什么措施？

3-4-5 同相与反相比例运算电路所引入的负反馈类型有什么不同?
3-4-6 与基本的反相比例运算电路相比，T形网络反相比例运算电路有何优点?
3-4-7 哪些运算电路引入的是电压串联负反馈？哪些运算电路引入的是电压并联负反馈?
3-4-8 哪种运算电路，在什么情况下可以实现"反相器"的功能?
3-4-9 哪种运算电路，在什么情况下可以实现"电压跟随器"的功能?
3-4-10 哪种运算电路中不存在"虚地"的现象?
3-4-11 仅用反相加法电路（数量不限），可否实现减法运算的功能?
3-4-12 在加、减法运算电路的分析中，各输入电压与输出电压的关系是否符合叠加原理?
3-4-13 引入负反馈后为什么会存在"虚短"的特点?
3-4-14 电路中"虚断"的现象与集成运算放大器哪个指标有关?
3-4-15 积分电路实现方波-三角波的转换，时间常数的大小有什么影响？如果输出梯形波是什么原因?
3-4-16 哪种运算电路可以实现三角波-方波的转换?

3.5 集成运算放大器在信号处理方面的应用

3.5.1 有源滤波电路

1. 滤波的概念与分类

"滤"即过滤，所谓滤波就是根据信号的频率进行过滤并有选择的通过，实质是选频通过或选频放大。根据信号频率不同有选择性通过的电路称为滤波电路，即只能通过所选定频率的信号，对其他频率的信号进行抑制或衰减。滤波电路属于信号处理电路，又称滤波器。

根据所通过频率范围不同，滤波器分为低通滤波器、高通滤波器、带通滤波器和带阻滤波器4种，图3-31所示为4种滤波器理想的幅频特性，即放大倍数 A 与频率 f 的关系。

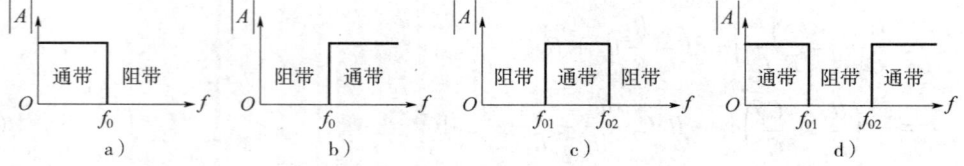

图3-31 理想滤波器的幅频特性
a) 低通滤波器 b) 高通滤波器 c) 带通滤波器 d) 带阻滤波器

图3-31a 中，低于某一特定频率的信号可以通过，信号可以通过范围为通带（通频带）；高于该特定频率的信号被衰减，这个范围称为阻带。该特定频率称为截止频率，用 f_0 表示。因为低于 f_0 的信号可以通过，所以此滤波器称为低通滤波器（Low Pass Filter, LPF）。

图3-31b 中，高于截止频率 f_0 的信号可以通过，为通带；低于 f_0 的范围信号被衰减，即为阻带。因为高于 f_0 的信号可以通过，所以此滤波器称为高通滤波器（High Pass Filter, HPF）。

图3-31c 中，在两个截止频率 f_{01} 和 f_{02} 之间的信号可以通过，称为通带，其他部分的信号被衰减，即为阻带，此滤波器称为带通滤波器（Band Pass Filter, BPF）。

带通滤波器常用于抗干扰设备中,抑制来自低频段和高频段的噪声和干扰。

图 3-31d 中,在两个截止频率 f_{01} 和 f_{02} 之间的信号被衰减,称为阻带,其余部分的信号可以通过,即为通带,此滤波器称为带阻滤波器(Band Elimination Filter,BEF)。

带阻滤波器的功能与带通滤波器相反,常用于抗干扰设备中抑制或屏蔽某个频率范围的特定信号,包括干扰、噪声和其他需扣制的信号,特别是在信号检测中抑制 50Hz 的交流电源引起的干扰。

2. 低通滤波的原理与参数计算

因为电容的容抗($X_C = 1/2\pi fC$)是频率的函数,所以 RC 电路具有滤波的功能。图 3-32 所示电路中,输出电压与电容并联,频率升高则容抗减小,输出电压降低;频率降低时容抗增加,使输出电压增高,因低频时信号可以通过,故称为低通电路,用于滤波时称为低通滤波器。

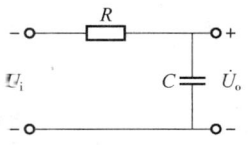

图 3-32 低通滤波器

根据输出-输入关系列出下列各式。

$$\dot{A}_u = \frac{\dot{U}_o}{\dot{U}_i} = \frac{\frac{1}{j\omega C}}{R + \frac{1}{j\omega C}} = \frac{1}{1 + j\omega RC} \tag{3-37}$$

令

$$f_0 = \frac{1}{2\pi RC} \tag{3-38}$$

则式(3-37)为

$$\dot{A}_u = \frac{\dot{U}_o}{\dot{U}_i} = \frac{1}{1 + j\omega RC} = \frac{1}{1 + j\frac{f}{f_0}} \tag{3-39}$$

式(3-39)为低通滤波器的电压放大倍数,按以下 3 种情况分析:

当 $f \gg f_0$ 时,$|A_u| = 0$。

当 $f \ll f_0$ 时,$|A_u| = 1$。

当 $f = f_0$ 时,$|A_u| = 1/\sqrt{2} \approx 0.707$。

在低通滤波器中,截止频率 f_0 又称为上限截止频率,简称上限频率,用 f_H 表示。

实际的幅频特性如图 3-33a 所示。低频时为通带,输出与输入相等,$|A_u| = 1$,频率增加一定值时 $|A_u|$ 逐渐下降,进入过渡带。当 $f = f_H$ 时为临界状态,$|A_u|$ 降为正常值的 70.7%,频率继续增加时进入阻带,放大倍数最终衰减为零。

如果规定 $0.707|A_u|$ 以上的部分均为通带,以下均为阻带,即不考虑过渡带,称为理想化的幅频特性,如图 3-33b 所示。

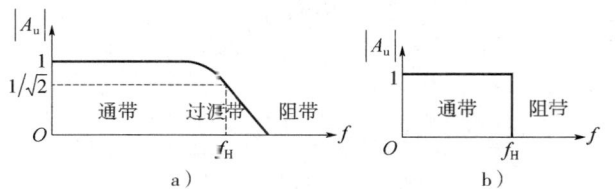

图 3-33 低通滤波器的幅频特性

a) 实际的幅频特性 b) 理想化的幅频特性

3. 高通滤波的原理与参数计算

图 3-34 所示电路中,输出电压与电阻并联,电容串联在电路中。频率升高则容抗减小,输出电压升高;频率降低时容抗增加,输出电压降低。因高频时信号可以通过,故称为高通电路,用于滤波时称为高通滤波器。

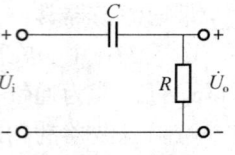

图 3-34 高通滤波器

根据输出-输入关系列出下式。

$$\dot{A}_u = \frac{\dot{U}_o}{\dot{U}_i} = \frac{R}{R + \frac{1}{j\omega C}} = \frac{1}{1 + \frac{1}{j\omega RC}} \tag{3-40}$$

将 $f_0 = \dfrac{1}{2\pi RC}$ 代入式(3-40),得到

$$\dot{A}_u = \frac{\dot{U}_o}{\dot{U}_i} = \frac{1}{1 - j\dfrac{f_0}{f}} \tag{3-41}$$

式(3-41)为高通滤波器的电压放大倍数,仍按以下 3 种情况分析:

当 $f \gg f_0$ 时,$|A_u| = 1$。

当 $f \ll f_0$ 时,$|A_u| = 0$。

当 $f = f_0$ 时,$|A_u| = 1/\sqrt{2} \approx 0.707$。

f_0 为截止频率,在高通电路中又称为下限截止频率,简称下限频率,用 f_L 表示。幅频特性如图 3-35 所示,其中图 3-35a 为实际的幅频特性,图 3-35b 为理想化的幅频特性。

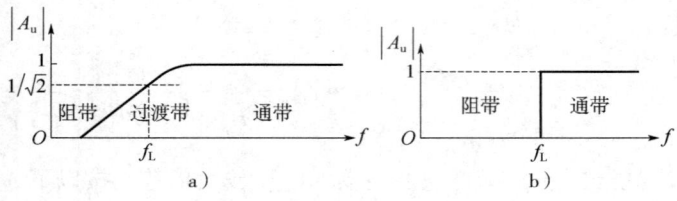

图 3-35 高通滤波器的幅频特性
a)实际的幅频特性 b)理想化的幅频特性

4. 有源滤波器

仅由电阻、电容等无源元器件组成的滤波电路称为无源滤波器,如果在滤波与负载之间接入有源元器件(晶体管或运算放大器)构成的电路,则称为有源滤波器。一般接入具有高输入电阻、低输出电阻的同相比例运算电路,既可以消除负载对幅频特性的影响,也可以选定和调节通带放大倍数。

图 3-36a 所示为有源低通滤波器,即低通滤波器接同相比例电路,其电压放大倍数为

$$\dot{A}_u = \frac{\dot{U}_o}{\dot{U}_i} = \left(1 + \frac{R_F}{R_1}\right)\frac{1}{1 + j\dfrac{f}{f_0}} = \frac{A_{up}}{1 + j\dfrac{f}{f_0}} \tag{3-42}$$

其模和幅角分别为

$$|A_u| = \frac{|A_{up}|}{\sqrt{1 + \left(\dfrac{f}{f_0}\right)^2}} \tag{3-43}$$

$$\varphi = -\arctan\frac{f}{f_0} \tag{3-44}$$

A_{up} 为通带放大倍数,即有源部分的放大倍数,本例中为同相比例运算电路的比例系数,可以根据需要设定。

当 $f \gg f_0$ 时为阻带,$|A_u| = 0$,$\varphi = -\pi/2$。

当 $f = f_0$ 时为临界点,$|A_u| = A_{up}/\sqrt{2}$,$\varphi = -\pi/4$。

当 $f \ll f_0$ 时为通带,$|A_u| = A_{up}$,$\varphi = 0$。

图 3-36b 所示为有源低通滤波器理想化的幅频特性。

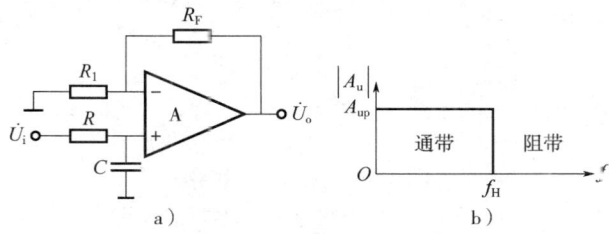

图 3-36 有源低通滤波器
a) 原理电路 b) 理想化的幅频特性

图 3-37a 所示为有源高通滤波器,其电压放大倍数为

$$\dot{A}_u = \frac{\dot{U}_o}{\dot{U}_i} = \left(1 + \frac{R_F}{R_1}\right)\frac{1}{1 - j\dfrac{f_0}{f}} = \frac{A_{up}}{1 - j\dfrac{f_0}{f}} \qquad (3\text{-}45)$$

其模和幅角分别为

$$|A_u| = \frac{|A_{up}|}{\sqrt{1 + \left(\dfrac{f_0}{f}\right)^2}} \qquad (3\text{-}46)$$

$$\varphi = \arctan\frac{f_0}{f} \qquad (3\text{-}47)$$

当 $f \gg f_0$ 时为通带,$|A_u| = A_{up}$,$\varphi = 0$。

当 $f = f_0$ 时为临界状态,$|A_u| = A_{uF}/\sqrt{2}$,$\varphi = \pi/4$。

当 $f \ll f_0$ 时为阻带,$|A_u| = 0$,$\varphi = \pi/2$。

图 3-37b 所示为有源高通滤波器理想化的幅频特性。

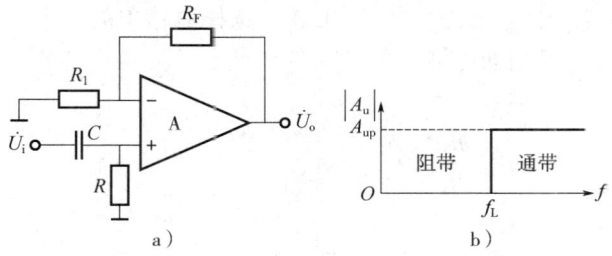

图 3-37 有源高通滤波器
a) 原理电路 b) 理想化的幅频特性

以上电路的滤波部分均由一组 RC 组成,称为一阶有源滤波器,电路简单但实际幅频特性与理想状态相差较多,过渡带较宽。如果采用两组 RC 串联的方式,可以构成二阶有源滤波器,使信号在截止频率附近衰减得更快,更接近理想状态,读者根据需要可参考有关资料。

【例3-5-1】已知 $R=100\Omega$，$C=0.1\mu F$ 的无源高通滤波器，要求：

（1）空载和接入 400Ω 负载，如图3-38a所示，计算下限截止频率 f_L 有何变化。

（2）在无源高通滤波器的输出和负载之间接入电压跟随器（$R_i=1M\Omega$），如图3-38b所示。分析空载和有载情况下，下限截止频率 f_L 的变化。

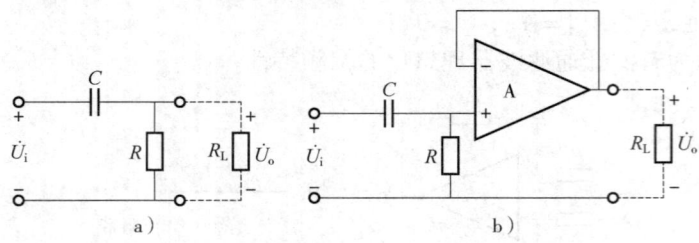

图3-38 例3-5-1电路
a）无源高通滤波器 b）有源高通滤波器

解：根据高通滤波器的分析方法和相关公式，求解不同条件下的截止频率。

（1）无源高通滤波器在空载时，下限截止频率仅与 RC 有关，即

$$f_L = \frac{1}{2\pi RC} = \frac{1}{2\pi \times 100 \times 0.1 \times 10^{-6}} Hz \approx 15.924 kHz$$

如果接入负载（$R_L=400\Omega$），则下限截止频率改变为

$$f'_L = \frac{1}{2\pi R'C} = \frac{1}{2\pi \times (100 // 400) \times 0.1 \times 10^{-6}} Hz \approx 19.904 kHz$$

接入负载后，下限截止频率受到影响明显改变，即改变了通带宽度。

（2）加入输入电阻为 $1M\Omega$ 的有源电路（电压跟随器）后，构成有源高通滤波器，其下限截止频率与负载 R_L 是否接入及大小无关，仅与 RC 和有源电路的输入电阻有关，即

$$f''_L = \frac{1}{2\pi R'C} = \frac{1}{2\pi \times (100 // 10^6) \times 0.1 \times 10^{-6}} Hz \approx 15.925 Hz$$

通过计算可以得出结论，无源滤波器的截止频率受负载变化的影响，实际通带放大倍数也受接入负载的影响，不符合信号处理的要求。采用有源滤波后，由于输入电阻近似于无穷大，所以对滤波电路参数的影响可以忽略不计。

【例3-5-2】采用同相比例运算电路设计一个有源高通滤波器，将输入信号中频率低于1000Hz 的信号放大2倍。设定滤波电容 $C=1\mu F$，选择电路中的各个电阻。

解：根据要求计算有源高通滤波器的各元件参数，首先根据通带放大倍数选择同相比例运算电路的电阻。

$$A_{up} = 1 + \frac{R_F}{R_1} = 2$$

$$R_F = R_1$$

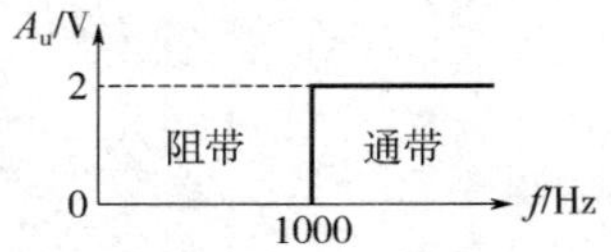

再根据截止频率选择高通滤波电路的电阻，即

$$f_0 = \frac{1}{2\pi RC} = 1000 Hz$$

$$R = \frac{1}{2\pi f_0 C} = \frac{1}{2\pi \times 1000 \times 10^{-6}} \Omega \approx 159.2\Omega$$

幅频特性如图3-39所示。

图3-39 例3-5-2的幅频特性

5. 带通滤波器和带阻滤波器

将低通滤波器（LPF）和高通滤波器（HPF）串联，其中 LPF 的上限截止频率 f_H 大于 HPF 的下限截止频率 f_L，两个滤波器通带的重叠部分就构成带通滤波器的通带，其框图和幅频特性如图 3-40 所示。

第 2 章所介绍的 RC 耦合晶体管放大电路，本质上也是带通滤波-放大电路，耦合电容与所在回路的电阻构成高通电路，晶体管的等效电容（包括结电容、分布电容等）与相关电阻构成低通电路，中频放大倍数 A_{um} 即通带放大倍数 A_{up}，在高频或低频时，放大倍数将下降。

将 LPF 和 HPF 并联，其中 LPF 的上限截止频率 f_H 小于 HPF 的下限截止频率 f_L，其框图和幅频特性如图 3-41 所示。

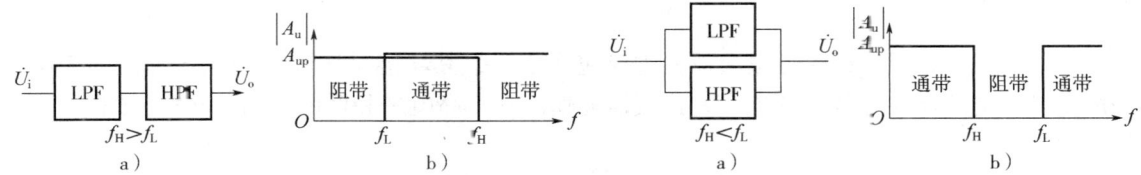

图 3-40　带通滤波器框图和幅频特性　　　　图 3-41　带阻滤波器框图和幅频特性
　　a）带通滤波器框图　b）幅频特性　　　　　　a）带阻滤波器框图　b）幅频特性

【例 3-5-3】选择一个电路，使其能够从众多频率的信号中，选择频率为 100Hz（±10%）的信号放大 50 倍并通过，其他频率的信号被衰减。

解：根据要求，选择频率为 100Hz（±10%）的信号放大 50 倍，即通带宽度为 90～110Hz，通带放大倍数为 50，可以选用截止频率分别为 90Hz 和 110Hz 的有源带通滤波器，即 $f_H=110Hz$ 的低通滤波器和 $f_L=90Hz$ 的高通滤波器串联，有源部分为比例系数为 50 的同相比例电路，参考电路和幅频特性如图 3-42 所示。

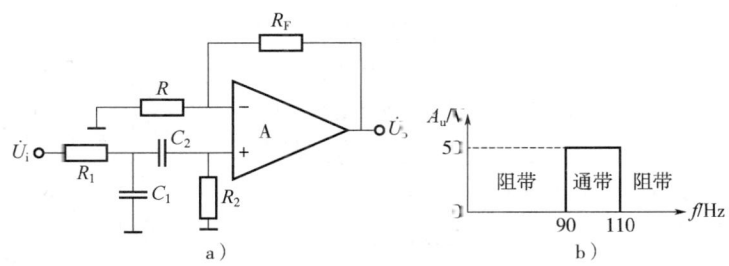

图 3-42　例 3-5-3 参考电路和幅频特性
a）参考电路　b）幅频特性

其中

$$A_{up} = \left(1 + \frac{R_F}{R}\right) = 50$$

$$f_H = \frac{1}{2\pi R_1 C_1} = 110\text{Hz}$$

$$f_L = \frac{1}{2\pi R_2 C_2} = 90\text{Hz}$$

【例 3-5-4】选择一个电路，使其能够在众多频率的信号中抑制频率为 1000Hz（±10%）的干扰信号，允许其他频率的信号通过并放大 10 倍，画出原理框图。

解：根据要求，抑制频率为 1000Hz（±10%）的信号，即阻带 900～1100Hz，选用截止频率分别为 900Hz 和 1100Hz 的带阻滤波器。可以用 $f_H = 900$Hz 的低通滤波器和 $f_L = 1100$Hz 的高通滤波器并联，有源部分为比例系数为 100 的加法运算电路，原理框图和幅频特性如图 3-43 所示。

其中

$$A_{up} = \left(1 + \frac{R_F}{R}\right) = 10$$

$$f_H = \frac{1}{2\pi R_1 C_1} = 900\text{Hz}$$

$$f_L = \frac{1}{2\pi R_2 C_2} = 1100\text{Hz}$$

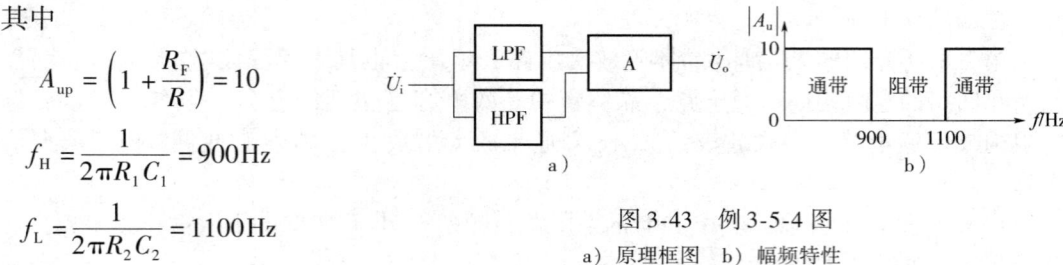

图 3-43 例 3-5-4 图
a) 原理框图 b) 幅频特性

3.5.2 电压比较器

电压比较器也是集成运算放大器的主要应用之一，其功能是比较两个电压幅值的大小，一般是输入电压与参考电压的比较。比较器的输出只有高电平和低电平两种状态，用于显示比较结果。

电压比较器工作在开环或正反馈状态，由于运算放大器的开环放大倍数非常大，所以有微小的输入电压或干扰电压，运算放大器就可能进入非线性区，所以"虚短"的结论不再适用。

电压比较器可分为单限比较器、迟滞比较器和窗口比较器 3 种。

1. 单限比较器

单限比较器又称简单比较器，集成运算放大器工作在开环状态，由于开环放大倍数 A_{uo} 非常大（$10^4 \sim 10^7$），即使两个输入端信号的电压有微小的差值，也会被无限放大，使输出电压达到较大值甚至极值（$\pm U_{om}$）。所以，可以根据输出电压的极性，比较两个输入电压的大小。图 3-44a 所示为反相型单限比

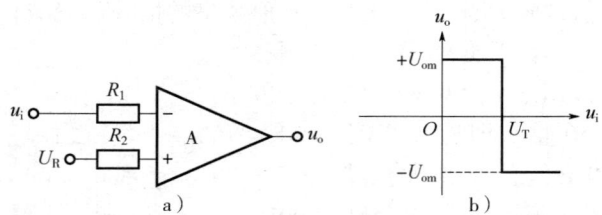

图 3-44 反相型单限比较器及电压传输特性
a) 电路 b) 电压传输特性

较器，输出电压与输入电压的关系称为电压传输特性，如图 3-44b 所示。

图 3-44a 中，输入电压 u_i 接集成运算放大器的反相输入端，与接在同相输入端的参考电压 U_R 相比较，结果由输出电压 u_o 的高、低电平反映比较的结果。

当 $u_i > U_T$ 时，u_o 为 $-U_{om}$。

当 $u_i < U_T$ 时，u_o 为 $+U_{om}$。

电压传输特性中的 U_T 称为门限电压，即输入电压达到 U_T 时，输出电压会发生跳变。门限电压可以是正值、负值或零，如 $U_T = 0$，传输特性经过零点，称为过零比较器。因为只有一个门限电压，所以称为单限比较器。

在图 3-44a 所示的单限比较器中，$U_T = U_R$，门限电压即参考电压。因为输入信号接反相输入端，u_o 与 u_i 的变化趋势相反，所以称为反相型单限比较器。

【例 3-5-5】 图 3-44a 所示反相型单限比较器，开环放大倍数 $A_{uo} = 10^4$，$U_R = 6$V，$U_{om} = \pm 12$V，当 u_i 分别为 5.999V、6.001V、6.002V 时，确定输出电压的大小和极性，以及比较

器的工作状态。

解：如果 $A_{uo} = 10^4$，当 $|A_{uo}(u_+ - u_-)| < 12V$ 时，比较器工作在线性区，输出电压的极性和幅值由 A_{uo} 和 $(u_+ - u_-)$ 乘积决定；如果 $|A_{uo}(u_+ - u_-)| > 12V$，比较器工作在非线性区，输出电压的幅值为 $\pm U_{om}$，极性由同相和反相输入电压的大小比较决定，如图 3-44b 所示。

（1）$u_i = 5.999V$，$u_o = 10^4 \times (6 - 5.999)V = 10V$。

输入电压小于参考电压，输出为 10V，因 u_o 没有达到最大值，所以比较器工作在线性区。

（2）$u_i = 6.001V$，$u_o = 10^4 \times (6 - 6.001) = -10V$。

输入电压大于参考电压，输出为 -10V，因 u_o 没有达到最大值，所以比较器工作在线性区。

（3）$u_i = 6.002V$，$u_o = 10^4 \times (6 - 6.002) = -20V$，所以 $u_o = -12V$。

输入电压大于参考电压，输出的计算值达到 -20V，但实际上只能达到 $-U_{om}(-12V)$，比较器工作在非线性区。

综上所述，输出电压的极性反映输入电压与参考电压的大小关系。除非两个输入电压之差与 A_{uo} 的乘积在线性范围内，否则输出电压将达到最大幅值，工作在非线性区。

理想运算放大器的开环放大倍数 A_{uo} 可视为无穷大，所以比较器只工作在非线性区，输出为最大值（$\pm U_{om}$）。

为了将输出电压的最大值限制在一定范围内（比如用于与数字电路的接口），可以在输出端加稳压二极管作为限幅器件，最大输出电压 U_{om} 的值由限幅器件决定。如图 3-45a 所示，输出电压的正、负最大值为双向稳压管的稳压值，即

$$U_{om} = \pm U_Z$$

当同相端（u_+）电位为零时（过零比较器），可以将双向稳压管接在输出和反相输入端（u_-）之间，如图 3-45b 所示。如果稳压管截止，比较器必然工作在开环状态；如果输出电压达到最大值，导致稳压管反向击穿而处于稳压状态，构成负反馈回路，u_- 为"虚地"（零电位），输出电压为 $\pm U_Z$，所以，尽管电路表面引进了负反馈，但仍具有电压比较器的基本特征。

如果无限幅环节，集成运算放大器的最大输出电压与外加电源电压有关，一般外加 $\pm 15V$ 的双电源，U_{om} 为 $\pm 12 \sim \pm 13V$。

确定电压传输特性的 3 个要素是：门限电压 U_T、最大输出电压 $\pm U_{om}$ 和传输方向（同相型或反相型）。

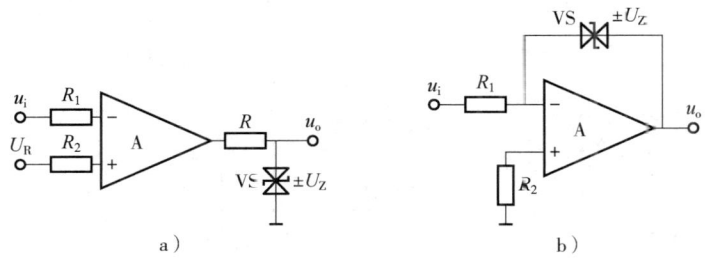

图 3-45 具有限幅环节的单限比较器
a）稳压管接在输出与地之间 b）稳压管接在输出与反相输入端之间

【例 3-5-6】 图 3-46a 所示电压比较器，要求：

(1) 分析功能，画出传输特性。

(2) 如果反相端加 $U_R = 5V$ 的参考电压，输入信号 u_i 为峰-峰值 ±8V 的三角波（见图 3-47b），对应画出输出端 u_o 的波形。

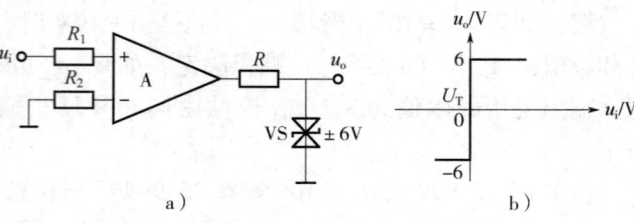

图 3-46　例 3-5-6 电路及传输特性
a) 电路　b) 电压传输特性

解：输入信号接同相端，为同相型电压比较器，输出电压幅值由稳压值为 ±6V 的稳压管决定。

(1) 反相端接地，门限电压 $U_T = 0V$，属于过零比较器。

当 $u_i > 0$ 时，$u_o = +6V$。

当 $u_i < 0$ 时，$u_o = -6V$。

电压传输特性如图 3-46b 所示。

(2) 参考电压为 5V，即门限电压 $U_T = 5V$，输入电压超过 5V 时，输出为 6V；输入低于 5V 时，输出为 -6V，与过零比较器相比，电压传输特性向右移动，如图 3-47a 所示。

正常情况下，输入峰值为 8V 的三角波时，输出为同频率、同相、±6V 的矩形波。所以，比较器可以将其他周期性信号转换为矩形波。

当输入信号在门限电压附近产生干扰信号时，输出会多出一个矩形脉冲信号，产生错误输出。所以，单限比较器抗干扰能力比较差，如图 3-47b 所示。

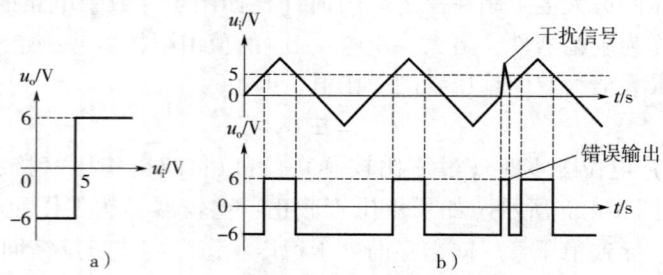

图 3-47　例 3-5-6 电路参考电压为 5V 的传输特性和波形图
a) 电压传输特性　b) 输入、输出波形图

【例 3-5-7】 利用单限比较器，将一组幅值不同的脉冲信号中电平高于 4V 的脉冲选出来，并统一输出为 5V 的脉冲信号。

解：选用同相型单限比较器，门限电压为 4V，输出端为稳压值为 5V 的稳压管，电路如图 3-48a 所示，输入与输出波形如图 3-48b 所示。

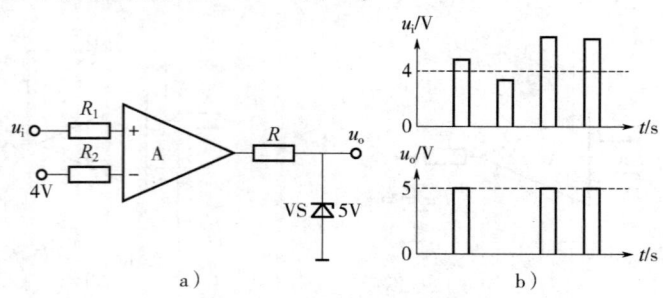

图 3-48　例 3-5-7 电路及传输特性
a) 电路　b) 输入与输出波形

当输入信号高于4V时，比较器输出为$+U_{om}$，稳压管反向导通，输出为5V；输入信号低于4V时，比较器输出为$-U_{om}$，稳压管正向导通，输出为0V（正向导通压降忽略）。

所以，单限比较器具有电平检测、脉冲整形的功能。

【例3-5-8】如图3-49a所示电压比较器，参考电压$U_R = -3V$，分析其功能，画出传输特性。

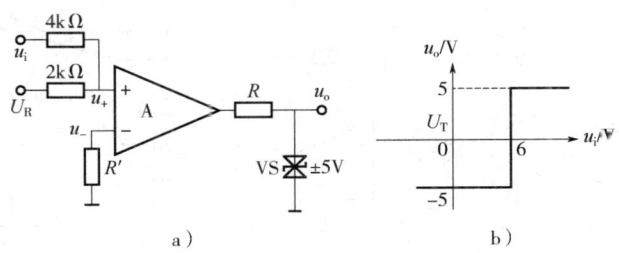

图3-49 例3-5-8电路及传输特性
a) 电路 b) 电压传输特性

解：电路的特点是参考电压U_R与输入电压u_i都接到同一输入端（同相输入端），输入电压与参考电压在同相输入端（u_+）的共同作用，通过u_+与反相输入端（$u_- = 0$）相比较，求出门限电压U_T，与零电位相比较。

根据电路分析中的叠加原理得

$$u_+ = u_i \frac{2}{2+4} + U_R \frac{4}{2+4} = \frac{u_i}{3} - 2 = 0V$$

在$u_+ = 0$时，求出$u_i = 6V$，即$u_i = 6V$时，$u_+ = 0$，输出电压U_o产生跳变。

$u_i < 6V$时，$U_+ < 0$，$U_o = -5V$。

$u_i > 6V$时，$U_+ > 0$，$U_o = +5V$。

所以，门限电压$U_T = 6V$，输出电压$U_o = \pm 5V$，属于同相型单限比较器，电压传输特性如图3-49b所示。

【例3-5-9】图3-50a所示电路，第一级的时间常数$RC = 1s$，电容上初始电压$u_C(0) = 5V$，$t = 1s$时加入电压$u_i = -1V$，要求：计算参数，对应输入画出各级输出电压的波形。

解：第一级为积分运算电路，第二级为反相型过零比较器。积分电路具有延迟功能，输入直流电压后，其输出线性变化，经过t时刻达到门限电压时，引起比较器的跳变。

$t = 0$时，电容上初始电压为5V，第一级（积分电路）的输出电压为

$$u_{o1} = -u_C = -5V$$

因为第二级（比较器）的同相端电位为0V，所以输出电压$u_o = 6V$，即稳压管正向稳定电压值。

$t = 1s$时，加入幅值为$-1V$的输入电压，在积分电路作用下，u_{o1}从$-5V$开始线性上升，经过一段时刻上升到0V时，输出电压u_o跳变为$-6V$，根据下式计算u_{o1}到达0V的时间t_2，即比较器跳变的时间。

$$u_{o1} = -\frac{u_I}{RC}(t_2 - t_1) + u(0) = \left[-\frac{1}{1}(t_2 - 1) + 5\right]V = 0V$$

$$t_2 = 6s$$

经过 5s，即 $t=6$s 时，u_{o1} 从 -5V 上升到 0V 时，u_o 从 $+6$V 跳变为 -6V，如图 3-50b 所示。

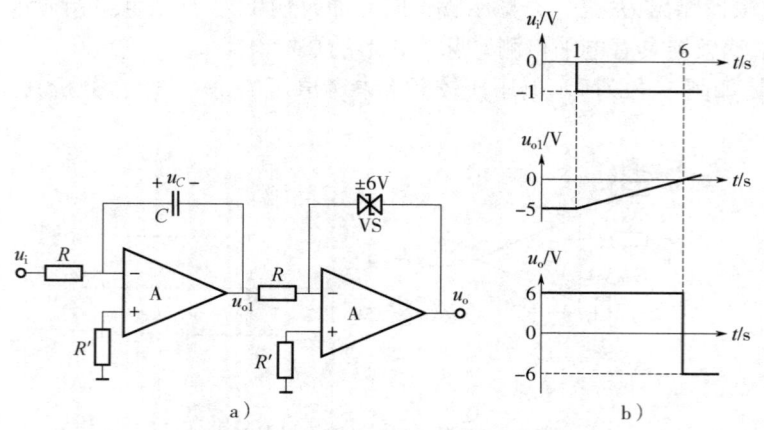

图 3-50　例 3-5-9 电路及输入、输出波形
a）电路　b）输入、输出波形

2. 迟滞比较器

因单限比较器只有一个门限电压，如果输入信号在门限电压附近有干扰，则会产生错误输出，所以单限比较器抗干扰能力比较差。图 3-51a 所示为采用两个门限电压的迟滞比较器。从电路结构看，输入电压接在反相输入端，同相输入端引入正反馈，输出电压只有 $\pm U_Z$ 两个稳定状态，经过在 R_1 和 R_2 的分压，在同相输入端得到两个门限电压 U_{T1} 和 U_{T2}，分别等于 $\pm U_T$，即

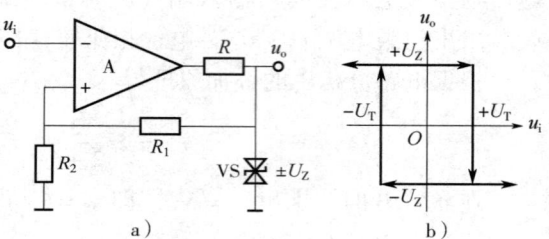

图 3-51　迟滞比较器及电压传输特性
a）电路　b）电压传输特性

$$u_+ = \frac{R_2}{R_1+R_2}(\pm U_Z) = \pm U_T$$

定义两个门限电压之差为回差电压，用 ΔU_T 表示，即
$$\Delta U_T = U_{T1} - U_{T2}$$

如果 $u_i < -U_T$，u_o 一定为 $+U_Z$，门限电压则为 $+U_T$；当 u_i 上升到 $+U_T$ 时，u_o 跳变到 $-U_Z$，门限电压也跳变为 $-U_T$，如图 3-51b 电压传输特性向右、向下箭头的方向。

当 u_i 下降到 $-U_T$ 时，u_o 又跳变到 $+U_Z$，门限电压随之跳变为 $+U_T$，如图 3-51b 电压传输特性中向左、向上的箭头方向。

如果电路接通瞬间，u_i 在两个门限电压之间，u_o 的极性是随机的。但 u_i 的任何微小变化（增加或减小）都会因正反馈使输出电压迅速达到稳定状态（$+U_Z$ 或 $-U_Z$）。

可以看出，由于存在两个门限电压，在输入信号上升或下降时，电压传输特性是不同的两条线，具有方向性，如图 3-51b 所示，因类似于物理现象中的迟滞特性（又称滞回特性），故称为迟滞比较器（或滞回比较器）。由于输入电压接在反相输入端，输入电压与输出电压的变化方向相反，又称为反相型迟滞比较器。

【例 3-5-10】图 3-51a 所示反相型迟滞比较器，已知 $R_1 = R_2$，$U_Z = \pm 8$V，输入端加入峰-峰

值超过 ±4V 的三角波（见图 3-52b），要求：

(1) 画出输出电压的波形，分析其特点。

(2) 如果电阻 R_2 下面由接地改为接 4V 电压，其电压传输特性有何变化？

解：(1) 门限电压为输出电压（U_Z）在 R_1 和 R_2 上的分压，即

$$U_T = \frac{R_2}{R_1 + R_2}(\pm U_Z) = \pm 4V$$

回差电压为

$$\Delta U_T = U_{T1} - U_{T2} = [4 - (-4)]V = 8V$$

根据门限电压、输出电压和电压传输方向 3 个要素，画出电压传输特性，如图 3-52a 所示。

$t = 0$ 时，u_i 上升，由于正反馈的作用，$u_o = 8V$（$U_T = 4V$）。当 u_i 达到 4V 时，u_o 跳变为 $-8V$，（U_T 跳变为 $-4V$）。u_i 下降到 $-4V$ 时，u_o 又跳变回 $8V$，实现了三角波-方波的转换。

如输入波形中的干扰信号，虽然其上限超过 $+U_T$，但下限没有达到 $-U_T$，即干扰信号的幅值没有超过回差电压的范围，所以输出端不会产生多余的矩形脉冲，避免了错误输出。而且回差电压越大，抗干扰能力越强，如图 3-52b 所示。

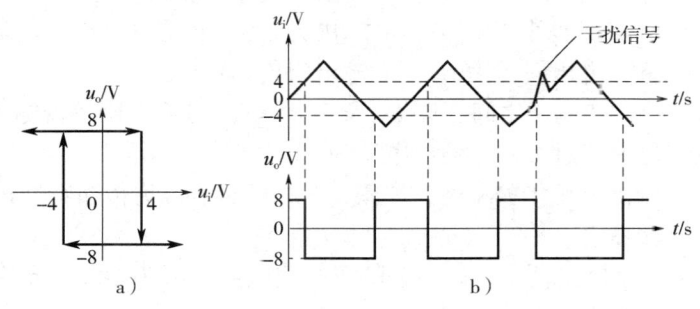

图 3-52 例 3-5-10 电路的电压传输特性和波形图

a) 电压传输特性 b) 输入、输出波形图

(2) R_2 下面接 4V 电压，反馈网络的等效电路如图 3-53a 所示，门限电压为输出电压（U_Z）和 4V 电压的叠加，即

$$U_T = 4 \times \frac{R_1}{R_1 + R_2} \pm U_Z \frac{R_2}{R_1 + R_2} = (2 \pm 4)V$$

则

$$U_{T1} = -2V, \quad U_{T1} = 6V, \quad \Delta U_T = 8V$$

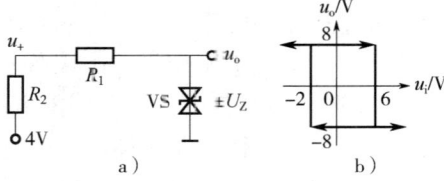

图 3-53 例 3-5-10 图

a) 等效电路 b) 电压传输特性

门限电压有变化，但回差电压保持不变，电压传输特性如图 3-53b 所示。

3. 窗口比较器

图 3-54a 所示的电路，由两个参考电压不同的单限比较器 A_1 和 A_2 组成，输入电压同时加到 A_1 的同相端和 A_2 的反相端，比较器的输出经过二极管 VD_1 和 VD_2 接到稳压管，稳压管的稳压值为 U_Z，正向导通电压忽略不计。

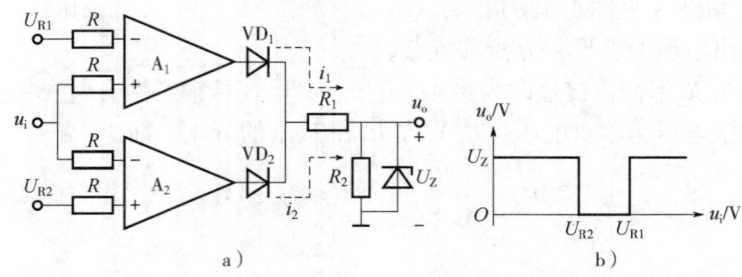

图 3-54 窗口比较器
a) 电路 b) 电压传输特性

A_1 为同相型单限比较器，参考电压为 U_{R1}；A_2 为反相型单限比较器，参考电压为 U_{R2}，其中

$$U_{R1} > U_{R2}$$

因为输入信号 u_i 同时与两个参考电压（U_{R1} 和 U_{R2}）比较，有两个门限电压。按以下情况分析：

1) 如果 $u_i > U_{R1}$（必然也大于 U_{R2}），A_1 输出为正，VD_1 导通，产生电流 i_1 流过负载和稳压管，稳压管反向导通，输出电压为 U_Z，A_2 输出为负，VD_2 截止。

2) 如果 $u_i < U_{R2}$（必然也小于 U_{R1}），A_2 输出为正，VD_2 导通、产生电流 i_2 流过负载，稳压管仍为反向导通，输出电压同样为 U_Z，A_1 输出为负，VD_1 截止。

3) 如果 u_i 在两个参考电压之间，即 $U_{R2} < u_i < U_{R1}$，则两个比较器输出均为负值，VD_1 和 VD_2 均截止，没有电流流过负载，输出电压为 0V。

按上述分析结果画出电压传输特性，如图 3-54b 所示。因为传输特性形似于窗口，所以该比较器称为窗口比较器。

【例 3-5-11】利用窗口比较器设计一个电压监测电路，u_i 为 10V，允许在 ±10% 范围内波动，如超出范围，通过发光器件报警。

解：选择图 3-54a 所示窗口比较器，设 U_{R1} = 11V，U_{R2} = 9V，VD_1 和 VD_2 为发光二极管。当 $u_i > 11V$ 时，VD_1 发光；$u_i < 9V$ 时，VD_2 发光。根据其发光情况可以监测输入信号幅值的波动是否超过允许的范围，是过电压还是欠电压。

综上所述，关于比较器工作状态分析，应注意以下几点：

1) 单限比较器为开环、单门限电压，一般工作在非线性区。迟滞比较器为正反馈、双门限电压，一定工作在非线性区。比较器的输出电压只有高、低电平两个状态。

2) 一般用电压传输特性描述输出-输入的函数关系，其三个要素是：输出电压的高低电平 U_{om}、门限电压 U_T 和电压传输特性的跃变方向。

3) 电压比较器可以用于波形变换，将正弦波、三角波等转换为矩形波。也可以组成窗口比较器，用于检测或控制输入电压在一定的范围内。

【思考题】

3-5-1 与无源滤波相比，有源滤波的特点是什么？
3-5-2 有源滤波电路中通带放大倍数由什么参数决定？
3-5-3 在带通滤波器中，如果 LPF 的上限频率小于 HPF 的下限频率，会出现什么情况？

3-5-4 在带阻滤波器中,如果 LPF 的上限频率大于 HPF 的下限频率,会出现什么情况?
3-5-5 电压传输特性的跃变方向由什么因素决定?
3-5-6 电压比较器的传输特性有哪几个基本要素?
3-5-7 比较器的最大输出电压由哪些因素决定?
3-5-8 迟滞比较器为什么抗干扰能力强?
3-5-9 窗口比较器与单限比较器是什么关系?

3.6 RC 正弦波振荡电路

3.6.1 振荡原理

在负反馈的分析中,反馈信号 $\dot{X}_F$ 与输入信号 $\dot{X}_i$ 的相位相反,所以净输入信号 $\dot{X}_i'$ 为二者之差。如果反馈信号 $\dot{X}_F$ 与输入信号 $\dot{X}_i$ 的相位相同,净输入信号 $\dot{X}_i'$ 为二者之和,则为正反馈。振荡电路是一种无输入信号、具有选频功能的正反馈放大电路。

按输出信号的波形区分,振荡电路有正弦波振荡电路和非正弦波(方波、三角波等)振荡电路。本节所介绍的 RC 振荡电路属于正弦波振荡电路。

图 3-55a 所示为引入正反馈的放大电路框图,A 为基本放大电路,F 为反馈网络。如果电路放大部分的相移(输出与输入之间的相位差)为 φ_A,反馈部分的相移为 φ_F,则负反馈中总的相移为

$$\varphi_A + \varphi_F = \pm \pi \tag{3-48}$$

而在正反馈中,总相移为

$$\varphi_A + \varphi_F = \pm 2n\pi, \quad n = 0, 1, 2, \cdots \tag{3-49}$$

即经过放大、反馈后,总的相移应为 0,反馈信号与输入信号相位一致。

正反馈条件下,如果反馈信号与净输入信号相等,即 $\dot{X}_F = \dot{X}_i'$,则反馈信号可以取代输入信号,即输入信号 $\dot{X}_i = 0$ 时,电路也可能产生"自激振荡"。即在没有外加输入信号的情况下,电路通过自行振荡产生正弦波,称为正弦波振荡电路,如图 3-55b 所示。产生和维持自激振荡的条件是反馈信号与输入信号一致,包括幅值和相位。

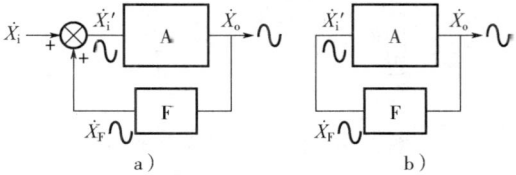

图 3-55 正弦波振荡电路框图
a) 引入正反馈的放大电路 b) 自激振荡

设 $\dot{A}$ 为放大倍数、$\dot{F}$ 为反馈系数,其关系式为

$$\dot{A} = \frac{\dot{X}_o}{\dot{X}_i'}$$

$$\dot{F} = \frac{\dot{X}_F}{\dot{X}_o}$$

要求 $\dot{X}'_i = \dot{X}_F$，必须满足

$$\dot{A}\dot{F} = \frac{\dot{X}_o}{\dot{X}'_i} \frac{\dot{X}_F}{\dot{X}_o} = 1$$

即
$$\dot{A}\dot{F} = 1 \tag{3-50}$$

式 (3-50) 为自激振荡的平衡条件，可以分解为幅值条件和相位条件。

$$\begin{cases} \dot{A}\dot{F} = 1 \\ \varphi_A + \varphi_B = 2n\pi \end{cases} \tag{3-51}$$

相位条件中，φ_A 是放大电路的相移、φ_F 是反馈网络的相移，式中 n 为正整数。即经过放大、反馈后得到的反馈信号，幅值和相位与输入信号保持一致。

通过自激振荡产生理想、频率可确定的正弦波，需要解决的关键问题是：需要有一个放大电路，保证电路从起振到动态平衡的过程中，实现能量的控制；用反馈信号取代输入信号，必须引入正反馈，即满足振荡的相位条件；需引入选频网络，确定振荡频率；为保证输出信号工作在线性区，需引入稳幅电路，即负反馈环节。

3.6.2 RC 正弦波振荡电路

由电阻和电容组成选频网络，称为 RC 正弦波振荡器，简称 RC 振荡器，一般适用于振荡频率低于 1MHz 的电路。此外，还可以由电感和电容、石英晶体组成选频网络，分别称为 LC 振荡器和石英晶体振荡器，适用于高频振荡电路。

图 3-56a 所示为 RC 正弦波振荡电路，电路可以分为两个部分：虚线右边的放大部分和左边的 RC 串并联网络。

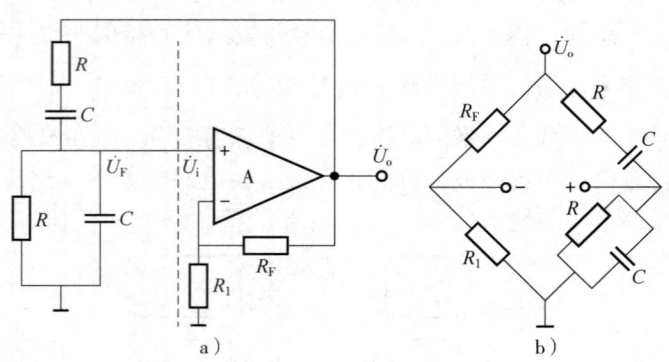

图 3-56 RC 正弦波振荡电路
a) 原理电路 b) 电桥结构

放大部分为同相比例运算电路，其放大倍数（比例系数）为

$$A = 1 + \frac{R_F}{R_1}$$

因输出电压 u_o 与输入电压 u_i 同相，输出与输入为同相，所以放大部分的相移为零（$\varphi_A = 0$）。

RC 串并联网络既是反馈环节，又有选频的功能。两个电阻（R）和两个电容（C）分别相等，输出电压 $\dot{U}_o$ 在 RC 串并联网络上分压得到反馈电压 $\dot{U}_F$，二者的比值即为反馈系数 $\dot{F}$，即

$$\dot{F} = \frac{\dot{U}_F}{\dot{U}_o} = \frac{R // \frac{1}{j\omega RC}}{R + \frac{1}{j\omega RC} + R // \frac{1}{j\omega RC}} = \frac{1}{3 + j\left(\omega RC - \frac{1}{\omega RC}\right)} \quad (3-52)$$

令 $\omega_0 = \frac{1}{RC}$，则

$$f_0 = \frac{1}{2\pi RC} \quad (3-53)$$

将式 (3-53) 代入式 (3-52)，得到

$$\dot{F} = \frac{\dot{U}_F}{\dot{U}_o} = \frac{1}{3 + j\left(\frac{f}{f_0} - \frac{f_0}{f}\right)} \quad (3-54)$$

式 (3-54) 可分解为幅频特性和相频特性，其中幅频特性为

$$|\dot{F}| = \frac{1}{\sqrt{3^2 + \left(\frac{f}{f_0} - \frac{f_0}{f}\right)^2}} \quad (3-55)$$

相频特性为

$$\varphi_F = -\arctan\frac{1}{3}\left(\frac{f}{f_0} - \frac{f_0}{f}\right) \quad (3-56)$$

因为 $\varphi_A = 0$，只有 φ_F 也为 0 时才能满足自激振荡的相位条件，即

$$\varphi_A + \varphi_F = 0$$

从相频特性分析，$\varphi_F = 0$ 的唯一条件是 $f = f_0$，电路工作才能进入正反馈状态。所以，RC 串并联网络既是反馈网络，又具有选频的功能，只有频率为 f_0 时才满足自激振荡的相位条件，才能产生自激振荡，f_0 即振荡频率。

从幅频特性可以看出，当 $f = f_0$ 时，$F = 1/3$，即同相比例运算的放大倍数应为 3，才能满足自激振荡的幅值条件，即 $AF = 1$。放大倍数可以通过负反馈网络的反馈电阻 R_1 和 R_F 设定。

放大部分中负反馈网络的电阻 R_1 和 R_F，与正反馈网络的 RC 串并联电路构成电桥，如图 3-56b 所示。在电桥中，上、下两个顶点分别为输出端、接地端，左、右两个顶点分别为运算放大器的同相、反相输入端，所以该电路又称为 RC 桥式正弦波振荡器。

由于振荡电路的起振阶段要求 $AF > 1$，而稳幅阶段 $AF = 1$，另外由于温度、电源电压波动和元件参数变化等各种因素，可能使 $AF = 1$ 的振幅平衡条件发生变化，输出电压的幅值不稳定。如果幅值增加会产生非线性失真，而幅值减小可能停止振荡。所以在负反馈回路中，引入工作电流影响放大倍数的稳幅环节，一般采取以下两种措施。

1）反馈电阻 R_F 采用负温度系数的热敏电阻 R_t，其阻值与温度成反比，即温度升高时阻值下降，如图 3-57a 所示。放大电路的放大倍数为

$$A = 1 + \frac{R_t}{R_1}$$

电路接通瞬间,信号的突变会产生各种频率的谐波分量,只有频率接近 f_0 的谐波分量符合相位条件而逐渐增大,称为起振阶段。在起振阶段,导通电流很小,A 略大于 3($AF>1$),随着电流增加,电阻 R_t 温度升高,其阻值下降,$A=1$($AF=1$)。如果输出幅值不稳定,如 u_o 过大,会产生如下负反馈过程(其中 T 为温度),自动稳定输出幅值。

$$u_o\uparrow \to i\uparrow \to T\uparrow \to R_t(R_F)\downarrow \to A\downarrow \to u_o\downarrow$$

也可以将 R_1 设为正温度系数的热敏电阻(阻值与温度成正比),当电流增大导致温度升高时,R_1 阻值增大,使 A 下降,自动稳定输出幅值。

$$u_o\uparrow \to i\uparrow \to T\uparrow \to R_t(R_1)\uparrow \to A\downarrow \to u_o\downarrow$$

2)利用二极管的伏安特性,在反馈支路正、反方向各并联一个二极管,如图 3-57b 所示,图中将反馈电阻 R_F 分为 R_{F1} 和 R_{F2} 两部分,二极管并联在 R_{F2} 两端。

在起振阶段,导通电流很小,所以两个二极管 VD_1 和 VD_2 均截止,此时的比例系数为

$$A=1+\frac{R_{F1}+R_{F2}}{R_1}$$

应略大于 3,即 AF 略大于 1,电流逐渐增加。随着电流增加,在 u_o 的正、负半周,各有一个二极管导通,其动态电阻 r_d 与 R_{F2} 并联,这时的比例系数为

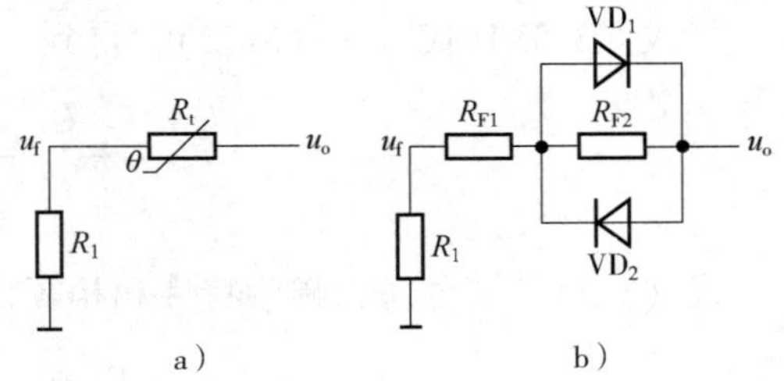

$$A=1+\frac{R_{F1}+R_{F2}//r_d}{R_1}$$

图 3-57 稳幅电路
a)采用热敏电阻 b)采用二极管

下降到 3 左右,$AF=1$,振荡器进入稳幅工作状态。根据二极管的伏安特性,随着所通过的电流增加,其动态电阻 r_d 会减小,其效果等同于负温度系数的热敏电阻,通过负反馈的作用,达到自动稳幅的目的。

RC 串并联网络中,两个电阻和两个电容相等,如需改变振荡频率,需同时调节两个电阻或两个电容。

【例 3-6-1】 图 3-58 所示为振荡频率可调的 RC 桥式振荡器,采用双联电容开关转换不同的电容,作为振荡频率的粗调;用同轴电位器(双联可变电阻)作为微调。其中 $C_1 \sim C_4$ 依次为 $0.01\mu F$、$0.1\mu F$、$1\mu F$、$10\mu F$,R 为 100Ω、R_W 为 $10k\Omega$,计算振荡频率的调节范围。

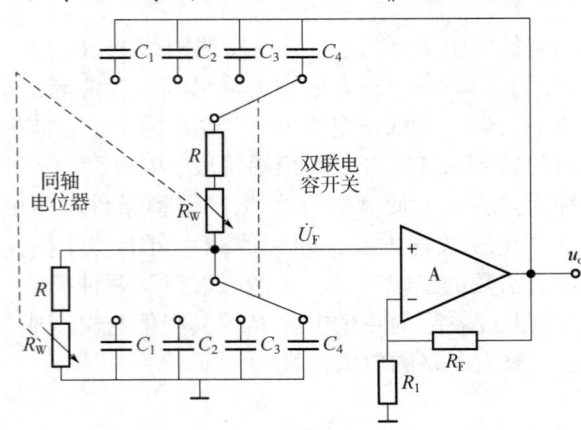

图 3-58 振荡频率可调的 RC 桥式振荡器

解：因为 $f_0 = 1/2\pi RC$，所以当 RC 调到最大时，即电容接 C_4，电位器 R_W 调到 $10\text{k}\Omega$ 时，振荡频率最低；当 RC 调到最小时，即电容接 C_1，电位器 R_W 调到 0 时，振荡频率最高，即

$$f_{0\min} = \frac{1}{2\pi R_{\max} C_{\max}} = \frac{1}{2\pi \times (10 \times 10^3 + 100) \times 10 \times 10^{-6}} \text{Hz} \approx 1.58 \text{Hz}$$

$$f_{0\max} = \frac{1}{2\pi R_{\min} C_{\min}} = \frac{1}{2\pi \times 100 \times 0.01 \times 10^{-6}} \text{Hz} \approx 159 \text{kHz}$$

振荡频率的调节范围为 $1.58\text{Hz} \sim 159\text{kHz}$。

【思考题】

3-6-1　振荡电路的相位条件和引入反馈的极性是什么关系？
3-6-2　RC 正弦波振荡电路中的负反馈环节起到什么作用？
3-6-3　RC 正弦波振荡电路在起振阶段和稳幅阶段，对 AF 的要求是否完全相同？为什么？
3-6-4　在 RC 正弦波振荡电路在稳幅环节中，为什么要区分正温度系数和负温度系数的热敏电阻？
3-6-5　RC 正弦波振荡电路的参数一定时，振荡频率 f_0 是否是唯一的？为什么？
3-6-6　RC 正弦波振荡电路的振荡频率与振荡的相位条件是什么关系？
3-6-7　如何调节 RC 正弦波振荡电路的振荡频率？

本 章 小 结

通过本章的学习，理解和熟悉集成运算放大器工作在各种状态下的应用，包括工作在开环状态下的比较器，工作在正反馈状态下的正弦波振荡电路。在理解负反馈的基本概念和分析方法的基础上，重点掌握工作在负反馈状态下各种基本运算电路的分析方法，以及在有源滤波、波形发生等方面的应用。

1）集成运算放大器。集成运算放大器是一种高性能的直流放大器，属于模拟集成电路。集成运算放大器工作在理想状态下，即开环放大倍数和输入电阻均为无穷大。

2）反馈的基本概念。反馈的基本概念包括框图和基本关系式，开环与闭环，与反馈相关的各种参数。熟悉反馈的分类，包括反馈的极性（正、负反馈），成分（交、直流反馈）等四种类型（组态），了解负反馈的各种影响，能根据要求引入负反馈。

重点掌握作为基本运算电路基础的两种电压负反馈，即电压串联负反馈和电压并联负反馈。

3）本章的重点是集成运算放大器的各种应用，在基本运算电路的分析过程中，需要理解以下几点：

基本运算电路引入电压负反馈，工作在线性状态下，利用"虚短"和"虚断"两个重要结论，以及基尔霍夫定律、节点电流法、叠加原理等电路分析方法，分析求解运算电路中输出与输入的各种运算关系。

4）有源滤波是滤波电路与基本运算电路的组合，需要理解滤波的概念和工作原理，截止频率的计算，熟悉分类和分析方法，应根据要求选择 LPF、HPF、BPF、BEF 等各种滤波器。

5）单限比较器是集成运算放大器开环工作状态下的应用，两个单限比较器可以组成窗口比较器。引入正反馈可以构成抗干扰能力更强的迟滞比较器。

电压传输特性是比较器的重要特征,构成电压传输特性需要有3个基本要素。应熟悉电路、电压传输特性、输出-输入波形之间的相互关系,特别是根据要求画出传输特性,分析输出-输入波形关系,或根据电压传输特性,判断比较器的类型和参数。

6) RC 正弦波振荡电路是包含正、负反馈的集成运算放大器应用的综合电路,需要理解和熟悉自激振荡的原理和振荡的条件,含幅值条件和相位条件,相位条件与反馈、相移的关系,电路的组成,各部分的作用。RC 串并联反馈网络的工作原理和选频作用,稳幅电路的作用,振荡频率的计算。

习 题

一、单项选择题

3-1 对于电路,闭环是指( )。
　　A. 有放大部分　　B. 有信号源　　C. 有负载　　D. 有反馈通路

3-2 图 3-59 电路中引入的反馈属于( )。
　　A. 电压串联、直流负反馈
　　B. 电压串联、交流负反馈
　　C. 电压并联、直流负反馈
　　D. 电压并联、交流负反馈

3-3 为了稳定放大电路的输出电压、增加输入电阻,应引入( )。

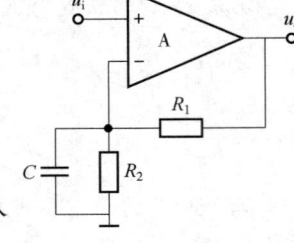

图 3-59　题 3-2 图

　　A. 电压串联负反馈　　　　　　B. 电压并联负反馈
　　C. 电流串联负反馈　　　　　　D. 电流并联负反馈

3-4 为了提高放大电路放大倍数的稳定性,应该引入( )。
　　A. 直流负反馈　　　　　　　　B. 交流负反馈
　　C. 交流负反馈或直流负反馈　　D. 交流负反馈和直流负反馈

3-5 在电压并联负反馈中,净输入信号和反馈信号分别是( )。
　　A. 都是电压信号
　　B. 都是电流信号
　　C. 净输入信号是电压信号、反馈信号是电流信号
　　D. 净输入信号是电流信号、反馈信号是电压信号

3-6 在电压串联负反馈中,净输入信号和反馈信号分别是( )。
　　A. 都是电压信号
　　B. 都是电流信号
　　C. 净输入信号是电压信号、反馈信号是电流信号
　　D. 净输入信号是电流信号、反馈信号是电压信号

3-7 下列基本运算电路中,( )电路不存在"虚地"。
　　A. 反相比例运算　　　　　　　B. 同相比例运算
　　C. 反相加法运算　　　　　　　D. 积分运算

3-8 下列基本运算电路中，（　　）电路属于串联负反馈。
　　A. 反相比例运算　　　　　　B. 同相比例运算
　　C. 积分运算　　　　　　　　D. 微分运算

3-9 欲将正弦波信号叠加一个直流信号，应选用（　　）。
　　A. 反相比例运算电路　　　　B. 同相比例运算电路
　　C. 加法运算电路　　　　　　D. 积分运算电路

3-10 要求实现 $A = -0.8$ 的电路，应选用（　　）。
　　A. 反相比例运算电路　　　　B. 积分运算电路
　　C. 加法运算电路　　　　　　D. 减法运算电路

3-11 减法运算电路的输入方式是（　　）。
　　A. 两个输入信号都接反相端
　　B. 两个输入信号都接同相端
　　C. 两个信号都接反相端或都接同相端
　　D. 两个信号分别接反相端和同相端

3-12 能将矩形波转换为三角波的运算电路是（　　）。
　　A. 反相比例运算电路　　　　B. 同相比例运算电路
　　C. 加法运算电路　　　　　　D. 积分运算电路

3-13 为获得低于某个特定频率的信号，衰减其他频率的信号，应选用（　　）。
　　A. 低通滤波器　　　　　　　B. 高通滤波器
　　C. 带通滤波器　　　　　　　D. 带阻滤波器

3-14 需要抑制放大电路中频率为 50Hz 的电网电压干扰，应选用（　　）。
　　A. 低通滤波器　　　　　　　B. 高通滤波器
　　C. 带通滤波器　　　　　　　D. 带阻滤波器

3-15 需要选中频率为（1000 ± 10）Hz 的信号，屏蔽其他频率的信号，应选用（　　）。
　　A. 低通滤波器　　　　　　　B. 高通滤波器
　　C. 带通滤波器　　　　　　　D. 带阻滤波器

3-16 图 3-60 所示的单限比较器，u_i 为正弦波，则输出 u_o 为（　　）。
　　A. 与输入同相的正弦波
　　B. 与输入反相的正弦波
　　C. 与输入同相的矩形波
　　D. 与输入反相的矩形波

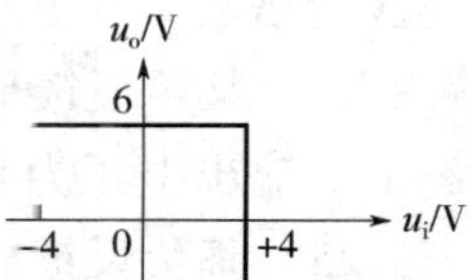

图 3-60　题 3-16 图

3-17 图 3-61 所示为某单限比较器的传输特性，下列说法正确的是（　　）。
　　A. 同相型、门限电压为 4V、输出电压为 ±6V
　　B. 同相型、门限电压为 6V、输出电压为 ±4V
　　C. 反相型、门限电压为 4V、输出电压为 ±6V
　　D. 反相型、门限电压为 6V、输出电压为 ±4V

图 3-61　题 3-17 图

3-18 RC 正弦波振荡器中，（　　）。
　　A. 未引入任何反馈　　　　　　B. 仅引入正反馈
　　C. 仅引入负反馈　　　　　　　D. 既有正反馈，也有负反馈

3-19 对于 RC 正弦波振荡器，下列说法中不正确的是（　　）。
　　A. 调整选频网络中某个电阻或电容即可以改变振荡频率
　　B. 必须同时调整选频网络中两个电阻或两个电容才能改变振荡频率
　　C. 只有满足 $f=f_0$，电路才满足振荡的相位条件，才能产生自激振荡
　　D. 在起振阶段，电路的放大倍数应略大于 3

3-20 当集成运算放大器的输出电压为 $-U_{om}$ 时，可以确定输入电压（　　）。
　　A. $u_i < 0$　　　　　　　　　　B. $u_i > 0$
　　C. $u_+ < u_-$　　　　　　　　　D. $u_+ > u_-$

二、分析计算题

3-21 图 3-62 中各电路，分别判断其反馈的极性和类型，说明是直流反馈还是交流反馈。

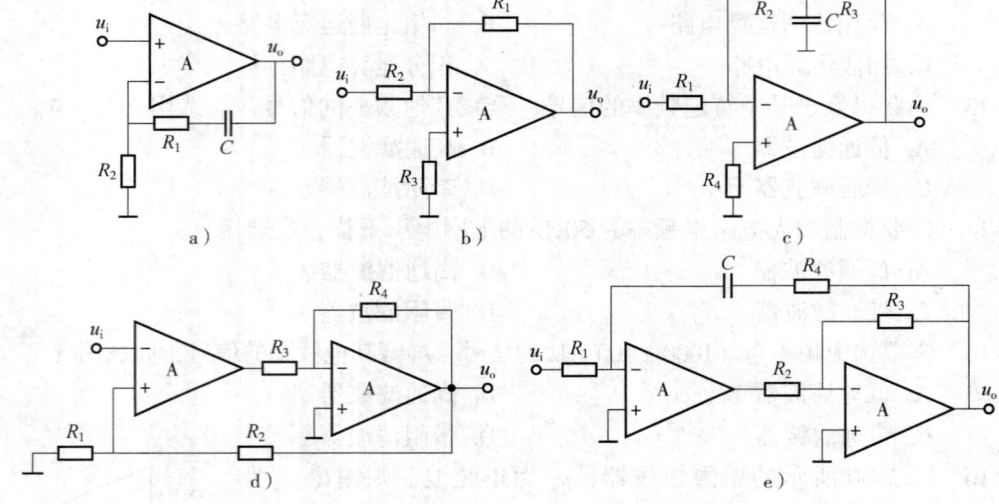

图 3-62　题 3-21 图

3-22 某负反馈放大电路，开环放大倍数 $A=10000$，反馈系数 $F=0.0999$，输入电压为 0.1V，求：闭环放大倍数、输出电压、反馈电压、净输入电压。

3-23 某负反馈放大电路，其开环放大倍数 $A=5000$，反馈系数 $F=0.1$，求反馈深度和闭环放大倍数。

3-24 某负反馈放大电路，输入电压为 100mV。在闭环状态下，输出电压为 3V；开环状态下，输出电压为 6V，求反馈系数和反馈深度。

3-25 某负反馈放大电路的开环放大倍数 $A=10^4$，反馈系数 $F=0.2$，求：
(1) 闭环放大倍数 A_F。
(2) 如果 A 变化了 10%，A_F 的变化率是百分之多少？

3-26 图 3-63 中各电路，分别写出输出电压 u_{o1} 和 u_o 的表达式。

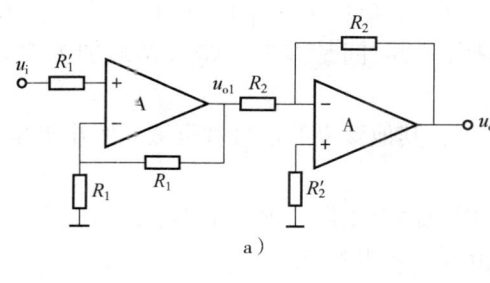
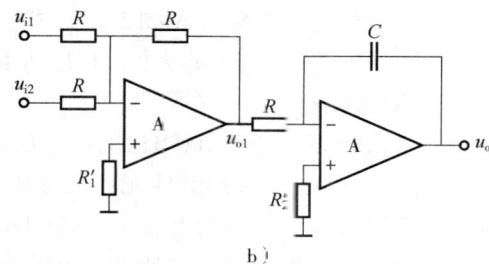
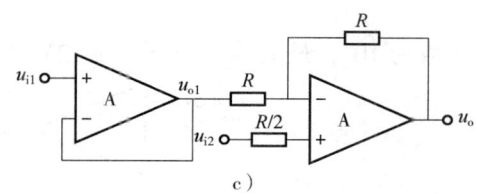
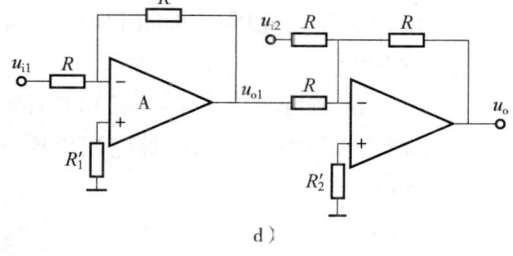

图 3-63 题 3-26 图

3-27 按下列各运算关系，说明选择何种运算电路？如何选择元件参数？

(1) $u_o = -12u_i$

(2) $u_o = 15u_i$

(3) $u_o = 0.6u_i$

(4) $u_o = 3u_{i1} + 2u_{i2}$

(5) $u_o = u_{i1} - 2u_{i2}$

(6) $u_o = 2u_{i1} + 3u_{i2} - 4u_{i3}$

(7) $u_o = -100\int u_i \mathrm{d}t$

(8) $u_o = -100\dfrac{\mathrm{d}u_i}{\mathrm{d}t}$

3-28 选择一个电路，要求电压放大倍数为 $|A| = 100$，输入电阻为 80kΩ，要求：

(1) 用基本型反相比例运算电路（见图 3-15）实现。

(2) 用 T 形网络反相比例运算电路（见图 3-16）实现。

计算各元件参数。

3-29 图 3-64 所示为电阻测量电路，当电压表显示 4V 时，被测电阻 R_F 是多少？

3-30 在反相加法运算电路中，已知：$R_1 = R_2 = R_F$，两输入电压 u_{i1} 和 u_{i2} 的波形如图 3-65 所示，对应画出输出电压 u_o 的波形。

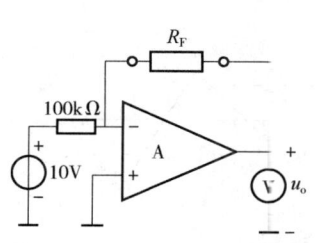
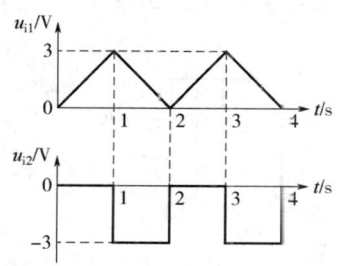

图 3-64 题 3-29 图   图 3-65 题 3-30 图

3-31 在积分运算电路（见图 3-26）中，已知 $R=10\text{k}\Omega$，$C=1\mu\text{F}$，$U_C(0)=0$，$t=0$ 时加 $u_i=-1\text{V}$。求：输出电压 u_o 从 0V 上升到 10V 所需的时间是多少？如果 R 增加为 $50\text{k}\Omega$，其上升时间有何变化？

3-32 要求将频率高于 1000Hz 的信号放大 4 倍，其他频率的信号被衰减。画出该电路，如果选定电容 $C=1\mu\text{F}$，选择其他元件的参数。

3-33 如果有两个相同的电容（$C=0.1\mu\text{F}$）以及两个电阻（$R_1=1\text{k}\Omega$、$R_2=2\text{k}\Omega$），如何组成一个带通滤波器？这个带通滤波器的通带范围是多少？

3-34 用题 3-33 中相同的电阻和电容，如何组成一个带阻滤波器？这个带阻滤波器的通带范围是多少？

3-35 图 3-66 所示的比较器，已知开环放大倍数为 10^4，最大输出电压为 $\pm 12\text{V}$，当输入电压 u_i 分别为以下参数时，计算输出电压 u_o。

(1) 0.5mV

(2) 1.0mV

(3) 1.5mV

(4) -1.5mV

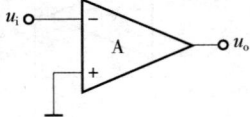

图 3-66 题 3-35 图

3-36 图 3-67 所示为比较器应用电路，其中稳压二极管的稳定电压 $U_Z=6\text{V}$，正向压降 U_D 为 0.7V，输入电压 u_i 为有效值为 8V 的正弦交流电。当参考电压 U_R 分别为 3V 和 -3V 时，分别画出电压传输特性并对应 u_i 画出 u_o 的波形。

3-37 图 3-68a 所示某比较器的电压传输特性，问：

(1) 这是哪一种比较器？其门限电压 U_T 和最大输出电压 $\pm U_o$ 各是多少？

(2) 如果输入信号 u_i 如图 3-68b 所示，对应画出输出电压 u_o 的波形。

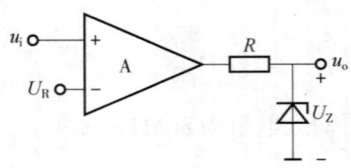

图 3-67 题 3-36 图

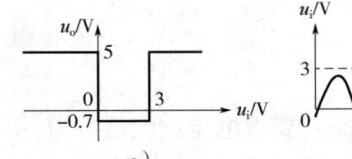

图 3-68 题 3-37 图

a) 电压传输特性　b) 输入电压波形

3-38 图 3-69a 所示为某比较器的电压传输特性，问：

(1) 这是哪一种比较器？其门限电压 U_T 和最大输出电压 $\pm U_o$ 各是多少？

(2) 如果输入信号 u_i 如图 3-69b 所示，对应画出输出电压 u_o 的波形。

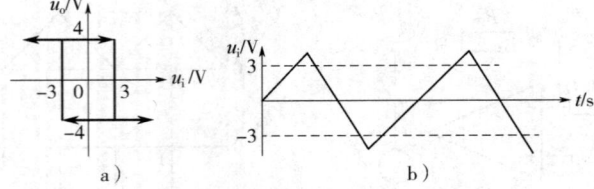

图 3-69 题 3-38 图

a) 电压传输特性　b) 输入电压波形

3-39　某 RC 正弦波振荡电路，已知选频网络如图 3-70 所示，R_W 为 240Ω 双联电位器（可调电阻）。计算输出正弦波的频率调节范围。

3-40　图 3-71 所示为 RC 正弦波振荡电路，问：
（1）如何标注集成运算放大器的"＋""－"号？
（2）哪些元件构成正反馈？哪些元件构成负反馈？
（3）说明振荡频率与哪几个元件有关？
（4）在起振阶段，对 R_F 和 R_1 的要求是什么？
（5）将哪个电阻设定为正温度系数的热敏电阻，可以用于自动稳幅。

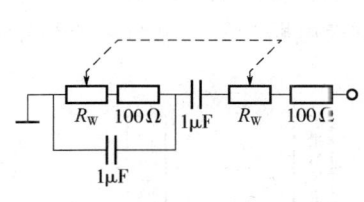

图 3-70　题 3-39 图

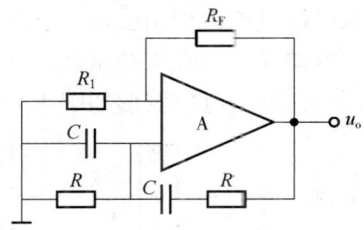

图 3-71　题 3-40 图

第 4 章 直流稳压电源

电子装置、智能家电和自动控制系统都需要稳定的直流电源供电,因此无论在生产中还是在生活中直流稳压电源都是必不可少的供电设备之一。发电厂提供给用户的是 220V/380V 交流电,直流稳压电源的作用就是将电压较高的交流电转换成电子设备需要的低压直流电。

直流稳压电源通常由降压变压器、整流电路、滤波电路和稳压电路 4 个部分组成,其基本结构和各部分得到的电压波形如图 4-1 所示。

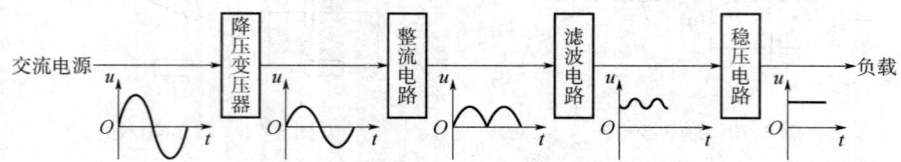

图 4-1 直流稳压电源基本结构和各部分得到的电压波形

降压变压器将较高的交流(220V)电源电压变换成整流电路所需较低的交流电压;经整流电路把交流电压变换为单向脉动电压;再利用滤波电路滤去单向脉动电压中的交流成分,得到较平滑的直流电压;稳压电路的作用是为了在交流电源电压波动或负载变化时能自动保持输出稳定的直流电压。

本章将逐一讲解这 4 个部分。

4.1 单相整流电路

将交流电转换为直流电的技术称为整流。一般整流电路是利用二极管的单向导电特性,将交流电变换为单向脉动直流电的电路。一般小功率直流电源采用单相整流电路,大功率直流电源则需要采用三相或多相整流电路,本书只介绍单相整流电路。单相整流电路有单相半波整流电路、单相全波整流电路、桥式整流电路等。分析过程中,设二极管为理想二极管。

4.1.1 单相半波整流电路

单相半波整流电路如图 4-2 所示,设经变压器 T 降压后二次电压 u_2 为

$$u_2 = \sqrt{2}U_2\sin\omega t \tag{4-1}$$

式中,U_2 为 u_2 的有效值;ω 为角频率。

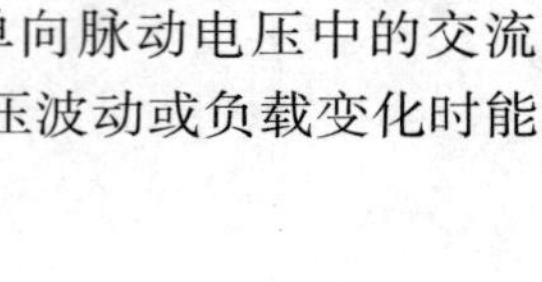

当 $u_2>0$ 时,二极管 VD 正偏导通;而当 $u_2<0$ 时,二极管反偏截止。以理想二极管模型代替实际二极管,相应的等效电路如图 4-3 所示。由图 4-3 可知

图 4-2 单相半波整流电路

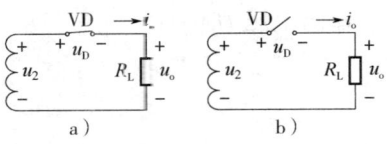

图 4-3 单相半波整流电路的等效电路
a) $u_2>0$ b) $u_2<0$

$$u_D = \begin{cases} 0 & u_2>0, \text{对应图 4-3a} \\ u_2 & u_2 \leq 0, \text{对应图 4-3b} \end{cases}$$

$$u_o = \begin{cases} u_2 & u_2>0, \text{对应图 4-3a} \\ 0 & u_2 \leq 0, \text{对应图 4-3b} \end{cases}$$

单相半波整流电路电压波形如图 4-4 所示。可见，u_o 为单向脉动电压，其平均值为

$$U_o = \frac{1}{2\pi}\int_0^{2\pi} u_o d(\omega t) = \frac{1}{2\pi}\int_0^{\pi}\sqrt{2}U_2\sin\omega t d(\omega t)$$

$$= \frac{\sqrt{2}U_2}{2\pi}[-\cos\omega t]\Big|_0^{\pi} = \frac{\sqrt{2}U_2}{\pi} = 0.45U_2$$

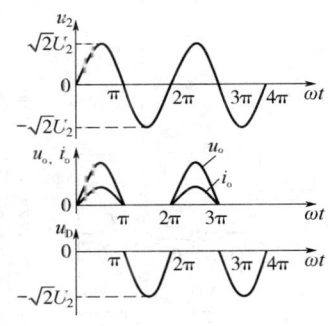

所以，单相半波整流电路输出电压平均值为

$$U_o = 0.45U_2 \tag{4-2}$$

二极管的电流和负载电流相等，即

$$I_D = I_o = \frac{U_o}{R_L} = 0.45\frac{U_2}{R_L} \tag{4-3}$$

图 4-4 单相半波整流电路电压波形

二极管承受的最高反向电压为

$$U_{DRM} = \sqrt{2}U_2 \tag{4-4}$$

【例 4-1-1】单相半波整流电路如图 4-2 所示，已知负载电阻 $R_L = 45\Omega$，负载电压 $U_o = 45V$，试求变压器二次电压有效值、负载电流、二极管电流与最高反向电压。

解：根据式（4-2）得变压器二次电压有效值为

$$U_2 = \frac{U_o}{0.45} = \frac{45}{0.45}V = 100V$$

流过二极管的电流和负载电流相等，则

$$I_D = I_o = \frac{U_o}{R_L} = \frac{45}{45}A = 1A$$

二极管承受的最高反向电压为

$$U_{DRM} = \sqrt{2}U_2 = \sqrt{2} \times 100V \approx 141.4V$$

4.1.2 单相全波整流电路

前述半波整流电路只利用了输入交流电压的一半，不仅电源效率低，而且输出电压脉动较大，实际应用中多采用全波整流电路。全波整流电路包括双半波整流电路和桥式整流电路。

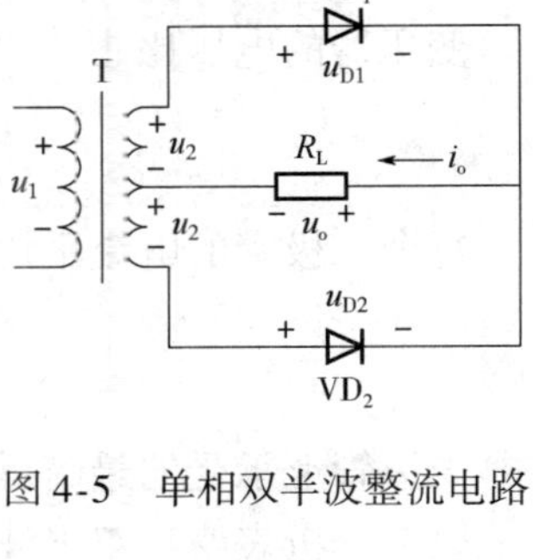

1. 单相双半波整流电路

单相双半波整流电路如图 4-5 所示，该电路可视为由（上、下）两个具有公共负载 R_L 的单相半波整流电路叠加而成。T 为二次绕组带中心抽头的变压器，以得到两个大小相等的电压。等效电路如图 4-6 所示。

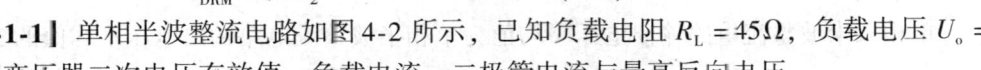

图 4-5 单相双半波整流电路

输出电压为

$$u_o = \begin{cases} u_2 & \text{对应图 4-6a} \\ -u_2 & \text{对应图 4-6b} \end{cases}$$

即

$$u_o = |u_2| \tag{4-5}$$

单相双半波整流电路电压波形如图 4-7 所示。

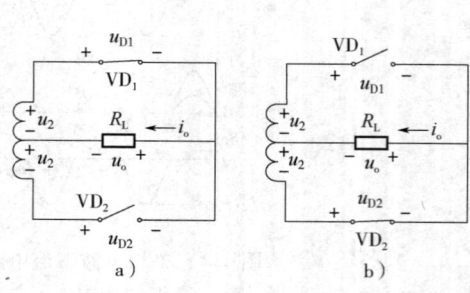

图 4-6 单相双半波整流电路的等效电路
a) $u_2 > 0$ b) $u_2 < 0$

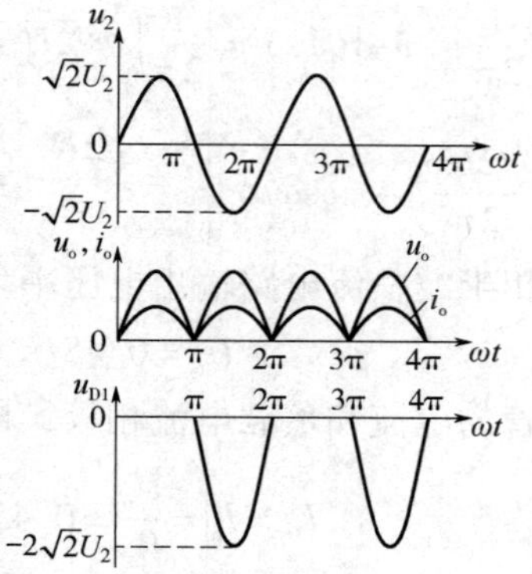

图 4-7 单相双半波整流电路电压波形

单相双半波整流电路输出电压平均值为单相半波整流电路输出电压平均值的 2 倍，即

$$U_o = \frac{2\sqrt{2}U}{\pi} \approx 0.9 U_2 \tag{4-6}$$

二极管上承受的最大反向电压为

$$U_{DRM} = 2U_{2m} = 2\sqrt{2} U_2 \tag{4-7}$$

流过每个二极管的电流平均值等于输出电流平均值 I_o 的一半，即

$$I_D = \frac{1}{2} I_o = 0.45 \frac{U_2}{R_L} \tag{4-8}$$

【例 4-1-2】单相双半波整流电路如图 4-5 所示，已知交流电源电压为 220V，负载电阻 $R_L = 45\Omega$，负载电压 $U_o = 90V$，试求变压器的电压比、二极管的电流与最高反向电压。

解：变压器的二次电压有效值为

$$U_2 = \frac{U_o}{0.9} = \frac{90}{0.9} V = 100V$$

变压器的电压比为

$$K = \frac{220}{100} = 2.2$$

每个二极管的电流平均值为

$$I_D = \frac{1}{2} I_o = \frac{1}{2} \frac{U_o}{R_L} = \frac{1}{2} \times \frac{90}{45} A = 1A$$

二极管上承受的最高反向电压为 $U_{DRM} = 2\sqrt{2} U_2 = 2\sqrt{2} \times 100V \approx 283V$。

以上分析表明，双半波整流电路的优点是提高了输入电压利用率，缺点是变压器二次侧是双线圈，制作复杂。虽然只用了 2 个整流二极管，但是二极管承受的最高反向电压是输入电压 u_2 峰值的 2 倍。

2. 单相桥式整流电路

桥式整流电路如图 4-8a 所示。$u_2>0$ 时，VD_1、VD_3 正偏导通，VD_2、VD_4 反偏截止，等效电路如图 4-8b 所示；$u_2<0$ 时，VD_1、VD_3 反偏截止，VD_2、VD_4 正偏导通，等效电路如图 4-8c 所示。

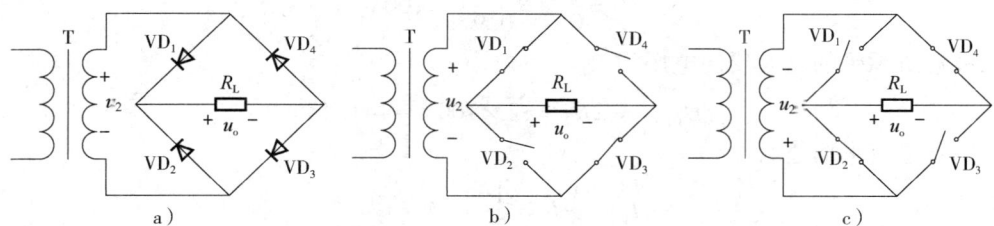

图 4-8 桥式整流电路及等效电路
a) 桥式整流电路 b) $u_2>0$ 等效电路 c) $u_2<0$ 等效电路

不难分析，桥式整流电路得到的 u_o 与双半波整流电路相同，即 $u_o=|u_2|$，在输入为正弦交流电压的情况下，单相桥式整流电路直流平均电压 U_o 为

$$U_o = \frac{2\sqrt{2}U_2}{\pi} \approx 0.9U \tag{4-9}$$

二极管上承受的最大反向电压为

$$U_{DRM} = U_{2m} = \sqrt{2}U_2 \tag{4-10}$$

流过负载电阻 R_L 的电流平均值为

$$I_o = \frac{U_o}{R_L} = 0.9\frac{U_2}{R_L} \tag{4-11}$$

由于每两个二极管串联导电半周，因此每个二极管中流过的平均电流只有负载电流的一半，即

$$I_D = \frac{1}{2}I_o = 0.45\frac{U_2}{R_L} \tag{4-12}$$

目前实际应用中广泛采用桥式整流模块，它将 4 个二极管集成在一个硅片上，只引出两个交流电压输入端和两个直流输出端，如图 4-9 所示，桥式整流模块接线简单，安装方便。

单相桥式整流电路的电压波形如图 4-10 所示。

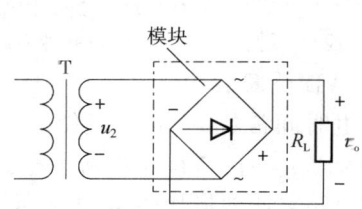

图 4-9 桥式整流模块的接线形式

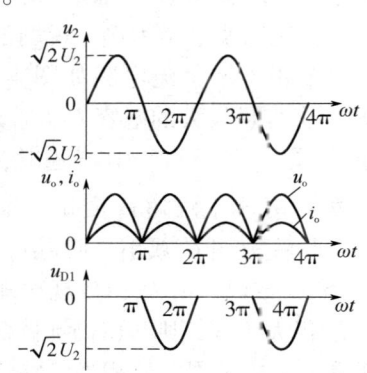

图 4-10 单相桥式整流电路的电压波形

单相桥式整流电路的优点是输出电压平均值高,脉动程度小,二极管所承受的最高反向电压较低,只有双半波整流电路的一半,所以得到较为广泛的应用。

【例 4-1-3】 有一单相桥式整流电路,输出的直流电压为 90V、直流电流为 2A。求电源变压器的二次电压,二极管所承受的最高反向电压及流过每个二极管的平均电流。

解:由式(4-9),可得变压器二次电压有效值为

$$U_2 = \frac{U_o}{0.9} = \frac{90}{0.9}V = 100V$$

二极管所承受的最大反向电压为

$$U_{DRM} = \sqrt{2}U_2 = \sqrt{2} \times 100V \approx 141.4V$$

二极管电流平均值为

$$I_D = \frac{1}{2}I_o = \frac{1}{2} \times 2A = 1A$$

【思考题】

4-1-1 整流电路的功能是什么?整流是利用二极管的什么特性实现的?在整流电路中,二极管用什么样的模型来表示?

4-1-2 常用的单相整流电路有哪几种?它们在电路结构上有何区别?

4-1-3 说明几种常用的单相整流电路的工作原理,画出输入电压为正弦波时,各电路中负载电阻和二极管上的电压、电流波形。

4-1-4 在输入电压为正弦波时,几种常用的单相整流电路的输出电压的平均值与正弦输入电压有效值之间具有什么样的关系?流过每个二极管的电流平均值有何异同?二极管上的最高反向电压是多少?

4.2 滤波电路

4.2.1 电容滤波电路

整流电路的输出是单向脉动电压,除直流分量外,还包括或大或小的交流分量。对电子仪器和自动控制设备来说,这样的整流电压不宜用做直流电源,因此,必须在整流电路的输出端加上滤波电路,使脉动电压变成平滑、接近于理想的直流电压。

下面以半波整流滤波电路为例,说明滤波电容的作用。带电容滤波电路的单相半波整流电路如图 4-11 所示,在负载电阻 R_L 两端并联一个容量较大的电容 C(通常采用电解电容)。

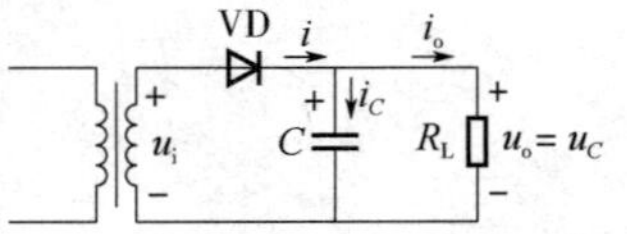

图 4-11 单相半波整流加电容滤波电路

在 u_2 的正半周,当二极管 VD 导通时,电容 C 充电,因时间常数很小,故 u_C 基本上跟随 u_i 变化。当 $u_2 = U_{2m} = \sqrt{2}U_2$ 时,充电到最大值。此后 u_2 开始减小,使得 $u_C > u_2$,因此 VD 反偏截止,电容 C 经 R_L 放电,u_C 按指数规律降低。若放电时间常数 $\tau = R_LC$ 足够大,在下一个周期开始时,u_C 仍大于零,则 VD 仍维持截止,直到 $u_2 > u_C$ 时,VD 才重新导通,C 重新充电,如此不断重复上述过程。单相半波整流电容滤波电路电压波形如图 4-12 所示。

由图 4-12 中 $u_o(u_C)$ 波形可以看出，由于 C 的滤波作用，u_o 变得较平滑，且平均值 U_o 增大了许多。C 越大，效果越显著。不难理解，U_o 的大小与放电时间常数 τ 有关，当 $R_L = \infty$（即 $I_o = 0$）时，电容 C 不能放电，输出电压 u_o 为交流电压最大值，即 $U_o = U_{im} = \sqrt{2}U_2$。随 R_L 的减小（I_o 增大），C 放电加快，U_o 降低。带有滤波电容的半波整流电路的外特性如图 4-13 所示。实际应用中为了得到比较平滑的输出电压波形，滤波电容的容量应尽量大，以使得电容放电时间常数 R_LC 远大于整流二极管前后两次导通所间隔的时间，对单相整流滤波电路，一般应满足

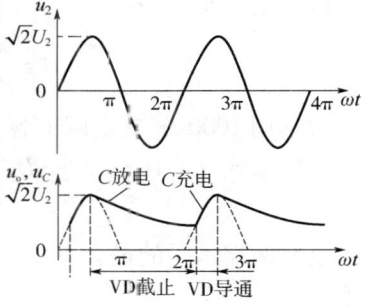

图 4-12 单相半波整流电容滤波电路电压波形

$$R_L C \geqslant (3 \sim 5) \frac{T}{2} \tag{4-13}$$

式中，T 为输入交流电源电压的周期。在满足式（4-13）的前提下，U_o 可按下式估算：

$$U_o = U_2 \quad \text{（半波整流滤波）} \tag{4-14}$$

$$U_o = 1.2 U_2 \quad \text{（全波或桥式整流滤波）} \tag{4-15}$$

输出直流电压 U_o 与输出直流电流 I_o 的变化关系称为滤波电路的外特性，如图 4-13 所示。

选择滤波电容时，除考虑所需电容的容量外，还要注意电容的耐压值，一般应使电容的耐压值大于输入电压最大值的 1.5～2 倍。

整流电路加电容滤波后，整流二极管 VD 的工作条件发生了一些变化。首先 VD 的导通时间缩短了；其次通过 VD 的电流除供给负载 R_L 之外，还包含对滤波电容充电的电流，即正向电流峰值加大了。这意味着二极管在较短的

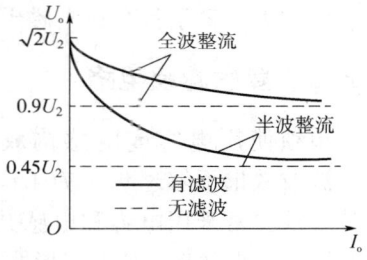

图 4-13 电容滤波电路外特性曲线

导通时间内，流过较大的浪涌电流，因此在选择整流二极管时，应考虑这些情况。一般选择二极管的最大整流电流为其实际通过的平均电流的 2～3 倍。

整流加电容滤波电路二极管承受的最高反向工作电压为

$$U_{DRM} = 2\sqrt{2}U_2 \quad \text{（半波或双半波整流滤波）} \tag{4-16}$$

$$U_{DRM} = \sqrt{2}U_2 \quad \text{（桥式整流滤波）} \tag{4-17}$$

电容滤波电路的优点是电路简单，输出电压的脉动程度较小，输出电压平均值较高，其缺点是带负载能力差，输出电压会随着负载的变化而变化，整流二极管承受较大的浪涌电流。综上所述，电容滤波电路适合于要求输出电压平均值较高、负载电阻较大且负载基本不变的场合。

【例 4-2-1】某负载要求输出电压和电流的平均值分别为 $U_o = 30V$，$I_o = 0.5A$，采用单相半波整流加电容滤波电路（见图 4-11）。试计算滤波电容器的容量，并确定其最大工作电压值。已知交流电源频率为 50Hz。

解：根据式（4-13），可得

$$C \geqslant \frac{(3 \sim 5)}{R_L} \frac{T}{2} = \frac{(3 \sim 5) I_o}{U_o} \frac{T}{2}$$

取上限，则

$$C \geq \frac{5}{R_L}\frac{T}{2} = \frac{5I_o}{2U_of} = \frac{5 \times 0.5}{2 \times 30 \times 50}\text{F} = 833\mu\text{F}$$

可选用 1000μF 的电解电容。

又根据式（4-14），$U_o = U_2$，因此变压器的二次电压有效值 U_2 为

$$U_2 = U_o = 30\text{V}$$

电容两端承受的最大电压为 $2\sqrt{2}U_2 = 2 \times \sqrt{2} \times 30\text{V} \approx 84.8\text{V}$，实际可选用耐压值为 100V 的电容器。

4.2.2 电感滤波电路

电感滤波电路如图 4-14 所示，即在整流电路与负载电阻之间串联一个电感 L，由于在电流变化时电感线圈中将产生自感电动势来阻止电流的变化，使电流脉动趋于平缓，起到滤波作用。

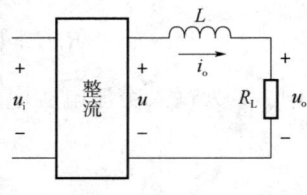

图 4-14 电感滤波电路

电感滤波适用于负载电流较大的场合。它的缺点是制作复杂、体积大、笨重且存在电磁干扰。

4.2.3 复合滤波电路

单独使用电容或电感构成的滤波电路，滤波效果不够理想，为了满足较高的滤波要求，常采用电容和电感共同组成的 π 型复合滤波电路，其电路形式如图 4-15a 所示，这种滤波电路适用于负载电流较大、要求输出电压脉动较小的场合。在负载较轻时，经常采用电阻替代笨重的电

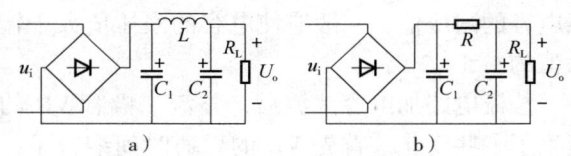

图 4-15 π 型复合滤波电路
a) CLC 复合滤波电路 b) CRC 复合滤波电路

感，构成如图 4-15b 所示的滤波电路，同样可以获得脉动很小的输出电压，但电阻对交、直流均有压降和功率损耗，故只适用于负载电流较小的场合。

【思考题】

4-2-1 电容滤波器的功能是什么？对于几种常用的单相整流电路，画出电容滤波前、后负载上的电压波形，说明滤波的效果。滤波效果和哪些参数有关？怎样选择这些参数？

4-2-2 几种常用的单相整流电路加电容滤波后，输出电压的平均值与正弦输入电压有效值之间有什么关系？二极管上的最高反向电压是多少？

4.3 稳压电路

稳压电路，顾名思义是可以稳定电压的电路。交流电经整流、滤波以后得到的直流电压是不稳定的，随输入的交流电压及负载的变化而变化，当输出电压的稳定性不能满足负载要

求时，就应该增加稳压电路加以稳定。由于稳压电路可提供一个基本恒定的电压，所以其在其他方面也有广泛的应用。

4.3.1 稳压管稳压电路

利用稳压管反向击穿时的稳压特性，把稳压管和限流电阻配合起来，就可以构成稳压管稳压电路，它可将输出电压 U_o 限制在稳压管的稳压值 U_Z，从这种意义上讲，它也是一种限幅电路。如图 4-16 所示，整个电路构成一个简单的直流稳压电源，其中 U_i 为不稳定的直流输入电压。在稳压管稳压电路中，一般取 $U_i = (2 \sim 3)U_o$，$U_Z = U_o$。

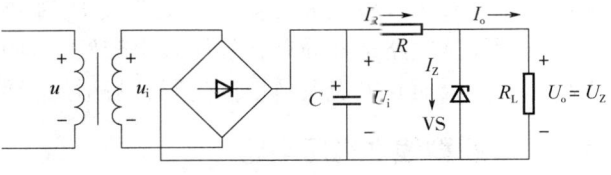

图 4-16 稳压管稳压电路

稳压管稳压的工作原理如下：造成输出电压 U_o 不稳定的因素有两个，一个是输入电压 U_i 的波动，另一个是负载 R_L 的改变引起的负载电流的变化，下面将这两种因素分别讨论。

首先讨论 U_i 波动造成的影响。当 U_i 波动如升高时，将造成 U_o 升高，但这会使流过稳压管的电流 I_Z 大大增加，致使流过电阻 R 的电流 I_R 增大而产生较大的压降，从而抵消了 U_i 升高造成的影响，使 U_o 的增加量大大减小，即使 U_o 基本保持恒定。上述调节过程可表示为

$$U_i \uparrow \longrightarrow U_o \uparrow \longrightarrow I_Z \uparrow \uparrow \longrightarrow I_R \uparrow \longrightarrow U_R \uparrow$$
$$U_o \downarrow \longleftarrow$$

在此调节过程中，电阻 R 起到了吞吐电压的作用：U_i 升高时，U_R 增大；U_i 降低时，U_R 减小，使得 U_o 基本恒定。R 越大，U_i 波动产生的影响越小。

再讨论负载 R_L 变化造成的影响。当 R_L 改变如减小时，输出电流 I_o 随之增大，致使 R 中的电流 I_R 和压降 U_R 增大，引起输出电压 U_o 的降低，但这将使流过稳压管的电流 I_Z 明显减小，从而抵消了 I_o 增加对 I_R 的影响，使 I_R 基本不变，U_R 和 U_o 也都基本恒定。该过程可表示为

$$R_L \downarrow \longrightarrow I_o \uparrow \longrightarrow I_R \uparrow \longrightarrow U_R \uparrow \longrightarrow U_o \downarrow \longrightarrow I_Z \downarrow\downarrow$$
$$I_R \downarrow \longrightarrow U_R \downarrow \longrightarrow U_o \uparrow$$

上述分析表明，稳压管起到了吞吐电流的作用：I_o 增大时，I_Z 减小；I_o 减小时，I_Z 增大，从而使 I_R 基本不变，U_o 基本恒定。

在图 4-16 所示电路中，$\dfrac{R_L U_i}{R + R_L} > U_Z$ 的情况下，稳压管工作在反向击穿状态，由此不难得到

$$I_R = \frac{U_i - U_Z}{R} \tag{4-18}$$

$$I_o = \frac{U_Z}{R_L} \tag{4-19}$$

$$I_Z = I_R - I_o \tag{4-20}$$

流过稳压管的最大电流和最小电流分别为

$$I_{Zmax} = \frac{U_{imax} - U_Z}{R} - \frac{U_Z}{R_{Lmax}} \tag{4-21}$$

$$I_{Zmin} = \frac{U_{imin} - U_Z}{R} - \frac{U_Z}{R_{Lmin}} \tag{4-22}$$

为保证稳压管安全，应使 $I_{Zmax} < I_{ZM}$，而为使 U_o 始终稳定，应使 $I_{Zmin} < I_{ZF}$。

稳压管稳压电路结构简单，稳压效果较好，但由于该电路是靠稳压管的电流调节作用来实现稳压的，因而其电流调节范围有限，只适用于负载电流较小且变化不大的场合。

4.3.2 串联型线性稳压电路

前面讲述过的稳压管构成的稳压电路虽然很简单，但是受稳压管最大稳定电流的限制，负载电流不能太大。另外，输出电压不可调且稳定性也不够理想。串联型线性稳压电路克服了上述缺点，得到较为广泛应用，其基本原理如图 4-17 所示。整个电路由以下 4 部分组成。

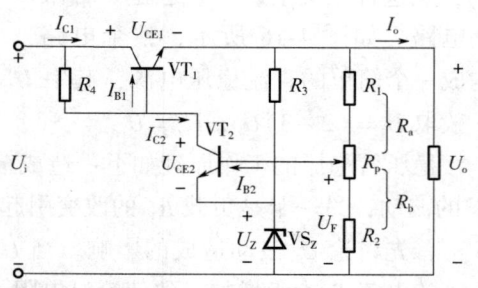

图 4-17 串联型线性稳压电路

（1）采样环节 由 R_1、R_p、R_2 组成的分压电路构成，它将输出电压按比例分出一部分作为采样电压 U_F，送到比较放大环节。

（2）基准电压 由稳压管 VS_Z 和电阻 R_3 构成，可以提供一个稳定的基准电压 U_Z，作为调整、比较的标准。设 VT_2 的发射结电压 U_{BE} 可忽略不计，则

$$U_F = U_Z = U_o \frac{R_b}{R_a + R_b}$$

则

$$U_o = 1 + \frac{R_a}{R_b} U_Z \tag{4-23}$$

用电位器 R_p 即可调节输出电压 U_o 的大小，但 U_o 必定大于或等于 U_Z。

（3）比较放大电路 它是由 VT_2 和 R_4 构成的直流放大器组成，其作用是将采样电压 U_F 与基准电压 U_Z 之差放大后去控制调整管 VT_1。

（4）调整环节 由工作在线性放大区的调整管 VT_1 组成，VT_1 的基极电流 I_{B1} 受比较放大电路输出的控制，它的改变又可使集电极电流 I_{C1} 和集、射极电压 U_{CE1} 改变，从而达到自动调整稳定输出电压的目的。

电路的工作原理如下：当输入电压 U_i 或输出电流 I_o 变化引起输出电压 U_o 增加时，采样电压 U_F 相应升高，使 VT_2 的基极电流 I_{B2} 和集电极电流 I_{C2} 随之增大，集电极电压 U_{C2} 下降，因此 VT_1 的基极电流 I_{B1} 减小，使得 I_{C1} 减小，U_{CE1} 升高，U_o 下降，使 U_o 保持基本稳定。这一自动调压过程可表示为

$$U_o\uparrow \to U_F\uparrow \to I_{B2}\uparrow \to I_{C2}\uparrow \to U_{C2}\downarrow \to I_{B1}\downarrow \to I_{C1}\downarrow \to U_{CE1}\uparrow \to U_o\downarrow$$

同理，当输入电压 U_i 或输出电流 I_o 变化使 U_o 降低时，调整过程相反，U_{CE1} 将下降，使 U_o 保持基本不变。

从上述调整过程可以看出，串联型线性稳压电路是依靠电压负反馈来稳定输出电压的。

4.3.3 集成稳压电路

上述由晶体管及外接元件组成的串联型线性稳压电源,可以利用半导体集成工艺把全部元件集中制作在一小片硅片上构成集成稳压器。集成稳压器具有体积小、使用方便、工作可靠等特点,常用的集成稳压器有W78××和W79××系列三端固定式集成稳压器,其中××表示输出电压值,有5V、8V、9V、12V、15V、18V和24V共7个等级。电流等级有0.1A、0.5A和1.5A共3种。最高输入电压为35V,最小输入与输出电压差(芯片压降)为2～5V。

W78××系列输出固定的正电压,如需要15V直流电压时,可选用W7815稳压器。W79××系列输出固定的负电压,如需要-5V直流电压时,可选用W7905稳压器。使用时三端稳压器接在整流滤波电路之后。

W78××系列三端稳压器的基本应用电路如图4-18所示,其中电容C_i用于防止自激振荡,电容C_o用来改善稳压器在负载电流瞬时变动时,引起的输出电压波动。

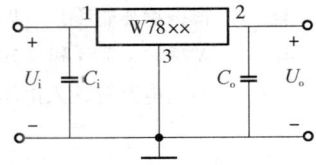

图4-18 W78××系列三端稳压器的基本应用电路

三端稳压器适当外接一些元件后,可以实现提高输出电压、扩展输出电流以及输出电压可调等多种功能。

(1) 正、负电压输出的电路 将W78××系列和W79××系列组合连接,可以得到正、负输出的电压,如图4-19所示电路可以得到正、负12V输出的直流电源。

(2) 提高输出电压的电路 当实际所需电压超过集成稳压器的规定值时,可外接一些元件,以提高输出电压,如图4-20所示。图中U_{XX}为三端稳压器固定输出电压,显然

$$U_o = U_{XX} + U_Z$$

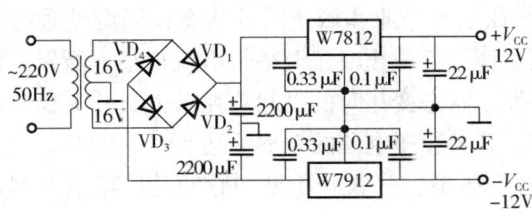

图4-19 正、负电压输出的电路

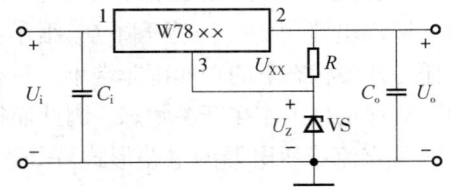

图4-20 提高输出电压的电路

4.3.4 三端可调集成稳压器

三端可调集成稳压器有正电压输出的LM317系列和负电压输出的LM337系列。输出电压能在1.2～37V范围内连续可调,最大可输出1.5A电流。该系列稳压器内部具有过热、限流和安全工作区保护电路,使用安全可靠,比三端固定输出稳压器有更好的电压调整指标。常用基本应用电路如图4-21所示。

集成稳压器LM317输出端(OUT)与调整

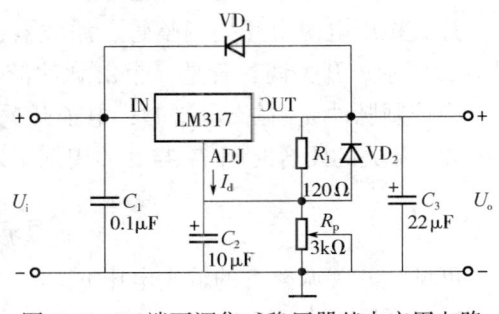

图4-21 三端可调集成稳压器基本应用电路

端（ADJ）之间的固定参考电压 $U_{REF}=1.25V$；它的调整电流 I_d 值很小，约为 50μA，若忽略 I_d，则输出电压为

$$U_o = U_{REF}\left(1+\frac{R_{BP}}{R_1}\right)=1.25\left(1+\frac{R_{BP}}{R_1}\right) \tag{4-24}$$

式中，R_1 一般取值为 120～240Ω。调节 R_p 可改变输出电压的大小。

电路中二极管 VD_1 用于防止出现输入端短路时，输出端电容 C_3 通过稳压器输入端放电而损坏稳压器；VD_2 的作用是防止输出端对地短路时，C_2 两端的电压会通过调整端 ADJ 放电，有可能损坏稳压管；C_1 起消振作用，C_2 用来提高纹波抑制比，C_3 用来减小容性负载产生的阻尼振荡。

【思考题】

4-3-1 根据稳压管稳压电路和串联型稳压电路的特点，试分析这两种电路各适用于什么场合？

4-3-2 W78××系列和W79××系列三端集成稳压器属于哪一类型稳压电路？它们的区别是什么？

4-3-3 稳压电路对输入电压波动的范围有没有限制？对负载的变化有无限制？

4.4 开关稳压电源

前面讲述的串联型稳压电路是连续调整控制方式的稳压电源，电路结构简单、输出纹波小、稳压性能好，但调整管工作在线性放大区，与负载串联，流过较大的负载电流。同时由于调整需要，输出电压与输入电压存在压差，调整管集-射极电压 U_{CE} 也较大。因此，调整管的集电极功耗 $P_C=U_{CE}I_C$ 相对较大，稳压电源的效率较低，一般只能达到 30%～50%。如果将调整管改为开关工作方式，使它主要工作在饱和导通和截止两种状态：当调整管饱和导通时，输出电流很大，但管压降 U_{CE} 很小；而当调整管截止时，调整管电流很小。所以，调整管在任一开关状态下的功耗都非常小，只有在发生状态变化时的瞬间功耗较大。开关稳压电源中的调整管正是工作在开关状态，因此而得名。开关稳压电源的效率可达 80%～90%。

开关直流稳压电源的电路形式可分为串联降压型、并联升压型和脉冲变压器耦合型等。

4.4.1 串联降压型开关稳压电源

开关电源是将脉动直流电压通过半导体开关器件（调整管）转换为高频脉冲电压，经滤波得到纹波很小的直流输出电压。

开关稳压电源由开关调整管、滤波器、比较放大环节和脉宽调制器等组成，其结构如图 4-22 所示。开关调整管是一个由脉冲信号 u_{PO} 控制的电子开关，其等效电路如图 4-23 所示。当控制脉冲 u_{PO} 在高电平时，电子开关闭合，$u_{SO}=u_i$；而在 $u_{PO}=0$ 时，电子开关断开，$u_{SO}=0$。开关的闭合时间 T_{on} 与开关周期 T 之比称为脉冲电压的占空比 δ，即

$$\delta=\frac{T_{on}}{T_{on}+T_{off}}=\frac{T_{on}}{T} \tag{4-25}$$

可见，开关调整管的输出电压 u_{SO} 是一个脉冲高度为 u_i、脉冲宽度由 u_{PO} 控制、频率 u_{PO} 相等的矩形脉冲电压。

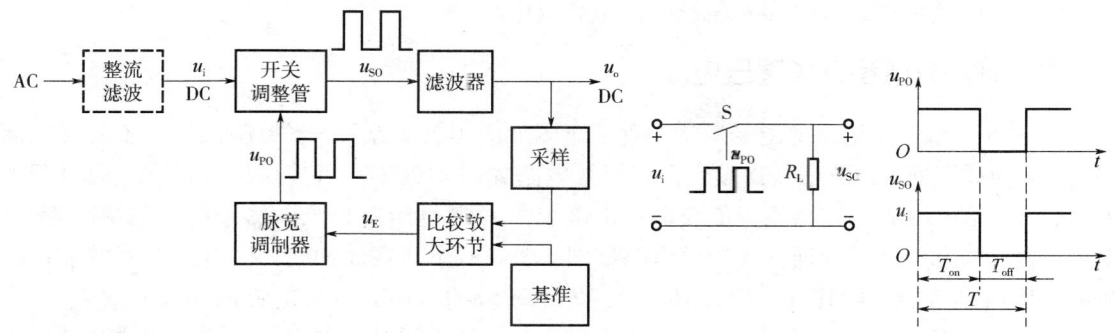

图 4-22　串联降压型开关稳压电源结构　　　　图 4-23　开关调整管等效电路

由电感、电容组成的滤波器对脉冲电压 u_{SO} 进行滤波，得到纹波很小的直流输出电压 u_o，将输出电压 u_o 采样与基准电压在比较放大环节中比较、放大，其结果 u_E（误差）作为脉宽调制（PWM）器的输入信号。脉宽调制器是一个基准电压为锯齿波的电压比较器，输出脉冲电压 u_{PO} 的脉宽由 u_E 控制，而频率与锯齿波相同。

其工作原理如下：当输入电压 u_i 和负载都处于稳定状态时，输出电压时也稳定不变，设对应的误差信号电压 u_E 和控制脉冲电压 u_{PO} 的波形如图 4-24a 所示。如果输出电压 u_o 发生波动，例如 u_i 上升会导致 u_o 上升，则比较放大电路使 u_E 下降，脉宽调制器的输出信号电压 u_{PO} 的脉宽变窄，开关调整管的开通时间 T_{on} 减小，使 u_o 下降，如图 4-24b 所示。通过上述调整过程，使输出电压基本保持不变。输出电压的平均值为

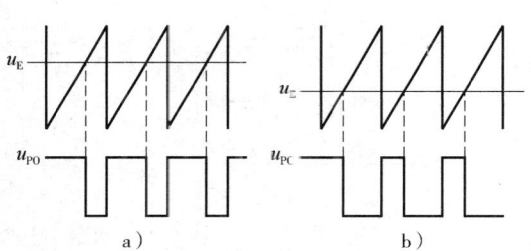

图 4-24　脉冲宽度调制（PWM）波形
a）稳定状态波形　b）调整后的波形

$$U_o = \frac{T_{on}}{T}U_i = \delta U_i \qquad (4-26)$$

由于占空比 $\delta < 1$，所以输出电压 $U_o <$ 输入电压 U_i，又因为开关调整管与负载串联，因而称为串联降压型开关稳压电源。

输出电压 u_o 的稳定过程可描述为

$$u_o \uparrow \to u_E \downarrow \to u_{PO} \downarrow （脉宽变窄）\to u_{SO} \downarrow （脉宽变窄）\to u_o \downarrow$$

这种定频率调脉冲宽的控制方法称为脉冲宽度调制（PWM）法。

图 4-25 所示为串联降压型开关稳压电源原理图，晶体管 VT 为开关调整管，稳压管 VS 的稳定电压 U_Z 作为基准电压，电位器 R_p 对输出电压所采样送入比较放大环节与基准电压 U_Z 相比较。滤波器由 L、C 和续流二极管 VD 组成，当晶体管 VT 导通时，输入电源 u_i 向负载 R_L 供电的同时也为电感 L 和电容 C 充电，当控制信号使 VT 截止时，电感 L 储存的能量通过续流

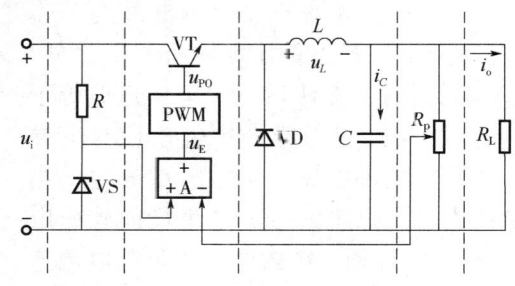

图 4-25　串联降压型开关稳压电源原理图

二极管 VD 向负载释放，电容 C 也同时向负载放电。

4.4.2 并联升压型开关稳压电源

并联升压型开关稳压电源的工作原理示意图如图 4-26a 所示。当控制信号到来使开关调整管 VT 导通期间，二极管 VD 截止，其等效电路如图 4-26b 所示，在此期间，u_i 通过开关调整管 VT 给电感 L 充磁储能，负载电压由电容 C 放电供给；当控制信号使开关调整管 VT 关断期间，二极管 VD 导通，其等效电路如图 4-26c 所示，在此期间，因电感 L 释放能量产生的感应电动势能保持其电流的方向不变，即电动势的方向与电流的方向一致，故 u_L 与 u_i 同向串联，两个电压叠加后通过二极管 VD 向负载供电，同时对电容 C 充电。设电感 L（或工作频率）足够大，流过 L 的电流为定值，则电感 L 在一个周期内存储的能量等于放出的能量，即

$$U_i I_L T_{on} = (U_o - U_i) I_L T_{off}$$

则
$$U_o = \frac{T}{T_{off}} U_i = \frac{1}{1-\delta} U_i \qquad (4\text{-}27)$$

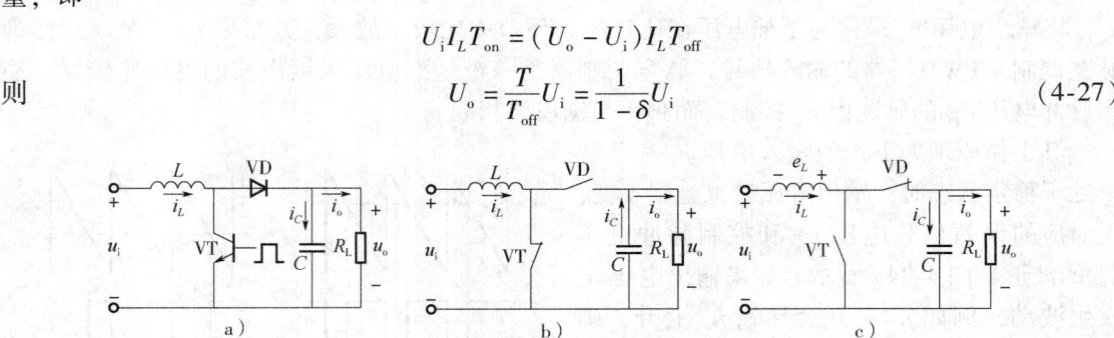

图 4-26 并联升压型开关稳压电源电路图
a) 并联升压型开关稳压电源的工作原理示意图 b) VT 导通、VD 截止时的等效电路
c) VT 关断、VD 导通时的等效电路

由于占空比 $\delta < 1$，所以 $u_o > u_i$，又因为开关调整管与负载并联，因而称为并联升压型开关稳压电源。

4.4.3 脉冲变压器耦合型开关稳压电源

从实用角度出发，希望开关稳压电源的输入直流电压从交流 220V 电源直接整流、滤波获取。再将斩波后得到的高频电压用脉冲变压器转换成需要的输出电压，这样做的目的是去掉笨重的工频变压器并将输出电路与供电电源、开关器件和控制电路隔离开。

单端正激式开关稳压电源原理图如图 4-27 所示，这种开关稳压电源的工作情况与降压型开关稳压电源有相似之处，当 VT 导通时，变压器一次电压近似等于输入电压 u_i，变压器二次电压使 VD_2 导通，为负载供电，并为电容 C 充电。当 VT 截止时，滤波电感 L 产生反向感应电动势使 VD_3 导通，C 放电，使负载电流连续，在此期间，VD_2 截止，变压器二次侧

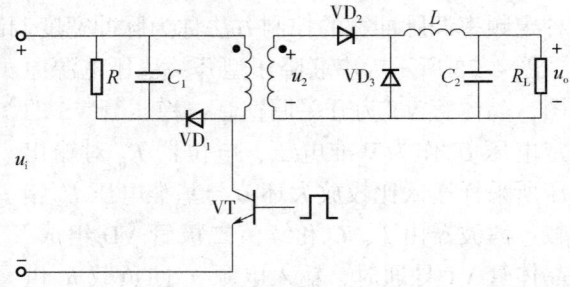

图 4-27 单端正激式开关稳压电源原理图

相当于开路，但变压器储存的磁场能量必须在此期间放掉，否则在下一个 VT 导通期间，磁能将累加，并逐渐进入饱和状态使 VT 过电流而烧毁。因此，在变压器一次侧必须并联电阻与电容，并通过 VD_1 形成退磁回路。

近年来，开关稳压电源专用集成电路发展很快，品种不断增多，常见的有 MC34063、LM2575、TL494 和 CW3842 等。这些芯片将开关稳压电源的 PWM 控制电路、开关调整管驱动电路和保护电路集成在一起，具有可靠性高、使用方便等特点。

【思考题】

4-4-1 说明开关稳压电源与线性稳压电源相比有哪些优缺点。
4-4-2 什么是脉宽调制直流斩波器？如何调节直流输出电压的大小？
4-4-3 说明串联降压型和并联升压型开关稳压电源的结构特点。

本 章 小 结

1) 小功率的直流稳压电源一般由电源变压器、整流、滤波和稳压等部分组成。

2) 整流是将交流电变成直流电的技术，利用半导体二极管的单向导电性构成整流电路。常用的单相整流电路有单相半波整流电路、单相全波整流电路和桥式整流电路。整流电路的输出是单向脉动电压。

3) 滤波电路可以滤除整流电路输出的单向脉动电压中的交流分量。电容滤波是一种简单实用的滤波电路。

4) 稳压管并联稳压电路利用硅稳压管的稳压特性来稳定负载电压，由稳压管和限流电阻组成。硅稳压管并联稳压电路适用于输出电流较小、输出电压固定、稳压要求不高的场合。

5) 串联型线性稳压电路主要由调整管、采样电路、比较放大电路和基准源组成。输出电压经采样电路取出反馈电压并与基准电压比较、放大后控制调整管进行负反馈调节，使输出电压达到基本稳定。串联型线性稳压电路输出电流较大，输出电压可以调节，适用于对稳压准确度要求高、效率要求不高的场合。

6) 单片集成稳压器的稳压性能好、品种多、体积小、重量轻、使用方便、安全可靠，但效率不高。利用单片集成稳压器可组成不同的实用电路。

7) 开关稳压电源具有效率高、体积小、重量轻等优点，应用越来越广泛。在开关稳压电源电路中，开关调整管工作在开关状态，通过控制开关调整管的导通、截止时间的比例来调节输出电压，因而功率损耗大大减少。开关稳压电源的缺点是电路较复杂、制作成本较高；另外，开关稳压电源的输出纹波电压较大，还会产生高频干扰，应用中应该采取措施加以消除。

习　　题

一、单项选择题

4-1 单相半波整流电路的输入电压为正弦波时，负载电阻和二极管上的电压、电流波形（　　）。

  A. 分别是与正弦波最大值相同的单向全波与单向半波脉动电压、电流波形

  B. 都是与正弦波最大值相同的单向半波脉动电压、电流波形

  C. 都是与正弦波最大值相同的单向全波脉动电压、电流波形

  D. 都是与正弦波有效值相同的单向半波脉动电压、电流波形

4-2 单相桥式整流电路的输入电压为正弦波时，负载电阻和二极管上的电压、电流波形（　　）。

  A. 分别是与正弦波最大值相同的单向全波与单向半波脉动电压、电流波形

  B. 都是与正弦波最大值相同的单向半波脉动电压、电流波形

  C. 都是与正弦波最大值相同的单向全波脉动电压、电流波形

  D. 都是与正弦波有效值相同的单向全波脉动电压、电流波形

4-3 单相半波整流电路的输入电压为 $U_m\sin\omega t$，则负载电阻上电压的平均值约为（　　）。

  A. $0.45U$ B. $0.9U$ C. U D. $1.2U$

4-4 单相双半波整流电路中，变压器每个二次绕组的正弦电压有效值为 U，则负载电阻上电压的平均值约为（　　）。

  A. $0.45U$ B. $0.9U$ C. U D. $1.2U$

4-5 单相双半波整流电路中，变压器每个二次绕组的正弦电压有效值为 U，则二极管上的最高反向电压为（　　）。

  A. U B. $1.2U$ C. $\sqrt{2}U$ D. $2\sqrt{2}U$

4-6 单相桥式整流电路的输入电压为 $\sqrt{2}U\sin\omega t$，则二极管上的最高反向电压为（　　）。

  A. U B. $1.2U$ C. $\sqrt{2}U$ D. $2\sqrt{2}U$

4-7 单相半波整流电路的输入电压为 $\sqrt{2}U\sin\omega t$，加电容滤波，负载电阻上电压的平均值约为（　　）。

  A. $0.45U$ B. $0.9U$ C. U D. $1.2U$

4-8 单相双半波整流电路，变压器每个二次绕组的电压为 $\sqrt{2}U\sin\omega t$，加电容滤波，则负载电阻上电压的平均值约为（　　）。

  A. $0.9U$ B. U C. $1.2U$ D. $2\sqrt{2}U$

4-9 单相桥式整流电路中，变压器二次绕组的电压有效值为 U，加电容滤波，负载电阻上电压的平均值约为（　　）。

  A. U B. $0.9U$ C. $1.2U$ D. $\sqrt{2}U$

4-10 如图 4-28 所示的稳压电路中，当输入电压 U_i 基本不变而负载电阻 R_L 变化时，电阻 R 上的电流（　　）。

  A. 随负载电阻的变化而变化

  B. 随负载电流的变化而变化

  C. 随负载电压的变化而变化

  D. 基本不变

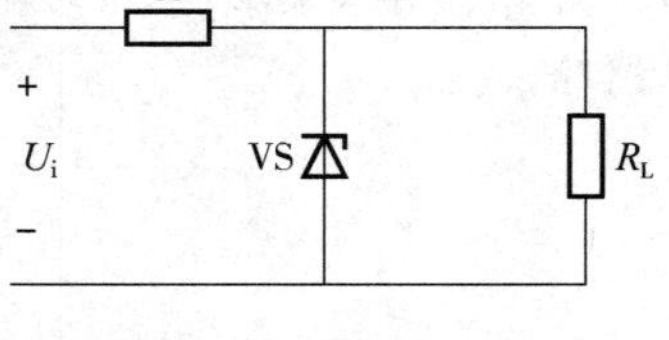

图 4-28 题 4-10 图

4-11 整流电路加电容滤波后，输出电压（　　）。

  A. 基本不变 B. 为零 C. 变小 D. 变大

4-12 与线性稳压电源相比，开关稳压电源的优点是（　　）。
　　A. 效率高　　　B. 制作容易　　C. 电路简单　　D. 电磁干扰小

二、分析计算题

4-13 如图 4-29 所示的半波整流电路中，$R_L = 100\Omega$，输出直流电压平均值 $U_o = 100V$，求输出电流的平均值 I_o、输入电压的有效值 U。

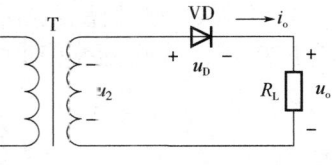

图 4-29　题 4-13 图

4-14 如图 4-5 所示的双半波整流电路中，设 $u_2 = 100\sqrt{2}\sin 314t V$，$R_L = 100\Omega$，试分别求：

（1）输出电压和输出电流的平均值 U_o、I_o。
（2）流过二极管的电流的平均值和二极管上的最高反向电压。

4-15 某桥式整流加电容滤波电路中，设输入电压 $u_2 = 100\sqrt{2}\sin 314t V$，负载电阻 $R_L = 100\Omega$，试求：

（1）输出电压和输出电流的平均值 U_o、I_o。
（2）流过二极管的电流的平均值和二极管上的最高反向电压。
（3）滤波电容的容量。

4-16 如图 4-30 所示电路中，$U_Z = 6V$，分别求出：

（1）$U_i = 10V$ 时电路中的 U_o 和 I_Z。
（2）$U_i = 18V$ 时电路中的 U_o 和 I_Z。

4-17 如图 4-31 所示电路，要求：

（1）指出二极管 VD_1、VD_2 和 VD_3 各组成何种整流电路。
（2）计算 U_{o1}、U_{o2} 的大小，并标出极性。
（3）计算二极管 VD_1、VD_2 和 VD_3 中流过的平均电流。

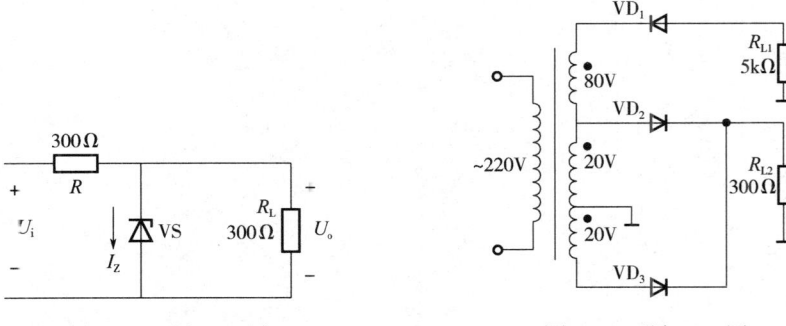

图 4-30　题 4-16 图　　　图 4-31　题 4-17 图

4-18 单相桥式滤波整流电路中，已知：变压器二次电压有效值 $U = 20V$，负载电阻 $R_L = 40\Omega$，滤波电容 $C = 1000\mu F$，若用直流电压表测量负载两端电压 U_o，则出现以下数值，试说明哪些是正常的，哪些出现故障，并指出是什么故障？为什么？

（1）$U_o = 28V$。
（2）$U_o = 24V$。
（3）$U_o = 18V$。
（4）$U_o = 9V$。

4-19 电路如图4-17所示,已知$U_Z=3V$,$R_1=R_2=3k\Omega$,电位器$R_p=10k\Omega$,问:(1)输出电压U_o的最大值、最小值各为多少?(2)如果将VT_2的集电极电阻R_4改接到输出端U_o(VT_1的发射极),电路能否正常工作,为什么?

4-20 某一整流滤波稳压电路如图4-32所示。(1)求输出电压U_o;(2)若W7812的芯片压降$U_{12}=3V$,求输入电压U_i;(3)求变压器二次电压有效值U_2。

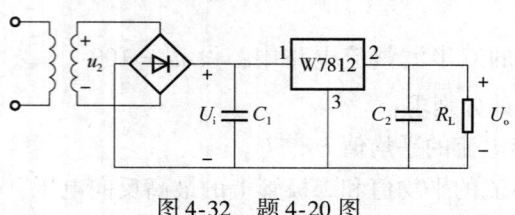

图 4-32 题 4-20 图

4-21 在串联降压斩波电路中,已知输入电压$U_i=200V$,$T_{on}=20\mu s$,$T_{off}=30\mu s$,计算输出电压平均值U_o。

第二篇

数字电子技术

第 5 章　数字逻辑基础和门电路

数字电路也叫作逻辑电路,分为组合逻辑和时序逻辑两大类型。门电路是最简单的组合逻辑电路,也是最基本的逻辑单元电路,用门电路可以构成各种功能复杂的组合逻辑和时序逻辑电路。本章首先从应用的角度介绍逻辑代数的基础知识,依次讨论数字系统中数的表示方法、几种常用的编码、逻辑代数的基本概念和基本理论;然后介绍各种类型和各种逻辑功能的门电路,说明逻辑函数的基本表示形式及其化简,应用逻辑代数对组合逻辑电路进行分析研究。

5.1　数字电路基础

5.1.1　脉冲信号和数字电路

电子电路中的电压和电流有两种不同的形式,一种叫作模拟信号,用来模拟各种物理量如温度、压力、流量、速度等,它们和这些物理量一样,是随时间连续变化的,其量值代表物理量的大小,所以对模拟信号关心的是其量值;另一种叫作数字信号,不随时间连续变化,是离散的,一般为矩形脉冲,对数字信号重点关心信号的有无及其脉冲个数,其量值的大小在规定的范围内即可。

处理模拟信号的电路称为模拟电路,如各种放大器及正弦波振荡器等,都是模拟电路。数字电路是用来处理数字信号的电路。在模拟电路中,晶体管始终工作在放大区,绝不允许进入饱和区或截止区,否则输出信号将出现严重的非线性失真,但数字电路中则相反,晶体管只能工作在开关状态,即饱和或截止,其电路作用相当于一个开关。

数字电路的一个重要应用领域是数字式电子计算机及各种数字装置,由于数字设备调整灵活方便,精度高、稳定可靠,所以在非电量的量测、计时仪器及自动控制等领域,也越来越多地采用数字装置。

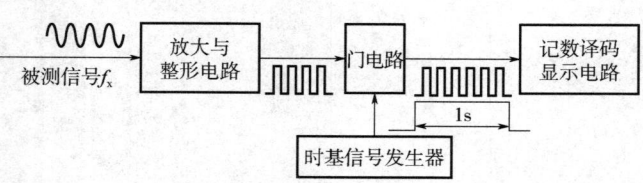

图 5-1　数字式频率计的结构原理

图 5-1 所示为数字式频率计的结构原理,被测信号可以为任意波形,其频率设为 f_x。首先,由放大与整形电路将其放大并变换为同频率的矩形波,然后送到门电路的一个输入端;时基信号发生器产生宽度为 1s 的矩形脉冲,称为秒信号,加到门电路的另一个输入端,用以控制门电路的打开和关闭。在秒信号期间,门电路打开,整形为矩形波的被测信号通过门电路,由计数器累计其个数,并由数字显示电路显示,1s 后,门电路关闭,计数器记录的脉冲个数,即被测信号在 1s 内重复的次数,就是被测信号的频率。数字式频率计测量精度极

高，测量结果直接以数字形式显示，使用非常方便。

1. 脉冲信号

图 5-2 所示的脉冲信号是数字电路通常处理的矩形脉冲和尖脉冲信号，也称脉冲信号。脉冲信号是指在短促的时间内，出现的突然变化的电压或电流，"脉冲"这个词包含脉动和短促的意思。矩形脉冲信号常用二值量信息表示，即用逻辑信号"1"或"0"来表示信号的状态，反映在电路上就是高电平或低电平两种状态。

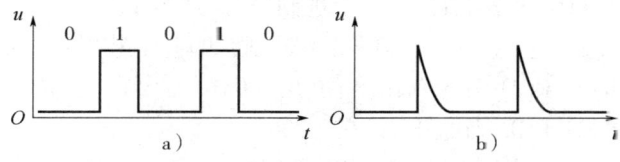

图 5-2 矩形脉冲和尖脉冲信号

2. 数字电路的分类

1）按电路组成结构数字电路可分为分立元件电路和集成电路两类。

2）按电路的逻辑功能数字电路可分为组合逻辑电路和时序逻辑电路，另外脉冲波形的产生与变换电路也属于数字电路的一部分。数/模（D/A）转换电路和模/数（A/D）转换电路则是由模拟电路和数字电路结合而成的。

数字集成电路正朝着超大规模、超低功耗、超高速度和可编程的方向发展。

5.1.2 数字电路的特点

数字电路是数字逻辑关系的物理实现方法之一，也是现代电子技术的重要组成部分。数字电路只能处理数字信号。数字逻辑是研究用数字方式表示逻辑关系的学科。

数字电路的特点：

1）工作信号是离散的，因此电路中工作的半导体管多数工作在开关状态。如二极管工作在导通和截止状态，晶体管工作在饱和和截止状态。数字电路在作为数值计数和运算电路时采用二进制数，每一位只有 1 和 0 两种可能。

2）数字电路是利用信号（脉冲）的有无来代表和传输 1 和 0 这样的数字信息的，幅度较小的干扰不能改变信号的有无，因此其抗干扰能力强。

3）研究对象是输入和输出的逻辑关系，因此主要的分析工具是逻辑代数，表达电路的功能主要是真值表、逻辑表达式及波形图等。

4）电路结构简单、功能强、功耗低、集成度高、成本低。

5）数字信号更便于存储，使得巨量信息资源能得以保存和传输。

6）数字电路的分析方法不同于模拟电路，其重点在于分析各种数字电路输出与输入之间的相互关系，即逻辑关系。

5.1.3 数制

数制是进位计数制。数字电路中常用的数制有二进制、十进制、八进制、十六进制，用后缀 B、D、Q、H 或 2、10、8、16 来区别。

对于任意 R 进制数存在共有规律：

1) 一个确定的基数 R，且逢 R 进一。
2) 有 R 个有序的数字符号和一个小数点，数码 K_i 从 $0 \sim (R-1)$。
3) 每一个数位均有固定的含义，称权 R^i，不同数位其权 R^i 不同。
4) 进位制数均可写成按权展开式，式中每一项为该位的数码 K_i 和该位的权 R^i 的乘积。

一个数从一种数制表示形式转换成等值的另一种数制表示形式称为数制转换，其实质为权值转换。相互转换的原则是转换前、后两个有理数的整数部分和小数部分必定分别相等。

常用的有自然二进制码、格雷码、二-十进制码等。二-十进制编码（Binary Coded Decimal Codes）简称 BCD 码。它用二进制代码对十进制数的各个数码进行编码。二-十进制编码有很多，最常用的是 8421 BCD 码（有权码）、余三码（无权码），同一个十进制数所对应的余三码等于所对应的 8421 BCD 码加 0011（3）。

日常生活中人们习惯使用十进制计数，它是用 0~9 共 10 个数字符号表示一个任意大小的数，数的每一位都是十个数字符号中的某一个，进位法为低位满十向高位进一，即逢十进一。但十进位计数制不是唯一的计数制，如钟表上时针和秒针分别采用的是十二进制和六十进制，计算机及数字装置中广泛采用二进制，它是用 0 和 1 两个数字符号来表示一个任意大小的数，进位法则为逢二进一。

十进制平时使用很方便，但在计算机中应用却非常困难，因为在计算机中，所有信息都是用电位的高低来表示的，若采用十进制，为了表示 0~9 共 10 个数字符号，需要设置 10 种大小不同的电平，且要求它们相当准确和稳定，否则，就会使它们表示的数字符号发生混淆，而且处理这样的信号也是十分困难的。若采用二进制，因只有 0 和 1 两个数字符号，只用两种电平即可表示，处理这样的信号也非常简单，所以在计算机及数字装置中，都采用二进制。

在各种进位制数中，同一个数字符号在不同位表示不同的量值大小，如十进制数 9999，同一个数字符号 9，在各位表示的量值由右至左依次为九个、九十、九百、九千，这里的个、十、百、千在数学上称为十进制数的权，表示为进位制基数 10 的幂的形式，依次为 10^0、10^1、10^2、10^3。再如一个二进制数 1111，同一个数字符号 1，在各位表示的量值由右至左依次等于十进制数 1、2、4、8，即二进制数的权，由低位至高位以进位制基数 2 的幂的形式表示，依次为 2^0、2^1、2^2、2^3。

1. 二进制转换成十进制

利用二进制数的按权展开式，可以将任意一个二进制数转换成相应的十进制数。

【**例 5-1-1**】将 $(10011.101)_2$ 转换成十进制数。

解：$(10011.101)_2 = 1 \times 2^4 + 0 \times 2^3 + 0 \times 2^2 + 1 \times 2^1 + 1 \times 2^0 + 1 \times 2^{-1} + 0 \times 2^{-2} + 1 \times 2^{-3} = (19.625)_{10}$

2. 十进制转换成二进制

（1）整数部分的转换　除基取余法：用目标数制的基数（$R=2$）去除十进制数，第一次相除所得余数为目的数的最低位 K_0，将所得商再除以基数，反复执行上述过程，直到商为"0"，所得余数为目的数的最高位 $K_n - 1$。

【**例 5-1-2**】将十进制数 29 转换成二进制数。

解：$(29)_{10} = (11101)_2$

（2）小数部分的转换　乘基取整法：小数乘以目标数制的基数（$R=2$），第一次相乘结果的整数部分为目的数的最高位 $K-1$。将其小数部分再乘以基数依次记下整数部分，反复进行下去，直到小数部分为 "0"，或满足要求的精度为止（即根据设备字长限制，取有限位的近似值）。

【例 5-1-3】 将十进制数 $(0.723)_D$ 转换成二进制数，要求保留到小数点后第六位。

解：$(0.723)_{10} = (0.101110)_2$

3. 二进制与十六进制之间的转换

从小数点开始，将二进制数的整数和小数部分每 4 位分为一组，不足 4 位的分别在整数的最高位前和小数的最低位后加 "0" 补足，然后每组用等值的十六进制码替代，即得目的数。

【例 5-1-4】 将二进制数 1011101.101001 转换成十六进制数。

解：$(1011101.101001)_2 = (5D.A4)_{16}$

一个任意进制数的量值 N，等于各数字符号和它所在位的权的乘积之和；对于一个 n 位二进制数则有

$$N = \sum_{i=0}^{n-1} a_i 2^i = a_{n-1} 2^{n-1} + \cdots + a_i 2^i + \cdots + a_1 2^1 + a_0 2^0 \tag{5-1}$$

例如二进制数 1101 的量值为

$$N = 1 \times 2^3 + 1 \times 2^2 + 0 \times 2^1 + 1 \times 2^0 = 13$$

计算机等数字装置仅能识别由高、低电位表示的 0 和 1 两个数字符号，所以所有信息（数据、符号、操作命令等）都必须用若干位二进制数码表示，叫作代码。

【思考题】

5-1-1　晶体管在模拟电路和数字电路中的工作状态有何不同？

5-1-2　在计算机和数字装置中为什么采用二进制而不采用人们熟悉的十进制？

5-1-3　什么是 BCD 码？

5.2　基本逻辑关系及其门电路

逻辑门电路是数字电路中最基本的逻辑单元。门电路的输入和输出之间存在一定的逻辑关系（因果关系），所以门电路又称为逻辑门电路。

逻辑变量取值逻辑 0、逻辑 1。逻辑 0 和逻辑 1 不代表数值大小，仅表示相互矛盾、相互对立的两种逻辑状态。

基本逻辑关系为 "与" "或" "非" 3 种。

1) "与" 逻辑关系为：一个事件的有关条件全部具备时，该事件才能发生。图 5-3a 中，只有当 A、B 两个开关全部闭合时，灯 F 才亮，可见灯亮这个事件的发生和两个开关闭合的条件之间为 "与" 逻辑关系。

二输入 "与" 逻辑的逻辑表达式为

$$F = A \cdot B$$

也可以省略变量之间的"·",即

$$F = AB$$

2)"或"逻辑关系为:当一个事件的有关条件至少具备一个时,事件就会发生,"或"是指这个或那个条件。图 5-3b 中的两个开关 A、B 为并联关系,即只要有一个开关闭合,灯就能点亮。把灯亮这个事件的发生和两个开关闭合条件之间的逻辑关系称为"或"逻辑关系。

二输入"或"逻辑的逻辑表达式为

$$F = A + B$$

3)所谓"非"逻辑,即否定之意。图 5-3c 中,开关 A 闭合,灯则熄灭,开关 A 不闭合灯才亮,则灯亮与开关 A 闭合之间为"非"逻辑关系。

"非"逻辑的逻辑表达式为

$$F = \overline{A}$$

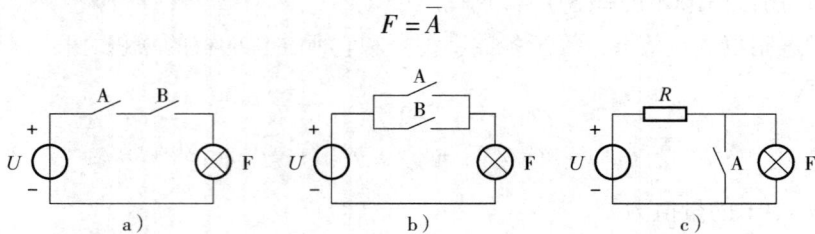

图 5-3 用开关构成的逻辑电路
a)与逻辑 b)或逻辑 c)非逻辑

门电路是一种最简单、最基本的数字电路,它对脉冲信号有控制作用,另外门电路又是构成其他较复杂的数字电路的基础。

门电路,顾名思义,其作用就像一个门,在满足一定条件时,门电路打开,允许信号通过,而当条件不满足时,门电路关闭,信号不能通过。

门电路是否打开,有无输出信号,这个结果是由输入信号的情况决定的,输入信号反映了门电路打开的条件,这种条件与结果间的因果关系即逻辑。门电路的输出信号和输入信号间具有一定的逻辑关系,故也称为逻辑门电路。门电路主要有与门、或门、非门、与非门、或非门、异或门等。

5.2.1 与门电路

图 5-4 所示为实用的二输入端与门电路和与逻辑符号。

当两个输入端均为低电位(如为 0V)时,二极管 VD_A、VD_B 全部导通,电流由 12V 电源经电阻 R、二极管 VD_A、VD_B 及各自信号源到地,若忽略二极管正向压降,则有

$$V_F = V_A = V_B = 0V$$

输出为低电位。

若至少有一个输入端(如 A)为低电位,其余为高电位(如为 3V),则电流由 12V 电源经 R、VD_A 及 A 端信号源到地,于是有

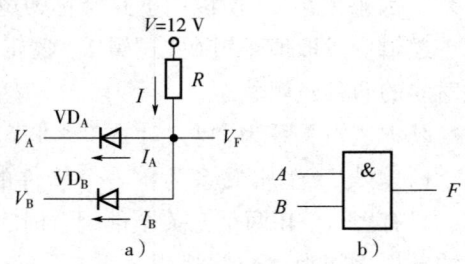

图 5-4 二输入端与门电路和与逻辑符号
a)二输入与门电路 b)二输入与逻辑符号

$$V_F = V_A = 0\text{V}$$

输出为低电位。二极管 VD_B 因反向偏置而截止。

若全部输入端为高电位，两个二极管均导通，电流流向与第一种情况相同，于是有

$$V_F = V_A = V_B = 3\text{V}$$

输出为高电位。

上述分析表明，只有当所有输入端为高电位时，输出才为高电位，则输出与输入间为与逻辑关系。

为便于分析，一般用数字符号 1 表示输入和输出的高电位，用 0 表示输入和输出的低电位，则与门的逻辑关系可概括为：只有当与门的所有输入端全为 1 时，输出才为 1，只要有一个输入端为 0，输出就是 0。

5.2.2 或门电路

图 5-5 所示为实用的二输入端或门电路和或逻辑符号。

A、B 两个输入端中只要有一个（如 A）为高电位（如 $V_A = 3\text{V}$），其余为低电位（0V），则二极管 VD_A 导通，电流由 A 端信号源经 VD_A、R 到 -12V 电源，若忽略 VD_A 的压降，则有

$$V_F = V_A = 3\text{V}$$

输出为高电位。此时因 $V_B = 0\text{V}$，二极管 VD_B 反向偏置而截止。

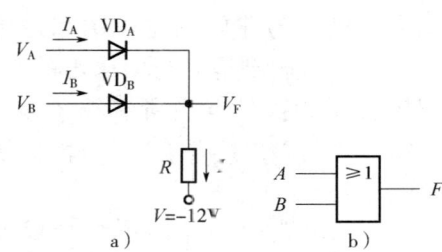

图 5-5 二输入端或门电路和或逻辑符号
a) 二输入或门电路 b) 二输入或逻辑符号

若两个输入端均为高电位，不难分析，输出仍为高电位。只有当两个输入端全为低电位时，二极管 VD_A、VD_B 都导通，则有

$$V_F = V_A = V_B = 0\text{V}$$

输出为低电位。

同样，用 1 表示输入和输出的高电位，用 0 表示低电位，或门的逻辑关系可概括为：当不少于一个输入为 1 时，输出为 1，只有当所有输入全为 0 时，输出才为 0。

5.2.3 非门电路

非门又叫作反相器，即输入与输出反相。图 5-6 所示为非门电路和非逻辑符号。

当 A 端输入为高电位时，适当选择 R_1、R_2 的比例，可使晶体管有足够大的基极电流而饱和，若忽略晶体管的饱和压降则有

$$V_F = 0\text{V}$$

输出为低电位，与输入相反。

当输入端为低电位时，$-V_{BB}$ 由 R_1、R_2 分压，晶体管基极为负电位，发射结反偏而截止，故有

$$V_F = V_{CC}$$

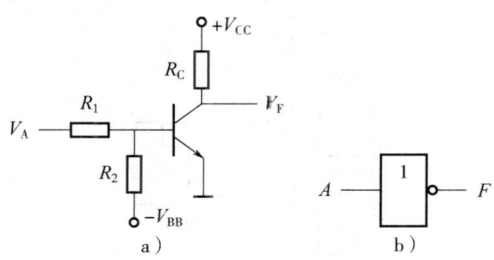

图 5-6 非门电路和非逻辑符号
a) 非门电路 b) 非逻辑符号

输出为高电位，与输入相反。

【例 5-2-1】分析图 5-7 所示门电路对脉冲信号的控制作用。

解：脉冲信号加到与门输入端 A，控制信号加到与门输入端 B，只有当 A、B 端输入全为高电位时，输出端 F 才为高电位，即只有当控制信号 V_B 为高电位时，与门才打开，才允许脉冲信号通过。

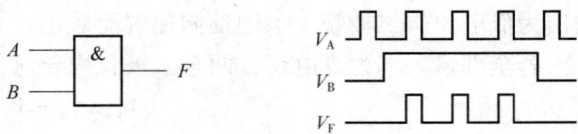

图 5-7 门电路对脉冲信号的控制作用

5.2.4 复合逻辑门电路

由 3 种基本门电路可以组合成多种复合门电路，如将与门的输出端接到非门的输入端，如图 5-8a 所示，即与非门，图 5-8b、c 分别为三输入与非门的逻辑图和逻辑符号。与非门的输出是对与门输出的否定，故逻辑关系为：只有当所有输入全为 1 时，输出才是 0，只要有一个输入为 0，输出就是 1。

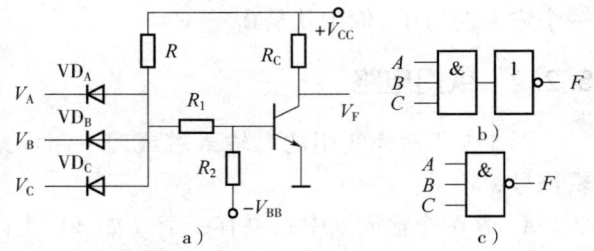

图 5-8 三输入复合门电路
a) 与非门电路 b) 逻辑图 c) 逻辑符号

同理，由或门和非门可组合成或非门，逻辑图和逻辑符号如图 5-9 所示。逻辑关系为：只要不少于一个输入为 1，输出就是 0，只有当所有输入全为 0 时，输出才是 1。

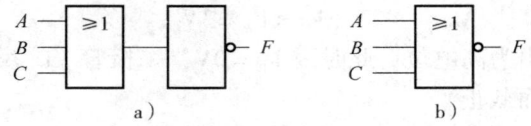

图 5-9 或非门逻辑图和逻辑符号
a) 逻辑图 b) 逻辑符号

用与门、或门及非门可组合成更复杂的与或非门，逻辑图如图 5-10 所示。根据 3 种基本门电路的逻辑关系不难得到与或非门的逻辑关系为：当不少于一个与门的所有输入全为 1 时，输出为 0，否则输出为 1。

用与、或、非门还可组合成异或门，如图 5-11 所示。异或门的逻辑关系为：当 A、B 两输入相同时，两个与门的输出总是 0，故或门输出 F 为 0；当 A、B 不同时，总有一个与门输出为 1，故或门输出为 1。

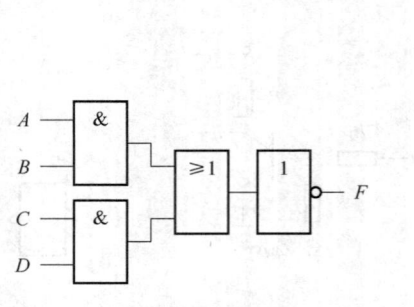

图 5-10 与或非门逻辑图

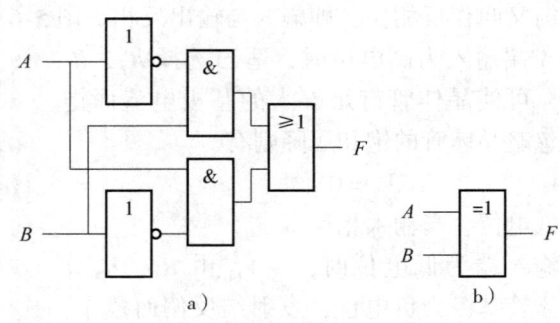

图 5-11 异或门逻辑图及逻辑符号
a) 逻辑图 b) 逻辑符号

【思考题】

5-2-1 基本门电路分为哪几种?
5-2-2 说明基本门电路的输出信号和输入信号间具有怎样的逻辑关系。

5.3 TTL 门电路

前面讨论的是由单个元器件构成的门电路，称为分立元器件门电路。利用半导体集成工艺可将一个或多个完整的门电路集成在同一块硅片上，成为集成门电路，由于其体积小、功耗低、速度快、可靠性高，故取代分立元器件门电路而获得广泛的应用。

集成门电路主要有以下几种类型：
1）二极管-晶体管逻辑（DTL）集成电路。
2）晶体管-晶体管逻辑（TTL）集成电路。
3）高阈逻辑（HTL）集成电路。
4）射极耦合逻辑（ECL）集成电路。
5）P 沟道金属-氧化物-半导体（PMOS）场效应晶体管逻辑集成电路。
6）N 沟道金属-氧化物-半导体（NMOS）场效应晶体管逻辑集成电路。
7）互补型金属-氧化物-半导体（CMOS）场效应晶体管逻辑集成电路。

前 4 种以普通双极型晶体管为开关元件，称为双极型电路，后 3 种以场效应晶体管为开关器件，称为 MOS 电路。

DTL 电路是最早出现的集成电路，内部电路和分立元器件与非门、或非门相似，由于其速度低、集成度不高已基本被淘汰；HTL 电路抗干扰能力强，但开关速度低、功耗大、集成度不高，仅限于特殊场合使用；ECL 电路速度高，但功耗最大、集成度低，使用也不广泛；TTL 电路速度虽不及 ECL，但较 DTL 和 HTL 高得多，而功耗却比 ECL 小得多，是最广泛应用的双极型电路。MOS 电路的一个特点是易于大规模集成，尤其是 PMOS 电路，最早达到了大规模、超大规模集成度，另一特点是功耗低，尤其是 CMOS 电路可达微瓦级。MOS 电路一般速度较低，尤其是 PMOS 电路，工作频率一般在 1MHz 以下。MOS 电路产品以较大规模的数字集成电路为主。MOS 电路主要应用在要求重量轻、体积小、耗电省而对速度无特殊要求的场合，如微计算机、低速数控装置及模拟开关等。

1. TTL 集成门电路

TTL 系列是应用最广泛的双极型集成逻辑电路，它品种齐全，具有前面所述各种逻辑功能的门电路，其中，以与非门最常用。

（1）TTL 与非门电路 TTL 与非门的典型电路如图 5-12 所示。它的输入级是一个多发射极晶体管 VT_1，多个发射结及电阻 R_1 构成一个与门，每个发射极为与门的输入端。

多发射极晶体管 VT_1 的每个发射极和基极、集

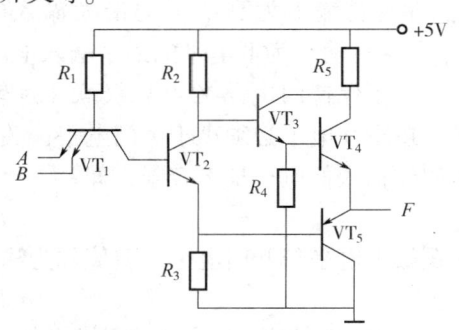

图 5-12 TTL 与非门的典型电路

电极都构成一个 NPN 型晶体管,当不少于一个发射极(例如 A)输入为低电平 0.3V 时,该发射结导通,+5V 电源经电阻 R_1 及 A 端信号源为 VT_1 提供基极电流,使其导通,VT_1 的集电极电流由 +5V 电源经电阻 R_2 及晶体管 VT_2 的集电结提供,因 VT_2 的集电结反向偏置,反向电流极小,所以 VT_1 的集电极电流远小于基极电流,故 VT_1 深饱和,管压降 $U_{CEA} \approx 0$,其集电极即 VT_2 的基极与输入端 A 等电位,约为 0.3V,该电位不足以使 VT_2、VT_5 的发射结导通,故 VT_2、VT_5 截止,等效电路如图 5-13a 所示。+5V 电源经电阻 R_2 为 VT_3、VT_4 组成的复合管提供基极电流,使其导通,故输出端 F 为高电位。

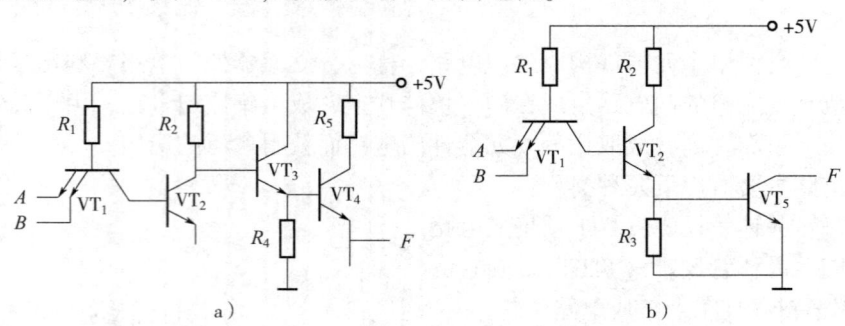

图 5-13 TTL 与非门等效电路
a)至少一个输入为低电平的等效电路 b)所有输入为高电平的等效电路

当所有输入全为高电平(如 3V)时,VT_1 基极电位被抬高,+5V 电源经电阻 R_1 及 VT_1 的集电结为 VT_2、VT_5 提供基极电流,使其饱和导通,故输出端 F 为低电位。此时,VT_2 的集电极电位等于 VT_2 的饱和压降与 VT_5 发射结正向压降之和,约为 1V,不足以使 VT_3、VT_4 同时导通,因而 VT_4 截止,等效电路如图 5-13b 所示。此时,VT_1 基极电位等于 3 个 PN 结(VT_1 集电结及 VT_2、VT_5 的发射结)正向压降之和,约为 2.1V,所以多发射极晶体管 VT_1 的所有发射结都反偏而截止,使输入信号与电路隔离。

由以上分析可知,当不少于一个输入为低电位时,输出为高电位,而当所有输入全为高电位时,输出为低电位,所以输出与输入之间具有与非逻辑关系。

(2)TTL 电路的电压传输特性 门电路的电压传输特性是指输出电压 u_o 与输入电压 u_i 之间的关系,如图 5-14 所示。当 $u_i \leq U_{OFF}$ 时,输出为高电平 U_{OH},U_{OH} 是输出高电平的下限值;当 $u_i \geq U_{ON}$ 时,输出为低电平 U_{OL},U_{OL} 是输出低电平的上限值,所以 U_{OFF} 是保持输出为高电平的最大输入电压,称为关门电平,而 U_{OH} 是保持输出为低电平的最小输入电压称为开门电平。

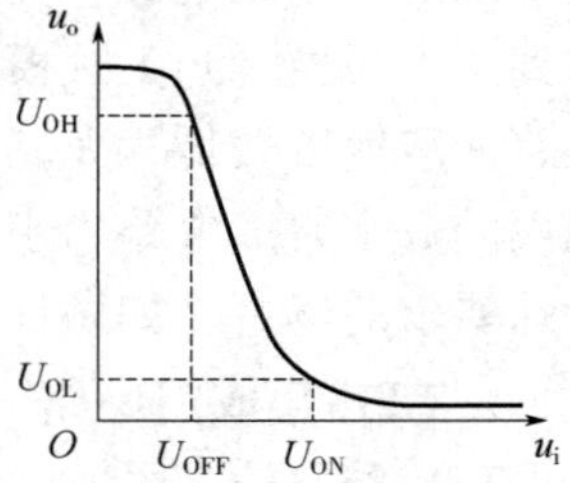

为了保持门电路的可靠级联,逻辑 1 电平必须大于开门电平,逻辑 0 电平必须小于关门电平,关门电平与逻辑 0 电平之差值叫作输入低电平噪声容限,即

图 5-14 TTL 电路的电压传输特性

$$U_{NL} = U_{OFF} - U_{OL}$$

而逻辑 1 电平与开门电平之差值称为输入高电平噪声容限,即

$$U_{NH} = U_{OH} - U_{ON}$$

噪声容限体现了门电路抗干扰能力的大小,当输入信号中叠加的干扰信号幅值小于噪声容限时,不会引起门电路输出状态的改变而造成逻辑错误,可见噪声容限越大,抗干扰能力越强。

TTL 门电路的一组数据如下：

关门电平：$U_{OFF} = 0.8V$。

开门电平：$U_{ON} = 1.8V$。

输出高电平的下限值：$U_{OH} = 3.2V$。

输出低电平的上限值：$U_{OL} = 0.35V$。

输入低电平噪声容限：$U_{NL} = 0.8 - 0.35 = 0.45V$。

输入高电平噪声容限：$U_{NH} = 3.2 - 1.8 = 1.4V$。

74 系列 TTL 数字逻辑电路是国际上最通用的标准电路，品种共分六大类，74××为最普通的标准型（××表示序列号），74S××为肖特基型，74LS××为低功耗肖特基型，74AS××为先进肖特基型，74ALS××为先进低功耗肖特基型，74F××为高速型，只要序列号相同，逻辑功能就完全相同。

通常将多个独立的门电路集成在一个芯片内，图 5-15 所示为 2 输入端四与非门 74LS00 的引脚图。

（3）集电极开路的 TTL 门电路（CC 门） 集电极开路的门电路是一种特殊的 TTL 集成门电路。图 5-16 所示为与非（OC）门的电路和逻辑符号，与图 5-12 所示普通与非门电路的不同在于去掉了复合管 VT_3、VT_4，使输出端 F 处于开路状态，工作时，必须在输出端 F 外接负载和正电源。该电路的工作原理与图 5-12 所示普通与非门电路基本相同。

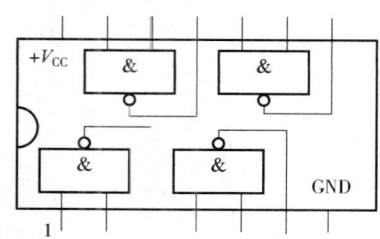

图 5-15 74LS00 引脚图

OC 门有其特殊的应用价值，一种应用是可以直接驱动高电压、小电流的负载。在图 5-16 中，负载 R_L 可以是一个继电器、电磁阀等设备的线圈，也可以是一个用作指示灯的发光二极管等，使用灵活方便。电源 V 的电压由所连接负载的额定电压决定。

OC 门的另一种应用是可以将几个门的输出端直接相连而实现线与，如图 5-17a 所示，由图 5-17b 可知，任何一个门的输出晶体管饱和导通都会使输出 F 为低电平，只有当所有门的输出晶体管都截止时，输出 F 才是高电平，这样就实现了多个与非门输出间的与逻辑。

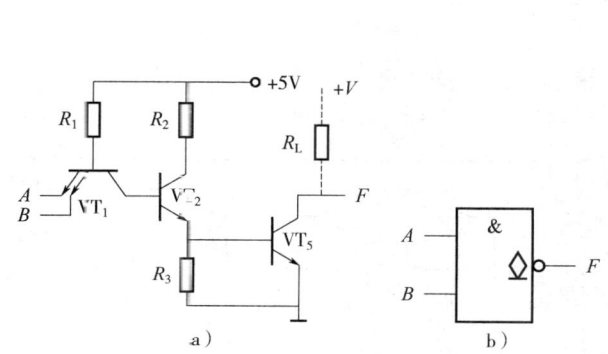

图 5-16 集电极开路与非（OC）门的电路和逻辑符号
a) 电路 b) 逻辑符号

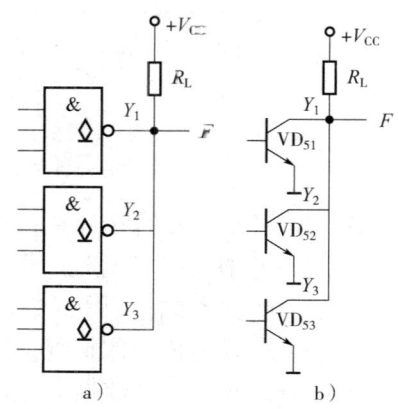

图 5-17 多个与非门输出间的与逻辑图
a) OC 线与门电路 b) 与逻辑等效电路

(4) 三态门 三态门是 TTL 数字逻辑电路中另一类电路结构和功能比较特殊的门电路，它除了具有逻辑 1 和逻辑 0 两种通常的输出状态外，还有第三种高阻输出状态，当处于高阻状态时，输出端相当于悬空。图 5-18a 所示为三态与非门的逻辑符号，A、B 为数据输入端，F 为输出端，这与普通门电路相同，不同点在于多了一个控制（使能）端 EN。当控制信号 $E=1$ 时，输出与输入间的逻辑关系与普通与非门相同（使能）；而当 $E=0$ 时，输出为高阻状态，称为 1（高电平）使能。也可以让控制信号 $E=0$ 时，输出与输入间具有与普通与非门相同的逻辑关系（使能）；而当 $E=1$ 时，输出为高阻状态，称为 0（低电平）使能。

常用的三态门还有三态非门和三态缓冲器，0（低电平）使能的三态非门和三态缓冲器逻辑符号如图 5-18b、c 所示。图中 EN 控制端的小圆圈即表示 0（低电平）使能。

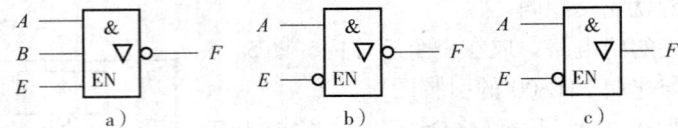

图 5-18 三态门逻辑符号
a) 三态与非门 b) 三态非门 c) 三态缓冲器

将两个三态非门或三态缓冲器反向并联可构成三态收发器，它可以控制信号的双向传输，中规模集成组件三态 8 路总线收发器 74LS245 的引脚如图 5-19a 所示，$A_0 \sim A_7$ 和 $B_0 \sim B_7$ 为 8 路数据输入和输出。图 5-19b 所示为其中一路的内部逻辑图，G 为使能（选通）控制端，低电平有效，即当 $G=0$ 时使能。DIR 为方向控制端，当 DIR$=0$ 时，传输方向为 $B \rightarrow A$；而当 DIR$=1$ 时，传输方向为 $A \rightarrow B$。

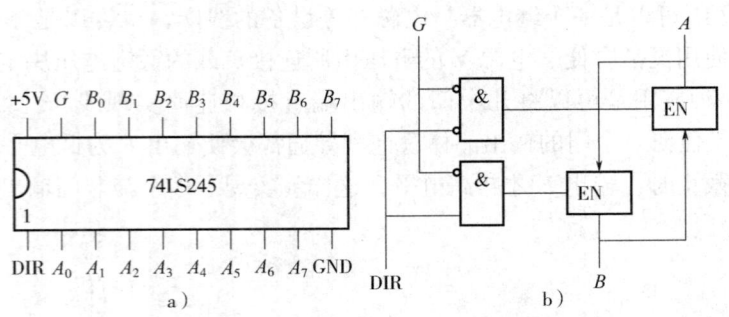

图 5-19 74LS245 引脚图与内部逻辑图
a) 74LS245 的引脚图 b) 74LS245 其中一路的内部逻辑图

三态门和三态收发器在计算机中应用十分广泛，它可以使多个数据在同一组导线（称为总线）上分时传输，图 5-20 所示为一位数据在一条总线上传输的情况。当需要传输某个数据时，只要使该数据的三态门的控制端为 0（低电平），使其处于工作（使能）状态，同时使其他数据的三态门的控制端为 1

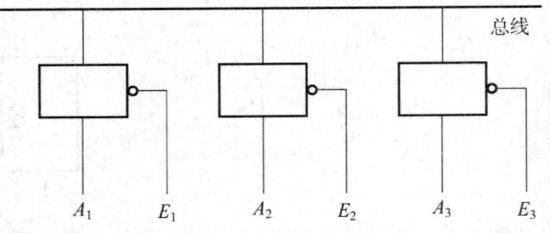

图 5-20 一位数据在一条总线上传输的逻辑图

（高电平），使它们处于高阻（非使能）状态，即可将该数据经总线传送。需注意一点，几个数据只能分时占用总线，即在任何时候，只能使其中一个三态门处于使能状态。

2. 集成门电路多余输入端的处理

TTL 门电路多余输入端悬空相当于接高电平 1 态，而 MOS 门电路多余输入端不允许悬空。在实际应用中，各种集成门电路多余输入端一般都不允许悬空，应根据不同的门电路，进行正确的处理，否则会引入干扰信号。

1）对与门、与非门电路，应将多余输入端接正电源（$+V_{CC}$）。
2）对或门、或非门电路，应将多余输入端接地（0V）。
3）如果前级电路有足够的驱动能力，也可以将多余输入端与接有信号的输入端连在一起。

【思考题】

5-3-1 当 TTL 与非门输入端悬空时，相当于输入 1 还是输入 0？为什么？
5-3-2 TTL 与非门多余的输入端应该如何处理？悬空、接高电平还是接低电平？
5-3-3 TTL 系列中的 OC 门有哪些特殊应用？
5-3-4 三态门的输出有几种状态？何为低电平有效，何为高电平有效？
5-3-5 简述三态门在总线控制方面的应用。

5.4 CMOS 门电路

MOS 电路具有以下特点：制造工艺简单、成品率高、功耗低。MOS 集成电路主要包括 NMOS、PMOS 以及由 PMOS 和 NMOS 两管组成的互补型 CMOS 电路。目前应用最为广泛的是 CMOS 电路。

1. CMOS 反相器组成及原理

如图 5-21 所示，输入低电平时，$U_A = 0V$，$U_{GS1} < U_{T1}$，VF_1 导通，VF_2 截止输出高电平 $U_{OH} \approx V_{DD}$。输入高电平时，$U_A = V_{DD}$，VF_1 截止，VF_2 导通输出低电平 $U_{OL} \approx 0V$。实现逻辑非功能，$F = \overline{A}$。

2. CMOS 传输门（TG）

CMOS 传输门（TG）电路和逻辑符号如图 5-22 所示。

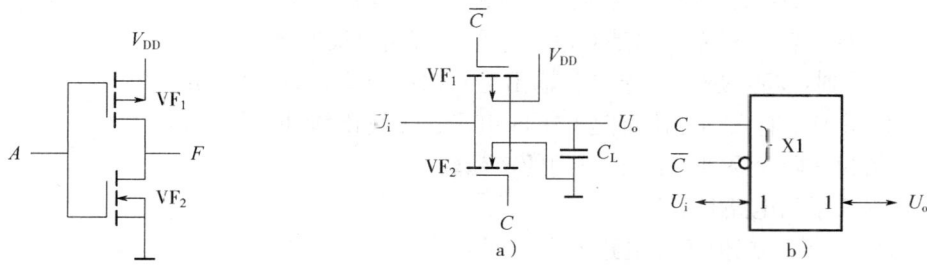

图 5-21　CMOS 反相器　　　　图 5-22　CMOS 传输门（TG）
　　　　　　　　　　　　　　　a）TG 电路　b）TG 逻辑符号

信号特点：CMOS 传输门的输出与输入端可以互换。一般输入电压变化范围为 $0 \sim V_{DD}$，控制电压为 0 或 V_{DD}。CMOS 传输门与 CMOS 反相器一样，也是构成各种逻辑电路的一种基本单元电路。传输门的导通电阻为几百欧，截止电阻达 50MΩ 以上，平均延迟时间为几十至几百纳秒。

VF_1 为 NMOS 管，VF_2 为 PMOS 管，开启电压分别为 U_{T1}、U_{T2}，设 $V_{DD} > (U_{T1} + |U_{T2}|)$，$VF_1$ 和 VF_2 的参数对称，有一对互补的电压控制信号，CL 为负载电容。

工作原理：

1) C 门控信号为低电平时，VF_1、VF_2 截止，传输门相当于开关断开。C_L 上电压保持不变，传输门可以保存信息。

2) C 门控信号为高电平时，VF_1、VF_2 中至少有一只管子导通，使 $U_o = U_i$，相当于开关闭合，传输门传输信息。

结论：传输门（TG）相当于一个理想的双向开关。

与 TTL 集成电路一样，CMOS 集成电路还有或非门、与非门、异或门、三态输出等逻辑门电路。常用 CMOS 集成电路有 4000 系列和高速系列，高速的主要有 74HC/HCT 系列，其他还有 74AC/ACT 系列、74LVC 系列和 74ALVC 等。不同的系列都有各自的特点，除了 4000 系列以外，CMOS 集成系列也都采用了 TTL 的标志号命名方式，只要型号中最后的几位数字代码相同，它们的逻辑功能都是相同的。其中 74HCT 系列和 74ACT 系列和传统的 TTL 电路兼容，工作速度也接近 TTL 电路，且同时具备 CMOS 电路的特点，在许多领域已取代了 TTL 电路。CMOS 4000 系列 IC 虽然以其低功耗、高抗干扰能力等独特的优点和完整的系列产品，受到用户的普遍欢迎，发展也相当迅速，但是它的工作速度低，应用范围受到一定限制。

在 CMOS 4000 系列 IC 基础上的改进型电路有高速 CMOS 和双极型 CMOS 电路，这两种改进型 CMOS 集成电路的出现是 CMOS 集成电路最重要的突破，改进型 CMOS 集合了 CMOS 和 TTL 的优点。

CMOS 4000 系列集成电路于 20 世纪 60 年代开发，70 年代逐步完善，由于受到当时工艺条件的限制，该系列用金属栅工艺制造，因此在 MOS 管各极之间存在着较大的寄生电容，这些寄生电容的存在降低了 MOS 管的开关速度。

高速 CMOS 集成电路从工艺上做了改进：①采用硅栅工艺制造；②尽可能地减小沟道的长度；③缩小 MOS 管的尺寸。使高速 CMOS 的寄生电容减小，高速 CMOS 的开关速度达到标准 4000 系列的 8~10 倍。

高速 CMOS 集成电路有 3 个系列，分别为：

1) HC 系列：输入和输出都是 CMOS 电平，有输出缓冲级。

2) HCT 系列：输入是 TTL 电平，输出是 CMOS 电平，且有输出缓冲级。

3) HCU 系列：输入和输出都是 CMOS 电平，无输出缓冲。

多数产品为前两个系列，HCU 系列的产品较少。

高速 CMOS 系列电路具有以下特点：

1) 有简单门到大规模集成电路的全系列产品。

2) 器件功能、器件引脚与 TTL 74 系列相同。

3) 电源电压和工作温度范围宽，功耗低，噪声容限高。

4) 高速 CMOS 门的典型传输延迟为 8~11.5ns，与 TTL 基本相同，比 CMOS 4000 系列提高一个数量级。

5) 相邻输入端之间电流耦合小，有助于在交通或重工业噪声环境中使用。

CMOS 集成电路的优缺点：

1) 静态功耗低。小规模 2.5~5μW；中规模 25~100μW。

2) 集成度高、温度稳定性好。

3) 抗辐射能力强。MOS 管是多数载流子受控导电器件，射线辐射对多数载流子浓度影响不大。

4) 电源利用率高。逻辑摆幅约等于电源电压，使电源电压得到充分利用。

5) 扇出系数大。

6) 电源取值范围宽。74HC 系列电源范围为 3~18V，74C 系列为 7~15V。

7) 易受静态干扰。由于输入阻抗高，容易受静电感应，因此在使用和存放时应注意静电屏蔽，焊接时电烙铁应接地良好。

CMOS 门电路不用的输入端不能悬空。低速场合可将多余的输入端和有用的信号端并联使用。

5.5 逻辑代数基础

逻辑代数也叫布尔代数，是由英国数学家乔治·布尔于 1847 年首先提出来的，后来应用于逻辑电路的分析，即将逻辑电路中各种复杂的逻辑关系用逻辑符号来表示，应用数字逻辑的方法进行处理，从而使逻辑分析与逻辑综合大大简化。

5.5.1 逻辑函数及其表示方法

逻辑代数虽然和普通代数一样，也用字母表示变量，但变量的含义却完全不同：普通代数中变量的取值具有数的概念，可以为 $-\infty \sim \infty$ 之间的任意值，有大小和正负之分，而逻辑代数中变量的取值只有 0 和 1 两种可能，并且这里的 0 和 1 仅仅是一种符号，代表着事物对立的两个方面，如灯的点亮和熄灭、开关的接通和断开、电位的高和低、晶体管的饱和和截止等。不具备数的概念，不能进行大小的比较，如不能说 1 大于 0，也不能进行数值的运算。为了和普通代数中的变量相区别，将其叫作逻辑变量，取值 0 和 1 分别叫作逻辑 0 和逻辑 1。

逻辑函数可以用逻辑表达式、真值表、逻辑图等多种形式表示。

1. 逻辑表达式

逻辑表达式是逻辑函数最常用的表达形式，但由基本定律可知，一个逻辑表达式可演化为多种形式，即描述同一逻辑函数的逻辑表达式不是唯一的。其中，有一种标准形式是非常重要的，在介绍标准形式之前，先介绍最小项的概念。

由 n 个变量可组合成许多个与项，在某些与项中，每个变量都以原变量或反变量形式出现一次，且仅出现一次，这些与项称为最小项。如二变量 A、B 的与项 AB、$A\bar{B}$、$\bar{A}B$、$\bar{A}\bar{B}$、$AB\bar{A}$、$AB\bar{A}$、AA、B、…中，只有前 4 个与项才是最小项。

每个变量都有原、反两种形式，分别对应于取值为 1 和为 0，n 个变量可有 2^n 种取值组合，所以共可组合成 2^n 个最小项。表 5-1 给出了三变量 A、B、C 的所有最小项，为便于研究，分别以 $m_0 \sim m_7$ 表示。

若某个逻辑函数是以最小项之和的形式表达，则称为正规与或形式。逻辑函数的一般表达式有无穷多种，但正规与或形式是唯一的。

利用公式 $A = AB + A\overline{B}$ 可将逻辑函数展开为正规与或形式：与项每增加一个变量，则一项分成两项，其一含有新增的原变量，其二含有新增变量的反变量。例如逻辑函数 $F = A + \overline{A}B$ 包含两个与项，其中 $\overline{A}B$ 是最小项，而 A 不含变量 B，若添上变量 B，则分成两项 AB 和 $A\overline{B}$，所以逻辑函数 $F = A + \overline{A}B$ 的正规与或形式为
$$F = \overline{A}B + A\overline{B} + AB$$

2. 真值表

将 n 个变量的 2^n 种可能的取值组合和相应的函数值列成一个表格，称为真值表。二变量 A、B 的常用逻辑函数的真值表见表 5-2、表 5-3。显然，真值表是逻辑函数最详尽的描述形式。

表 5-1 三变量最小项

变量取值 $A\ B\ C$	最小项	编号
0 0 0	$\overline{A}\,\overline{B}\,\overline{C}$	m_0
0 0 1	$\overline{A}\,\overline{B}\,C$	m_1
0 1 0	$\overline{A}\,B\,\overline{C}$	m_2
0 1 1	$\overline{A}\,B\,C$	m_3
1 0 0	$A\,\overline{B}\,\overline{C}$	m_4
1 0 1	$A\,\overline{B}\,C$	m_5
1 1 0	$A\,B\,\overline{C}$	m_6
1 1 1	$A\,B\,C$	m_7

表 5-2 二变量逻辑函数真值表

$A\ B$	$A \cdot B$	$A + B$	$\overline{AB}$	$\overline{A+B}$	$A\overline{B} + \overline{A}B$
0 0	0	0	1	1	0
0 1	0	1	1	0	1
1 0	0	1	1	0	1
1 1	1	1	0	0	0

表 5-3 逻辑非真值表

A	$\overline{A}$
0	1
1	0

对应于真值表中的每一种变量取值组合，可分别写出一个最小项，取值为 1 的变量以原变量表示，取值为 0 的变量以反变量表示，二者有一一对应的关系。

在列真值表时，通常将输入变量的取值组合按二进制数递增的顺序排列，这样可以避免遗漏和重复。将每种取值组合分别代入逻辑表达式，经逻辑运算得到函数值，填入表中即可建立逻辑函数的真值表。

将真值表中函数值为 1 的变量取值组合所对应的最小项做逻辑加，即可得到逻辑函数的正规与或形式，所以由逻辑函数的正规与或形式也可以直接建立真值表。

上述建立真值表的方法都比较麻烦，对于逻辑函数的与或形式，可以用下述比较简单的方法建立真值表：因为当每一个与项为 1 时，逻辑函数值都为 1，所以逐个考查与或式中的每一个与项，得到使该与项为 1 的条件，在真值表中相应行填上 1，而在剩下的行填上 0 即可。例如逻辑函数 $F = A + \overline{A}B$ 含有两个与项，显然使第一个与项 A 为 1 的条件是 $A = 1$，B 任意，所以可在满足 $A = 1$ 的行（10 和 11）填上 1，使第二个与项 $\overline{A}B$ 为 1 的条件是 $A = 0$ 且 $B = 1$，在相应的行（01）填上 1，其余行填上 0 即可得到逻辑函数 $F = A + \overline{A}B$ 的真值表，见表 5-4，即
$$F = A + \overline{A}B = A + B$$

表 5-4 $F = A + \overline{A}B$ 的真值表

$A\ B$	F
0 0	0
0 1	1
1 0	1
1 1	1

3. 逻辑图

将逻辑电路中的基本单元（如各种门电路）用其逻辑符号表示，即得到它的逻辑图。逻辑电路的输出与输入之间具有一定的逻辑关系，可以用一个逻辑函数来描述，可见逻辑电路的逻辑图也是逻辑函数的一种表达形式。

根据基本元器件（如各种门电路）的逻辑功能，由逻辑电路的输入到逻辑电路的输出，可以逐级写出逻辑电路的逻辑表达式。

【例 5-5-1】对于图 5-23 所示的逻辑图，写出其逻辑表达式。

解：由与非门的逻辑关系可知：

$$D = \overline{ABC}$$
$$E = \overline{BC}$$
$$F = \overline{DE} = \overline{\overline{ABC} \cdot \overline{BC}}$$

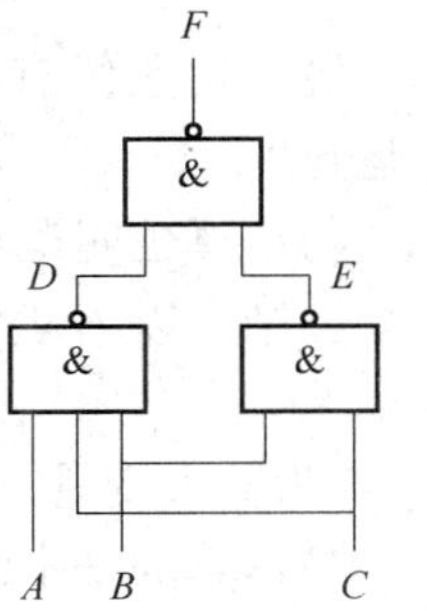

反之，任何一个逻辑函数也都可以用一个由门电路构成的逻辑电路来实现，但选用不同的门电路，实现方法和步骤也不相同。

当用基本门电路实现时，逻辑图可由逻辑表达式直接画出。

【例 5-5-2】对于逻辑函数 $F = \overline{ABC + \bar{D}}$，画出其逻辑电路图。

解：若用与、或、非门实现，则由逻辑表达式可直接画出图 5-24 所示的逻辑图。

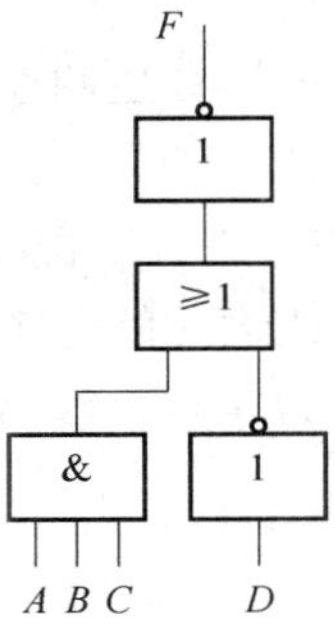

与非门是最常用的集成门，所以逻辑电路通常用与非门组成。下面通过例题讨论具体的实现方法。

【例 5-5-3】将与或逻辑表达式 $F = AB + BC$ 首先用基本门电路直接实现，然后转换为与非门实现。

解：用基本门电路直接实现如图 5-25a 所示。根据摩根定理，可得到

$$F = AB + BC = \overline{\overline{AB + BC}} = \overline{\overline{AB} \cdot \overline{BC}}$$

图 5-23 例 5-5-1 图

图 5-24 例 5-5-2 图

所以，可将与门和或门用与非门替换，得到图 5-25b，显然，这是全部用与非门组成逻辑电路。由此可知，采用摩根定理可以实现与或式到与非式的转换。

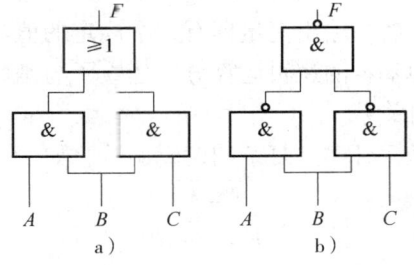

图 5-25 例 5-5-3 图

【例 5-5-4】用与非门实现与或逻辑表达式 $F = A\bar{B} + B\bar{C} + C\bar{A}$ 的逻辑关系。

解：根据摩根定理，有

$$F = A\bar{B} + B\bar{C} + C\bar{A} = \overline{\overline{A\bar{B} + B\bar{C} + C\bar{A}}} = \overline{\overline{A\bar{B}} \cdot \overline{B\bar{C}} \cdot \overline{C\bar{A}}}$$

用与非门实现的结果如图 5-26 所示。

与或式的每一个与项对应着一个与非门,与项的因子即为与非门的输入,再把各与非门的输出馈送到一个公共的与非门,该与非门的输出即为逻辑电路的输出。

5.5.2 逻辑代数的运算法则

逻辑代数仅有 3 种基本的运算:与运算、或运算、非运算。

与运算也叫逻辑乘运算。例如对变量 A 和 B 进行与运算,结果以 F 表示,逻辑代数式表示为

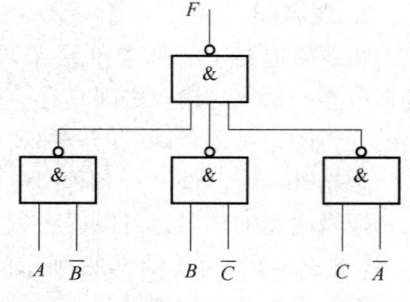

图 5-26　例 5-5-4 图

$$F = A \cdot B$$

A、B 为输入变量,F 为输出变量,"·"表示"与",可以省略。

与运算的基本法则为:只有当所有输入变量为 1 时,输出变量才为 1,否则输出变量为 0。例如

$$0 \cdot 0 = 0 \quad 0 \cdot 1 = 0 \quad 1 \cdot 0 = 0 \quad 1 \cdot 1 = 1$$
$$A \cdot 0 = 0 \quad A \cdot 1 = A \quad A \cdot A = A \quad A \cdot \overline{A} = 0$$

或运算也叫逻辑加。逻辑代数式为

$$F = A + B$$

其中的"+"表示"或"。

或运算的基本法则为:只要有一个输入变量为 1,输出变量即为 1,只有当所有输入变量都为 0 时,输出变量才为 0。例如

$$0 + 0 = 0 \quad 0 + 1 = 1 \quad 1 + 0 = 1 \quad 1 + 1 = 1$$
$$A + 0 = A \quad A + 1 = 1 \quad A + A = A \quad A + \overline{A} = 1$$

非运算也叫取反运算,其基本运算法则为:输入变量为 1 时,输出变量为 0,而当输入变量为 0 时,输出变量为 1,即输出是对输入的否定。其逻辑表达式为

$$F = \overline{A}$$

A 上面的"‾"为非运算符,$\overline{A}$ 读作"非 A",即"不是 A"。

$$\overline{0} = 1 \quad \overline{1} = 0 \quad \overline{\overline{A}} = A$$

当输入变量的取值确定之后,输出变量即有一个确定的值与之对应,所以称输出变量是输入变量的逻辑函数。由 3 种基本的逻辑运算分别建立了与函数、或函数、非函数,它们描述了事物间 3 种最基本的逻辑关系。

对变量进行复合逻辑运算,可建立复杂的逻辑函数,如

与非函数:　　　　　　　　　　　$F = \overline{AB}$
或非函数:　　　　　　　　　　　$F = \overline{A + B}$
与或函数:　　　　　　　　　　　$F = AB + CD$
与或非函数:　　　　　　　　　　$F = \overline{AB + CD}$
异或函数:　　　　　　　　　　　$F = A\overline{B} + \overline{A}B$

逻辑代数的基本定律

根据逻辑运算的基本法则可导出如下基本定律。

交换律:　　　　　$A + B = B + A$　　　　　　　　$AB = BA$

结合律：$\quad A+(B+C)=(A+B)+C \quad (AB)C=A(BC)$
分配律：$\quad A(B+C)=AB+AC \quad$ （乘对加）
$\quad A+BC=(A+B)(A+C) \quad$ （加对乘）
反演律（摩根定理）：
$$\overline{AB}=\overline{A}+\overline{B}$$
$$\overline{A+B}=\overline{A}\,\overline{B}$$
吸收律：
$$A+AB=A$$
$$A+\overline{A}B=A+B$$
$$AB+\overline{A}B=B$$

5.5.3 逻辑函数的化简与变换

同一个逻辑函数的逻辑表达式可有多种形式，其中有繁有简，多数情况要求得到逻辑函数的最简形式，最简形式可使列真值表的工作简化；在用门电路实现时，最简形式可以得到最简单的逻辑电路。

1. 化简的标准

在逻辑函数的几种表达式中，与或表达式最常用，也最容易转换成其他形式，所以常将逻辑表达式演化为最简与或式。最简与或式的标准是化简得到的与或式包含的与项（乘积项）最少，且每个与项包含的变量数最少。

2. 公式化简法

应用逻辑运算的基本法则和定律进行化简，有如下几种方法：

（1）并项法　利用运算法则 $A+\overline{A}=1$，将两个与项合并为一项，合并后消去一个互补的与项。

例如：$ABC+A\overline{B}C=AC(B+\overline{B})=AC$。

又如：$ABC+AB\overline{C}+A\overline{B}=AB(C+\overline{C})+A\overline{B}=AB+A\overline{B}=A(B+\overline{B})=A$。

（2）吸收法　利用吸收律 $A+AB=A$ 吸收多余因子。

例如：$A\overline{B}+A\overline{B}C=A\overline{B}(1+C)=A\overline{B}$。

又如：$AB+AB\overline{C}(D+E)=AB$。

（3）消去法　利用 $A+\overline{A}B=A+B$ 消去多余因子。

例如：$A+\overline{A}C+BCD=A+C+BCD=A+C+BD$。

（4）配项法　利用 $B=B(A+\overline{A})$，将某项与 $(A+\overline{A})$ 相乘变成两项展开，然后再利用公式合并化简。

例如　$F=ABC+\overline{A}BC+AB\overline{C}=ABC+\overline{A}BC+AB\overline{C}+ABC$
$\qquad =BC(A+\overline{A})+AB(C+\overline{C})=BC+AB$

【例 5-5-5】 化简下列逻辑函数为最简与或式。

解：
1）$F=AC+\overline{A}B+\overline{A}BCD=AC+\overline{A}B$。
2）$F=AB(\overline{C}+\overline{D})+ABCD=AB\overline{CD}+ABCD=AB$。
3）$F=A+\overline{A}BC=A+BC$。
4）$F=A+\overline{A}CDE+(\overline{C}+\overline{D})E=A+CDE+\overline{CD}E=A+E$。

5) $F = A(\overline{B} + \overline{C}) + C(\overline{A} + \overline{B}) + ABC = \overline{ABC} + \overline{ABC} + ABC + ABC = A + C$。

6) $F = \overline{A}\,\overline{B}C + AB\overline{C} + BC = \overline{A}\,\overline{B}C + AB\overline{C} + \overline{A}BC + ABC = \overline{A}C + AB$。

在化简过程中，有时需要综合应用几个公式才能得到最简结果，因此必须熟练掌握逻辑函数的运算法则和基本定律。

【思考题】

5-5-1 逻辑变量和普通代数中的变量有何不同？

5-5-2 为什么说真值表是逻辑函数的逻辑关系最详尽的描述形式？

5-5-3 怎样根据逻辑表达式用最快捷的方法列出真值表？

5-5-4 真值表和逻辑函数两者之间有什么样的对应关系？怎样根据真值表建立逻辑函数？

本 章 小 结

1) 通常将电子电路分为模拟电子电路和数字电子电路，组合逻辑电路是数字电子电路的一种类型。门电路是最简单的组合逻辑电路，也是构成功能更加复杂的逻辑电路的基本单元电路。

2) 门电路分基本门电路、复合门电路和集成门电路等类型。基本门电路包括与门、或门和非门，任何复杂的逻辑关系都可以用这3种基本门电路实现。3种基本门电路可以组合成与非、或非、与或非及异或等复合门电路。集成门电路是应用最广泛的商品化的数字组件。

3) 集成门电路按照集成工艺的不同，可分为双极型和场效应型两大类型，TTL集成门电路是应用最广泛的双极型集成门电路，而场效应型集成门电路包括PMOS、NMOS和CMOS门电路3种，CMOS门电路具有电路简单、集成度高、工作速度快、抗干扰性能好、负载能力较强、电源适用范围宽等优点。

4) 逻辑代数是应用数字逻辑的方法处理逻辑电路中各种复杂的逻辑关系的数学工具，它使逻辑分析与逻辑综合大大简化。逻辑代数中的逻辑变量和逻辑函数不同于普通代数中的变量和函数。最基本的逻辑运算为与、或、非运算，由3种基本的逻辑运算可建立复杂的逻辑函数，描述复杂的逻辑关系。逻辑函数可以用逻辑表达式、真值表、逻辑图等多种形式表达，它们之间可以很方便地进行相互转换。

习 题

一、单项选择题

5-1 用二进制数来表示一位十六进制数需要的位数为（   ）。
　　A. 1　　　　　　B. 2　　　　　　C. 4　　　　　　D. 16

5-2 十进制数25用8421BCD码表示为（   ）。
　　A. 10101　　　　B. 00100101　　　C. 100101　　　D. 10101

5-3 在何种输入情况下，"或非"（　　）运算的结果是逻辑1。
   A. 全部输入是 0　　　　　　　　B. 全部输入是 1
   C. 任一输入为 0，其他输入为 1　　D. 任一输入为 1

5-4 三态门输出高阻状态时，不正确的说法是（　　）。
   A. 用电压表测量指针不动　　　B. 相当于悬空
   C. 电压不高不低　　　　　　　D. 测量电阻指针不动

5-5 可用于总线结构进行分时传输的门电路是（　　）。
   A. 异或门　　B. 同或门　　C. 非门　　D. 三态门

5-6 当逻辑函数有 n 个变量时，共有的变量取值组合数为（　　）。
   A. n　　B. $2n$　　C. n^2　　D. 2^n

5-7 以下表达式中符合逻辑运算法则的是（　　）。
   A. $CC = C^2$　　B. $1 + 1 = 10$　　C. $0 < 1$　　D. $A + 1 = 1$

5-8 $A + BC = $（　　）。
   A. $A - B$　　　　　　　　B. $A + C$
   C. $(A+B)(A+C)$　　　　　D. $B + C$

5-9 在函数 $F = AB + CD$ 的真值表中，$F = 1$ 的状态有（　　）个。
   A. 2　　B. 4　　C. 6　　D. 7

二、分析计算题

5-10 或门输入信号波形如图 5-27 所示。试画出输出信号波形。

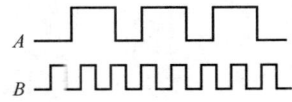

图 5-27　题 5-10 图

5-11 与非门输入信号波形如图 5-28 所示。试画出输出信号波形。

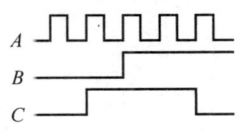

图 5-28　题 5-11 图

5-12 列出真值表，证明下述等式成立。
(1) $\overline{AB} + \overline{B} = \overline{B}$
(2) $\overline{AC} + \overline{BC} = A + \overline{C}$
(3) $\overline{A} + \overline{AB} + \overline{B} = \overline{A}$
(4) $A\overline{BC} + A\overline{BC} + ABC + A\overline{B} = A$

5-13 将下列逻辑函数展成正规与或形式。
(1) $F = AB + BC + CA$
(2) $F = AB + CD + B\overline{D} + \overline{A}BC + AB\overline{C}\overline{D}$
(3) $F = (A + B + C)\overline{ABC}$

5-14 写出描述图 5-29 逻辑电路功能的逻辑函数。

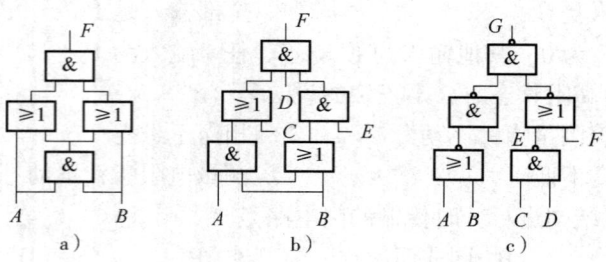

图 5-29 题 5-14 图

5-15 写出图 5-30 逻辑电路的逻辑表达式，并化为最简与或式。

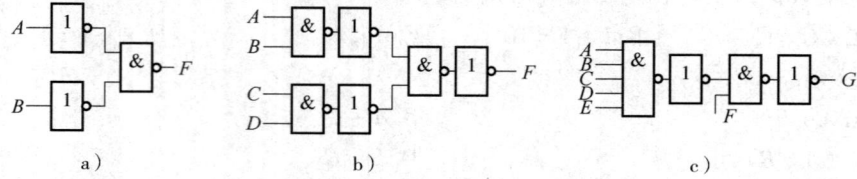

图 5-30 题 5-15 图

5-16 用公式法将下列逻辑表达式化为最简与或式。
(1) $F = A\bar{B}\,\bar{C} + \bar{B}C + \bar{A}C$
(2) $F = BC + A\bar{E} + \bar{B}DE + \bar{C}DE$
(3) $F = \overline{\overline{\overline{AC}} + \overline{\overline{BC}}}$
(4) $F = \overline{\overline{ACD} + \bar{B}D + ACD + BD}$

5-17 写出三态门具有的 3 种输出状态。

5-18 简单说明传输门的作用。

第6章 组合逻辑电路

组合逻辑电路是由门电路按一定的逻辑功能组合成的电路,其输出状态只与当前的输入状态有关,而与电路原来所处的状态无关。从电路结构上看,电路中无记忆元件,输入与输出之间无反馈。

本章通过实例学习组合逻辑电路的分析和设计方法,介绍常用中、小规模组合逻辑集成电路的逻辑功能及其使用方法。

6.1 组合逻辑电路的分析和设计

6.1.1 组合逻辑电路的分析

组合逻辑电路的分析,就是对给定的逻辑电路,通过分析确定其逻辑功能,或者检查电路设计是否合理,验证其逻辑功能是否正确。

组合逻辑电路分析的一般步骤是:
1) 由已知的逻辑图,逐级写出逻辑表达式。
2) 化简和变换逻辑表达式。
3) 由化简后的逻辑表达式列出真值表。
4) 根据真值表确定电路的逻辑功能。

【例 6-1-1】 分析图 6-1 所示电路的逻辑功能。

解:(1) 由逻辑图写出逻辑表达式。

G_1门:$X = \overline{AB}$。

G_2门:$Y = \overline{AX} = \overline{A\,\overline{AB}}$。

G_3门:$Z = \overline{BX} = \overline{B\,\overline{AB}}$。

G_4门:$F = \overline{XYZ} = \overline{\overline{AB} \cdot \overline{A\,\overline{AB}} \cdot \overline{B\,\overline{AB}}}$。

(2) 对逻辑表达式 F 进行化简。

$$\begin{aligned}
F &= \overline{\overline{AB} \cdot \overline{A\,\overline{AB}} \cdot \overline{B\,\overline{AB}}} \\
&= \overline{\overline{AB}} + \overline{\overline{A\,\overline{AB}}} + \overline{\overline{B\,\overline{AB}}} \\
&= AB + A\,\overline{AB} + B\,\overline{AB} \\
&= AB + A(\overline{A} + \overline{B}) + B(\overline{A} + \overline{B}) \\
&= AB + \overline{A}B + A\overline{B} \\
&= A + B
\end{aligned}$$

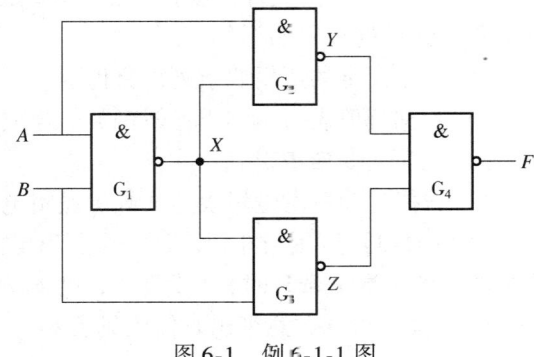

图 6-1 例 6-1-1 图

(3) 由化简后的逻辑表达式可知,该电路能实现或逻辑功能。

【例 6-1-2】 分析图 6-2 所示电路的逻辑功能。

解：（1）由逻辑图写出逻辑表达式。

G_1 门：$X = \overline{AB}$。

G_2 门：$Y = \overline{BC}$。

G_3 门：$Z = \overline{CA}$。

G_4 门：$F = \overline{XYZ} = \overline{\overline{AB} \cdot \overline{BC} \cdot \overline{CA}}$。

（2）对逻辑表达式 F 进行化简。

$$F = \overline{\overline{AB} \cdot \overline{BC} \cdot \overline{CA}} = AB + BC + CA$$

（3）根据表达式列出真值表见表 6-1。

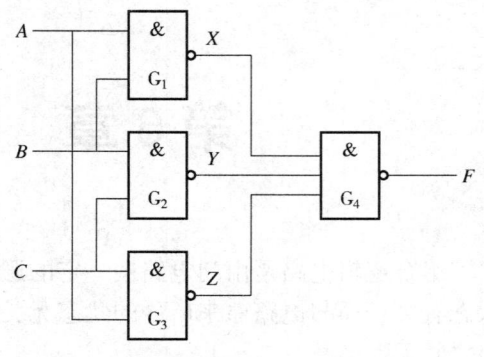

图 6-2 例 6-1-2 图

表 6-1 例 6-1-2 的真值表

输入			输出
A	B	C	F
0	0	0	0
0	0	1	0
0	1	0	0
0	1	1	1
1	0	0	0
1	0	1	1
1	1	0	1
1	1	1	1

（4）确定逻辑功能。

由真值表可知，当 3 个输入变量中有两个以上为 1 时，输出 F 为 1，否则输出为 0。该电路为三人表决电路。

6.1.2 组合逻辑电路的设计

组合逻辑电路的设计，就是根据给定的逻辑要求，画出能够实现逻辑功能的最简单的逻辑电路。设计的步骤如下：

1）根据给定的逻辑要求列出真值表。

2）根据真值表写出输出逻辑函数的与或表达式。

3）化简或变换逻辑表达式。

4）根据化简后的逻辑表达式画出逻辑电路图。

【例 6-1-3】 试用与非门设计一个逻辑电路，A、B 为输入变量，F 为输出变量，当输入变量中 1 的个数为奇数时，F 为 1，否则 F 为 0。

解：（1）根据题意列出真值表见表 6-2。

表 6-2 例 6-1-3 的真值表

A	B	F
0	0	0
0	1	1
1	0	1
1	1	0

（2）由真值表写出逻辑表达式。
$$F = \overline{A}B + A\overline{B}$$
（3）变换逻辑表达式。
用与非门实现逻辑要求，可利用摩根定律将逻辑表达式进行变换，即
$$F = \overline{A}B + A\overline{B} = \overline{\overline{\overline{A}B} \cdot \overline{A\overline{B}}}$$
（4）画出逻辑电路图，逻辑电路如图 6-3 所示。

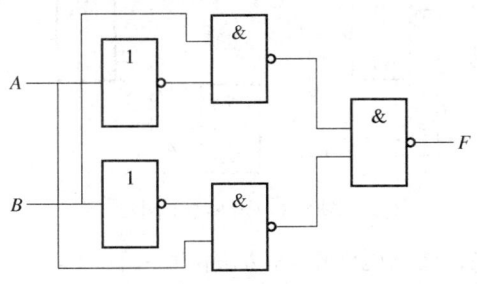

图 6-3　例 6-1-3 图

该电路称为二位奇数校验器。就其逻辑功能来讲，当 A、B 状态相同时，输出 F 为 0；当 A、B 状态相异时，输出 F 为 1。这种逻辑关系称为异或逻辑，其表达式为
$$F = \overline{A}B + A\overline{B} = A \oplus B \tag{6-1}$$

实现异或逻辑功能的电路，称为异或门电路，用图 6-4 所示的逻辑符号表示。

将异或逻辑取反得 $F = \overline{A \oplus B} = AB + \overline{A}\,\overline{B}$，称为同或逻辑。实现同或逻辑的电路称为同或门电路，其逻辑符号如图 6-5 所示。

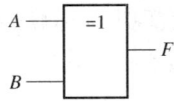　　　　　　　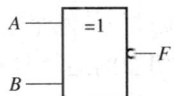

图 6-4　异或门逻辑符号　　　　图 6-5　同或门逻辑符号

图 6-6 所示为集成四异或门 74LS136 引脚排列图。图 6-7 所示为集成四异或（同或）门 74LS135 引脚排列图，当 C 为低电平 0 时，Y 与 A、B 间为异或逻辑关系；当 C 为高电平 1 时，Y 与 A、B 间为同或逻辑关系。

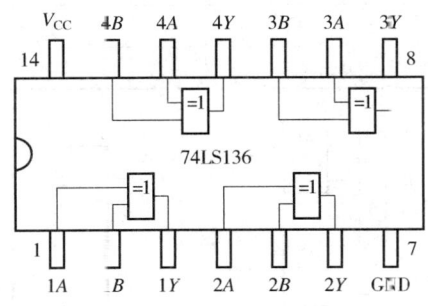　　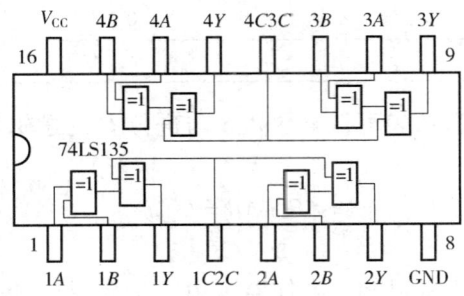

图 6-6　74LS136 引脚排列图　　　　图 6-7　74LS135 引脚排列图

【思考题】

6-1-1 试分析图 6-8 所示电路的逻辑功能，并与图 6-3 比较哪种方法更优。

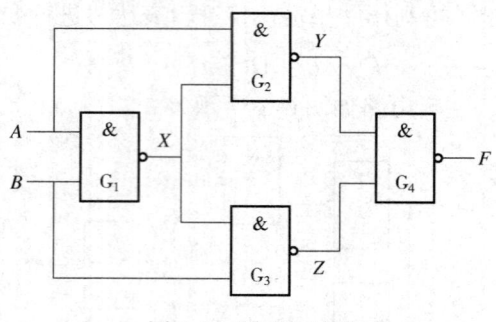

图 6-8 题 6-1-1 图

6-1-2 组合电路的设计方法与组合电路的分析方法有何不同？

6.2 加法器

算术运算电路是计算机中不可缺少的单元电路，最常用的是加法器。加法器按功能又可分为半加器和全加器。

6.2.1 半加器

不考虑来自低位进位的两个一位二进制数的相加为半加，实现半加运算的电路称为半加器。根据二进制数相加的运算规律可得半加器的真值表见表 6-3。其中 A、B 为被加数和加数，S 为本位和，C 表示进位数。

表 6-3 半加器真值表

A	B	S	C
0	0	0	0
0	1	1	0
1	0	1	0
1	1	0	1

由真值表可得半加和 S 与进位 C 的逻辑表达式为

$$S = \overline{A}B + A\overline{B} = A \oplus B$$
$$C = AB$$

由上式可知，半加器可由一个异或门和一个与门来实现，其逻辑电路及逻辑符号如图 6-9 所示。

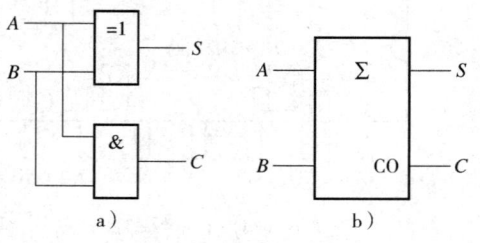

图 6-9 半加器逻辑电路及逻辑符号
a) 逻辑电路   b) 逻辑符号

6.2.2 全加器

所谓全加，是指两个多位二进制数做加法运算时，第 n 位被加数 A_n、加数 B_n 以及来自相邻低位的进位 C_{n-1} 三者相加，其结果得到本位和 S_n 以及向相邻高位的进位数 C_n 的运算。实现全加运算的逻辑电路叫作全加器。全加器的真值表见表 6-4。

表 6-4 全加器真值表

输入			输出	
A_n	B_n	C_{n-1}	S_n	C_n
0	0	0	0	0
0	0	1	1	0
0	1	0	1	0
0	1	1	0	1
1	0	0	1	0
1	0	1	0	1
1	1	0	0	1
1	1	1	1	1

根据真值表可写出和数 S_n、进位 C_n 的逻辑表达式。

$$\begin{aligned} S_n &= \overline{A}_n \overline{B}_n C_{n-1} + \overline{A}_n B_n \overline{C}_{n-1} + A_n \overline{B}_n \overline{C}_{n-1} + A_n B_n C_{n-1} \\ &= (\overline{A}_n B_n + A_n \overline{B}_n) \overline{C}_{n-1} + (\overline{A}_n \overline{B}_n + A_n B_n) C_{n-1} \\ &= (A_n \oplus B_n) \overline{C}_{n-1} + (\overline{A_n \oplus B_n}) C_{n-1} \\ &= A_n \oplus B_n \oplus C_{n-1} \end{aligned} \tag{6-2}$$

$$\begin{aligned} C_n &= \overline{A}_n B_n C_{n-1} + A_n \overline{B}_n C_{n-1} + A_n B_n \overline{C}_{n-1} + A_n B_n C_{n-1} \\ &= (\overline{A}_n B_n + A_n \overline{B}_n) C_{n-1} + A_n B_n (\overline{C}_{n-1} + C_{n-1}) \\ &= (A_n \oplus B_n) C_{n-1} + A_n B_n \end{aligned} \tag{6-3}$$

由式（6-2）和式（6-3）可知，全加器可由两个半加器和一个或门组成，其逻辑电路及逻辑符号如图 6-10 所示。

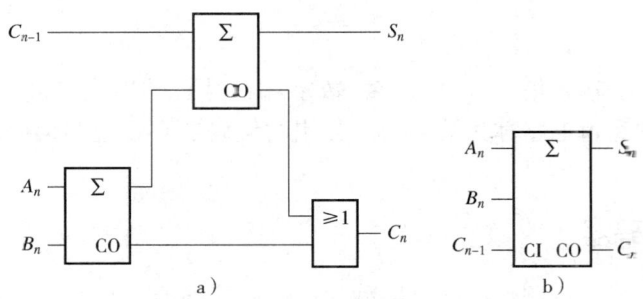

图 6-10 全加器逻辑电路及逻辑符号
a）逻辑电路 b）逻辑符号

6.2.3 多位加法器

要实现两个多位二进制数的加法运算,需要多个全加器(最低位可用半加器)。图 6-11 所示为一个 4 位串行进位加法器的逻辑电路,它是由 4 个全加器组成的,低位全加器的进位输出 CO 接到高位的进位输入 CI,任一位的加法运算必须在低一位的运算完成之后才能进行,故称为串行进位。实际应用中,该电路可选用两片 74LS183 或一片 74LS283 集成全加器芯片来完成。74LS183 为 2 位二进制全加器,74LS283 为 4 位二进制全加器。图 6-12 是用两片 74LS183 组成的 4 位二进制加法器。

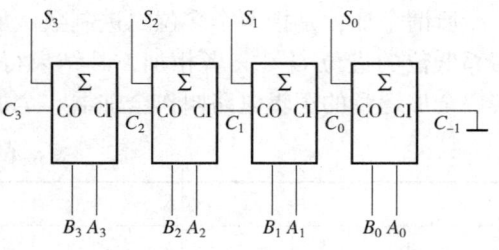

图 6-11　4 位串行进位加法器的逻辑电路

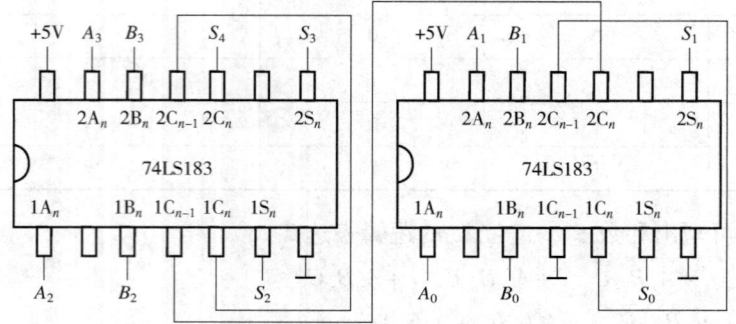

图 6-12　两片 74LS183 组成的 4 位二进制加法器

【思考题】

6-2-1　什么是半加器?什么是全加器?并列出它们的真值表。

6-2-2　半加器可否组成全加器?全加器可否用作半加器?

6.3　编码器

把具有特定含义的输入信号(如文字、数字和符号)转换成二进制代码的过程称为编码,能够实现编码的逻辑电路称为编码器。常用的编码器有二进制编码器、二-十进制编码器等。

6.3.1　二进制编码器

将某种信号转换成二进制代码的电路称为二进制编码器。例如,将 $I_0 \sim I_7$ 共 8 个输入信号进行编码,其步骤如下:

1. 确定二进制代码的位数

现有 8 个信号,应有 8 种状态来表示。根据 $2^n = 8$ 可知 $n = 3$,所以输出应为 3 位二进制代码，即输出端有 3 个。

2. 列编码表

编码表是将待编码的 8 个输入信号和对应的二进制代码列成表格，见表 6-5。

表 6-5 3 位二进制编码表

输入								输出		
I_0	I_1	I_2	I_3	I_4	I_5	I_6	I_7	Y_2	Y_1	Y_0
0	0	0	0	0	0	0	1	1	1	1
0	0	0	0	0	0	1	0	1	1	0
0	0	0	0	0	1	0	0	1	0	1
0	0	0	0	1	0	0	0	1	0	0
0	0	0	1	0	0	0	0	0	1	1
0	0	1	0	0	0	0	0	0	1	0
0	1	0	0	0	0	0	0	0	0	1
1	0	0	0	0	0	0	0	0	0	0

由表 6-5 可知，对应于每一组二进制代码，要求 8 个输入信号中只能有一个输入为 1，其他都为 0。例如，当 I_7 为 1，其他输入信号都为 0 时，对应的代码为 $Y_2Y_1Y_0 = 111$。

3. 根据编码表写出逻辑表达式

$$Y_2 = I_4 + I_5 + I_6 + I_7 = \overline{\overline{I_4 + I_5 + I_6 + I_7}} = \overline{\overline{I_4}\,\overline{I_5}\,\overline{I_6}\,\overline{I_7}}$$

$$Y_1 = I_2 + I_3 + I_6 + I_7 = \overline{\overline{I_2 + I_3 + I_6 + I_7}} = \overline{\overline{I_2}\,\overline{I_3}\,\overline{I_6}\,\overline{I_7}}$$

$$Y_0 = I_1 + I_3 + I_5 + I_7 = \overline{\overline{I_1 + I_3 + I_5 + I_7}} = \overline{\overline{I_1}\,\overline{I_3}\,\overline{I_5}\,\overline{I_7}}$$

4. 由逻辑表达式画出逻辑电路图

用与非门构成的 3 位二进制编码器如图 6-13 所示。由于该电路有 8 个输入端，3 个输出端，所以又称为 8 线-3 线编码器。

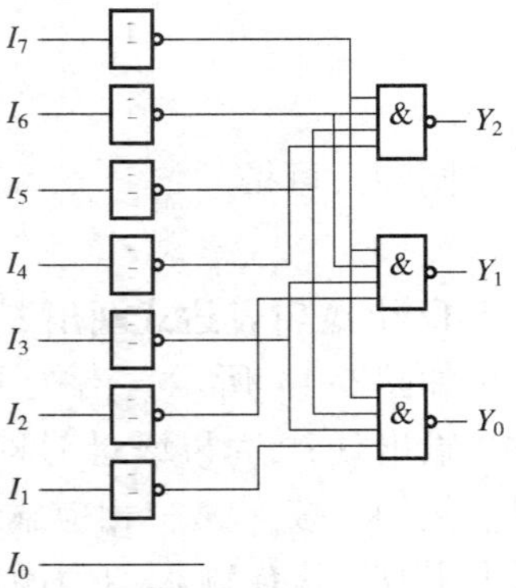

图 6-13 3 位二进制编码器

6.3.2 二-十进制编码器

用二-十进制代码表示十进制数，称为二-十进制编码，简称 BCD 码。二-十进制编码器是指将十进制的 10 个数码 0～9 编成二进制代码的电路。输入是 0～9 的 10 个数码，输出是对应的二进制代码。其步骤如下：

1. 确定二进制代码的位数

由于输入有 10 个数码，要求有 10 种状态，3 位二进制只有 8 种状态，所以输出应为 4 位二进制代码。

2. 列编码表

4 位二进制代码共有 16 种状态，其中，任何 10 种状态都可用来表示 0～9 这 10 个数码。最常用的是 8421 编码方式，即在 4 位二进制代码的 16 种状态中取出前 10 种状态，即 0000～1001，后 6 种状态去掉。二进制代码各位的 1 所代表的十进制数从高位到低位依次为 8、4、

2、1，称之为"权"，"8421 码"由此而得名。二进制代码各位的数码乘以该位的"权"再相加，即可得出该二进制代码所表示的一位十进制数。例如，0101 表示十进制数的 5，因为

$$0 \times 8 + 1 \times 4 + 0 \times 2 + 1 \times 1 = 5$$

8421 码的编码表见表 6-6。

表 6-6　8421（BCD）码编码表

十进制数码	输入										输出			
	S_0	S_1	S_2	S_3	S_4	S_5	S_6	S_7	S_8	S_9	D	C	B	A
0	0	1	1	1	1	1	1	1	1	1	0	0	0	0
1	1	0	1	1	1	1	1	1	1	1	0	0	0	1
2	1	1	0	1	1	1	1	1	1	1	0	0	1	0
3	1	1	1	0	1	1	1	1	1	1	0	0	1	1
4	1	1	1	1	0	1	1	1	1	1	0	1	0	0
5	1	1	1	1	1	0	1	1	1	1	0	1	0	1
6	1	1	1	1	1	1	0	1	1	1	0	1	1	0
7	1	1	1	1	1	1	1	0	1	1	0	1	1	1
8	1	1	1	1	1	1	1	1	0	1	1	0	0	0
9	1	1	1	1	1	1	1	1	1	0	1	0	0	1

3. 由编码表写出逻辑表达式

$$A = \overline{S}_1 + \overline{S}_3 + \overline{S}_5 + \overline{S}_7 + \overline{S}_9$$
$$= \overline{\overline{\overline{S}_1 + \overline{S}_3 + \overline{S}_5 + \overline{S}_7 + \overline{S}_9}}$$
$$= \overline{S_1 S_3 S_5 S_7 S_9}$$

$$B = \overline{S}_2 + \overline{S}_3 + \overline{S}_6 + \overline{S}_7$$
$$= \overline{\overline{\overline{S}_2 + \overline{S}_3 + \overline{S}_6 + \overline{S}_7}}$$
$$= \overline{S_2 S_3 S_6 S_7}$$

同理，可得

$$C = \overline{S_4 S_5 S_6 S_7}$$
$$D = \overline{S_8 S_9}$$

4. 由逻辑表达式画出逻辑电路图

如图 6-14 所示，当按下某一键号时，输出便产生与该键号对应的 8421 码。例如，按下 S_6，相应输入"6"为低电平 0，其余输入均为高电平 1，则输出端 $D=0$，$C=1$，$B=1$，$A=0$，即将十进制的 6 编成了二-十进制代码 0110。该电路设置了控制标志 S，当 $S=0$ 时，电路尚未处于编码状态，输出端 $DCBA=0000$；当 $S=1$ 时，按下 S_0，输出端 $DCBA=0000$ 是十进制 0 的二进制代码。

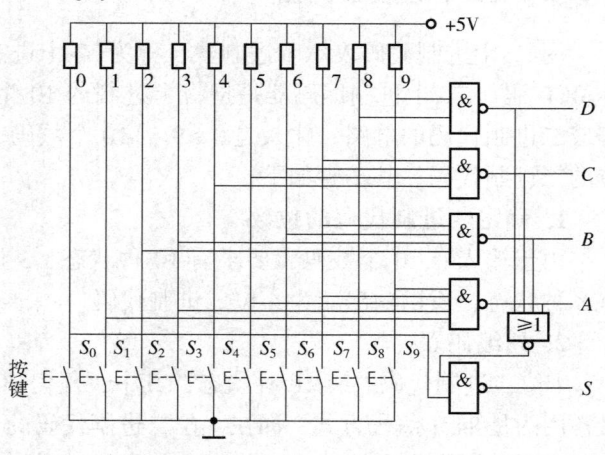

图 6-14　键控 8421（BCD）码编码器

6.3.3 优先编码器

上述两种编码器存在一定的问题，编码器每次只允许出现一个输入信号。如果同时有多个输入信号出现时，其输出是混乱的。为了避免编码器输出混乱造成误操作，必须事先规定好各个输入信号的先后次序，即优先级别。识别这些输入信号的优先级别并进行编码的逻辑部件称为优先编码器。优先编码器允许几个信号同时输入，但电路只对其中优先级别最高的输入信号编码。4 线-2 线优先编码器的逻辑功能表见表 6-7。

表 6-7 4 线-2 线优先编码器的逻辑功能表

输入				输出	
I_0	I_1	I_2	I_3	Y_1	Y_0
1	0	0	0	0	0
×	1	0	0	0	1
×	×	1	0	1	0
×	×	×	1	1	1

由功能表可知，4 个输入信号的优先级别的高低次序依次为 I_3、I_2、I_1、I_0。例如当 I_3 为 1 时，无论其他 3 个输入信号是否为有效电平输入，输出均为 11。读者可根据功能表列出逻辑表达式，并画出逻辑电路图。

在实际应用中多采用集成优先编码器，常用的有 74LS147、74LS148 等。74LS147 为 10 线-4 线优先编码器，74LS148 为 8 线-3 线优先编码器。

【思考题】

6-3-1 编码器的功能是什么？
6-3-2 什么叫优先编码？

6.4 译码器

译码是编码的逆过程，即将每一组二进制代码"翻译"成一个相应的输出信号。实现译码功能的逻辑电路称为译码器。译码器按用途大致分为三类：一是二进制译码器，又称变量译码器，用来表示输入变量状态的译码器；二是码制变换译码器，常见的是把 BCD 码转换成十进制数码的二-十进制译码器；三是显示译码器，用来驱动数码管等显示器件的译码器。

6.4.1 二进制译码器

图 6-15 所示电路是一个 2 位二进制译码器，其中 A、B 为输入端，输入 2 位二进制代码，$\overline{Y}_0 \sim \overline{Y}_3$ 为 4 个输出信号，所以又称为 2 线-4 线译码器。其逻辑表达式为

$$\overline{Y}_0 = \overline{\overline{B}\overline{A}}, \quad \overline{Y}_1 = \overline{\overline{B}A}, \quad \overline{Y}_2 = \overline{B\overline{A}}, \quad \overline{Y}_3 = \overline{BA}$$

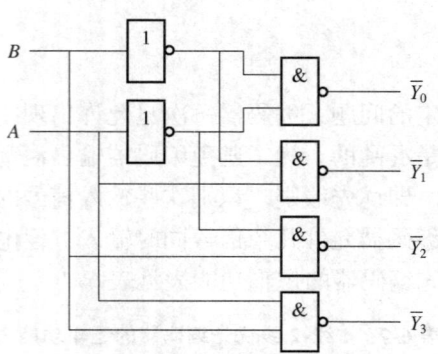

图 6-15 2 线-4 线译码器

当输入端 A、B 的状态改变时,输出端有相应的信号输出,其逻辑功能表见表 6-8。

表 6-8 2 线-4 线译码器的逻辑功能表

输入		输出			
B	A	$\overline{Y}_3$	$\overline{Y}_2$	$\overline{Y}_1$	$\overline{Y}_0$
0	0	1	1	1	0
0	1	1	1	0	1
1	0	1	0	1	1
1	1	0	1	1	1

由表 6-8 可以看出,对应于任何一组代码的输入,都只能有一条相应的输出线有信号输出,在该电路中为低电平 0,而其他输出端均为高电平 1,从而实现了把输入代码译成特定信号的功能。

常用的集成二进制译码器种类很多,如 74LS139、74LS138 等。其中,74LS139 为双 2 线-4 线译码器,74LS138 为 3 线-8 线译码器。74LS138 的引脚排列如图 6-16a 所示,它具有 3 个控制端 G_1、$\overline{G}_{2A}$ 和 $\overline{G}_{2B}$。当 $G_1 = 0$ 或 $\overline{G}_{2A} = \overline{G}_{2B} = 1$ 时,无论其他输入端为何种状态,输出端 $\overline{Y}_0 \sim \overline{Y}_7$ 均为高电平 1,即禁止编码。只有当 $G_1 = 1$ 且 $\overline{G}_{2A} = \overline{G}_{2B} = 0$ 时,允许编码,译码器输出低电平有效,如当 $A_2 A_1 A_0 = 101$ 时,$\overline{Y}_5 = 0$,其他输出端均为高电平 1。

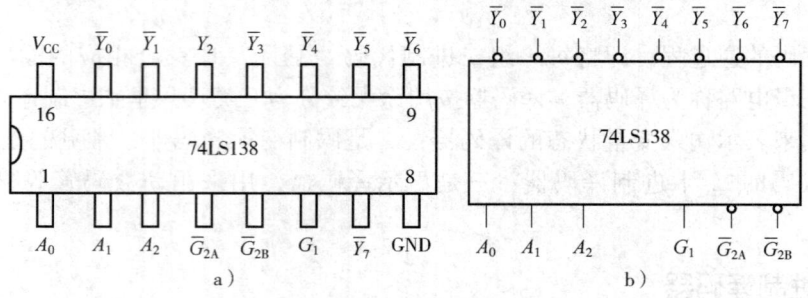

图 6-16 74LS138 译码器
a) 引脚排列图 b) 逻辑符号图

6.4.2 二-十进制译码器

集成电路二-十进制译码器 74LS42 的引脚排列如图 6-17 所示。该电路有 4 个输入端 $A_0 \sim A_3$，有 10 个输出端 $\overline{Y}_0 \sim \overline{Y}_9$，所以又称 4 线-10 线译码器。其逻辑功能见表 6-9。

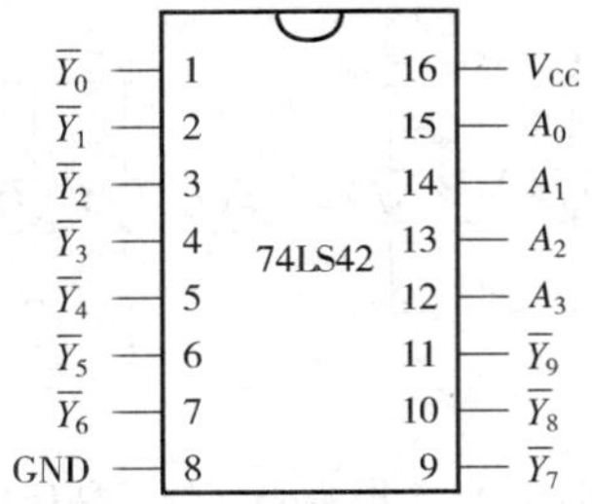

图 6-17 74LS42 引脚排列图

表 6-9 74LS42 逻辑功能表

输入				输出									
A_3	A_2	A_1	A_0	$\overline{Y}_9$	$\overline{Y}_8$	$\overline{Y}_7$	$\overline{Y}_6$	$\overline{Y}_5$	$\overline{Y}_4$	$\overline{Y}_3$	$\overline{Y}_2$	$\overline{Y}_1$	$\overline{Y}_0$
0	0	0	0	1	1	1	1	1	1	1	1	1	0
0	0	0	1	1	1	1	1	1	1	1	1	0	1
0	0	1	0	1	1	1	1	1	1	1	0	1	1
0	0	1	1	1	1	1	1	1	1	0	1	1	1
0	1	0	0	1	1	1	1	1	0	1	1	1	1
0	1	0	1	1	1	1	1	0	1	1	1	1	1
0	1	1	0	1	1	1	0	1	1	1	1	1	1
0	1	1	1	1	1	0	1	1	1	1	1	1	1
1	0	0	0	1	0	1	1	1	1	1	1	1	1
1	0	0	1	0	1	1	1	1	1	1	1	1	1

由表 6-9 可知，当 $A_3A_2A_1A_0 = 0000$ 时，$Y_0 = \overline{A}_3\overline{A}_2\overline{A}_1\overline{A}_0$，即 $\overline{Y}_0 = \overline{\overline{A}_3\overline{A}_2\overline{A}_1\overline{A}_0} = 0$，它对应的十进制数为 0。其余输出依次类推。

6.4.3 7 段显示译码器

常见的显示译码器是数字显示电路，由显示器件、译码器和驱动电路等部分组成。常用的显示器件有半导体数码管、液晶数码管和荧光数码管等。

1. 半导体数码管显示器

这里仅介绍半导体数码管。

半导体数码管基本结构是 PN 结。当 PN 结外加正向电压时，就能发出清晰的光线。单个 PN 结可以封装成发光二极管，多个 PN 结可按分段封装成半导体数码管，如图 6-18 所示。发光二极管的工作电压为 1.5~3V，工作电流为几毫安到十几毫安。半导体数码管将十进制数码分成 7 段，又称为 7 段数码管，选择不同的字段发

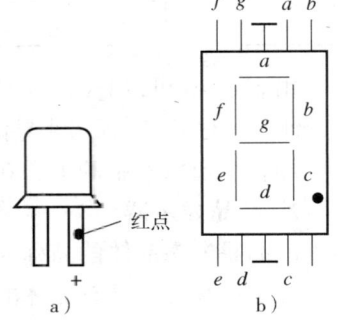

图 6-18 半导体显示器
a) 发光二极管 b) 数码管

光，可显示 0~9 不同的字形。

半导体数码管中，7 个发光二极管有共阴极和共阳极两种接法，如图 6-19 所示。对于共阴极接法，接高电平的字段发光；对共阳极接法，接低电平的字段发光。使用时，每个发光管要串接约 100Ω 的限流电阻。

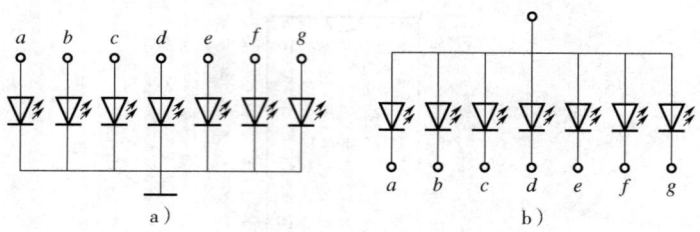

图 6-19　7 段数码管的两种接法
a) 共阴极接法　b) 共阳极接法

7 段显示译码器是把 BCD 码译成驱动 7 段数码管的信号，显示出相应的十进制数码。其逻辑功能表见表 6-10。

表 6-10　7 段显示译码器的逻辑功能表

输入				输出							显示数字
A_3	A_2	A_1	A_0	a	b	c	d	e	f	g	
0	0	0	0	1	1	1	1	1	1	0	0
0	0	0	1	0	1	1	0	0	0	0	1
0	0	1	0	1	1	0	1	1	0	1	2
0	0	1	1	1	1	1	1	0	0	1	3
0	1	0	0	0	1	1	0	0	1	1	4
0	1	0	1	1	0	1	1	0	1	1	5
0	1	1	0	1	0	1	1	1	1	1	6
0	1	1	1	1	1	1	0	0	0	0	7
1	0	0	0	1	1	1	1	1	1	1	8
1	0	0	1	1	1	1	1	0	1	1	9

由表 6-10 可以看出，7 段显示译码器的输出为高电平有效，应与共阴极半导体数码管配合使用。对于与共阳极半导体数码管配合使用的 7 段显示译码器，其逻辑功能表与表 6-10 相反，即将输出状态中的 1 和 0 互换。

2. 液晶显示器

液晶是液态晶体的简称，是一种介于晶体和液体之间的有机化合物，常温下既有液体的流动性和连续性，又有晶体的某些光学特性，其透明度和颜色受外加电场的控制，利用这一特点，可做成电场控制的 7 段液晶数码显示器，其字形和 7 段半导体显示器相近。

液晶显示器（Liquid Crystal Display, LCD）是一种平板薄型显示器件，在没有外加电场时，液晶分子排列整齐，入射的光线绝大部分被反射回来，液晶呈现透明状态，不显示数字。当在相应字段的电极加上电压时，液晶中的导电正离子做定向运动，在运动过程中不断撞击液晶分子，从而破坏了液晶分子的整齐排列，使入射光产生了散射而变得混浊，使原本透明的液晶变成了暗灰色，从而显示出相应的数字。当外加电压断开时，液晶分子又恢复到整齐排列的状态，显示的数字也随之消失。

液晶显示器件本身不发光，在黑暗中不能显示数字，它依靠在外界电场作用下产生的光电效应，调制外界光线使液晶不同部位显现出反差，从而显示出字形。

液晶显示器的主要优点是功耗极小、驱动工作电压很低、工作电流极小（1μA 左右）、辐射很小、发热量低。它的主要缺点是被动发光、响应速度慢、不耐振动、高温和严寒。但液晶显示器绿色环保，所以广泛应用于电子钟表、电子计算器、各种仪器和仪表中。

3. 中规模 7 段显示译码器

集成电路 74LS48 是输出高电平有效的 7 段显示译码器，其引脚排列图如图 6-20 所示。该电路除基本输入端和输出端外，还有 3 个辅助控制端：试灯输入端 $\overline{LT}$、灭零输入端 $\overline{RBI}$、灭灯输入/灭零输出端 $\overline{BI}/\overline{RBO}$。其中，$\overline{BI}/\overline{RBO}$ 既可以作输入端用，也可作输出端用。

（1）试灯功能　当 $\overline{LT} = 0$ 时，$\overline{BI}/\overline{RBO}$ 作为输出端且 $\overline{RBO} = 1$。无论其他输入端为何状态，$a \sim g$ 均为高电平 1，所有段全亮，显示十进制数字 8。该输入端常用于检查 74LS48 显示译码器及数码管的好坏。$\overline{LT} = 1$ 时，方可进行译码显示。

（2）灭灯功能　$\overline{BI}/\overline{RBO}$ 作为输入端，且 $\overline{BI} = 0$，无论其他输入端为何状态，$a \sim g$ 均为低电平 0，数码管各段均熄灭。

（3）灭零功能　$\overline{BI}/\overline{RBO}$ 作为输出端，且 $\overline{LT} = 1$、$\overline{RBI} = 0$，当 $A_3A_2A_1A_0 = 0000$ 时，$a \sim g$ 均为低电平 0，实现灭零功能。与此同时，$\overline{BI}/\overline{RBO}$ 输出低电平 0，表示 74LS48 处于灭零状态。而对于非 0000 状态的数码输入照常显示，$\overline{BI}/\overline{RBO}$ 输出高电平。

$\overline{RBO}$ 和 $\overline{RBI}$ 配合使用，可实现无意义位的"消隐"。例如 5 位数显示器显示数为"03.150"，将无意义位的 0 消隐后，则显示"3.15"。

显示译码器 74LS48 与共阴极半导体数码管的连接示意图如图 6-21 所示。

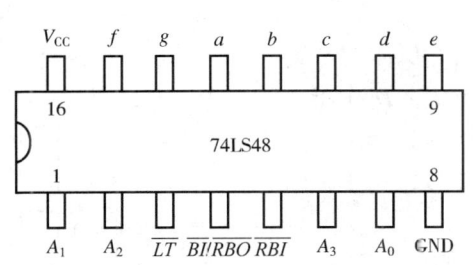

图 6-20　74LS48 引脚排列图

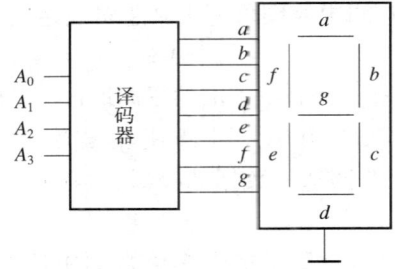

图 6-21　显示译码器与共阴极半导体数码管的连接示意图

【思考题】

6-4-1　译码器的功能是什么？

6-4-2　4 线-10 线译码器与 7 段显示译码器有何相同与不同之处？

6-4-3　液晶显示器有何特点？

6.5 数据选择器和数据分配器

6.5.1 数据选择器

数据选择器的功能是从多个数据输入端中，按要求选择其中一个输入端的数据传送到公共传输线上。

图 6-22 所示为四选一数据选择器的逻辑电路。$D_0 \sim D_4$ 为 4 路输入数据，Y 为一路数据输出端。A_1、A_0 为控制数据传送的地址输入信号，其状态决定了输出与哪一路输入数据相连。其逻辑功能表见表 6-11。

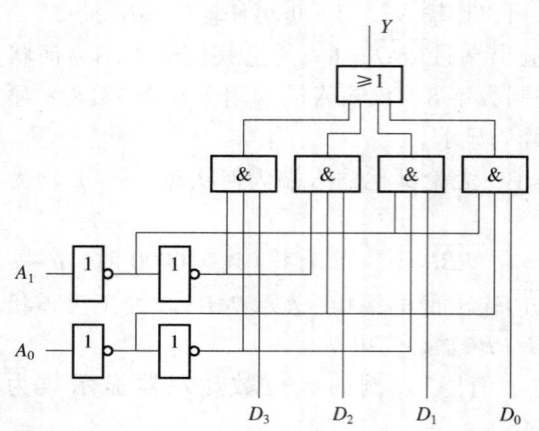

表 6-11 数据选择器的逻辑功能表

输入		输出
A_1	A_0	Y
0	0	D_0
0	1	D_1
1	0	D_2
1	1	D_3

图 6-22 四选一数据选择器的逻辑电路

根据逻辑电路图可写出其逻辑表达式为

$$Y = \overline{A_1}\overline{A_0}D_0 + \overline{A_1}A_0D_1 + A_1\overline{A_0}D_2 + A_1A_0D_3$$

由上式可知，对于 A_1、A_0 的不同取值，Y 只能等于 $D_0 \sim D_4$ 中唯一的一个。

在实际应用中，可选用集成数据选择器。如 CD4529 为双四选一数据选择器，74LS151 为 8 选一数据选择器。

数据选择器除了能在多路数据中选择一路数据输出外，还能有效地实现组合逻辑函数，即构成逻辑函数发生器。

6.5.2 数据分配器

数据分配器的功能与数据选择器相反，它是将一路输入数据按需要分配给某一对应的输出端。图 6-23 所示为 1-4 数据分配器的逻辑电路，其逻辑功能表见表 6-12。

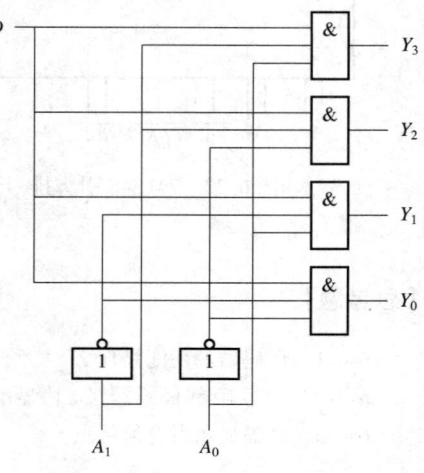

图 6-23 1-4 数据分配器的逻辑电路

表 6-12 1-4 数据分配器的逻辑功能表

输入		输出			
A_1	A_0	Y_3	Y_2	Y_1	Y_0
0	0	0	0	0	D
0	1	0	0	D	0
1	0	0	D	0	0
1	1	D	0	0	0

在实际应用中，并没有专门的集成电路数据分配器，数据分配器是译码器的一种特殊应用。作为数据分配器使用的译码器必须具有"使能"端，其使能端作为数据输入端使用，译码器的输入端作为地址输入端，其输出端则作为数据分配器的输出端。例如用 3 线-8 线译码器 74LS138 连成的 1-8 数据分配器如图 6-24 所示。其逻辑功能表见表 6-13。

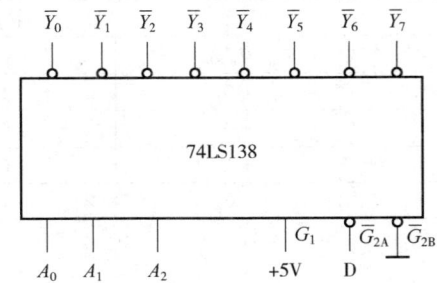

图 6-24 74LS138 构成的 1-8 数据分配器

表 6-13 1-8 数据分配器的逻辑功能表

输入			输出							
A_2	A_1	A_0	$\overline{Y}_7$	$\overline{Y}_6$	$\overline{Y}_5$	$\overline{Y}_4$	$\overline{Y}_3$	$\overline{Y}_2$	$\overline{Y}_1$	$\overline{Y}_0$
0	0	0	1	1	1	1	1	1	1	D
0	0	1	1	1	1	1	1	1	D	1
0	1	0	1	1	1	1	1	D	1	1
0	1	1	1	1	1	1	D	1	1	1
1	0	0	1	1	1	D	1	1	1	1
1	0	1	1	1	D	1	1	1	1	1
1	1	0	1	D	1	1	1	1	1	1
1	1	1	D	1	1	1	1	1	1	1

【思考题】

6-5-1 数据选择器和数据分配器的功能是什么？

6-5-2 n 个地址输入端的数据选择器有多少个数据输入端？

6.6 数值比较器

用来比较两组数字的电路称为数字比较器。只比较两组数字是否相等的数字比较器称为同比较器。不但比较两组数字是否相等，还比较两组数字大小的数字比较器称为大小比较器，或称数值比较器。

6.6.1 一位二进制数值比较器

比较两个一位二进制数很容易，其逻辑功能表见表 6-14，输入变量是两个比较数 A 和 B，输出变量 $Q_{A>B}$、$Q_{A=B}$、$Q_{A<B}$ 分别表示 $A>B$、$A=B$、$A<B$ 三种比较结果。

表 6-14 一位二进制数值比较器的逻辑功能表

输入		输出		
A	B	$Q_{A>B}$	$Q_{A=B}$	$Q_{A<B}$
0	0	0	1	0
0	1	0	0	1
1	0	1	0	0
1	1	0	1	0

从真值表可得

1) $A>B$，即 $A=1$，$B=0$，这时输出 $Q_{A>B}=A\bar{B}$。
2) $A=B$，即 $A=B=0$ 和 $A=B=1$，这时输出 $Q_{A=B}=\overline{AB}$。
3) $A<B$，即 $A=0$，$B=1$，这时输出 $Q_{A<B}=AB+\overline{AB}$。

上述逻辑关系可以用逻辑门电路来实现，如图 6-25 所示。

6.6.2 多位数值比较器

对于多位数值的比较，应先比较最高位。如果 A 的最高位大于 B 的最高位，则不论其他各位情况如何，定有 $A>B$；如果 A 的最高位小于 B 的最高位，则 $A<B$；如果 A 的最高位等于 B 的最高位，再比较次高位，依此类推。

多位数值比较器的种类很多，下面介绍 4 位数值比较器 74HC85。

74HC85 的逻辑框图如图 6-26 所示，逻辑功能表见表 6-15。

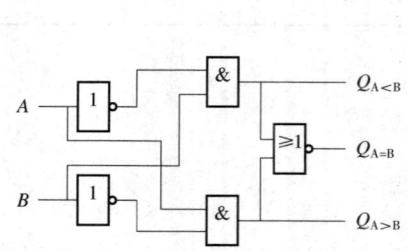

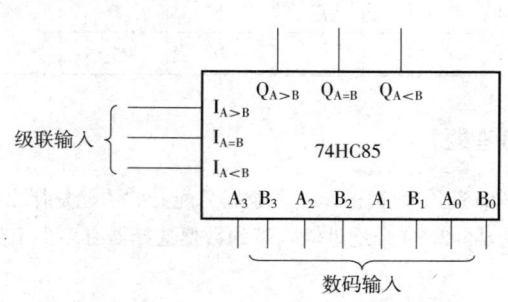

图 6-25 一位二进制数值比较器逻辑图　　　图 6-26 74HC85 逻辑框图

表 6-15 74HC85 逻辑功能表

输入							输出		
A_3B_3	A_2B_2	A_1B_1	A_0B_0	$I_{A>B}$	$I_{A<B}$	$I_{A=B}$	$Q_{A>B}$	$Q_{A<B}$	$Q_{A=B}$
$A_3>B_3$	×	×	×	×	×	×	1	0	0
$A_3<B_3$	×	×	×	×	×	×	0	1	0
$A_3=B_3$	$A_2>B_2$	×	×	×	×	×	1	0	0
$A_3=B_3$	$A_2<B_2$	×	×	×	×	×	0	1	0
$A_3=B_3$	$A_2=B_2$	$A_1>B_1$	×	×	×	×	1	0	0
$A_3=B_3$	$A_2=B_2$	$A_1<B_1$	×	×	×	×	0	1	0
$A_3=B_3$	$A_2=B_2$	$A_1=B_1$	$A_0>B_0$	×	×	×	1	0	0
$A_3=B_3$	$A_2=B_2$	$A_1=B_1$	$A_0<B_0$	×	×	×	0	1	0
$A_3=B_3$	$A_2=B_2$	$A_1=B_1$	$A_0=B_0$	1	0	0	1	0	0
$A_3=B_3$	$A_2=B_2$	$A_1=B_1$	$A_0=B_0$	0	1	0	0	1	0
$A_3=B_3$	$A_2=B_2$	$A_1=B_1$	$A_0=B_0$	0	0	1	0	0	1

74HC85 有 8 个数码输入端 A_3、A_2、A_1、A_0 和 B_3、B_2、B_1、B_0，3 个级联输入端（也称控制端，用于增加比较的位数）$I_{A>B}$、$I_{A=B}$、$I_{A<B}$ 和 3 个输出端 $Q_{A>B}$、$Q_{A=B}$、$Q_{A<B}$。

从表 6-15 可知，当 $A_3A_2A_1A_0=B_3B_2B_1B_0$ 时，必须考虑级联输入端的状态。

【思考题】

6-6-1 什么叫数值比较器？

6-6-2 对于多位数值，应如何进行比较？

本章小结

1）组合逻辑电路的输出状态只取决于同一时刻的输入状态，而与电路的原状态无关。

2）分析组合逻辑电路的目的是确定它的功能，即根据给定的逻辑电路，找出输入和输出信号之间的逻辑关系。

3）用逻辑门电路设计组合逻辑电路的步骤中，关键的一步是由实际问题列出真值表，然后写出表达式，画出逻辑电路图。若问题比较简单，也可以分析输入和输出之间的逻辑规律，直接写出表达式。

4）具有特定功能的常用的一些组合逻辑单元电路（如加法器、编码器、译码器、数据选择器、数据分配器、数值比较器等组合电路）的工作原理、逻辑功能、特点和相应的集成组件的型号及使用方法，只有熟悉它们的逻辑功能，才能灵活应用。真值表（逻辑功能表）是分析和应用各种逻辑电路的重要依据，同时分析和应用各种逻辑电路还要运用逻辑代数这一重要的数学工具。

习 题

一、单项选择题

6-1 能将输入信号转变成二进制代码的电路称为（   ）。

　　A. 译码器　　　　B. 编码器　　　　C. 数据选择器　　　　D. 数据分配器

6-2 组合逻辑电路的输出取决于（　　）。
　　A. 输入信号的现态
　　B. 输出信号的现态
　　C. 输入信号的现态和输出信号变化前的状态
　　D. 输出信号变化前的状态
6-3 如果对键盘上的 108 个符号用二进制代码进行编码，则要求输出二进制代码位数至少为（　　）。
　　A. 5 位　　　　B. 7 位　　　　C. 10 位　　　　D. 11 位
6-4 二-十进制的编码器是指（　　）。
　　A. 将二进制代码转换成 0~9 十个数字
　　B. 将 0~9 十个数字转换成二进制代码电路
　　C. 将二进制转换成十进制电路
　　D. 将十进制数转换成二进制数
6-5 二进制译码器是指（　　）。
　　A. 将二进制代码转换成某个特定的控制信息
　　B. 将某个特定的控制信息转换成二进制数
　　C. 具有以上两种功能
　　D. 将某个特定的控制信息转换成任意进制数
6-6 一个 16 选 1 的数据选择器，其地址输入（选择控制输入）端有（　　）。
　　A. 1 个　　　　B. 2 个　　　　C. 4 个　　　　D. 16 个
6-7 全加器是指实现（　　）。
　　A. 两个同位的二进制数相加运算的电路
　　B. 不带进位的两个同位的二进制数相加运算的电路
　　C. 两个同位的二进制数及来自低位的进位三者相加运算的电路
　　D. 两个不同位的二进制数相加运算的电路
6-8 逻辑电路如图 6-27 所示，其功能相当于一个（　　）。
　　A. 与门　　　　B. 与非门　　　　C. 异或门　　　　D. 或门
6-9 图 6-28 所示组合逻辑电路的逻辑式为（　　）。
　　A. $Y = \overline{A}$　　　B. $Y = A$　　　C. $Y = 1$　　　D. $Y = 0$
6-10 图 6-29 所示组合逻辑电路的逻辑表达式为（　　）。
　　A. $Y = \overline{AB + BC + CA}$　　　　B. $Y = AB + BC + CA$
　　C. $Y = \overline{AB} + \overline{BC} + \overline{CA}$　　　　D. $Y = AB - BC - CA$

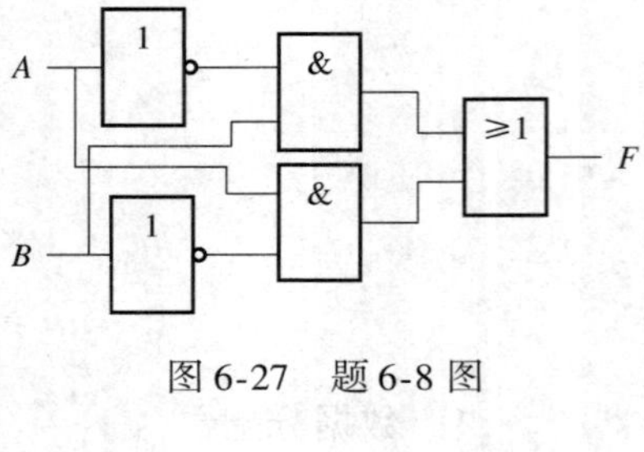

图 6-27　题 6-8 图 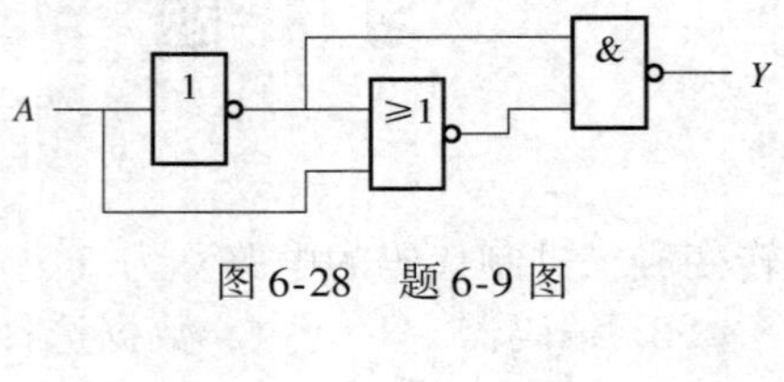　　　　图 6-28　题 6-9 图 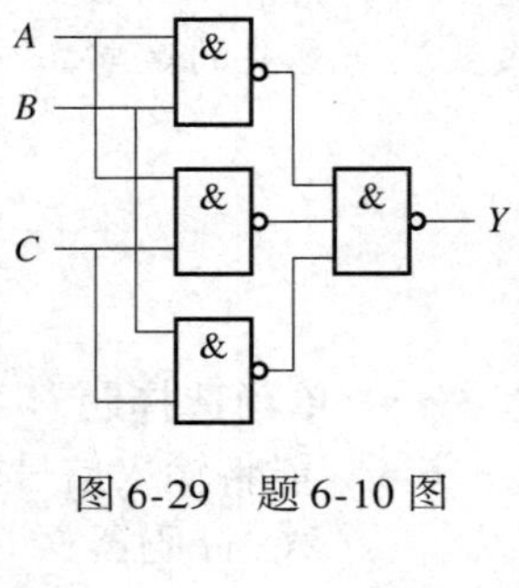　　　　图 6-29　题 6-10 图

6-11 已知逻辑状态表见表 6-16，则输出 Y 的逻辑式为（ ）。

A. $Y = \overline{A} + BC$
B. $Y = A + BC$
C. $Y = A + \overline{B}C$
D. $Y = \overline{A} + \overline{B}C$

表 6-16 题 6-11 表

A	B	C	Y
0	0	0	0
0	0	1	0
0	1	0	0
0	1	1	1
1	0	0	1
1	0	1	1
1	1	0	1
1	1	1	1

二、分析计算题

6-12 写出图 6-30 所示各电路输出端的逻辑表达式。

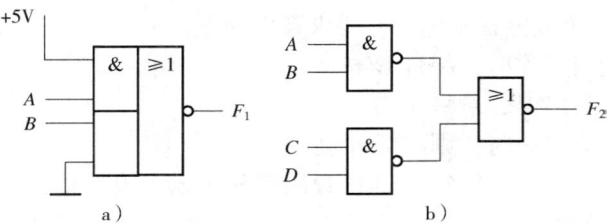

图 6-30 题 6-12 图

6-13 写出图 6-31 所示各电路的逻辑表达式，并化简。

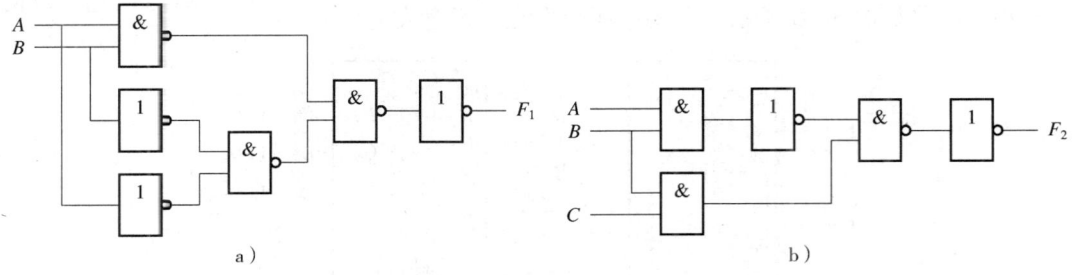

图 6-31 题 6-13 图

6-14 写出图 6-32 所示各电路的逻辑表达式，并化简。

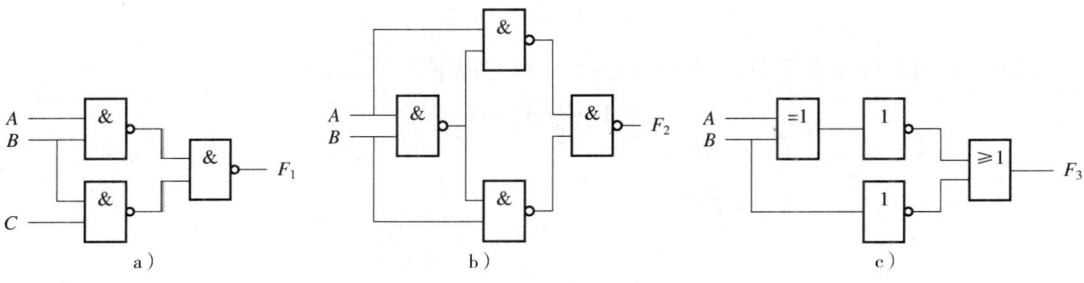

图 6-32 题 6-14 图

6-15 组合电路如图 6-33 所示，分析该电路的逻辑功能。

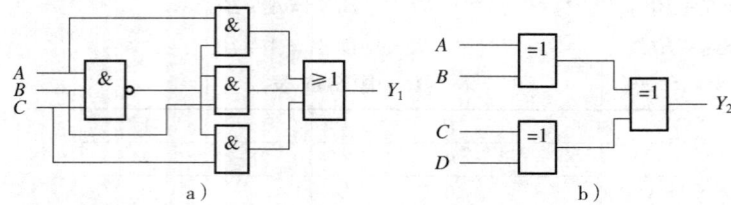

图 6-33 题 6-15 图

6-16 已知输入信号 A、B、C 的波形如图 6-34 所示，选择集成逻辑门，设计实现产生输出 Y 波形的组合电路。

6-17 三变量奇校验电路的功能是，当输入奇数个"1"时，输出为 1，否则输出为 0。试列出其真值表，写出简化逻辑表达式，并用异或门实现。（要求列出：真值表、最简逻辑表达式、逻辑电路图）

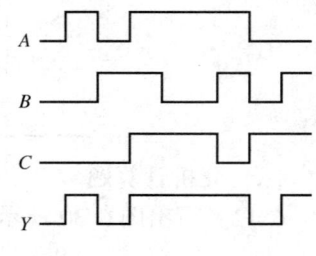

图 6-34 题 6-16 图

6-18 综合设计一个故障指示电路，要求条件如下：
1）两台电动机同时工作时，绿灯 G 亮。
2）其中一台发生故障时，黄灯 Y 亮。
3）两台电动机都有故障时，则红灯 R 亮。

6-19 如图 6-35 所示为一个 5 段 LED 数码管显示器。电路输入为 A、B，要求译码电路能显示英文 Error 中的三个字母 E、R、O（并要求 $A=1$、$B=1$ 时全暗），列出真值表，用与非门画出此显示译码电路的逻辑图。

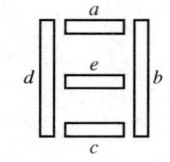

图 6-35 题 6-19 图

6-20 电路如图 6-36 所示，问图中哪个发光二极管发光？

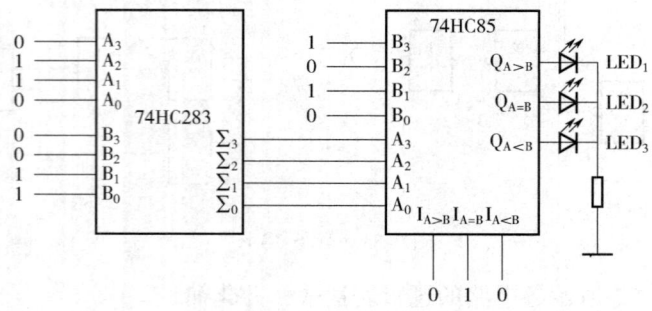

图 6-36 题 6-20 图

6-21 试用 8 选 1 数据选择器 74HC151 分别实现下列逻辑函数：
$$Z = A\overline{B}C + \overline{A}(\overline{B}+C)$$

第 7 章 触发器和时序逻辑电路

在计算机电路中,大量使用的都是时序电路。类似于组合电路是由各种门电路构成的,时序电路则是由触发器构成的。时序电路与组合电路的不同点在于,时序电路有时钟脉冲输入,只有在有时钟脉冲输入时,电路的输出才会发生改变。时序电路与组合的电路不同还在于,对组合电路输入的信号会立即根据输出与输入的逻辑关系传递并反映到输出端上,但对于时序电路,电路输出端的状态不仅与输入信号有关,还受本身之前状态的影响,并且在时钟脉冲的作用下,输出端的状态才会发生改变。时钟脉冲(Clock Pulse,CP)其实是一串方波电压,像打拍子一样,输入一个时钟脉冲,时序电路的状态就发生一次改变。

通过本章的学习,要掌握基本 RS 触发器、钟控 RS 触发器、D 触发器、JK 触发器的逻辑功能和触发方式,理解由触发器组成的寄存器和各种计数器的工作原理,理解并行输入寄存器和移位寄存器的工作原理。理解由 555 定时器构成的施密特触发器、单稳态触发器、多谐振荡器的工作原理。

7.1 触发器

触发器(Flip-Flop)是组成时序电路的基本元件。触发器具有记忆功能,所谓记忆功能指的是如果不给触发器加有效的输入信号,它存储的值就保持不变。触发器可以用来保持存储二进制数,它的值是 0 或 1,一个触发器可以用于存储一位二进制数。

7.1.1 基本 RS 触发器

图 7-1a 所示电路为由两个与非门组成的基本 RS 触发器,该触发器有两个输入端 $\overline{R}_D$ 和 $\overline{S}_D$,两个输出端 Q 和 $\overline{Q}$。基本 RS 触发器的名称就是由这两个输入端的名字来命名的,输入端名 $\overline{R}_D$ 和 $\overline{S}_D$ 中的 R 和 S 分别取自 Reset 和 Set 的首字母,译为复位(清 0)和置位(置 1),下标 D 为 Direct 的首字母,指在 $\overline{R}_D$ 端和 $\overline{S}_D$ 端加输入信号时可以

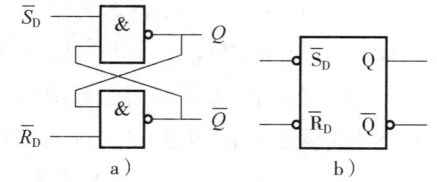

图 7-1 基本 RS 触发器的逻辑电路及逻辑符号
a)逻辑电路 b)逻辑符号

不受其他因素影响,直接将输出端 Q 的值清 0 或置 1,在实际应用中,有时又将下标 D 省略不写,直接写 $\overline{R}$ 和 $\overline{S}$。将触发器清 0 或置 1 指的是将输出端 Q 的值清 0 或置 1,输出端 $\overline{Q}$ 的状态应与 Q 端的状态相反。

要特别注意,输入端名称 $\overline{R}_D$ 和 $\overline{S}_D$ 上的横线不是逻辑运算"非"的意思,而是表示这两个输入端的信号均为低电平有效,即当 $\overline{R}_D$ 端输入为低电平(0 态)时将输出端 Q 清 0,当 $\overline{S}_D$ 端输入为低电平(0 态)时将输出端 Q 置 1。而不需要对 Q 端清 0 或置 1 时,$\overline{R}_D$ 和 $\overline{S}_D$ 端输

入均应为高电平（1 态）。

图 7-1b 所示为基本 RS 触发器逻辑符号，输入端 $\overline{S}_D$ 和 $\overline{R}_D$ 引脚上的小圈也表示输入低电平有效，而输出端 $\overline{Q}$ 上的小圈则表示与输出端 Q 的状态相反。

基本 RS 触发器的真值表见表 7-1。

由表 7-1 可见，当 $\overline{R}_D$ 和 $\overline{S}_D$ 端输入均为 0 时，根据图 7-1a 的电路可得 Q 和 $\overline{Q}$ 的取值均为 1，而触发器在正常工作时，Q 和 $\overline{Q}$ 的状态应相反，这种情况是不允许出现的，故在表中标注"禁用"，即不允许在 $\overline{R}_D$ 和 $\overline{S}_D$ 端输入同时为 0。另外，若 $\overline{R}_D$ 和 $\overline{S}_D$ 端输入同时为 0，当 0 撤销（都恢复为 1）后，因 $\overline{R}_D$ 和 $\overline{S}_D$ 很难做到同时撤销，因此使 0 撤销后 Q 和 $\overline{Q}$ 的状态哪个为 1、哪个为 0 不能确定。例如，若 $\overline{S}_D$ 比 $\overline{R}_D$ 先恢复为 1，则使 $\overline{R}_D=0$、$\overline{S}_D=1$，使得 Q 变为 0，$\overline{Q}$ 为 1；若 $\overline{R}_D$ 比 $\overline{S}_D$ 先恢复为 1，则使 $\overline{R}_D=1$、$\overline{S}_D=0$，使得 Q 为 1，$\overline{Q}$ 为 0，因此对基本 RS 触发器不允许同时给 $\overline{R}_D$ 和 $\overline{S}_D$ 端输入 0。

表 7-1 基本 RS 触发器真值表

$\overline{R}_D$	$\overline{S}_D$	Q	$\overline{Q}$
0	0	1	1（禁用）
0	1	0	1
1	0	1	0
1	1	不变（保持）	

$\overline{R}_D=0$，$\overline{S}_D=1$，可得 $Q=0$，$\overline{Q}=1$。

$\overline{R}_D=1$，$\overline{S}_D=0$，可得 $Q=1$，$\overline{Q}=0$。

当 $\overline{R}_D$ 和 $\overline{S}_D$ 均输入为 1 时，通过分析可以发现，若 Q 原来的值为 1，则 Q 仍保持 1，若 Q 原来的值为 0，则 Q 仍保持为 0，即当 $\overline{R}_D$ 和 $\overline{S}_D$ 没有有效输入（对低电平有效输入时，当它们输入为 1）时，输出端 Q 和 $\overline{Q}$ 保持原值不变，即记忆功能。这也说明了时序电路的输出状态不仅与外输入有关，也与自己的原状态有关。

7.1.2 钟控 RS 触发器

如图 7-2 所示，在由两个与非门构成的基本 RS 触发器的输入端 $\overline{S}_D$ 和 $\overline{R}_D$ 之前再连接两个与非门和一个时钟脉冲输入端 CP，就构成了一个钟控（时钟控制）RS 触发器。钟控 RS 触发器的主要特点就是有一个 CP 输入端，当 $CP=0$ 时，因使得输入端的两个与非门输出为 1，使后级基本 RS 触发器的 $\overline{S}_D$ 和 $\overline{R}_D$ 端均为 1，由前面对基本 RS 触发器的分析知，这时钟控 RS 触

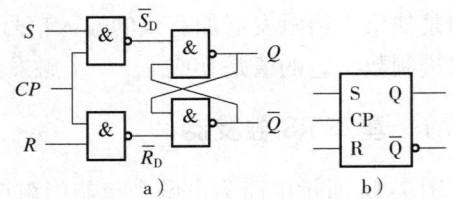

图 7-2 钟控 RS 触发器的逻辑电路及逻辑符号
a) 逻辑电路 b) 逻辑符号

发器的输出端 Q 和 $\overline{Q}$ 保持原状态不变，无论 R 和 S 的值是什么，都不会影响触发器输出端 Q 的状态。对钟控 RS 触发器，只有当 CP 为 1 时，R 端和 S 端的输入才会通过输入端的两个与非门影响到后级基本 RS 触发器的输出端 Q，即钟控 RS 触发器输出端 Q 状态的改变需受到 CP 信号的控制。$CP=0$ 又称为时钟脉冲没有到来，或没有时钟脉冲触发时；$CP=1$ 又称为时钟脉冲到来，或是有时钟脉冲触发时，只有 $CP=1$（时钟脉冲到来时），钟控 RS 触发器的输出端 Q 的状态才能改变。注意，说到触发器的状态，指的都是其输出端 Q 的状态或 $\overline{Q}$ 的值。

要注意，与基本 RS 触发器不同，钟控 RS 触发器的输入端 R 和 S 的上方没有横线，表示将输出端 Q 清 0 或置 1 的控制均为高电平有效（Active High），即只有在 R 端和 S 端输入

1时，才可将Q端的值清0或置1（清0和置1也不可同时进行），将Q端清0或置1必须要同时使CP为1，即必须要有时钟脉冲CP触发。

有时钟脉冲CP控制的触发器都是时序电路，在分析其特性时要用到状态表（State Table），钟控RS触发器的状态表见表7-2，状态表左边一栏中除了有输入变量的取值外，还增加了时钟脉冲CP触发前电路输出端Q的状态，因为时钟脉冲触发前输出端Q的状态也会影响到时钟脉冲触发后输出端Q的状态，所以时钟脉冲触发前的输出端Q状态也是电路的输入之一。状态表右侧一栏则为电路在时钟脉冲CP触发后输出端Q的状态。将时钟脉冲CP触发前输出端Q的状态记为Q_n，时钟脉冲CP触发后输出端Q的状态记为Q_{n+1}，以示区别。

根据表7-2左侧一栏的数据，结合图7-2a所示钟控RS触发器的逻辑电路，可以逐行得出时钟脉冲CP触发后钟控RS触发器的状态表右侧一栏的数据。

由表7-2的第一行和第二行数据可见，当R和S均为0时，即对输出端Q既不清0也不置1时，由图7-2a电路图可知，因$\bar{S}_D$和$\bar{R}_D$均为1，使得后级基本RS触发器的输出端Q和$\bar{Q}$维持原状态不变。这时若$Q_n=0$，则$Q_{n+1}=0$；若$Q_n=1$，则$Q_{n+1}=1$，即$Q_{n+1}=Q_n$，这也说明钟控RS触发器具有记忆功能。

表7-2 钟控RS触发器的状态表

R	S	Q_n	Q_{n+1}	$\bar{Q}_{n+1}$
0	0	0	0	1（不变）
0	0	1	1	0（不变）
0	1	0	1	0（置1）
0	1	1	1	0（置1）
1	0	0	0	1（清0）
1	0	1	0	1（清0）
1	1	0	1	1（禁用）
1	1	1	1	1（禁用）

对于高电平有效输入的钟控RS触发器，R和S端不能同时为1，否则当时钟脉冲CP为1时，输出端Q和$\bar{Q}$将会出现同时为1的状态，这种情况是禁止出现的，见表7-2的最后两行。

由表7-2可写出一个类似于组合电路的钟控RS触发器的输出与输入关系式，即

$$Q_{n+1} = \bar{R}\,\bar{S}Q_n + \bar{R}S\bar{Q}_n + \bar{R}SQ_n + RS\bar{Q}_n + RSQ_n = S + \bar{R}Q_n \quad (RS \neq 1)$$

要注意，只有在时钟脉冲触发后，式中右侧的值才能按照此式的关系传递到等式的左侧，为了与组合电路的逻辑函数式在称呼上区分开，称它为特征方程，即描述钟控RS触发器特性的方程。有了钟控RS触发器的特征方程，以后在分析钟控RS触发器的输入与输出关系时不用再参看触发器的内部电路，可直接根据其特征方程方便地写出触发器输出端Q的值。

【例7-1-1】设钟控RS触发器$R=1$，$S=0$，时钟脉冲CP触发前输出端Q的值为0，试写出钟控RS触发器在时钟脉冲触发（$CP=1$）时其输出端Q的状态。

解：时钟脉冲触发前（$CP=0$）Q的值为0，即$Q_n=0$。将$R=1$、$S=0$和$Q_n=0$代入钟控RS触发器的特征方程中，可得

$$Q_{n+1} = S + \bar{R}Q_n = 0 + \bar{1} \times 0 = 0$$

即当时钟脉冲触发后（$CP=1$时），该钟控RS触发器输出端Q的值变为0，$\bar{Q}$的值与Q的值相反，为1。

钟控RS触发器兼有基本RS触发器的功能，其逻辑电路及逻辑符号如图7-3所示。

由图7-3a可见，当没有时钟脉冲CP输入时，$CP=0$，两个输入端的与非门均输出为1，

这时触发器的输出端 Q 和 $\overline{Q}$ 的状态就由叠加的 $\overline{S}_D$ 和 $\overline{R}_D$ 来决定，输出端的两个与非门构成的电路相当于基本 RS 触发器，可以通过在 $\overline{S}_D$ 端或 $\overline{R}_D$ 端输入 0 来对 Q 进行置 1 或清 0。因这时在 $\overline{S}_D$ 和 $\overline{R}_D$ 端加的置 1 与清 0 信号不受时钟脉冲 CP 控制，故 $\overline{S}_D$ 和 $\overline{R}_D$ 又称为直接置 1、清 0 端。在正常工作时，如不需要临时强行将触发器的输出端 Q 置 1 和清 0，则应使 $\overline{S}_D$ 和 $\overline{R}_D$ 均输

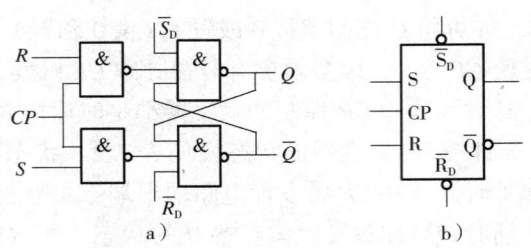

图 7-3 带异步清 0 置 1 端的钟控 RS 触发器的逻辑电路及逻辑符号
a) 逻辑电路　b) 逻辑符号

入为 1，使 $\overline{S}_D$ 和 $\overline{R}_D$ 不起作用。实际中的各种集成触发器大都具有 $\overline{S}_D$ 直接置 1 端和 $\overline{R}_D$ 直接清 0 端。

7.1.3　D 触发器

为了防止钟控 RS 触发器在输入端 R 和 S 同时输入为 1 时导致输出端 Q 和 $\overline{Q}$ 同时输出 1 的现象，对钟控 RS 触发器电路进行一些改造，推出了一种新的触发器——D 触发器，D 触发器的逻辑电路及逻辑符号如图 7-4 所示。因 D 触发器在输入端 R 和 S 之间引入了一个非门，这使得 R 与 S 端之间永远处于相反的状态，从而就避免了 R 和 S 端同时输入为 1 的情况。

由图 7-4a 的电路可见，当 $CP = 0$ 时，D 触发器输入端的两个与非门均输出为 1，即使得后级基本 RS 触发器的 $\overline{S}_D$ 和 $\overline{R}_D$ 均为 1，使 D 触发器的输出 Q 和 $\overline{Q}$ 维持原状态不变，只有时钟脉冲 CP 为 1 时，输入给 D 的数据才能通过两个输入端的与非门，影响到 D 触发器输出端 Q 的状态。

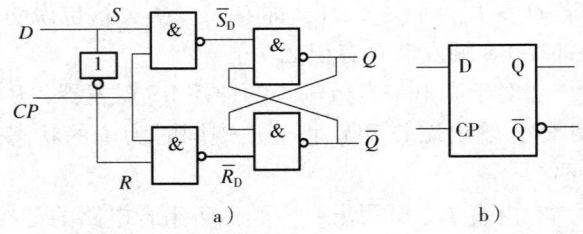

图 7-4 高电平触发的 D 触发器的逻辑电路及逻辑符号
a) 逻辑电路　b) 逻辑符号

类似于对钟控 RS 触发器的分析方法，在分析 D 触发器的逻辑功能时，先做 D 触发器的状态表，在状态表中，将 D 的值和时钟脉冲 CP 触发前的输出端状态 Q_n 作为输入变量，列于状态表左侧，将时钟脉冲触发后输出端的状态 Q_{n+1} 和 $\overline{Q}_{n+1}$ 作为输出，列于状态表的右侧，然后将 D 和 Q_n 取值组合的数据按从小到大列出，再根据图 7-4a 逻辑电路的运算关系逐行算出 Q 和 $\overline{Q}$ 的取值，填入状态表右侧一栏，得 D 触发器的状态表见表 7-3。

由表 7-3 可写出 D 触发器的特征方程为

$$Q_{n+1} = D\overline{Q}_n + DQ_n = D(\overline{Q}_n + Q_n) = D$$

D 触发器的特征方程说明，在时钟脉冲 CP 触发后，D 触发器输出端 Q 的值等于时钟脉冲触发前输入端 D 的值，见表 7-3。图 7-4 所示 D 触发器只有在时钟脉冲 $CP = 1$ 时，输出端 Q 的状态才能改变，故其也是高电平触发的触发器。

D 触发器在计算机电路中应用十分广泛。

表 7-3　D 触发器的状态表

D	Q_n	Q_{n+1}	$\overline{Q}_{n+1}$
0	0	0	1
0	1	0	1
1	0	1	0
1	1	1	0

【例 7-1-2】设高电平触发的 D 触发器输入端 D 的波形如图 7-5 所示,试画出输出端 Q 的输出波形图。

解:画波形图依据的是 D 触发器的特征方程 $Q_{n+1}=D$,该特征方程说明在有时钟脉冲 CP 触发时,输出端 Q 等于输入端 D 的值。因 D 触发器为高电平触发,所以在画时序图时首先在图上示出所有 $CP=1$ 的区域,只有在该区域,D 触发器的输出端 Q 的值才可能发生改变,并且

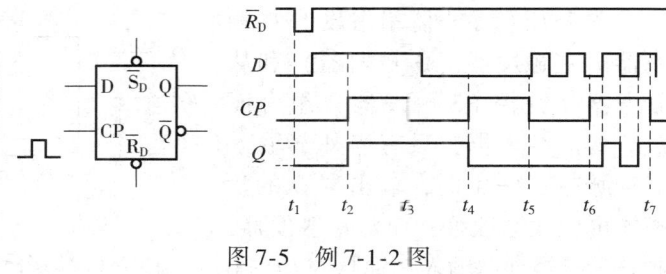

图 7-5 例 7-1-2 图

按照等于输入 D 的值来改变,而在 $CP=0$ 区间,输出端 Q 的值均保持原值不变。

在图 7-5 中,因在 t_1 时刻之前 Q 的状态未知,故 Q 的波形用可高可低电平的虚线来表示,并维持到 t_1 时刻。在 t_1 时刻,D 触发器收到 $\overline{R}_D$ 端异步清 0 信号,于是 Q 输出变为 0($\overline{Q}$ 变为 1),当 $\overline{R}_D$ 撤销后,相当于其内部基本 RS 触发器的 $\overline{R}_D$ 和 $\overline{S}_D$ 都为 1,因此 Q 端保持 0 不变,一直维持到 t_2 时刻时钟脉冲 $CP=1$ 时才可能发生改变。

在 t_2 时刻,$CP=1$ 并一直维持到 t_3 时刻,在这段区间,Q 按 D 触发器的特征方程 $Q_{n+1}=D$ 来改变,Q 的值与 D 的值相同,于是 Q 变为 1。

在 t_3 时刻,CP 变为 0,Q 将维持 1 不变(没有时钟脉冲 CP 触发时,触发器维持之前的状态不变),一直到 t_4 时刻。在这段时间内,虽然 D 的输入从 1 变为 0,但 Q 并不随着 D 的值改变。

在 t_4 时刻,CP 又变为 1 并维持到 t_5 时刻,在这段区间内,Q 的值又随着 D 的值变化,D 的值为 0,Q 的值也随之变为 0。

在 t_5 时刻,CP 变为 0,Q 的值将不再随 D 的值改变,维持 0 一直到 t_6 时刻时钟脉冲 CP 再次变为 1。

在 $t_6 \sim t_7$ 时刻之间,CP 再次变为 1,在这段区间,Q 的值又随着 D 改变,Q 的波形与 D 的波形完全相同,因 D 的值发生了多次改变,因此 Q 的值也随之发生了多次改变。

图 7-6 所示电路为低电平触发的 D 触发器的逻辑电路及逻辑符号,注意图 7-6b 的逻辑符号上时钟脉冲输入端 CP 的引脚上有一个小圆圈,该小圆圈表示低电平触发,即只有当时钟脉冲 $CP=0$ 期间,输出 Q 的值才会根据输入 D 的信号发生相应的变化。

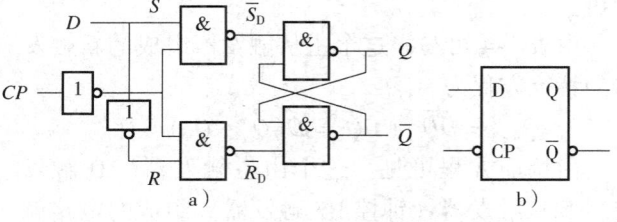

图 7-6 低电平触发的 D 触发器的逻辑电路及逻辑符号
a)逻辑电路 b)逻辑符号

由例 7-1-2 可见,对高电平触发的 D 触发器,在图 7-5 的波形图中,在 $t_6 \sim t_7$ $CP=1$ 期间(一个时钟脉冲),D 端输入的值发生了多次改变,使得触发器输出端 Q 的值也随着发生了多次改变。在实际应用中,有时希望输入一个周期的时钟脉冲 CP 应使触发器的输出状态仅发生一次改变,这种情况就不能采用电平触发的触发器,而应采用边沿触发器。边沿触发器指的是触发器输出端 Q 状态的改变只发生在时钟脉冲 CP 从 0 变到 1 瞬间

(称上升沿触发），或是从 1 变到 0 瞬间（称下降沿触发）。图 7-7 所示电路为下降沿触发的 D 触发器。

图 7-7a 所示下降沿触发的 D 触发器由主触发器（D 触发器）和从触发器（钟控 RS 触发器）组合而成。对主触发器，只有当外部输入时钟脉冲 $CP = 1$ 时，输出端 Q 的状态才可能发生改变；而对从触发器，则是只有当外部输入时钟脉冲 $CP = 0$ 时，其输出端 Q 的状态才可能发生改变。

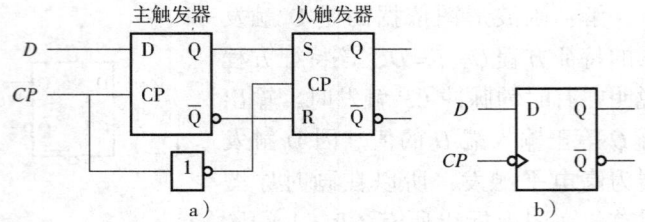

图 7-7 下降沿触发的 D 触发器逻辑电路及逻辑符号
a) 逻辑电路 b) 逻辑符号

当时钟脉冲 $CP = 1$ 时，主触发器按 D 触发器的特征方程 $Q_{n+1} = D$ 来改变，虽然在整个 $CP = 1$ 期间主触发器都可随 D 的输入发生改变，但 D 触发器输出端 Q 最终保留的值只是在 CP 从 1 变成 0 之前瞬间 D 的值，而这期间，从触发器的输出因为没有触发信号保持原状态不变。当时钟脉冲 CP 从 1 变为 0（$CP = 0$）时，主触发器因没有了时钟脉冲触发，其输出 Q 保持的值就是时钟脉冲从 1 变为 0 瞬间的值，在 $CP = 0$ 期间，从触发器 RS 触发器因其时钟脉冲输入为 1，故从触发器的输出端 Q 根据其输入 S 和 R 的值和钟控 RS 触发器的特征方程来改变。虽然在整个 $CP = 0$ 期间从触发器的输出都可发生变化，但因其输入端 S 和 R 是主触发器的输出 Q 和 $\overline{Q}$ 是不变的，所以从触发器的输出值 Q 的改变实际上是发生在外部时钟脉冲 CP 从 1 变为 0 瞬间，而在其后的整个 $CP = 0$ 期间不再发生变化，从触发器输出端的状态实际上是由时钟脉冲从 1 变为 0 之前主触发器的输出状态所决定的。

综上所述，整个触发器的输出（即从触发器的输出）的值是由 CP 从 1 变到 0 之前瞬间主触发器的输入 D 所决定的，简单来说，这个由主触发器和从触发器组成的电路，其输出值是在外部输入时钟脉冲 CP 从 1 变为 0 的时刻发生改变，即由 CP 下降沿触发改变，其值由 CP 下降沿之前瞬间的输入 D 所决定。

首先列出图 7-7a 所示主从结构 D 触发器的状态表，见表 7-4，然后写出特征方程来分析。

由表 7-4 可写出这个主从触发器组成的新触发器的特征方程为

$$Q_{n+1} = D\overline{Q}_n + DQ_n = D(\overline{Q}_n + Q_n) = D$$

由特征方程可见，这个由主触发器（D 触发器）和从触发器（钟控 RS 触发器）组成的电路就整体功能来看仍为 D 触发器，只是其触发信号为时钟脉冲 CP 的下降沿。

表 7-4 主从式下降沿触发的 D 触发器状态表

$D\ (S, R)$	Q_n	Q_{n+1}
0 (0, 1)	0	0
0 (0, 1)	1	0
1 (1, 0)	0	1
1 (1, 0)	1	1

注意，对于时钟脉冲 CP 为下降沿触发的 D 触发器的逻辑符号，其时钟脉冲输入端的画法，除了有一个小圆圈外，还有一个小三角，小圆圈表示负，小三角表示时钟脉冲的边沿触发。下降沿触发的 D 触发器逻辑符号如图 7-7b 所示。

除了有下降沿触发的边沿触发器外，还有上升沿触发的触发器，即触发器输出端 Q 状态的改变发生在时钟脉冲 CP 从 0 变为 1 的瞬间。图 7-8 所示为上升沿触发的 D 触发器逻辑电路及逻辑符号。注意，上升沿触发的触发器的逻辑符号在时钟脉冲 CP 输入端处没有小圆圈，表示正边沿触发。

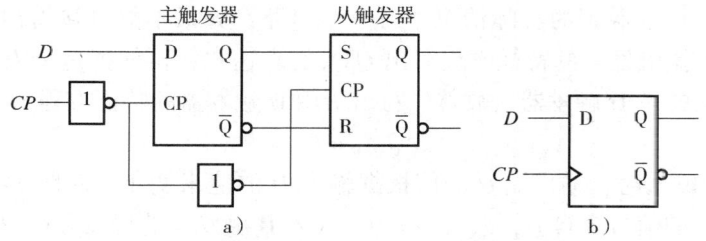

图 7-8 上升沿触发的 D 触发器逻辑电路及逻辑符号
a) 逻辑电路 b) 逻辑符号

【例 7-1-3】设有上升沿触发的 D 触发器如图 7-9 所示，试根据 D 的输入波形画出触发器输出端 Q 的波形图。

解：因电路采用的是上升沿触发的 D 触发器，其输出端 Q 的状态只有在 CP 从 0 变为 1 的上升沿瞬间才可能发生改变，而在其他时刻，Q 的值均保持不变。Q 的值在时钟脉冲 CP 上升沿之后的值应根据特征方程 $Q_{n+1}=D$，等于上升沿之前 D 的值。

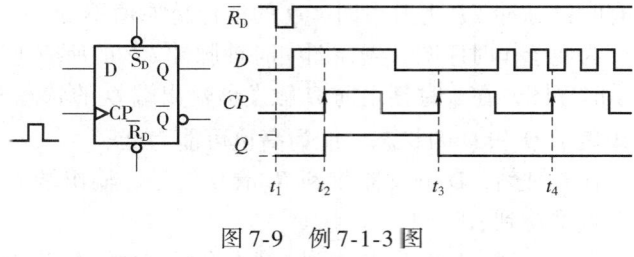

图 7-9 例 7-1-3 图

画 D 触发器输出端 Q 的波形时，首先在图 7-9 时序图中用虚线标出所有时钟脉冲 CP 的上升沿时刻。

在 t_1 时刻，D 触发器收到 $\overline{R}_D$ 端异步清 0 信号，输出端 Q 变为 0，一直维持到 t_2 时刻 CP 的上升沿。在 $\overline{R}_D=0$ 之前，因 Q 的状态未知，可能为 1，也可能为 0，故用虚线表示。

在 t_2 时刻，D 触发器收到时钟脉冲 CP 上升沿触发信号，输出端 Q 的值应等于触发前 D 的值，CP 上升沿之前 D 的值为 1，故 CP 上升沿之后 Q 变为 1，并且 Q=1 一直维持到 t_3 时刻即下一个时钟脉冲 CP 上升沿到来时。

在 t_3 时刻，D 触发器收到 CP 上升沿触发信号，输出端 Q 的状态等于时钟脉冲 CP 上升沿之前 D 的值 0，一直维持到 t_4 时刻。

在 t_4 时刻，D 触发器又收到触发信号，因 t_4 时刻之前瞬间 D 的值为 0，故 Q 维持 0 不变。在 t_4 之后且 CP=1 期间，虽然输入 D 的值发生了多次改变，但因 D 触发器没有再收到 CP 的上升沿触发信号，故输出端 Q 维持 0 不变。

由此例题可见，对边沿触发的触发器，输入一个时钟脉冲 CP 周期，触发器输出端 Q 的状态只能改变一次。

【例 7-1-4】设电路如图 7-10 所示。试画出 D 触发器输出端 Q 的波形图。

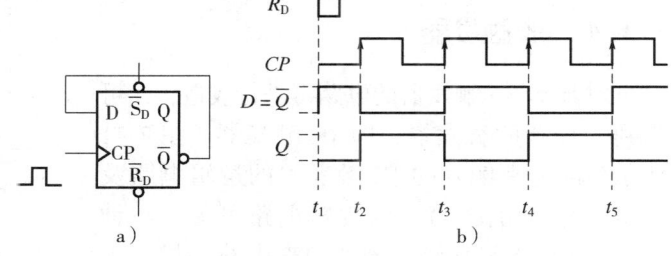

图 7-10 例 7-1-4 电路图与时序图
a) 电路图 b) 时序图

解：由图 7-10a 的电路图可见，D 触发器的输入端 D 没有外加输入信号，而是接到了自己的输出端 $\overline{Q}$ 上，从电路图上一时无法看清 Q 端的值如何按照 D 的值来改变，而这是一般在分析电路功能时经常遇到的实际情况。对一个电路，如果不能直接看出触发器输出端 Q 为何值，就要先根据触发器的特征方程写出 Q_{n+1} 的表达式，再依据这个方程画出 Q 的波形图。因本电路采用的是 D 触发器，故首先写出所用 D 触发器的特征方程为

$$Q_{n+1} = D$$

即有时钟脉冲 CP 输入时，输出端 Q 的值根据输入 D 的值来变化，对图 7-10 所示电路，因 D 接到了 $\overline{Q}$ 端，D 的信号来自 $\overline{Q}$，故有 $D = \overline{Q}$，代入 D 触发器的特征方程中得

$$Q_{n+1} = D = \overline{Q}$$

上式说明，只要收到时钟脉冲 CP 触发信号，输出端 Q 的值就在原状态下求反，若原状态为 1，时钟脉冲触发后就变为 0；原状态为 0，时钟脉冲触发后就变为 1。因采用的 D 触发器为上升沿触发方式，故只要有输入时钟脉冲 CP 的上升沿，其输出端 Q 的值就对原值求一次反，而没有时钟脉冲 CP 上升沿时，Q 的值保持原值不变。

为便于作时序图，先在图中时钟脉冲 CP 的所有上升沿处用虚线进行标注。对于图 7-10b 所示时序图，在 t_1 时刻之前 D 触发器输出端 Q 的状态未知，$\overline{Q}$ 的状态因此也不能确定，故用虚线表示 Q 和 $\overline{Q}$ 的状态可能为高也可能为低。

在 t_1 时刻，D 触发器收到 $\overline{R}_D$ 清 0 信号，输出端 Q 变为 0，$\overline{Q} = 1$，依次使 $D = \overline{Q}$ 变为 1，并一直维持到 t_2 时刻。

在 t_2 时刻，D 触发器收到 CP 上升沿触发，输出端 Q 将等于 t_2 时刻之前的 D 值，即 Q 由 0 变为 1，同时 $D = \overline{Q}$ 变为 0，并一直维持至 t_3 时刻。

在 t_3 时刻，D 触发器收到 CP 上升沿触发，输出端 Q 等于 t_3 时刻之前的 D 值 0，同时 $D = \overline{Q}$ 由 0 又变为 1，并一直维持到 t_4 时刻。

同理，遇到时钟脉冲 CP 的上升沿，Q 就在原状态下求反，可标出 t_4 和 t_5 时刻 Q 及 $D = \overline{Q}$ 的波形。

由图 7-10b 时序图可见，当电路的连接使得触发器的特征方程化成 $Q_{n+1} = \overline{Q}_n$ 形式时，就使得触发器每输入一个时钟脉冲 CP，输出端 Q 的状态就翻转一次（1 变成 0，或 0 变成 1），这种 $Q_{n+1} = \overline{Q}_n$ 的连接方式又称为将触发器连接成计数器方式。由图 7-10b 还可见，在触发器连接成计数器方式时，每输入两个时钟脉冲 CP 周期，触发器输出 Q 端就输出一个周期，因此，连接成计数器方式的电路输出端 Q 还有将时钟脉冲 CP 频率降低一半，即两分频的功能。

7.1.4 JK 触发器

对基本 RS 触发器的电路再进行改造，又可得到一种新的触发器，即 JK 触发器。图 7-11 所示为高电平触发的 JK 触发器的逻辑电路及逻辑符号。由图 7-11a 的逻辑电路可见，与钟控 RS 触发器和 D 触发器的内部电路一样，JK 触发器的输出部分也含有一个基本 RS 触发器，只是输入部分的电路与它们不同。对于 JK 触

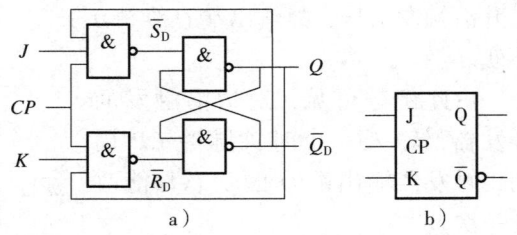

图 7-11 高电平触发的 JK 触发器的逻辑电路及逻辑符号
a) 逻辑电路 b) 逻辑符号

发器，因为将输出端 Q 和 $\bar{Q}$ 分别引回两个输入端的与非门，而输出端 Q 和 $\bar{Q}$ 状态相反，它们之中至少有一个为 0，这就使得不管 Q 和 $\bar{Q}$ 为何值，都会使一个输入端的与非门输入为 0，从而使两个输入端与非门中至少有一个输出为 1，即使后级基本 RS 触发器的 $\bar{S}_D$ 和 $\bar{R}_D$ 中至少有一个为 1，从而不会出现 $\bar{S}_D$ 和 $\bar{R}_D$ 两个输入端同时为 0 的情况，避免了 JK 触发器输出端 Q 和 $\bar{Q}$ 同时输出为 1 的禁用状态。

如图 7-11a 所示，当输入时钟脉冲 $CP=0$ 时，两个输入端的与非门均输出为 1，使后级基本 RS 触发器的 $\bar{S}_D$ 和 $\bar{R}_D$ 均为 1，使基本 RS 触发器即 JK 触发器的输出端 Q 和 $\bar{Q}$ 保持原状态不变。

当 $CP=1$ 时，两个输入端的与非门打开，J 和 K 的值通过输入端的两个与非门传递给后级的基本 RS 触发器，使得 JK 触发器输出端 Q 的状态将随输入 J 和 K 的值而改变，因此，此 JK 触发器也是一个高电平触发的触发器。列状态表以分析 JK 触发器的逻辑功能，见表 7-5。状态表的左侧除了有输入 J 和 K 的取值外，还有时钟脉冲 CP 触发前输出端的状态 Q_n，状态表中右侧一栏为时钟脉冲触发后触发器的值 Q_{n+1}。

表 7-5　JK 触发器状态表

J	K	Q_n	Q_{n+1}
0	0	0	0
0	0	1	1
0	1	0	0
0	1	1	0
1	0	0	1
1	0	1	1
1	1	0	1
1	1	1	0

由表 7-5 可写出 JK 触发器的特征方程为

$$Q_{n+1} = \bar{J}KQ_n + J\bar{K}\bar{Q}_n + J\bar{K}Q_n + JK\bar{Q}_n$$
$$= J\bar{Q}_n(\bar{K}+K) + \bar{K}Q_n(\bar{J}+J)$$
$$= J\bar{Q}_n + \bar{K}Q_n$$

对于低电平触发的 JK 触发器，也会在一次时钟脉冲 CP 输入期间，输出端 Q 的状态会随着输入 J 和 K 值的改变，而发生多次改变的情况，因此实际中多采用上升沿和下降沿触发的 JK 触发器。

图 7-12 所示为一个时钟脉冲 CP 下降沿触发的 JK 触发器的逻辑电路及逻辑符号，它是由高电平触发的 JK 触发器（主触发器）和一个钟控 RS 触发器（从触发器）组成。

对图 7-12a 电路，当外部时钟脉冲 $CP=1$ 时，主触发器的输出端 Q 和 $\bar{Q}$ 按着 JK 触发

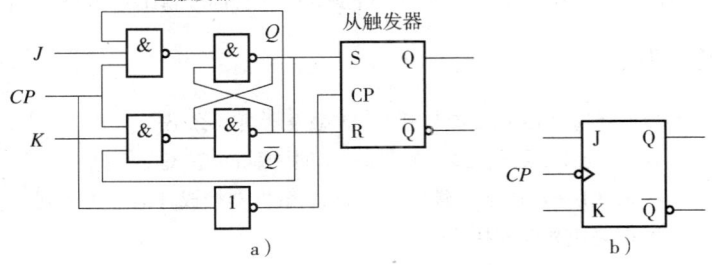

图 7-12　下降沿触发的 JK 触发器逻辑电路及逻辑符号
a）逻辑电路　b）逻辑符号

器特征方程的关系改变，而从触发器则因其时钟脉冲 CP 输入为 0，其输出端 Q 和 $\bar{Q}$ 保持不变。当时钟脉冲 CP 从 1 变为 0 时，主触发器的输出端将保持外部时钟脉冲 CP 从 1 变为 0 前瞬间的值不变，而 $CP=0$ 期间，从触发器则根据 R 和 S 的状态，即主触发器的输出端状态来改变。若主触发器的 Q 输出 1、$\bar{Q}$ 输出 0，则使得从触发器的 S 输入为 1，R 输入为 0，于是从触发器的 Q 端输出为 1；若主触发器 Q 输出 0、$\bar{Q}$ 输出为 1，则使得从触发器 S 输入为 0，R 输入为 1，于是从触发器的 Q 端输出为 0。对整个触发器来说，电路的输出（即从

触发器的输出）是在时钟脉冲 CP 的下降沿瞬间发生的改变，因此该电路为下降沿触发的 JK 触发器。

【例 7-1-5】 判断图 7-13 的电路中哪个 JK 触发器连接成计数器方式。

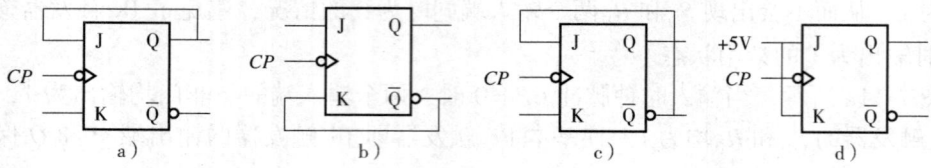

图 7-13 例 7-1-5 图

解：判断一个电路是否接成计数器方式，即判断该电路的输出端 Q 的特征方程能否写成 $Q_{n+1}=\overline{Q_n}$ 的形式。分析时首先写出电路所用 JK 触发器特征方程 $Q_{n+1}=J\overline{Q_n}+\overline{K}Q_n$。

对图 7-13a，$J=Q$，K 悬空相当于输入 1，即 $K=1$，代入 JK 触发器特征方程有
$$Q_{n+1}=J\overline{Q_n}+\overline{K}Q_n=Q_n\overline{Q_n}+\overline{1}Q_n=0$$

由状态方程可见，不管触发器当前输出端 Q 为何种状态，当时钟脉冲 CP 触发后，其输出端 Q 即变为 0。

对图 7-13b，$J=1$（悬空为 1），$K=\overline{Q}$，代入 JK 触发器的特征方程有
$$Q_{n+1}=1\cdot\overline{Q_n}+\overline{\overline{Q_n}}Q_n=\overline{Q_n}+Q_n=1$$

当时钟脉冲 CP 触发后，JK 触发器输出端 Q 的值变为 1。

对图 7-13c，$J=\overline{Q}$，$K=1$（悬空），代入 JK 触发器的特征方程有
$$Q_{n+1}=\overline{Q_n}\cdot\overline{Q_n}+\overline{1}Q_n=\overline{Q_n}+0=\overline{Q_n}$$

对图 7-13d，J 和 K 都接到 +5V 上，相当于 $J=K=1$，代入特征方程有
$$Q_{n+1}=1\cdot\overline{Q_n}+\overline{1}Q_n=\overline{Q_n}+0=\overline{Q_n}$$

由以上分析可知，图 7-13c、d 所示电路输出均可化成 $Q_{n+1}=\overline{Q_n}$ 形式，故这两个电路均为计数器方式，即每输入一个时钟脉冲，电路的输出 Q 的状态就翻转一次（1 变为 0，0 变为 1）。

【思考题】

7-1-1 钟控 RS 触发器与基本 RS 触发器有什么不同？

7-1-2 为什么要给触发器增加一个时钟脉冲 CP 输入端？

7-1-3 用一个 D 触发器或是一个 JK 触发器接成计数器方式可以实现二分频，如何用多个触发器实现四分频？电路应如何连接？

7-1-4 都有哪些种类的触发器？各有什么特点？

7-1-5 触发器与各种门电路有什么不同？

7.2 寄存器

在计算机中，各种信息都是化成二进制数的形式来存放，而寄存器就是存放二进制数的器件之一，寄存器（Register）从名称上看就是存放（数据）的地方。寄存器通常是由触发器构成的，一个触发器可以存放一位二进制数，一个寄存器通常都是由 4、8、16 个等数量

的触发器组成，能分别存储4、8、16位的二进制数。

7.2.1 并行输入寄存器

图7-14所示电路为一个由上升沿触发、由4个D触发器构成的带清0控制的4位并行输入寄存器。时钟脉冲CP同时触发4个D触发器，从4个D触发器的输入端输入4位二进制数，在统一时钟脉冲CP的触发下，可以同时输入到4个触发器（4位寄存器）中。存入寄存器中就是存到每个触发器的Q端。并行的含义是，一位二进制数沿着一条线，4位二进制数沿着4条线$D_3D_2D_1D_0$，在统一时钟脉冲CP的作用下，同时存入4个触发器（寄存器）$Q_3Q_2Q_1Q_0$中。

图7-14所示的4位并行输入寄存器还复合有异步清0控制端$\overline{R_D}$，需要时可在$\overline{R_D}$端输入一个0，将4个D触发器（寄存器）的值同时清0。

注意在实际应用中，画电路图时经常不画出不使用的器件引脚，这不表示该器件没有那些引脚，例如图7-14所示电路，每个D触发器都含有$\overline{Q}$端，但电路中并未画出$\overline{Q}$端，因它与说明寄存器的功能关系不大，所以省略，也可画出。寄存器中存储的数据指的是存在每个触发器Q端的值。

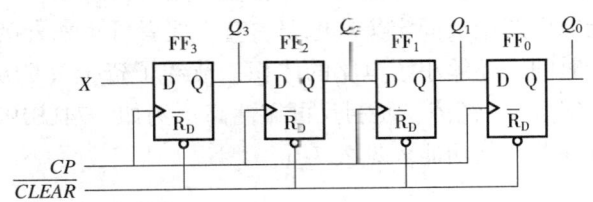

图7-14 由D触发器构成的带清0控制的4位并行输入寄存器

7.2.2 移位寄存器

移位寄存器也是存放二进制数的寄存器，由触发器构成，一个触发器存放一位二进制数，只是移位寄存器中的二进制数能从左向右移位，或从右向左移位。图7-15所示电路为用4个D触发器构成的4位右移寄存器，图中，在给各触发器命名时，就像电阻的符号用R

（Resistance）一样，触发器的名称通常用FF（Flip Flop）或F表示。在这个移位寄存器中，FF_0为寄存器的最低位，FF_3为寄存器的最高位。对图7-15的电路，在统一时钟脉冲CP触发下，各个触发器都按照自己的特征方程$Q_{n+1}=D$来改变，每输入一个时钟脉冲，外部变量X的值从FF_3的D端输入，移入到FF_3的Q_3端，Q_3端的值移到Q_2端，Q_2端的值移到Q_1端，Q_1端的值移到Q_0端，Q_0端的值被Q_1端移入的值替代，整个寄存器中的4位二进制数实现整体向右移位的功能。该移位寄存器还带有统一的低有效的异步清0端$\overline{CLEAR}$，连接到各个D触发器$\overline{R_D}$端，在不需要时钟脉冲输入的情况下，在$\overline{CLEAR}$端输入一个0，可将移位寄存器存储的4位二进制数（各个D触发器的Q端）全部清0。

【例7-2-1】对图7-15所示的4位右移寄存器，设各个触发器的初始状态均为0，X的输入波形已知，试画出Q_3、Q_2、Q_1、Q_0的时序图。说明第4个时钟脉冲CP之后$Q_3Q_2Q_1Q_0$的值。

解：因画时序图要根据输出端 Q 的状态方程，故要先写出各触发器的状态方程。

图 7-15 的电路由 D 触发器构成，各个 D 触发器在时钟脉冲触发后均按其特征方程 $Q_{n+1}=D$ 来变化，而各触发器的输入为

$$D_3 = X, \ D_2 = Q_3, \ D_1 = Q_2, \ D_0 = Q_1$$

将各个触发器的输入 D 的关系式代入各自的特征方程得到各个触发器的状态方程为

$$Q_{3n+1} = X, \ Q_{2n+1} = Q_3, \ Q_{1n+1} = Q_2, \ Q_{0n+1} = Q_1$$

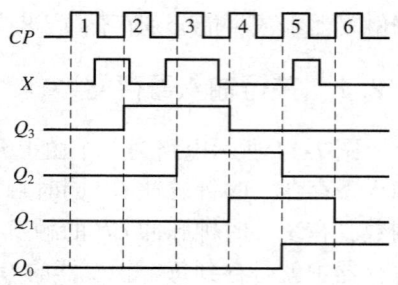

图 7-16　例 7-2-1 时序图

即各个触发器在有时钟脉冲 CP 输入时按照各自的状态方程来变化。下面依据这 4 个状态方程画图，因 X 的输入首先影响 FF_3，故先画 Q_3 的波形，FF_3 输出又影响 FF_2，然后再画 Q_2 的波形，再依次画 Q_1、Q_0 的波形。因各触发器均采用上升沿触发，只有在时钟脉冲 CP 有上升沿时，各触发器的状态才可能改变，故首先在图 7-16 的时序图上每个时钟脉冲 CP 的上升沿位置用虚线进行标注，各触发器的输出状态的改变都以时钟脉冲的上升沿为参考，每个时钟脉冲的上升沿左侧即为 n 时刻，上升沿的右侧为 n+1 时刻，时钟脉冲 CP 上升沿触发后，各触发器输出端 Q 的值等于上升沿左侧各自输入端 D 的值（状态方程的值）。

从 Q_3 开始，依次完成 Q_3、Q_2、Q_1 和 Q_0 的时序图如图 7-16 所示，由时序图可见，第 4 个时钟脉冲之后 $Q_3Q_2Q_1Q_0 = 0110$。

【例 7-2-2】用集成电路 74LS194 构成右移循环寄存器。

解：在计算机中，经常需要对寄存器的值进行左移或右移的移位操作，如果每次需要移位时使用者自己都设计一个移位电路会很麻烦，于是，很多集成电路生产厂家把一些常用功能的电路做成固定集成电路，有需要者可买来直接使用，使用户省去了自己设计电路的精力和时间，还缩小了电路的体积，节约了资金（购买现成的集成电路比自己设计的电路要便宜很多），经济、便利且可靠性高。例如，74LS194 就是能实现左移和右移操作的 4 位移位寄存器，其功能表见表 7-6。

表 7-6　74LS194 功能表

$\overline{CR}$	CP	S_1	S_0	Q_3	Q_2	Q_1	Q_0	操作
0	×	×	×	0	0	0	0	清 0
1	↑	0	0	Q_3	Q_2	Q_1	Q_0	保持
1	↑	0	1	D_{SR}	Q_3	Q_2	Q_1	右移
1	↑	1	0	Q_2	Q_1	Q_0	D_{SL}	左移
1	↑	1	1	D_3	D_2	D_1	D_0	并行输入

由表 7-6 可见，74LS194 内部有 4 个触发器（$Q_3 \sim Q_0$），组成一个能存储 4 位二进制数的寄存器。寄存器存的数是组成寄存器的触发器输出端 Q 的值，在 74LS194 的 4 位寄存器中，Q_3 是高位，依次到低位为 Q_2、Q_1 和 Q_0。由表 7-6 可见，74LS194 共有 4 种功能：保持、右移、左移和并行输入，有两条功能选择控制引脚 S_1 和 S_0，从 S_1S_0 分别输入 00、01、10 和 11，可以选择其中一种功能工作。

表 7-6 的第一行内容说明，$\overline{CR}$（Clear）为低有效的异步清 0 控制端，不需要有时钟脉冲

CP 触发，任何时候只要在 $\overline{CR}$ 端输入一个 0，则可将寄存器的值清 0，即使 $Q_3Q_2Q_1Q_0$ = 0000。

表 7-6 的第二行内容说明，当 $\overline{CR}=1$ 即不清 0 时，若 $S_1S_0=00$，则当时钟脉冲 CP 上升沿触发后，寄存器的值 $Q_3Q_2Q_1Q_0$ 保持原值不变，即保持功能。在保持功能状态时，即使有时钟脉冲 CP 触发也不进行移位。

表 7-6 的第三行内容说明，当不清 0 时，若 $S_1S_0=01$，则时钟脉冲 CP 上升沿触发后，寄存器的值右移一位，Q_3 的值为从 D_{SR}（Data shift right）引脚移入的值，原 Q_3 的值右移到 Q_2，原 Q_2 的值移到 Q_1，原 Q_1 的值移到 Q_0，原 Q_0 的值被丢弃。

表 7-6 的第四行内容说明，在不清 0 时，若 $S_1S_0=10$，则在时钟脉冲上升沿时，寄存器的值左移一位，D_{SL}（Data shift left）引脚的值移到 Q_0，原 Q_0 的值左移到 Q_1，原 Q_1 的值左移到 Q_2，原 Q_2 的值左移到 Q_3，原 Q_3 的值被丢弃。

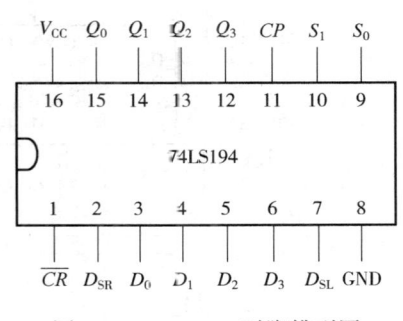

图 7-17 74LS194 引脚排列图

表 7-6 的第五行内容说明，当 $S_1S_0=11$ 时选择置数功能，在输入时钟脉冲 CP 作用下，寄存器的来自 $D_3D_2D_1D_0$ 的值被输入到 $Q_3Q_2Q_1Q_0$ 中，通过置数方式可以给寄存器输入任意一个 4 位二进制数。

74LS194 的引脚排列图如图 7-17 所示。

74LS194 连接成右移、左移及并行置数电路接线图如图 7-18 所示。

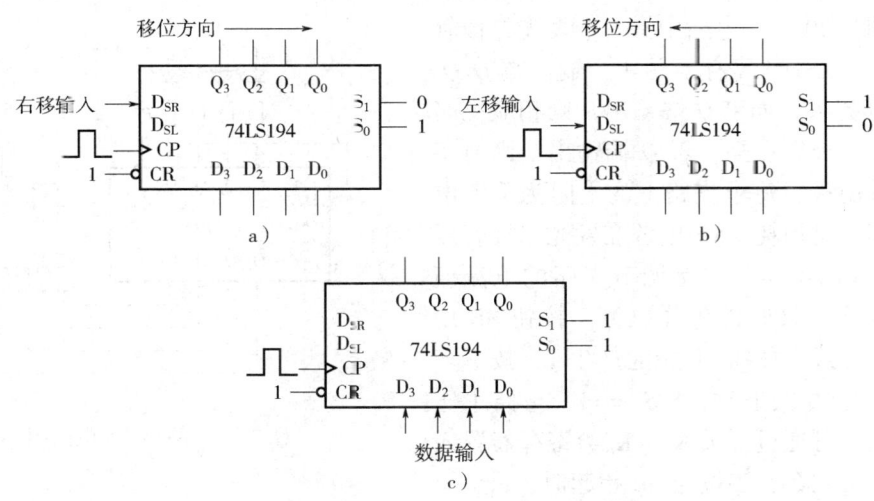

图 7-18 74LS194 右移、左移及并行置数电路接线图
a）右移 b）左移 c）并行置数

【例 7-2-3】将两片 74LS194 连接成一个 8 位的寄存器，使其具有右移、左移和并行置数功能。

解：在实际应用中，4 位寄存器用得较少，而 8 位寄存器用得较多，可将两片 74LS194 芯片连接成一个 8 位的寄存器，具体连接过程如下：

将两块芯片的时钟脉冲输入端 CP 连接到一起，使两块芯片在统一时钟脉冲 CP 作用下一起移位和置数。将两块芯片的清 0 端 $\overline{CR}$ 连接在一起,统一控制清 0。将两块芯片的 S_1S_0 并联连接,统一设置工作方式。

将右移的数据从作为高 4 位的 74LS194 的 D_{SR} 端输入,将高 4 位从 Q_0 右移,移出的数据移到低 4 位的右移输入端 D_{SR} 输入。

将左移的数据从作为低 4 位的 74LS194 的 D_{SL} 端输入,将低 4 位从 Q_3 左移,移出的数据移到高 4 位的左移输入端 D_{SL} 输入。

连接好的具有左、右移位和并行置数功能的 8 位寄存器电路图如图 7-19 所示。

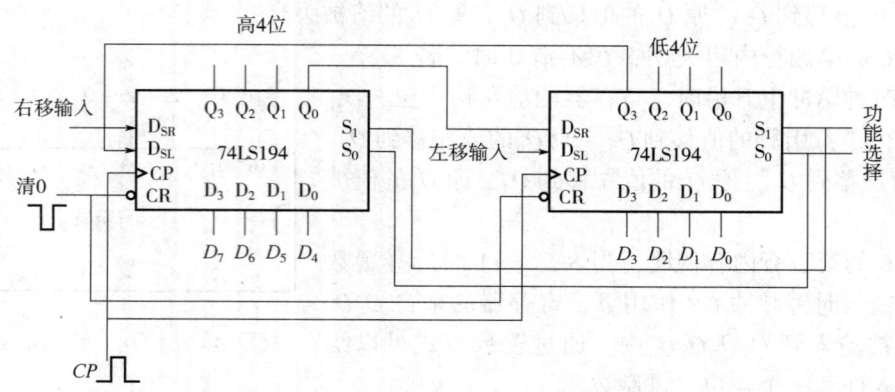

图 7-19　例 7-2-3 电路图

【例 7-2-4】试分析图 7-20 所示电路的功能。

解:图 7-20 所示电路中有 4 个发光二极管 $L_3 \sim L_0$,由 74LS194 寄存器的 4 个输出端 $Q_3Q_2Q_1Q_0$ 控制其亮灭,如果 Q 端输出 0 则相应支路所接的发光二极管点亮,若 Q 端输出 1 则所接发光二极管熄灭,每个支路上的电阻为限流电阻,其作用一是消耗 +5V 电源在发光二极管压降 0.7V 之外的电压,二是调节支路的电流值使之适合发光二极管的工作电流。按钮 SB 用于设置工作方式,按钮 SB 抬起产生 1,按下产生 0。当按钮 SB 按下时,$S_1S_0=11$,电路工作于置数方式,可通过开关 $K_3 \sim K_0$ 给寄存器置入一个 4 位二进制数;当按钮 SB 抬起时,$S_1S_0 = 01$,电路工作在右移方式,对置入的 4 位二进制数进行右移,因 Q_0 接到右移数据输入端 D_{SR},使从 Q_0 移出的数据又从 Q_3 移入,所以右移为循环右移,使所连接的发亮的发光二极管也随之循环右移显示。

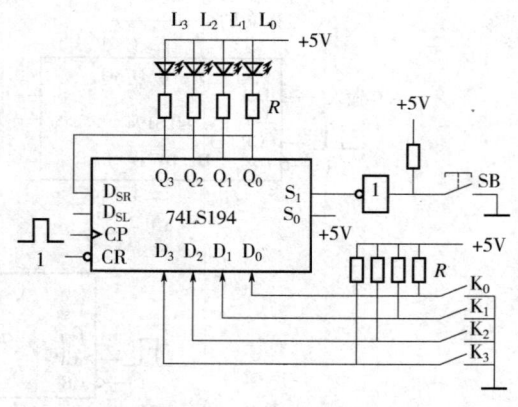

图 7-20　例 7-2-4 电路图

所以电路的功能为:按下按钮 SB,通过开关 $K_3 \sim K_0$ 对寄存器进行置数,控制相应的发光二极管亮灭;抬起按钮 SB,工作于循环右移方式,使发光二极管的显示循环右移。

【思考题】

7-2-1　什么是寄存器?它是如何存放二进制数的?

7-2-2 移位寄存器有什么作用？将寄存器的值左移一位，其结果会怎样？
7-2-3 移位寄存器都有哪些种类？

7.3 计数器

计数器，顾名思义就是能计数，这里的计数指的是对输入时钟脉冲 CP 的个数进行计数，如果每输入一个时钟脉冲 CP 它的值就加 1，这种计数器称为加计数器；如果每输入一个时钟脉冲，计数器的值就减 1，称为减计数器。

7.3.1 二进制计数器

在计算机的电路中，计数器也是由触发器构成的，用多个触发器可组合成一个多位二进制数的计数器。图 7-21 所示电路为一个由 3 个 D 触发器组成的异步 3 位二进制加计数器。因时钟脉冲 CP 只连接到触发器 FF_0 的时钟脉冲输入端，而触发器 FF_1 和 FF_2 的时钟脉冲信号是由前一级的 $\overline{Q}$ 端所提供，故称这种外部时钟脉冲 CP 不是同时加到各个触发器的触发端的电路为异步时序电路，这里的"异步"指的是各个触发器不是同时收到外加的统一时钟脉冲信号 CP。如果电路外加的时钟脉冲 CP 是同时加到各个触发器的触发端则称为同步时序电路。

对于给定的时序电路，要求说明它的逻辑功能时，这类问题属于时序电路的分析。在分析一个时序电路的功能时，如果不能直接看出其功能，可按固定的步骤来进行。下面结合图 7-21 所示异步 3 位二进制加计数器电路说明分析时序电路功能的步骤：

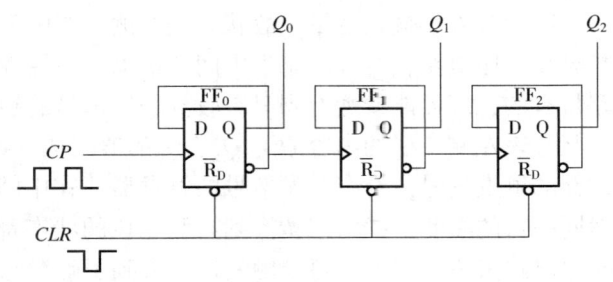

图 7-21 异步 3 位二进制加计数器电路

1) 写出电路所用触发器的特征方程。

$$Q_{n+1} = D$$

2) 写出各触发器的输入方程（即输入端连接什么，或谁给输入端输入信号）。

$$D_0 = \overline{Q}_0, \ D_1 = \overline{Q}_1, \ D_2 = \overline{Q}_2$$

3) 将各触发器的输入方程代入各自的特征方程中，得到状态方程为

$$Q_{0n+1} = \overline{Q}_0, \ Q_{1n+1} = \overline{Q}_1, \ Q_{2n+1} = \overline{Q}_2$$

由状态方程可见，各个触发器都接成了计数器方式，即每个触发器收到触发信号后，其输出端 Q 的状态就求反一次，但要注意每个触发器的时钟脉冲不是同一个外加时钟脉冲 CP，只有各触发器收到自己的触发信号时，自己的状态才能发生变化。

4) 因图 7-21 所示电路为异步时序电路，每个触发器的时钟脉冲都各不相同，所以还需单独列出各个触发器的时钟脉冲信号。

$$CP_0 = CP, \ CP_1 = \overline{Q}_0, \ CP_2 = \overline{Q}_1$$

注意，各个触发器都是上升沿触发，只有各触发器的时钟脉冲输入端收到上升沿信号

时，触发器的输出端 Q 才会根据自己的状态方程来改变。触发器 FF_0 的触发信号就是输入时钟脉冲 CP 的上升沿，但触发器 FF_1 的触发信号是 $\overline{Q_0}$，即当 $\overline{Q_0}$ 端从 0 变到 1 时，也即 Q_0 端从 1 变到 0 的时刻，触发器 FF_2 的触发信号是触发器 FF_1 的 $\overline{Q_1}$，为 $\overline{Q_1}$ 端从 0 变到 1，即 Q_1 端从 1 变到 0 的时刻。

5）列出图 7-21 所示电路的状态表，见表 7-7，根据状态方程填写状态表右侧一栏。

表 7-7 异步 3 位二进制加计数器的状态表

触发前			触发信号			触发后		
Q_{2n}	Q_{1n}	Q_{0n}	CP_2	CP_1	CP_0	Q_{2n+1}	Q_{1n+1}	Q_{0n+1}
0	0	0			↑	0	0	1
0	0	1		↑	↑	0	1	0
0	1	0			↑	0	1	1
0	1	1	↑	↑	↑	1	0	0
1	0	0			↑	1	0	1
1	0	1		↑	↑	1	1	0
1	1	0			↑	1	1	1
1	1	1	↑	↑	↑	0	0	0

异步时序电路的状态表应有 3 个栏目，左侧一栏应为外部输入变量和时钟脉冲触发前各触发器输出端的状态，右侧一栏为时钟脉冲触发后各触发器的输出端状态，对图 7-21 所示电路，因没有外部输入变量，故状态表左侧一栏中只有时钟脉冲触发前各触发器的状态。因为是异步时序电路，所以状态表中间还增加了一栏各触发器的时钟脉冲信号，这是异步时序电路特有的，以便能清楚看到只有收到触发信号的触发器的状态才可能发生改变。

状态表左侧一栏的内容 Q_2、Q_1、Q_0 的值按从 000～111 逐行按顺序排好。中间一栏为各触发器的触发信号，对有触发信号的触发器，在中间一栏用向上的箭头标出。要注意的是，虽然同一行的左侧一栏状态转换到右侧一栏的状态都经过了一个外加时钟脉冲 CP，但对异步时序电路来说，并不是每个触发器都收到了触发脉冲，对没有收到触发信号的触发器，其输出端 Q 仍保持原状态（值）不变。

对状态表的第 1 行数据，当前状态为 $Q_2Q_1Q_0=000$ 时，外部输入一个时钟脉冲 CP 后，由图 7-21 的电路可见，该时钟脉冲 CP 上升沿仅加到了 FF_0 的触发端，所以只有 FF_0 在 CP 上升沿时按照 $Q_{0n+1}=\overline{Q_{0n}}$ 来改变。触发器 FF_0Q 端由 0 变为 1，则 $\overline{Q_0}$ 端由 1 变为 0（状态表中未标出），未给触发器 FF_1 产生触发信号，触发器 FF_1 维持原状态 $Q_1=0$ 不变。同理，FF_2 的触发信号为 $\overline{Q_1}$，$\overline{Q_1}$ 端也没有产生从 0 到 1 的变化，故触发器 FF_2 也没有收到触发信号，维持原状态 $Q_2=0$ 不变，因此对应状态表第一行左侧一栏的 000，状态表右侧一栏内容为 001。

对状态表的第 2 行数据，左侧一栏时钟脉冲 CP 触发前为 001，外部输入一个时钟脉冲 CP 后，该时钟脉冲 CP 加到触发器 FF_0 的触发端，因此触发器 FF_0 按 $Q_{0n+1}=\overline{Q_{0n}}$ 来变化，即 Q_0 由左侧一栏的 1 变为右侧一栏的 0，使 $\overline{Q_0}$ 从 0 变为 1。对 FF_1，其时钟脉冲信号 $\overline{Q_0}$ 从 0 变为 1，因此触发器 FF_1 按自己的状态方程 $Q_{1n+1}=\overline{Q_{1n}}$ 来改变，Q_1 端从 0 变为 1，$\overline{Q_1}$ 端从 1 变为 0。$\overline{Q_1}$ 作为 FF_2 的触发信号，未产生从 0 到 1 变化的上升沿，所以触发器 FF_2 保持原状态 0 不变。综上分析，对应状态表第 2 行左侧一栏的 001，经过一个外部输入时钟脉冲后变为状态表右侧一栏内容应为 010。

仿此方法，结合图 7-21 电路图，依次可逐行填写表 7-7 右侧一栏其余行的所有数据。由表 7-7 可见，每输入一个时钟脉冲 CP，该 3 位二进制计数器的值就加 1，从 000 一直加到 111，再输入一个时钟脉冲 CP 则变为 000（见状态表的最后一行），然后再重新在时钟脉冲作用下从 000 开始加 1，由此可知，图 7-21 所示电路为一个异步 3 位二进制加计数器。

6）画时序图。时序图就是以时钟周期 CP 为对照，各触发器输出端 Q 随输入时钟脉冲 CP 的状态变化图。因图 7-21 所示的加计数器有从 000～111 共 8 种状态，故画时序图时，时钟脉冲 CP 的个数一般要画 9 个，即比实际的状态个数多一个，这样可以完整地表示电路的所有状态。画时序图时，因外加时钟脉冲直接影响触发器 FF_0，故在时钟脉冲 CP 的下方先画 Q_0 的波形图。触发器 FF_0 的输出端 $\overline{Q}_0$ 又影响触发器 FF_1，画完 Q_0 的波形图后，再画 Q_1 的波形图。触发器 FF_1 的输出端 $\overline{Q}$ 影响 FF_2，画完 Q_1 的波形图后再画 Q_2 的波形图。画时序图时，要注意各触发器都是上升沿触发。

图 7-21 所示异步 3 位二进制加计数器的时序图如图 7-22 所示。

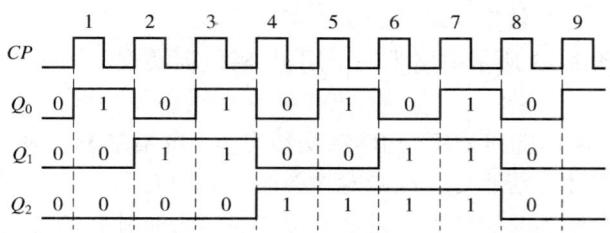

图 7-22　异步 3 位二进制加计数器时序图

【例 7-3-1】 试分析图 7-23 所示电路实现什么功能。

解：图 7-23 所示电路是一个同步时序电路，因外加输入时钟脉冲 CP 同时加到各个触发器的触发端上。分析给定时序逻辑电路功能的步骤如下：

1）写出所用触发器的特征方程为

$$Q_{n+1} = J\overline{Q} + \overline{K}Q$$

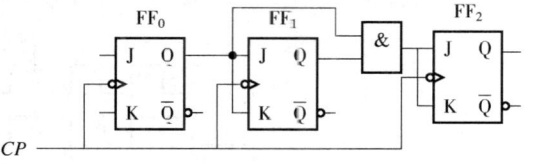

图 7-23　例 7-3-1 电路图

2）写出各触发器的输入方程（各触发器的输入端连接关系）。

$$FF_0: J_0 = 1, K_0 = 1$$
$$FF_1: J_1 = Q_0, K_1 = Q_0$$
$$FF_2: J_2 = Q_1Q_0, K_2 = Q_1Q_0$$

注意，对 TTL 电路，当输入端悬空未接任何信号时，相当于输入 1，见 FF_0 的输入方程。

3）将输入方程代入特征方程中得到状态方程为

$$Q_{0n+1} = 1 \cdot \overline{Q}_{0n} + \overline{1} \cdot Q_{0n} = \overline{Q}_{0n}$$
$$Q_{1n+1} = Q_{0n}\overline{Q}_{1n} + \overline{Q}_{0n}Q_{1n} = Q_{0n} \oplus Q_{1n}$$
$$Q_{2n+1} = Q_{1n}Q_{0n}\overline{Q}_{2n} + \overline{Q_{1n}Q_{0n}}Q_{2n}$$

4）根据状态方程列状态表。

因为没有外部输入，所以表 7-8 左侧一栏中只有各触发器的时钟脉冲触发前输出端的状态,对时钟脉冲同时加到各触发器触发端的同步时序电路,状态表中不再列出各触发器的时钟脉冲,因为对应每行左侧一栏中的触发器触发前的状态,各触发器都同时收到统一的外部输入时钟脉冲 CP,都依据各触发器的状态方程来改变。

根据各触发器的状态方程填写状态表。

例如,填写表 7-8 的第一行右侧一栏的内容时,将左侧一栏 $Q_{2n}=0$、$Q_{1n}=0$、$Q_{0n}=0$ 代入到步骤3)求得3个状态方程的值分别为

$$Q_{0n+1} = \overline{Q_{0n}} = \overline{0} = 1$$
$$Q_{1n+1} = Q_{0n} \oplus Q_{1n} = 0 \oplus 0 = 0$$
$$Q_{2n+1} = Q_1 Q_0 \overline{Q_2} + \overline{Q_{1n} Q_{0n}} Q_2 = 000 + \overline{00} \cdot 0 = 0$$

即状态表第一行右侧一栏的数据为 $Q_{2n+1}=0$,$Q_{1n+1}=0$,$Q_{0n+1}=1$。

同理,由状态表其余各行左侧一栏的数据可算出状态表中右侧一栏各行的数据并填入表 7-8 中。

表 7-8 图 7-23 所示电路的状态表

Q_{2n}	Q_{1n}	Q_{0n}	Q_{2n+1}	Q_{1n+1}	Q_{0n+1}
0	0	0	0	0	1
0	0	1	0	1	0
0	1	0	0	1	1
0	1	1	1	0	0
1	0	0	1	0	1
1	0	1	1	1	0
1	1	0	1	1	1
1	1	1	0	0	0

由表 7-8 可见,图 7-23 所示电路为一个用 JK 触发器实现的同步 3 位二进制加计数器。

5)画时序图。

应注意,例 7-3-1 所示电路采用的 JK 触发器均为下降沿触发,只有在时钟脉冲 CP 下降沿时,各触发器的状态才可能改变,故画时序图时,先要在所有时钟脉冲 CP 的下降沿处用虚线进行标注,虚线左侧为时钟脉冲触发前,虚线右侧为时钟脉冲触发后,各触发器在时钟脉冲触发时输出端按照各自的状态方程来改变。电路的时序图如图 7-24 所示。本时序图先画 Q_0 波形,再依次画 Q_1 和 Q_2 的波形,因为不存在哪个触发器状态决定其他触发器状态的顺序情况,读者也可先画 Q_2 的波形,再画 Q_1 和 Q_0 的波形。

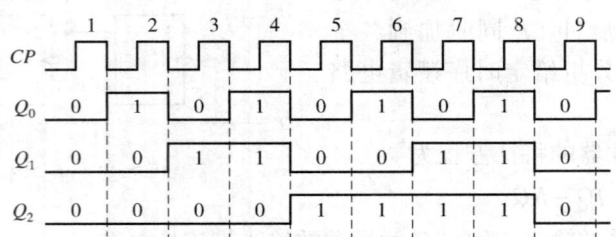

图 7-24 用 JK 触发器实现的同步 3 位二进制加计数器时序图

6)画状态转换图。

可以用状态转换图来进一步描述时序电路如何随着时钟脉冲的输入进行状态转换。例 7-3-1 电路的状态转换图如图 7-25 所示。

在图 7-25 的左上方有个图例圆圈,圆圈中标着 $Q_2Q_1Q_0$,表示下方的状态转换图中每个圆圈中的数字对应 $Q_2Q_1Q_0$ 的值,每个圆圈中的数字表示电路的一种状态。图例框右侧还有一个向右的箭头,表示当前状态在外加时钟脉冲 CP 触发后转换为指向的下一个状态,即受到时钟脉冲触发后当前状态变成什么状态。从图 7-25 的状态转换图也可清楚地看出,图 7-23 所示

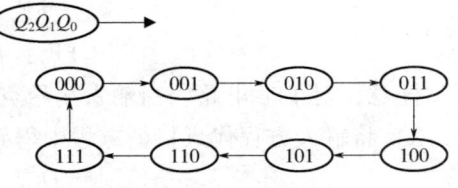

图 7-25 例 7-3-1 状态转换图

的电路每输入一个时钟脉冲就加1，从000一直加到111，再加1又回到000，由状态表可见图7-23所示电路为一个用JK触发器实现的同步3位二进制加计数器。

【例7-3-2】设某时序电路的状态表见表7-9，试设计一个实现该状态表功能的时序电路。

解：时序电路一般有两类问题，一类是给定电路，分析其功能或要求验证给定的电路是否能实现某功能，验证的过程同分析，只是给出了答案，可以把分析的结果与所给答案进行对比。另一类问题是提出要求，按要求设计一个时序电路。本例之前的内容都是第一类问题，分析的方法在前面都进行了介绍，本例则为第二类问题。

表7-9 例7-3-2状态表

X	Q_1	Q_0	Q_{1n+1}	Q_{0n+1}	C
0	0	0	0	1	0
0	0	1	1	0	0
0	1	0	1	1	0
0	1	1	0	0	1
1	0	0	1	1	1
1	0	1	0	0	0
1	1	0	0	1	0
1	1	1	1	0	0

由表7-9可见，本例要求实现的时序电路为一个由 X 控制的2位加1或减1二进制计数器。当 $X=0$ 时为加1计数器，当 $X=1$ 时为减1计数器。另外，该电路还有一个进位/借位输出端 C。当加计数时作为进位用，当减计数时作为借位用。当 $X=0$，加计数器加到11时，再输入一个时钟脉冲，则计数器变为00，并产生一个进位信号 $C=1$；当 $X=1$ 作为减计数器减到00时，再输入一个时钟脉冲，则计数器变为11，同时产生一个借位信号 $C=1$。由状态表还可见，该时序电路有两位状态 Q_1 和 Q_0，即需要用两个触发器，一个触发器实现一位状态。

设计时序电路一般先给出状态表，描述要实现电路的功能，然后按照状态表的要求来设计电路。设计一个时序电路也有固定的步骤，具体如下所述：

1）根据状态表写出两个触发器的状态方程，并且进行化简。

$$\begin{aligned}
Q_{1n+1} &= \overline{X}\,\overline{Q_1}Q_0 + \overline{X}Q_1\overline{Q_0} + X\overline{Q_1}\,\overline{Q_0} + XQ_1Q_0 \\
&= \overline{X}(\overline{Q_1}Q_0 + Q_1\overline{Q_0}) + X(\overline{\overline{Q_1}Q_0 + Q_1\overline{Q_0}}) \\
&= \overline{X}(Q_1 \oplus Q_0) + X(\overline{Q_1 \oplus Q_0}) \\
&= X \oplus Q_1 \oplus Q_0
\end{aligned} \quad (7\text{-}1)$$

$$\begin{aligned}
Q_{0n+1} &= \overline{X}\,\overline{Q_1}\,\overline{Q_0} + \overline{X}Q_1\overline{Q_0} + X\overline{Q_1}\,\overline{Q_0} + XQ_1\overline{Q_0} \\
&= \overline{X}\,\overline{Q_0}(\overline{Q_1} + Q_1) + X\overline{Q_0}(\overline{Q_1} + Q_1) \\
&= \overline{X}\,\overline{Q_0} + X\,\overline{Q_0} = \overline{Q_0}(\overline{X} + X) \\
&= \overline{Q_0}
\end{aligned} \quad (7\text{-}2)$$

2）写出输出方程，对本例输出为进位（或借位）C。

$$C = \overline{X}Q_1Q_0 + X\overline{Q_1}\,\overline{Q_0}$$

3）写出所用D触发器的特征方程为

$$Q_{n+1} = D$$

4）对照化简后的状态方程式（7-1）和式（7-2）及所用触发器的特征方程，写出各触发器的输入方程为

$$\text{FF}_1: D_1 = X \oplus Q_1 \oplus Q_0 \quad (7\text{-}3)$$

$$\text{FF}_0: \quad D_0 = \overline{Q}_0 \tag{7-4}$$

5) 根据输入方程和输出方程进行连线，满足表 7-9 功能的电路如图 7-26 所示。

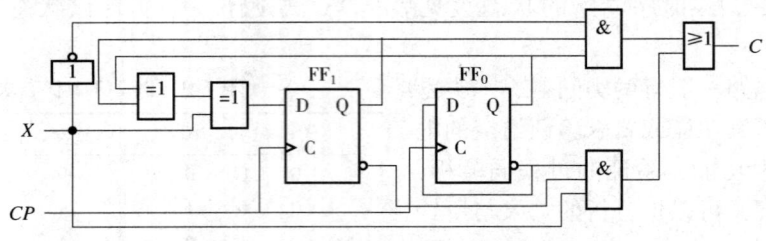

图 7-26　例 7-3-2 电路图

6) 如有要求，可画状态转换图如图 7-27 所示，状态转换图可由状态表直接得出。

图 7-27 所示的状态转换图的左上方图例中比例 7-3-1 多了一个标注 X/C，该标注指的是在时钟脉冲 CP 触发下由本状态转换到下个状态的输入变量(X)/输出变量(C)的值。在状态转换图中，X/C 则用具体的数值代替，标在状态转换指向线旁边。例如，从 $Q_1Q_0 = 00$ 状态转换到 01 状态，状态转换图中标注 $X/C = 0/0$，即要求输入 X 为 0，产生的输出 $C = 0$。又例如，从 $Q_1Q_0 = 01$ 状态转换

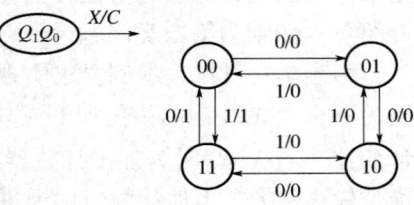

图 7-27　例 7-3-2 状态转换图

到 00 状态，状态转换图中标注 $X/C = 1/0$，即要求输入 X 为 1，产生的借位 $C = 0$。由图 7-27 可见，本电路共有 4 种状态（状态转换图中共有 4 个状态圆圈）。

【例 7-3-3】 对例 7-3-2，试用 JK 触发器实现表 7-9 表示的时序电路。

解：要求实现一个时序电路，也是属于时序电路设计的问题。设计的步骤同例 7-3-2，本例与例 7-3-2 的区别只是采用的触发器不同。

1) 首先根据表 7-9 写出要实现电路的状态方程，因为要用 JK 触发器来实现电路，而 JK 触发器的特征方程为 $Q_{n+1} = J\overline{Q} + \overline{K}Q$，所以写状态方程时要将状态方程化成 $Q_{n+1} = (\quad)\overline{Q} + (\overline{\quad})Q$ 的形式，这样对比特征方程就可清楚地看到 $\overline{Q}$ 的系数即为 J 的连接关系，Q 的系数为 $\overline{K}$ 的连接关系。

由表 7-9 的状态转换表可得状态方程为

$$Q_{1n+1} = \overline{X}\,\overline{Q}_1 Q_0 + \overline{X} Q_1 \overline{Q}_0 + X\overline{Q}_1\overline{Q}_0 + XQ_1 Q_0$$
$$= (\overline{X}Q_0 + X\overline{Q}_0)\overline{Q}_1 + (\overline{X}\,\overline{Q}_0 + XQ_0)Q_1 \qquad 化成(\quad)\overline{Q}_1 + (\overline{\quad})Q_1 的形式$$
$$= (X \oplus Q_0)\overline{Q}_1 + (\overline{X \oplus Q_0})Q_1$$

$$Q_{0n+1} = \overline{X}\,\overline{Q}_1\overline{Q}_0 + \overline{X}Q_1\overline{Q}_0 + X\overline{Q}_1\overline{Q}_0 + XQ_1\overline{Q}_0$$
$$= \overline{Q}_0 \qquad 化成(\quad)\overline{Q}_0 + (\overline{\quad})Q_0 形式$$
$$= 1 \times \overline{Q}_0 + \overline{1} \times Q_0$$

可见，用 JK 触发器实现电路时，两个状态方程并非化成最简形式。

2) 写出输出方程（与例 7-3-2 相同）为

$$C = \overline{X}Q_1 Q_0 + X\overline{Q}_1\overline{Q}_0$$

3) 对比 JK 触发器的特征方程和状态方程，写出输入方程（各触发器输入端 J 和 K 的连接关系）。

对 FF_1 触发器： $\qquad J_1 = X \oplus Q_0, \quad K_1 = X \oplus Q_0$

对 FF_0 触发器： $\qquad J_0 = 1, \quad K_0 = 1$

4）根据输入方程和输出方程画电路图，如图 7-28 所示。

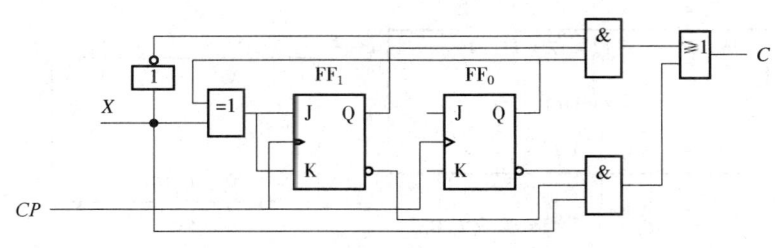

图 7-28 例 7-3-3 电路图

与例 7-3-2 的电路相比，采用 JK 触发器实现表 7-9 所要求功能的电路比采用 D 触发器少用了一个异或门，电路相对简单一些。

因为不管采用什么类型的触发器，实现的电路功能和状态转换关系都是一样的，所以例 7-3-3 与例 7-3-2 的状态转换图完全相同。

集成二进制计数器芯片 74LS161 简介

计数器属于通用功能的器件，在实际使用中用得很多，因此集成电路的生产厂家也设计制作了集成电路计数器，需要者可直接买来使用，74LS161 就是一个同步 4 位二进制加计数器集成电路，其功能表见表 7-10。

表 7-10 74LS161 功能表

$\overline{CR}$	$\overline{LD}$	CT_T	CT_P	CP	$D_3\ D_2\ D_1\ D_0$	$Q_3\ Q_2\ Q_1\ Q_0$
0	×	×	×	×	× × × ×	0 0 0 0
1	0	×	×	↑	$D_3\ D_2\ D_1\ D_0$	$D_3\ D_2\ D_1\ D_0$
1	1	1	1	↑	× × × ×	计数功能
1	1	0	×	×	× × × ×	保持不变
1	1	×	0	×	× × × ×	保持不变

表 7-10 中，×表示取值任意，1 或 0 均可。

由表 7-10 的第 1 行内容可见，$\overline{CR}$ 为一个低电平有效的异步清 0 控制端。所谓异步，指的是不需要同时有时钟脉冲 CP，不管其他引脚处于什么状态，只要在 $\overline{CR}$ 端输入 0，立即将计数器的 4 个输出端 $Q_3Q_2Q_1Q_0$ 清 0。

由表 7-10 的第 2 行内容可见，$\overline{LD}$（Load）是置数控制端，低电平有效，若使 $\overline{LD}$ 为 0，则在时钟脉冲 CP 上升沿的作用下，可从 $D_3D_2D_1D_0$ 输入任何一个 4 位二进制数 $D_3D_2D_1D_0$，使 $Q_3Q_2Q_1Q_0 = D_3D_2D_1D_0$，使计数器在该初始值的基础上进行加计数。

表 7-10 的第 3 行表达的是加计数正常进行的条件，即各控制信号 $\overline{CR}$、$\overline{LD}$、CT_T 和 CT_P 需均为 1，则每输入一个时钟脉冲 CP 的上升沿，计数器就加 1。

由表 7-10 可见，74LS161 上还有两个低电平有效的计数保持控制端 CT_T 和 CT_P，由表 7-10 的第 4 行和第 5 行可见，如果这两个控制端中的任何一个为 0，则计数器暂停加计数，保持当前值不变，撤销这个信号后（CT_T 和 CT_P 恢复为 1），计数器再继续恢复加计数。

74LS161 的芯片引脚排列图如图 7-29a 所示，其中 CO 引脚为进位指示，当 $Q_3Q_2Q_1Q_0 = 1111$ 时，$CO = 1$，当再输入一个时钟脉冲后随着 $Q_3Q_2Q_1Q_0$ 变为 0000，CO 也变为 0。

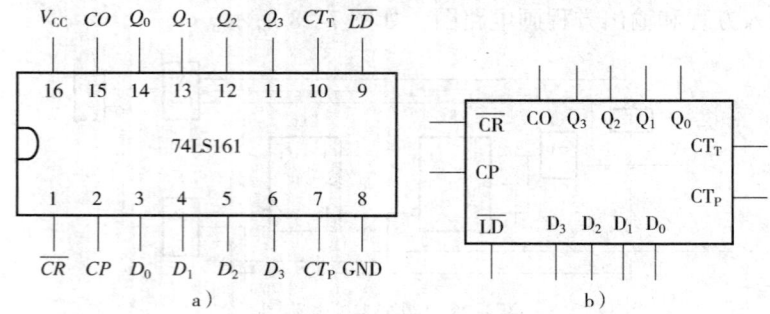

图 7-29 74LS161 引脚排列图及逻辑功能示意图
a) 引脚排列图   b) 逻辑功能示意图

图 7-30 所示为 74LS161 工作的时序图，该时序图也用图形的方式说明了其置数、加计数和保持功能及各有关引脚的控制作用。

在 t_1 时刻之前（t_1 左侧），计数器 $Q_3Q_2Q_1Q_0$ 状态未知，可能为 0 也可能为 1，用虚线表示，因计数器 $Q_3Q_2Q_1Q_0$ 的值不等于 1111，故 $CO = 0$。

在 t_1 时刻，计数器收到异步清 0 信号 $\overline{CR} = 0$，$Q_3Q_2Q_1Q_0$ 变为 0000。

在 t_2 时刻，虽然收到时钟脉冲 CP 上升沿触发信号，但因 $\overline{CR}$ 仍为 0，故计数器并未加 1，仍维持 $Q_3Q_2Q_1Q_0 = 0000$ 未变。

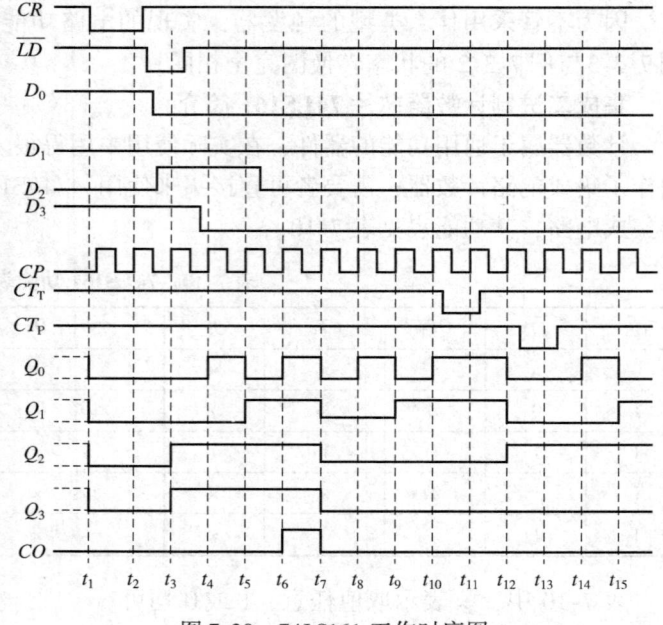

图 7-30 74LS161 工作时序图

在 t_3 时刻，因并行置数控制端 $\overline{LD} = 0$，及在时钟脉冲 CP 的上升沿处 $D_3D_2D_1D_0 = 1100$，故计数器输出端 $Q_3Q_2Q_1Q_0$ 变为 1100。

在 t_4 时刻，计数器收到时钟脉冲 CP 上升沿，计数值加 1，变为 $Q_3Q_2Q_1Q_0 = 1101$。

在 t_5 时刻，再次收到时钟脉冲 CP 上升沿，计数器再加 1，变为 $Q_3Q_2Q_1Q_0 = 1110$。

在 t_6 时刻，计数器加 1，$Q_3Q_2Q_1Q_0 = 1111$，达到计数器的最大值，这时进位输出信号 CO 变为 1。

在 t_7 时刻，计数器加 1，$Q_3Q_2Q_1Q_0$ 由 1111 变为 0000，同时进位信号 CO 变为 0。

在 $t_8 \sim t_{10}$ 时刻，又经过 3 个时钟脉冲 CP 后，计数器加到 $Q_3Q_2Q_1Q_0 = 0011$。

在 t_{11} 时刻，虽然收到 CP 的上升沿，但因 CT_T 变为 0，计数器暂停加计数，故 $Q_3Q_2Q_1Q_0$ 维持之前的 0011 不变。

在 t_{12} 时刻，计数器收到 CP 上升沿，因 CT_T 已撤销（恢复为1），计数器加1变为 $Q_3Q_2Q_1Q_0=0100$。

在 t_{13} 时刻，计数器收到 $CT_P=0$，计数暂停，故 $Q_3Q_2Q_1Q_0$ 维持 0100 不变。

在 t_{14} 时刻，因 CT_P 信号撤销，计数器继续加1，变为 $Q_3Q_2Q_1Q_0=0101$。

在 t_{15} 时刻，计数器继续加1，$Q_3Q_2Q_1Q_0$ 变为 0110。

7.3.2 十进制计数器

下面设计一个 8421 BCD 码加计数器，一位十进制数要用到 4 位二进制数来表示，每位二进制数要用一个触发器来存放，共要用 4 个触发器来实现，当计数值从 0000 加到 1001 时，再加 1 则 4 个触发器输出端的值应翻转变为 0000（而不是 1010），同时产生一个向高位的进位信号 C。

8421 BCD 码计数器的状态表见表 7-11。

表 7-11 8421 BCD 码计数器的状态表

Q_3	Q_2	Q_1	Q_0	Q_{3n+1}	Q_{2n+1}	Q_{1n+1}	Q_{0n+1}	C
0	0	0	0	0	0	0	1	0
0	0	0	1	0	0	1	0	0
0	0	1	0	0	0	1	1	0
0	0	1	1	0	1	0	0	0
0	1	0	0	0	1	0	1	0
0	1	0	1	0	1	1	0	0
0	1	1	0	0	1	1	1	0
0	1	1	1	1	0	0	0	0
1	0	0	0	1	0	0	1	0
1	0	0	1	0	0	0	0	1

设计一个满足表 7-11 功能的 8421 BCD 码计数器的步骤如下：

1）由状态表列出 4 个触发器的状态方程为

FF3：$Q_{3n+1} = \overline{Q_3}Q_2Q_1Q_0 + Q_3\overline{Q_2}\overline{Q_1}\overline{Q_0}$

FF2：$Q_{2n+1} = \overline{Q_3}Q_2\overline{Q_1}Q_0 + \overline{Q_3}Q_2Q_1\overline{Q_0} + \overline{Q_3}\overline{Q_2}Q_1Q_0 + \overline{Q_3}Q_2\overline{Q_1}\overline{Q_0}$

FF1：$Q_{1n+1} = \overline{Q_3}\overline{Q_2}Q_1\overline{Q_0} + \overline{Q_3}\overline{Q_2}\overline{Q_1}Q_0 + \overline{Q_3}Q_2Q_1\overline{Q_0} + \overline{Q_3}Q_2\overline{Q_1}Q_0$

FF0：$Q_{0n+1} = \overline{Q_3}\overline{Q_2}\overline{Q_1}\overline{Q_0} + \overline{Q_3}\overline{Q_2}Q_1\overline{Q_0} + \overline{Q_3}Q_2\overline{Q_1}\overline{Q_0} + \overline{Q_3}Q_2Q_1\overline{Q_0} + Q_3\overline{Q_2}\overline{Q_1}\overline{Q_0}$

2）确定采用 D 触发器来实现，则写出 D 触发器的特征方程为

$$Q_{n+1} = D$$

3）对照每个触发器的状态方程和特征方程，写出各触发器的输入方程，并对输入方程进行化简为

FF$_3$：$D_3 = \overline{Q_3}Q_2Q_1Q_0 + Q_3\overline{Q_2}\overline{Q_1}\overline{Q_0}$

FF$_2$：$D_2 = \overline{Q_3}Q_2\overline{Q_1}Q_0 + \overline{Q_3}Q_2Q_1\overline{Q_0} + \overline{Q_3}\overline{Q_2}Q_1Q_0 + \overline{Q_3}Q_2\overline{Q_1}\overline{Q_0} = \overline{Q_3}Q_2\overline{Q_1}\overline{Q_0} + \overline{Q_3}\overline{Q_2}Q_1 + \overline{Q_3}Q_2\overline{Q_0}$

FF$_1$：$D_1 = \overline{Q_3}Q_2\overline{Q_1}Q_0 + \overline{Q_3}\overline{Q_2}Q_1\overline{Q_0} + \overline{Q_3}Q_2Q_1\overline{Q_0} + \overline{Q_3}\overline{Q_2}\overline{Q_1}Q_0 = \overline{Q_3}Q_1\overline{Q_0} + \overline{Q_3}\overline{Q_1}Q_0$

FF$_0$：$D_0 = \overline{Q_3}\overline{Q_2}\overline{Q_1}\overline{Q_0} + \overline{Q_3}\overline{Q_2}Q_1\overline{Q_0} + \overline{Q_3}Q_2\overline{Q_1}\overline{Q_0} + \overline{Q_3}Q_2Q_1\overline{Q_0} + Q_3\overline{Q_2}\overline{Q_1}\overline{Q_0} = \overline{Q_2}\overline{Q_1}\overline{Q_0} + \overline{Q_3}\overline{Q_0}$

进位（输出方程）：$C = Q_3\overline{Q_2}\overline{Q_1}Q_0$

4）根据化简后的输入方程和输出方程连接 8421 BCD 码计数器，如图 7-31 所示。

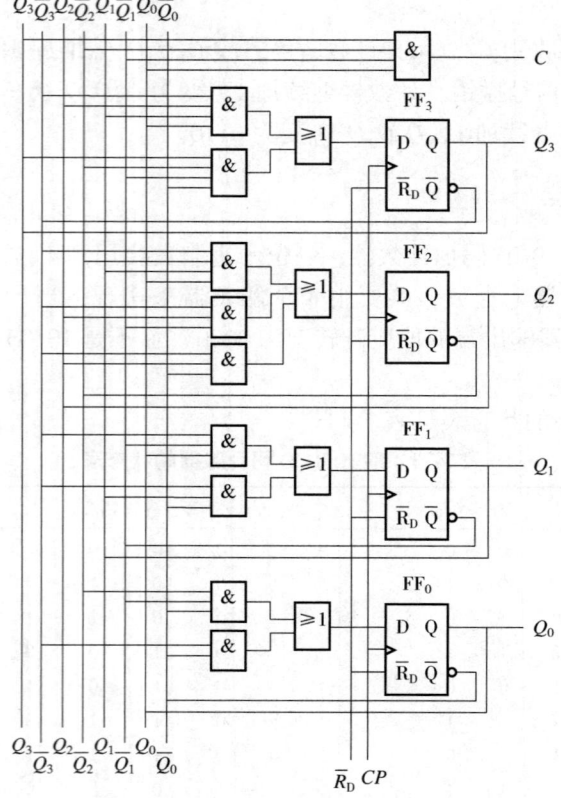

图 7-31　用 D 触发器实现的 8421 BCD 码计数器

【例 7-3-4】 用集成电路 74LS161 构成十进制加计数器（8421 BCD 码）。

解：74LS161 是一个 4 位二进制加计数器，能从 0000 加到 1111，共有 16 个状态，如果能使其从 0000 加到 1001，即从 0 加到 9 后再加 1 就返回到 0000，而不再继续加 1，则其就能作为 8421 BCD 码加计数器来使用。

现利用 74LS161 芯片上的异步清 0 端 $\overline{R}_D$ 来实现这一做法，使计数器加到 1001 时再输入一个时钟脉冲，74LS161 变为 $Q_3Q_2Q_1Q_0 = 1010$ 时，利用 1010 给 $\overline{R}_D$ 端产生一个低电平清 0 信号，使计数器立即变成 0000，即遇到 1010 就变成 0000，然后重新从 0000 开始加计数，就可实现 BCD 码计数器。

由以上分析，计数器清 0 信号 $\overline{R}_D$ 与 $Q_3Q_2Q_1Q_0$ 的关系见表 7-12。

由真值表得 $\overline{R}_D = \overline{Q_3\overline{Q}_2Q_1\overline{Q}_0}$，然后根据这个公式

表 7-12　74LS161 清 0 信号 $\overline{R}_D$ 的产生

Q_3	Q_2	Q_1	Q_0	$\overline{R}_D$
0	0	0	0	1
0	0	0	1	1
0	0	1	0	1
0	0	1	1	1
0	1	0	0	1
0	1	0	1	1
0	1	1	0	1
0	1	1	1	1
1	0	0	0	1
1	0	0	1	1
1	0	1	0	0
1	0	1	1	1
1	1	0	0	1
1	1	0	1	1
1	1	1	0	1
1	1	1	1	1

就可以连接清 0 电路。

另外，原 74LS161 是二进制计数器的进位信号是当 $Q_3Q_2Q_1Q_0 = 1111$ 时，进位输出 $CO = 1$，再加 1 时，$Q_3Q_2Q_1Q_0$ 变为 0000，进位位 CO 也随之变为 0，不适合做 8421 BCD 码计数器的进位。现需要当 $Q_3Q_2Q_1Q_0 = 1001$，进位信号变为 1，再加 1 时，进位信号变为 0，但 74LS161 的原进位电路芯片内部都已设计封装好，无法对 CO 的电路进行改变来做到这一点，这就需要在 74LS161 的外部另外设计一个与 BCD 码计数器一致的进位信号 CO_1，使 $Q_3Q_2Q_1Q_0 = 1001$ 时，

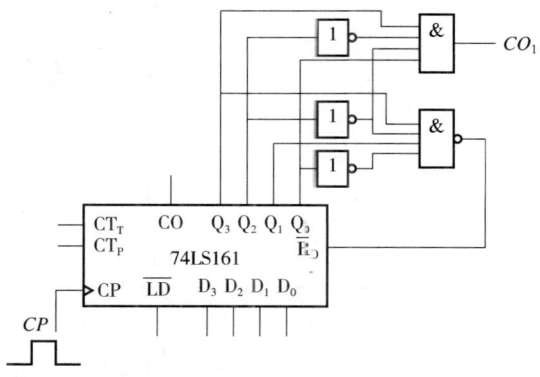

图 7-32 用 74LS161 实现 8421 BCD 码计数器

CO_1 为 1，$Q_3Q_2Q_1Q_0$ 为其他值时，$CO_1 = 0$，由此可得 $CO_1 = Q_3\overline{Q_2}\overline{Q_1}Q_0$。

用 74LS161 实现的 8421 BCD 码计数器如图 7-32 所示。

对于图 7-32 所示电路，进一步通过观察发现，在计数器从 0000~1010 的所有状态中，只要满足 $Q_3Q_1 = 11$ 时，就满足 $Q_3Q_2Q_1Q_0 = 1010$，故可仅利用 $Q_3Q_1 = 11$ 产生对计数器的清 0 控制信号，即使 $\overline{R_D} = \overline{Q_3Q_1}$。同理，也可以简化进位信号 CO_1，使 $CO_1 = Q_3Q_0$。清 0 控制 $\overline{R_D}$ 和进位信号 CO_1 简化后的电路如图 7-33 所示。

集成电路二/五/十进制计数器 74LS290 简介

74LS290 引脚排列图如图 7-34 所示。在图 7-34 中，第 3 脚和第 6 脚标注为 NC（No Connection），即没有意义、不能使用的引脚。

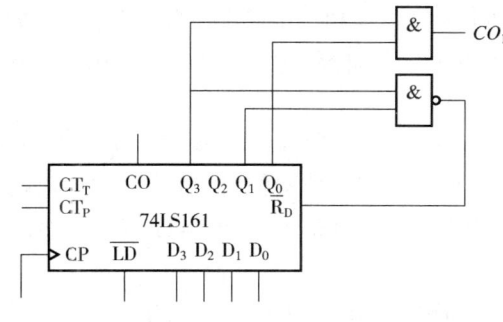

图 7-33 例 7-3-4 $\overline{R_D}$ 电路简化图

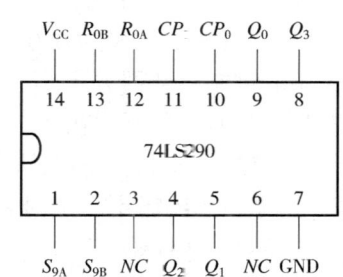

图 7-34 74LS290 引脚排列图

74LS290 是一个二/五/十进制计数器，即它可选择作为二进制、五进制和十进制 3 种计数器方式使用，它内部由 4 个触发器 $FF_0 \sim FF_3$ 分为两组组成，FF_0 独自构成一个二进制计数器（其计数值为 0，1），$FF_3 \sim FF_1$ 构成一个五进制计数器（计数值从 000 到 100），二进制计数器与五进制计数器组合起来又可构成一个 8421 BCD 码计数器。因为内部是两组独立的计数器，因此 74LS290 对两组计数器的控制信号也分为两套，有两个高电平有效的异步清 0 控制端 R_{0A} 和 R_{0B}，两个高电平有效的异步置 9（1001）控制端 S_{9A} 和 S_{9B}，两个计数脉冲输入端 CP_0 和 CP_1，CP_0 为二进制计数器 FF_0 提供时钟脉冲，CP_1 为五进制计数器 $FF_3 \sim FF_1$ 提供时钟脉冲。74LS290 逻辑功能表见表 7-13。

表 7-13 74LS290 逻辑功能表

R_{0A} R_{0B}	S_{9A} S_{9B}	CP_0 CP_1	Q_3 Q_2 Q_1 Q_0
1 1	0 ×	× ×	0 0 0 0
1 1	× 0	× ×	0 0 0 0
× ×	1 1	× ×	1 0 0 1
× 0	× 0	↓ 0	Q_0 二进制计数器
× 0	0 ×	0 ↓	Q_3 Q_2 Q_1 五进制计数器
0 ×	× 0	↓ Q_0	8421 BCD 计数器

在表 7-13 标题栏的引脚名称中，R 即 Reset（复位），R_{0A} 下标中的 0 即复位清 0 的含义，S 即 Set（设置），S_{9A} 下标中的 9 即置 9 的含义。

由表 7-13 的功能表可见，74LS290 有如下 5 种工作方式：

1）异步清 0 方式：由表 7-13 前两行可见，当 R_{0A} 和 R_{0B} 同时为 1，且 S_{9A} 和 S_{9B} 之中至少有一个为 0 时，4 个触发器的输出端 $Q_3Q_2Q_1Q_0$ 被清 0。

2）异步置 9 方式：由表 7-13 的第 3 行可见，当 S_{9A} 和 S_{9B} 同时为 1 时，不管其他引脚为何值，4 个触发器的输出端 $Q_3Q_2Q_1Q_0$ 被置为 1001，即十进制 9，五进制计数器 $Q_3Q_2Q_1$ = 100，同时二进制计数器 Q_0 = 1，这两个计数器分别设为最大值。

3）二进制计数器：由表 7-13 的第 4 行可见，当从 CP_0 端输入时钟脉冲下降沿时，只有 FF_0 触发器工作，FF_3 ~ FF_1 均不起作用。在这种方式下，每从 CP_0 输入一个时钟脉冲下降沿 Q_0 就加 1，从 0 加到 1，再从 1 加到 0，不断地循环，Q_0 的输出只有 0 和 1 两种状态，相当工作于二进制计数器方式。

4）五进制计数器：由表 7-13 的第 5 行可见，当从 CP_1 输入时钟脉冲时，这时 FF_3 ~ FF_1 工作，FF_0 不起作用，每从 CP_1 输入一个时钟脉冲 FF_3 ~ FF_1 组成的计数器就加 1，$Q_3Q_2Q_1$ 从 000 可加到 100，再加 1 又变为 000，在这种方式下，计数器共有从 000 ~ 100 这 5 种状态，即电路工作于五进制计数器方式。

5）8421 BCD 码计数器：由表 7-13 的第 6 行可见，将 FF_0 的输出端 Q_0 与 CP_1 相连接，Q_0 输出作为 CP_1 输入，相当于将二进制计数器与五进制计数器组合使用，这时每输入两个时钟脉冲 CP，Q_0 就给 CP_1 输出一个时钟脉冲，这时 74LS290 工作于 8421 BCD 计数器方式，$Q_3Q_2Q_1Q_0$ 输出 8421 BCD 码。

74LS290 工作于二进制、五进制及 8421 BCD 码计数器的接线图如图 7-35 所示。

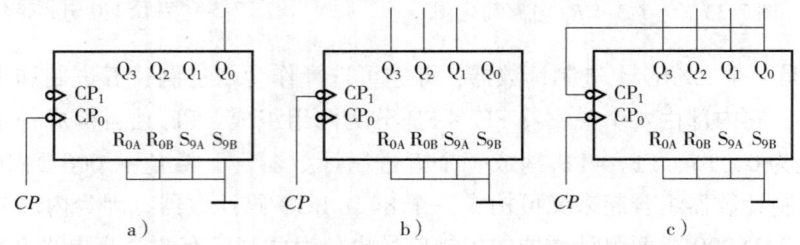

图 7-35 74LS290 工作于二进制/五进制/8421 BCD 码计数器接线图
a）二进制计数器 b）五进制计数器 c）8421 BCD 码计数器

【例 7-3-5】试列出 74LS290 接成 8421 BCD 码计数器方式时的状态表，分析说明二进制计数器和五进制计数器是如何连接成 8421 BCD 码计数器的。

解：74LS290 内部有两个独立的计数器，FF_0 接成二进制计数器，其输出端 Q_0 输出 0 和 1，$FF_3 \sim FF_1$ 接成五进制计数器，其输出端 $Q_3Q_2Q_1$ 输出 000～100。由图 7-35c 可见，为了单独应用方便，二进制计数器和五进制计数器使用的不是同一个外部时钟脉冲，两个触发器的时钟脉冲分别为

二进制计数器：$CP_0 = CP$。

五进制计数器：$CP_1 = Q_0$。

当两个计数器组合为 8421 BCD 码计数器应用时为异步时序电路，注意两个计数器都是下降沿触发。74LS290 连接成 8421 BCD 码计数器使用时，其状态表见表 7-14。

表 7-14 74LS290 连接成 8421 BCD 码计数器状态表

Q_3	Q_2	Q_1	Q_0	CP_1	CP_0	Q_{3n+1}	Q_{2n+1}	Q_{1n+1}	Q_{0n+1}
0	0	0	0		↓	0	0	0	1
0	0	0	1	↓	↓	0	0	1	0
0	0	1	0		↓	0	0	1	1
0	0	1	1	↓	↓	0	1	0	0
0	1	0	0		↓	0	1	0	1
0	1	0	1	↓	↓	0	1	1	0
0	1	1	0		↓	0	1	1	1
0	1	1	1	↓	↓	1	0	0	0
1	0	0	0		↓	1	0	0	1
1	0	0	1	↓	↓	0	0	0	0

表 7-14 中每行数据对应一个外部输入时钟脉冲 CP，对二进制计数器，其时钟脉冲输入端 CP_0 接到外部输入时钟脉冲 CP 上，每行都收到时钟脉冲触发信号，使左侧一栏每行 Q_0 的值都加 1 变成右侧一栏的值。

但对于 $FF_3 \sim FF_1$ 组成的五进制加 1 计数器要注意的是，其时钟脉冲 CP_1 接到二进制数计数器的 Q_0 端，其时钟脉冲为 Q_0，即 $CP_1 = Q_0$，因五进制计数器为下降沿触发，故只有 Q_0 从 1 变到 0 时，五进制计数器才加 1。在表 7-14 中，只有每次 Q_0 加 1 且从 1 变到 0 的行中，五进制计数器才收到时钟脉冲触发信号，才能加 1。

例如表 7-14 中第 1 行，左侧一栏 Q_0 的值为 0，受到外部时钟脉冲 CP 触发后变为右侧一栏中的 1，Q_0 没有给五进制计数器提供从 1 变为 0 的下降沿触发脉冲，因此五进制计数器右侧一栏 $Q_3Q_2Q_1$ 的值维持与左侧一栏相同的值 000 不变。将 $Q_3Q_2Q_1Q_0$ 作为整体来看，第一行数据就是经过一个外部时钟脉冲 CP，从左侧一栏的 0000 变成了右侧一栏的 0001。

对表 7-14 的第 2 行，左侧一栏 Q_0 的值为 1，受到外部时钟脉冲 CP 下降沿触发后变为右侧一栏的 0，Q_0 产生了一个从 1 到 0 变化，给五进制计数器提供了下降沿触发信号，于是五进制计数器加 1，从状态表左侧一栏的 $Q_3Q_2Q_1 = 000$ 变为右侧一栏的 $Q_3Q_2Q_1 = 001$。把 $Q_3Q_2Q_1Q_0$ 作为整体来看，经过一个外部时钟脉冲 CP，其值从 0001 变成了 0010。（Q_0 从 1 变 0，使 $Q_3Q_2Q_1$ 从 000 变成了 001。）

表 7-14 中其他行数据的分析省略，读者可仿照对第 1 和 2 行的分析方法，自行分析。

对于表 7-14 中的最后一行数据，左侧一栏中 $Q_3Q_2Q_1Q_0 = 1001$，其中 $Q_0 = 1$，收到一个外部时钟脉冲 CP 下降沿触发，Q_0 从左侧一栏的 1 变为右侧一栏的 0，Q_0 从 1 变为 0 又给五进制计数器提供了下降沿触发信号，于是五进制计数器加 1，从 100 变为 000（五进制计数

器的值为从 000～100，最大值为 100，再加 1 变为 000），从 $Q_3Q_2Q_1Q_0$ 整体来看，经过一个外部时钟脉冲 CP，计数器的值从 1001 变成了 0000。

由以上过程分析可知，图 7-35c 的电路共有从 0000～1001 共 10 种状态，确实接成了 8421 BCD 码计数器。

7.3.3 任意进制计数器

由例 7-3-4 可见，8421 BCD 码计数器是从 0000 变到 1111 这 16 个状态中选取了 0000～1001 这 10 个状态来表示十进制数，当计数值达到 1001 再加 1 时就将计数器清 0，由此联想到，可以从这 16 个状态中选任意 2～16 个状态作为任意二～十六进制的计数器（零进制和一进制无意义），当计数器加到最大值时，利用最大计数值产生一个清 0 信号（高电平或低电平），将计数器的值变为 0，使计数器重新从 0 开始计数。

【例 7-3-6】 利用 74LS161 实现七进制计数器。

解：74LS161 为由 4 个触发器组成的 4 位二进制计数器（从整体看也可称为十六进制计数器），其状态为 $Q_3Q_2Q_1Q_0$ = 0000，0001，…，1111，共 16 个状态，现利用其实现七进制计数器时，需要其从 0000 加到 0110 再加 1 变为 0111 时，使其变为 0000，即利用 0111 给 74LS161 的异步清 0 端产生一个清 0 信号即可，这可以按例 7-3-5 设计 8421 BCD 码计数器的步骤来进行，简而为之，即可从计数器输出端连接一个电路，使 74LS161 的清 0 端为

$$\overline{R_\mathrm{D}} = \overline{\overline{Q_3}Q_2Q_1Q_0} = \overline{Q_2Q_1Q_0}$$

另外考虑到进位 CO_1，当计数到 $Q_3Q_2Q_1Q_0$ = 0110 时，应使 CO_1 = 1，故有

$$CO_1 = \overline{Q_3}Q_2Q_1\overline{Q_0} = Q_2Q_1$$

由此可得用 74LS161 实现的七进制计数器如图 7-36 所示。

【例 7-3-7】 利用 74LS161 构成一个三十五进制计数器。

解：一个三十五进制计数器应该有 35 个状态，或从多于 35 个状态中选出 35 个状态，而一片 74LS161 有 4 个触发器，最多只有从 0000～1111 这 16 个状态，所以只用一片 74LS161 无法实现三十五进制计数器，需要

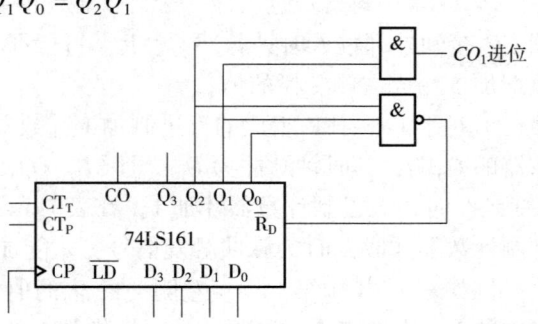

图 7-36 例 7-3-6 74LS161 实现的七进制计数器

采用两片 74LS161 来实现。实现三十五进制计数器可有如下两种方法：

方法一：两片 74LS161 都接成 8421 BCD 码计数器的形式，一片实现十位数计数，从 0 计数到 3，另一片实现个位数计数，从 0 计数到 9。

进位信号的产生：当个位计数器 $Q_3Q_2Q_1Q_0$ 计到 1001 时应由个位计数器向十位计数器产生进位信号 CO_1 = 1，当个位计数器的计数值为 1010 时，CO_1 变为 0，为十位数计数器产生一个下降沿时钟脉冲信号，使十位计数器加 1。当总计数值达到 BCD 码 0011 0100（即十进制数 34）时，应产生向百位的进位信号 CO_2 = 1。

清 0 信号的产生：对个位数计数器，应在两种情况下产生低电平有效的清 0 信号 $\overline{R_\mathrm{D}}$，一种情况是当个位计数器加到 1010 时，另一种情况是当总计数值达到 35（高 4 位为 0011，同时低 4 位为 0101）时，即有

$$\overline{R_\mathrm{D}} = \overline{\overline{Q_3\overline{Q_2}Q_1\overline{Q_0} + Q_3\overline{Q_2}Q_1Q_0}} = \overline{\overline{Q_3\overline{Q_2}Q_1\overline{Q_0}} \cdot \overline{Q_3\overline{Q_2}Q_1Q_0}} = \overline{Q_3Q_1 + Q_1Q_0 \cdot \overline{Q_2}Q_0} = \overline{\overline{Q_3Q_1} \cdot \overline{Q_1Q_0} \cdot \overline{Q_2}Q_0}$$

对十位数计数器，当总计数值达到 35 时，应产生清 0 信号 $\overline{R_\mathrm{D}}$，即有

$$\overline{R_\mathrm{D}} = \overline{Q_3\overline{Q_2}Q_1\overline{Q_0} \cdot \overline{Q_3\overline{Q_2}Q_1Q_0}} = \overline{Q_1Q_0 \cdot \overline{Q_2}Q_0}$$

采用 74LS161 实现的三十五进制的 8421 BCD 码计数器如图 7-37 所示。

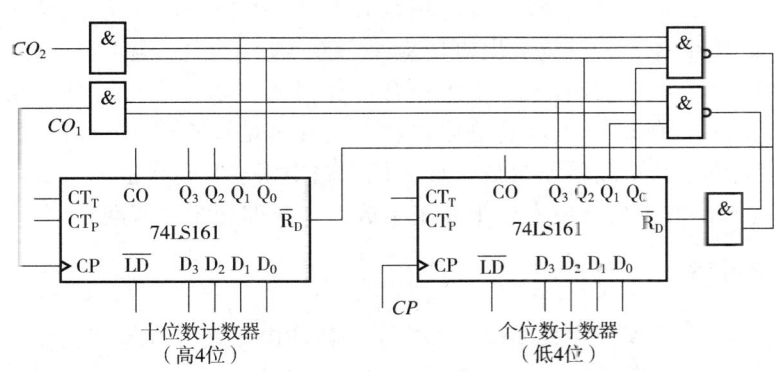

图 7-37 例 7-3-7 74LS161 实现的三十五进制计数器（方法一）

方法二：用两片 74LS161 连接成 8 位二进制计数器来工作，一片作为高 4 位，另一片作为低 4 位，十进制数 35 等于二进制数 0010 0011，计数值应从 0000 0000 加到 0010 0010 （十进制数 34）。

在连接电路时，将低 4 位的进位 CO 作为高 4 位的时钟脉冲输入，并且当整体计数值达到 0010 0010 （十进制数 34）时，产生一个向高位（逢 35 进 1）的进位信号 CO_2，即只要高 4 位的 Q_1 和低 4 位的 Q_1 同时为 1 时，即使 $CO_2 = 1$。还应使当整体计数值达到 0010 0011 （十进制数 35），即高 4 位 74LS161 的 Q_1 为 1，低 4 位 74LS161 的 $Q_2Q_1 = 11$ 时，给两块芯片产生异步清 0 信号 $\overline{R_\mathrm{D}}$。

采用两片 74LS161 实现的三十五进制（两块芯片均采用二进制计数方式）计数器如图 7-38 所示。

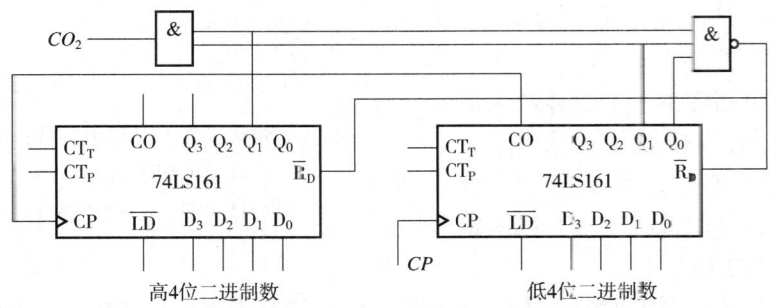

图 7-38 例 7-3-7 74LS161 实现的三十五进制计数器（方法二）

【思考题】

7-3-1 什么是计数器？都有哪些种类的计数器？
7-3-2 时序电路有哪两类问题？解决这两类问题的步骤是什么？
7-3-3 设计一个计数器都要考虑哪些问题？
7-3-4 如何对图 7-22 所示电路进行改动，将其变为一个异步 4 位二进制加计数器？

7.4 脉冲波形的产生和整形

计算机中传送和存储的数据都是二进制数 0 和 1，0 和 1 都对应一定范围的电压，如 TTL 电平，当电路输出 0 时，对应输出电压应小于 0.4V，当电路输出 1 时，输出电压应高于 2.4V，但在实际应用中，有时电压常不符合计算机的要求，使得计算机无法识别，这就需要对接入计算机系统的电压进行规范化处理，使其满足计算机中 1 和 0 所需要的电压范围，这就是电压波形的整形问题。另外，计算机电路中很多是时序电路，时序电路都需要时钟脉冲 CP，时钟脉冲波形也需要专门电路来生成，本节即介绍这些问题。

7.4.1 555 定时器

集成 555 定时器是将模拟和数字电路集成于一体的电子器件（输入为模拟信号，输出为数字信号），由于它电源范围宽，使用方便、灵活，带负载能力强，所以得到广泛的应用，在其外部接入少量的阻容元件就可方便地构成施密特触发器、单稳态触发器和多谐振荡器等应用电路，在脉冲产生和波形变换技术等领域有着广泛应用。图 7-39 所示为集成 555 定时器电路的内部结构图及其外部引脚排列图。

由图 7-39a 内部结构可见，555 定时器（简称 555）电路由 4 部分组成：

1）输入端为由 3 个等值 5kΩ 电阻组成的电压分压器，对外加电压 $+V_{CC}$ 进行分压。以下为了引用方便起见，分别称 555 内部两个运算放大器 A_1 和 A_2 的同相输入端和反相输入端的电位分别为 V_{1+}、V_{1-} 和 V_{2+}、V_{2-}。由图 7-39a 所示，分压器的两个分压点的电位分别为 $V_{1+} = 2V_{CC}/3$，$V_{2-} = V_{CC}/3$。

2）中间级电路为由两个运算放大器 A_1 和 A_2 组成的电压比较器，从 V_{1-} 和 V_{2+} 端外加的输入电压 u_{i1} 和 u_{i2} 分别与分压器的 V_{1+} 和 V_{2-} 电位进行比较，以决定 A_1 和 A_2 的输出为 0 还是 1。

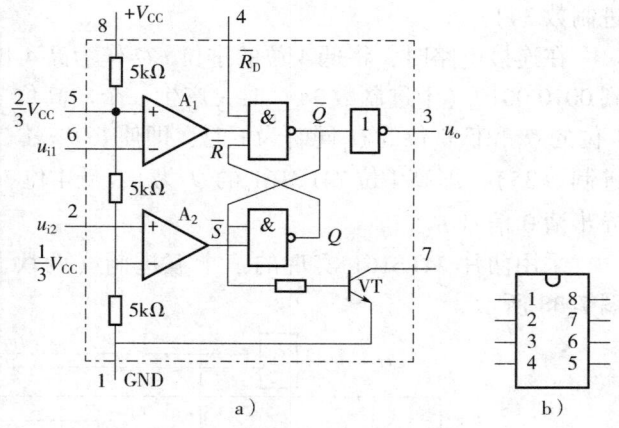

图 7-39 集成 555 定时器电路的内部结构图及其外部引脚排列图
a) 内部结构图 b) 外部引脚排列图

3）两个电压比较器后的电路为两个与非门构成的基本 RS 触发器，A_1 的输出端作为基本 RS 触发器的输入端 $\overline{R}$（也即 $\overline{R}_D$）端，A_2 的输出端作为基本 RS 触发器的输入端 $\overline{S}$（也即 $\overline{S}_D$）端，均为低电平有效。另外，基本 RS 触发器中上面的与非门还增加了一个输入端 $\overline{R}_D$，如果其输入 1，则对基本 RS 触发器的输出 $\overline{Q}$ 和 Q 的状态没有任何影响，如果其输入 0，则其作用与 A_1 的输出端的 $\overline{R}$ 相同，即这个基本 RS 触发器相当于有两个独立控制、作用相同的 $\overline{R}$ 端。这个增加的 $\overline{R}$ 端的主要作用是不受电路其他部分的影响，无论电路处于什么状态，只要使这个增加的 $\overline{R}_D$ 端输入 0，则可立即使基本 RS 触发器的 $\overline{Q}$ 端为 1，555 输出 u_o 为 0，晶体管导通输出为 0。

4）由一个非门和一个晶体管构成的两个电路输出端，其一是非门的输出端 u_o（3 脚），它是对 $\overline{Q}$ 端求反，相当于基本 RS 触发器的 Q 端，电路的第二个输出端是集电极开路的晶体管集电极，晶体管在这里的作用也相当于非门。当晶体管基极输入为 1 时，晶体管导通，其集电极电位为 0，使与 555 连接的后级负载的灌电流流入晶体管集电极中；当晶体管基极输入为 0 时，晶体管截止，这时晶体管的集电极输出端（7 脚）需要外接电源和提拉电阻来输出 1。因晶体管的基极连接到 $\overline{Q}$ 端，故晶体管的导通与截止受 $\overline{Q}$ 的控制。在这里，晶体管的集电极输出端也相当于基本 RS 触发器的 Q 端，和非门输出端 u_o（3 脚）的逻辑值相同，但它在导通输出为 0 时的由外电路流入的灌电流可高达 500mA，具有较大的低电平输出带载能力。

555 的工作原理如下：

555 有两个电压输入端，6 脚和 2 脚，其输入的电压 u_{i1} 和 u_{i2} 分别与 A_1 和 A_2 的另一个输入端电位 $V_{1+}=2V_{CC}/3$ 和 $V_{2-}=V_{CC}/3$ 进行比较，以决定两个电压比较器的输出是 0 还是 1，从而决定后面基本 RS 触发器的工作状态，参照图 7-39 可见，555 共有以下几种输入及工作方式：

1）当 $u_{i1}>V_{1+}$，$u_{i2}>V_{2-}$ 时，A_1 输出为 0，A_2 输出为 1，使基本 RS 触发器 $\overline{R}=0$，$\overline{S}=1$，这时基本 RS 触发器输出为 $\overline{Q}=1$，$Q=0$，即使 555 的输出端 $u_o=0$，晶体管导通，晶体管集电极输出为低电平。

2）当 $u_{i1}<V_{1+}$，$u_{i2}<V_{2-}$ 时，A_1 输出为 1，A_2 输出为 0，使基本 RS 触发器的 $\overline{R}=1$，$\overline{S}=0$，这时基本 RS 触发器的 $Q=1$，$\overline{Q}=0$，即使 555 的输出端 $u_o=1$，晶体管截止。

3）当 $u_{i1}<V_{1+}$，$u_{i2}>V_{2-}$ 时，A_1 输出为 1，A_2 输出也为 1，使基本 RS 触发器的 $\overline{R}=1$，$\overline{S}=1$，使基本 RS 触发器 Q 和 $\overline{Q}$ 维持原状态不变，电路的输出端 u_o 和晶体管集电极输出也维持原状态不变。

4）在外接 $\overline{R}_D$ 端（4 脚）输入 0 时，基本 RS 触发器 $\overline{Q}=1$，$Q=0$，使 555 的输出 $u_o=0$，晶体管导通，输出为低电平。

555 定时器引脚功能说明见表 7-15。

表 7-15　555 定时器引脚功能说明

$\overline{R}_D$	u_{i1}	u_{i2}	$\overline{R}$	$\overline{S}$	Q（u_o）	VT
0	×	×	×	×	0	导通
1	$>2V_{CC}/3$	$>V_{CC}/3$	0	1	0	导通
1	$<2V_{CC}/3$	$<V_{CC}/3$	1	0	1	截止
1	$<2V_{CC}/3$	$>V_{CC}/3$	1	1	保持	保持

注：表中 × 表示 0 或 1 均可。

7.4.2　由 555 定时器组成的施密特触发器

施密特触发器是一种波形变换电路，它是将 555 中两个电压比较器的输入端（6 脚和 2 脚）连接起来输入同一个电压 u_i，如图 7-40 所示，输入电压 u_i 可以为任何连续变化的值，555 的输出 u_o（3 脚）则变为标准的数字信号高电平 1 或低电平 0。

施密特触发器有两个输入电压的阈值，一个是正向输入电压阈值V_+，另一个是负向输入电压阈值V_-，当输入电压达到这两个阈值时，电路输出端的状态就会发生改变，0变1或1变0。当输入电压u_i从0开始升高时达到引起电路状态发生改变的阈值电压称为正向阈值V_+，当输入电压u_i从较高的值降低到使电路状态发生改变的阈值电压称为负向阈值V_-。对图7-39a所示555内部电路，这两个阈值电压就是555的输入端3个电阻分压产生的两个分压值，正向阈值电压为$V_+ = 2V_{CC}/3$，负向阈值电压为$V_- = V_{CC}/3$。由555的工作方式1）可知，当输入电压u_i升高到高于正向阈值$2V_{CC}/3$时，A_1输出0，使基本RS触发器$\overline{R}=0$，$\overline{S}=1$，输出端$Q=0$，输出电压u_o为低电平；由555的工作方式2）可知，当输入电压u_i从较高的值降低到低于负向阈值$V_{CC}/3$时，A_2输出0，即使基本RS触发器$\overline{R}=1$，$\overline{S}=0$，输出端$Q=1$，电路的输出电压u_o为高电平。而输入电压u_i为其他情况时，555的输出状态均保持不变。555作为施密特触发器时的输入电压u_i与输出电压u_o的关系如图7-41所示。

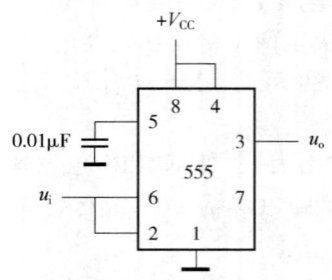

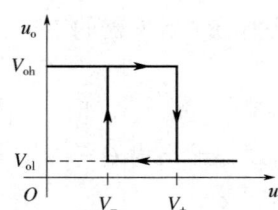

图7-40 施密特触发器   图7-41 施密特触发器（反相）传输特性曲线

施密特触发器的正向阈值电压与负向阈值电压之差称为回差，图7-40所示施密特触发器的回差为

$$V_+ - V_- = 2V_{CC}/3 - V_{CC}/3 = V_{CC}/3$$

施密特触发器的应用主要有以下几方面：

1）波形变换。波形变换是将输入的各种不同波形变换成只有高和低的矩形波输出。例如，图7-42可将输入的三角波变成矩形波输出。图中，V_+为正向阈值，V_-为负向阈值，V_{oh}为输出高电平，V_{ol}为输出低电平。

如果施密特触发器的输入端输入的是其他波形，也可将其他波形变换成矩形波输出。

2）波形整形。计算机不能直接识别连续变化的模拟信号，只能识别数字信号0或1，利用施密特触发器可将不规则的输入波形变换成只有高电平和低电平的矩形波，变成计算机所能识别的数字信号，幅值高的变为0，幅值低的变为1，如图7-43所示。

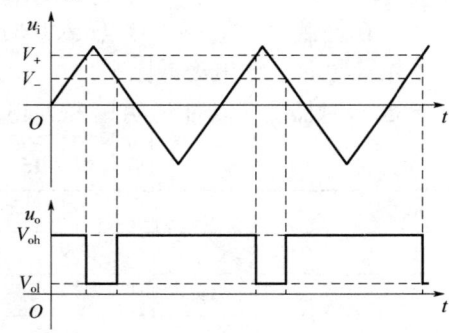

图7-42 利用施密特触发器进行波形变换

3）幅度鉴别。施密特触发器可用来鉴别区分波形的幅值，当波形幅值较小并低于正向阈值电压时，输出为1，当波形幅值较大并高于负向阈值电压时，输出为0，如图7-44所示。

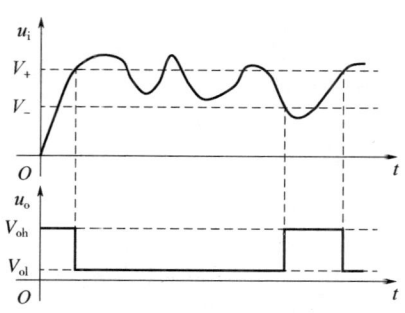
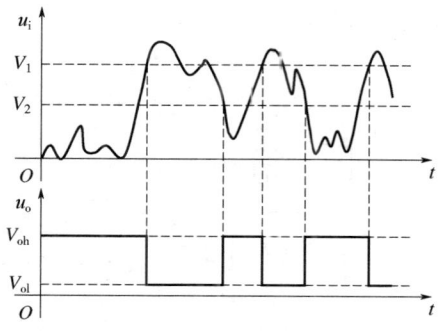

图 7-43　利用施密特触发器进行波形整形　　图 7-44　利用施密特触发器进行幅值鉴别

由图 7-39a 的 555 内部结构图可见,原 555 的正、负向阈值电压分别为 $V_+ = 2V_{CC}/3$ 和 $V_- = V_{CC}/3$,但如果在芯片的 5 脚外接电压 U_1,则使得正向阈值电压变为 $V_+ = U_1$,负向阈值电压 $V_- = U_1/2$,调整 U_1 的值可改变正、负向阈值电压。

【例 7-4-1】 图 7-45 所示电路为用于温度控制的施密特触发器,试分析其工作过程。

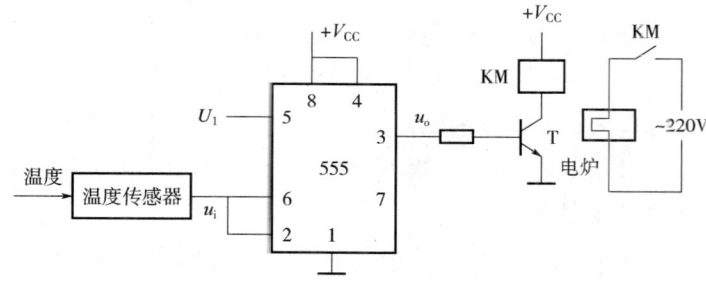

图 7-45　用于温度控制的施密特触发器

解：对图 7-45 的施密特触发器温度控制电路,温度经传感器及变换电路变成幅值合适的电压 u_i,输入到施密特触发器,如果输入电压 u_i 高于正向阈值电压 V_+,则 u_o 输出 0,使外接的晶体管 VT 截止,流过晶体管集电极的线圈 KM 的电流为零,使控制回路受 KM 控制的开关断开,电炉停止加热。如果温度过低,则经传感器转换的 u_i 低于负向阈值电压 V_-,则 555 的输出端 u_o 输出 1,使外接晶体管导通,电流流过晶体管的集电极线圈 KM,受 KM 控制的开关闭合,电炉加热。

7.4.3　由 555 定时器组成的单稳态触发器

对一般的数字电路,当输入一定时,其输出端可稳定地输出 0 或 1,称为双稳态电路,而单稳态电路的输出端则只能稳定在 0 或 1 的一种状态,其特点是没有外部输入时,输出端处于稳定的状态,当有外部输入时,其翻转为另一种暂时的状态,当外部输入撤销后,经过一段时间,输出端又自动翻转变回原来稳定的状态。

由 555 连接而成的单稳态触发器如图 7-46 所示,电路的外输入电压 u_i 加在 A_2 的同相输入端,A_1 的输入连接 RC 电路的电容电位,在没有输入时,u_i 的值保持高于负向阈值电压 ($V_- = V_{CC}/3$),即使得 A_2 的输出为 1,555 内部基本 RS 触发器 $\overline{S} = 1$;当电路有输入时,即从 u_i 输入一个低于负向阈值电压 ($V_{CC}/3$) 的电压,即使 555 内部基本 RS 触发器 $\overline{S} = 0$,单

稳态电路输出 u_o 为 1。

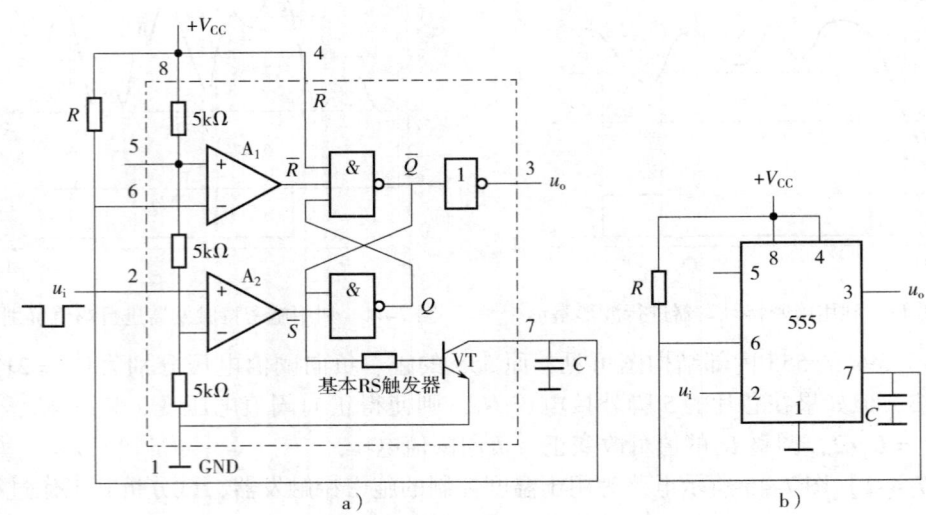

图 7-46　555 构成单稳态触发器
a) 内部结构原理图　b) 555 接成单稳态电路

下面分析在没有外输入时，电路的输出 u_o 处于 0 和 1 中的哪种状态。

注意，在没有输入时 $u_i > V_{CC}/3$，A_2 输出为 1，使得基本 RS 触发器的 $\overline{S} = 1$，仅凭 $\overline{S}$ 的值还不能判定输出端 u_o 为 0 还是为 1。

假设没有外输入（$u_i > V_{CC}/3$）时，555 输出为 $u_o = 1$，则 $\overline{Q} = 0$，使 555 内部的晶体管基极电位为 0，晶体管处于截止状态，电源 V_{CC} 通过电阻 R 对电容 C 进行充电，如果开始时电容 C 的电位低于 $2V_{CC}/3$，则 A_1 输出为 1，即基本 RS 触发器的 $\overline{R} = 1$，与 $\overline{S} = 1$ 一起将使得基本 RS 触发器维持 $u_o = 1$、$\overline{Q} = 0$。随着电容 C 的充电，电容的电位 V_C 不断升高，当电容的电位 V_C 高于正向阈值电压 $2V_{CC}/3$ 时，A_1 将输出 0，使得基本 RS 触发器的 $\overline{R} = 0$，于是使 $\overline{Q} = 1$、$u_o = 0$，晶体管导通，于是电容 C 又通过晶体管开始放电，使电容 C 的电位 V_C 降低，一旦 V_C 低于 $2V_{CC}/3$ 时，又使得 A_1 的输出变回到 1，即 $\overline{R} = 1$，因 $\overline{S} = 1$，使得基本 RS 触发器维持在 $\overline{Q} = 1$ 和 $u_o = 0$ 的状态，而 $\overline{Q} = 1$ 使晶体管处于导通，使电容 C 持续放电，直至电容电位 V_C 降为 0。

假设没有外输入时，555 的输出为 $u_o = 0$，$\overline{Q} = 1$，则晶体管处于导通、电容 C 处于放电状态，电容 C 的电位 V_C 就会随着放电的进行而低于 A_1 的正向阈值 $2V_{CC}/3$，使 A_1 输出为 1，即使基本 RS 触发器 $\overline{R} = 1$，与 $\overline{S} = 1$ 一起使基本 RS 触发器输出维持 $u_o = 0$、$\overline{Q} = 1$ 不变，而 $\overline{Q} = 1$ 又使晶体管导通，使电容 C 不断放电，其电位 V_C 不断降低直至降为 0。

由以上两种情况的分析可知，在没有外加输入（$u_i > V_{CC}/3$）时，基本 RS 触发器处于 $\overline{R} = 1$、$\overline{S} = 1$，基本 RS 触发器输出的稳定状态为 $Q = 0$（$u_o = 0$），$\overline{Q} = 1$，晶体管导通，电容 C 处于放完电、电容电位 $V_C = 0$ 的状态，此状态即图 7-47 所示的单稳态电路的稳定状态。

当单稳态电路正常工作时，外加输入电压 $u_i < V_{CC}/3$，由图 7-46 可见，A_2 的输出为 0，使基本 RS 触发器的输入端 $\overline{S} = 0$，$Q = 1$，因 $\overline{R} = 1$，则 $\overline{Q} = 0$，$u_o = 1$，晶体管 VT 截止，使电容 C 从电位为 0 开始充电。这之后，即使 u_i 恢复为大于 V_-，使 A_2 输出变为 1（$\overline{S} = 1$），因

$\overline{R}=1$，仍使 $Q=1$、$\overline{Q}=0$ 维持不变，使晶体管继续截止，电容 C 仍继续充电，电容 C 的电位不断升高。随着电容 C 的充电，当电容 C 的电位 V_C 达到略超过正向阈值电位 $2V_{CC}/3$ 时，将使得比较器 A_1 输出为 0（$\overline{R}=0$），因 $\overline{S}=1$ 维持不变，于是基本 RS 触发器 $\overline{Q}=1$、$Q=0$，又使得晶体管导通，使电容 C 又开始转为放电，使电容 C 的电位 V_C 转为逐渐下降。

当电容 C 的电位 V_C 下降至低于 $2V_{CC}/3$ 时，A_1 输出变为 1，使基本 RS 触发器的 $\overline{R}=1$，$\overline{S}=1$（输入 u_i 撤销，$u_i>V_{CC}/3$），这时电路维持 $\overline{Q}=1$、$Q=0$ 的状态，使晶体管继续导通，使电容 C 放电继续进行，直至放完电 $V_C=0$，最终电路恢复为 $Q=0$、$\overline{Q}=1$（$u_o=0$）、晶体管导通、$V_C=0$ 的稳定状态。

由以上分析得知，在没有外加输入 $u_i>V_{CC}/3$ 时，电路处于稳定状态，$Q=0$、$\overline{Q}=1$（$u_o=0$），晶体管 VT 导通，电容 C 电位 $V_C=0$；当外加输入 $u_i<V_{CC}/3$ 时，电路进入暂态，这时 $Q=1$、$\overline{Q}=0$（$u_o=1$），晶体管 VT 截止，电容 C 开始充电，电容 C 的电位 V_C 不断升高，即使输入 u_i 撤销（$u_i>V_{CC}/3$），暂态仍得以维持。随着电容 C 电位不断升高，当电容电位 $V_C>2V_{CC}/3$ 时，电路的暂态结束，恢复为 $Q=0$、$\overline{Q}=1$（$u_o=0$），晶体管 VT 导通，电容 C 放电直到 V_C 降为 0 为止的稳态。

以上单稳态电路工作时输入 u_i，电容 C 的电位 V_C 和输出端电压 u_o 的波形如图 7-47 所示。

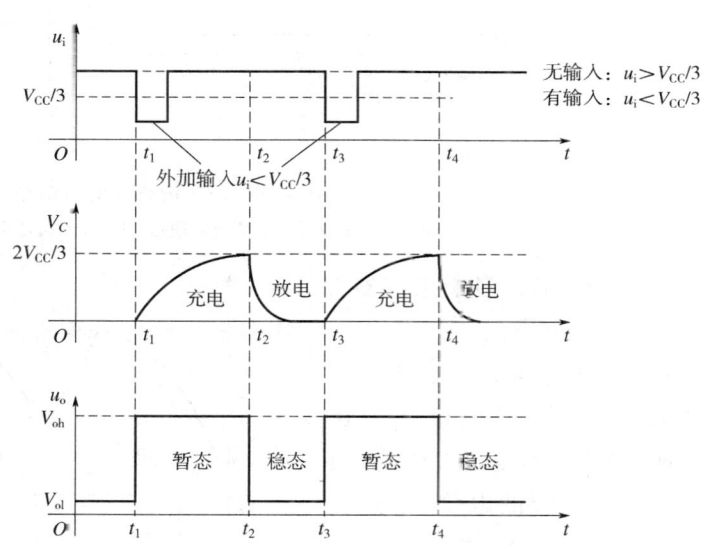

图 7-47 单稳态电路输入与输出波形

在实际应用中，经常需要知道暂态的时间。单稳态电路暂态过程的电路是一个由 R 和 C 组成的一阶电路，暂态时间即电容 C 电位从 0 充电到 $2V_{CC}/3$ 的时间 t_w，为

$$t_w = RC\ln3 \approx 1.1RC \qquad (7-5)$$

单稳态电路有很多应用，例如一个声控的灯，当受到声响触发时产生一个低电压 u_i，该低电压使单稳态电路 u_o 输出一个灯亮控制信号，该灯亮声响控制信号 u_i 消失后，灯亮仍能维持一段时间再熄灭。

7.4.4 由 555 定时器组成的多谐振荡器

多谐振荡器是一种在没有外部输入的情况下自动产生矩形波电压输出的装置，又称矩形波发生器，"多谐"指的是在矩形波中除了含有与矩形波频率相同的基波外，还含有很多种频率的高次谐波，因为从数学的角度看，矩形波由基波和很多种高次频率的谐波叠加而成。与前面介绍的单稳态电路不同，多谐振荡器没有一种稳定的状态，它在没有外部输入的情况下，不停地自动交替输出 0 和 1，0 和 1 都是暂态，不停地从输出 0 变到输出 1，又从输出 1 变到输出 0，从而在电路输出端 u_o 输出 0 和 1 不断变化的矩形波形。因为不能稳定地持续输出 0 或 1，所以多谐振荡器为无稳态电路。由 555 连接而成的多谐振荡器如图 7-48 所示。由电路图可见，555 的输入为电容 C 的电位 V_C，因此电容 C 的电位 V_C 的改变影响到 555 输出端 u_o 的状态。

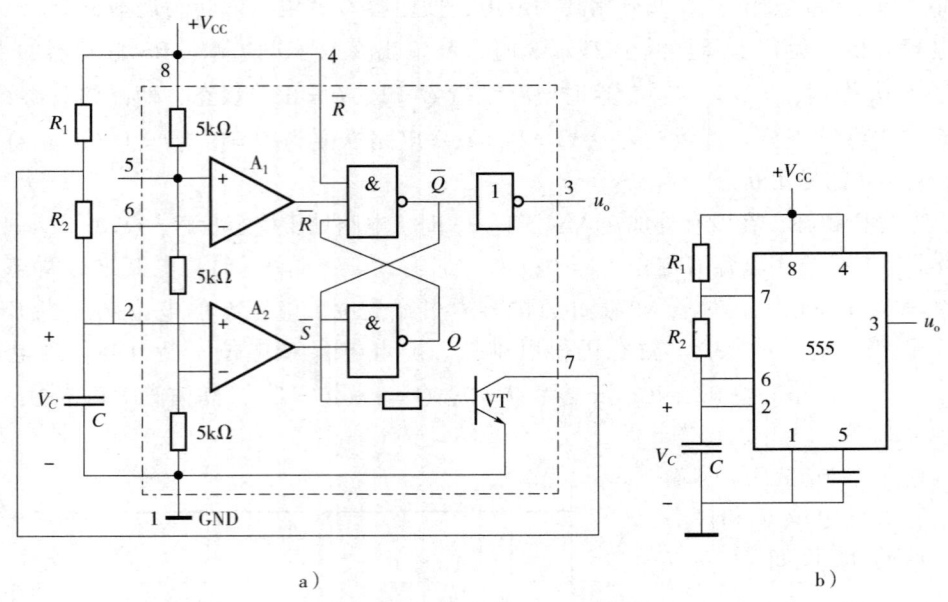

图 7-48 555 构成多谐振荡器
a) 555 多谐振荡器结构原理图 b) 555 接成多谐振荡器

结合图 7-49，多谐振荡器的工作过程分析如下：

1) 在接通电源前，电容 C 两端没有电荷，其电位 $V_C = 0$。当接通电源时，因电容 C 两端电压不能突变，电容的电位 $V_C = 0 < 2V_{CC}/3$，及 $V_C < V_{CC}/3$，使 A_1 的输出为 1，A_2 的输出为 0，即使得基本 RS 触发器的 $\overline{R} = 1$、$\overline{S} = 0$，$Q = 1$、$\overline{Q} = 0$（$u_o = 1$）。因 $\overline{Q}$ 控制晶体管基极电位，故晶体管处于截止状态，这时电源 V_{CC} 通过电阻 R_1 和 R_2 对电容 C 进行充电，随着充电的进行，电容 C 的电位 V_C 逐渐升高。

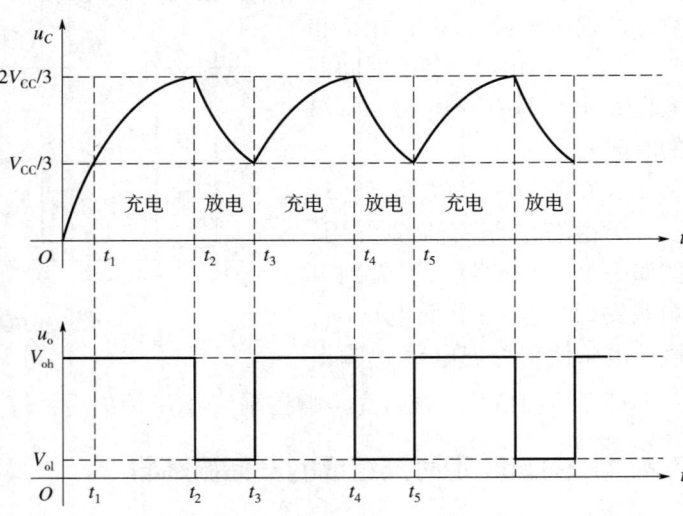

图 7-49 多谐振荡器输出波形

2) 当电容 C 充电达到 $V_C(t)$ 稍高于 $V_{CC}/3$ 时（t_1 时刻），A_2 的输出为 1，使 $\overline{S}$ 变为 1，因 $\overline{R} = 1$，使基本 RS 触发器的输出仍维持原状态 $Q = 1$、$\overline{Q} = 0$（$u_o = 1$）不变，晶体管仍处于截止状态，使电容 C 继续充电，电容 C 的电位 V_C 继续升高。

3) 随着电容 C 充电电位 V_C 继续升高，当电容 C 的电位稍高于 $2V_{CC}/3$（t_2 时刻）正向阈值电压时，将使得 A_1 输出为 0，即使得基本 RS 触发器的 $\overline{R}=0$、$\overline{S}=1$，这将改变基本 RS 触发器的输出状态，使 $Q=0$、$\overline{Q}=1$，晶体管导通，晶体管集电极电位变为接近 0V，因电容 C 的电位 $V_C=2V_{CC}/3$，高于晶体管集电极电位，于是电容 C 通过电阻 R_2 和晶体管集电极进行放电，使电容 C 的电位 V_C 又开始下降。

当电容 C 的电位稍低于 $2V_{CC}/3$ 时，A_1 输出变为 1，使基本 RS 触发器 $\overline{R}=1$、$\overline{S}=1$，$Q=0$、$\overline{Q}=1$ 维持不变，晶体管继续导通，使电容 C 继续放电。电容 C 放电的过程如图 7-49 $t_2 \sim t_3$ 时刻之间。

4) 随着电容 C 放电的进行，其电位 V_C 不断降低，当 V_C 降低到稍微低于 $V_{CC}/3$ 负向阈值电压时（t_3 时刻），A_2 输出为 0，即使基本 RS 触发器 $\overline{S}=0$、$\overline{R}=1$ 不变，基本 RS 触发器的输出 $Q=1$、$\overline{Q}=0$，晶体管转为截止，电容 C 的放电回路被切断，放电结束，V_C 维持在 $V_{CC}/3$ 停止下降。

因电容 C 没有了放电回路，电源 V_{CC} 比电容 C 的电位高，于是电源 V_{CC} 又通过电阻 R_1 和 R_2 对电容 C 再次进行充电，使电容 C 的电位 V_C 又开始升高，电容 C 充电的过程如图 7-49 $t_3 \sim t_4$ 时刻之间。

在这之后，电容 C 的电位 V_C 就不断地重复从 $V_{CC}/3$ 充电到 $2V_{CC}/3$，再从 $2V_{CC}/3$ 放电到 $V_{CC}/3$ 的过程，对应使电路在输出端 u_o 不断地输出 1 到输出 0 的波形。

多谐振荡器输出矩形波周期的计算

由图 7-49 可见，除了从 $t=0$ 接通电源到 t_2 时刻电容 C 的初始充电过程的波形外，从 t_2 时刻开始，多谐振荡器就输出高低电平宽度固定的矩形波，电容电位 V_C 从 $V_{CC}/3$ 充电到 $2V_{CC}/3$，再从 $2V_{CC}/3$ 放电到 $V_{CC}/3$，不断重复。多谐振荡器输出的矩形方波的高、低电平的宽度是不同的。这是因为电容 C 充电时的时间常数 $(R_1+R_2)C$，大于放电时的时间常数 R_2C，使充电的时间长于放电的时间，因此对应多谐振荡器输出的矩形波，高电平的宽度比低电平的宽度要宽。

由一阶电路的分析内容可得电容 C 的电位 V_C 从 $2V_{CC}/3$ 放电到 $V_{CC}/3$ 所用时间为

$$t_1 = R_2 C \ln 2 \approx 0.693 R_2 C \tag{7-6}$$

从 $V_{CC}/3$ 充电到 $2V_{CC}/3$ 所用时间为

$$t_h = (R_1+R_2)C\ln 2 \approx 0.693(R_1+R_2)C \tag{7-7}$$

多谐振荡器输出矩形波的周期 T 为

$$T = t_1 + t_h = 0.693R_2C + 0.693(R_1+R_2)C = 0.693(R_1+2R_2)C \tag{7-8}$$

多谐振荡器矩形波的频率 f 为

$$f = 1/(t_1+t_h) = 1/[0.693(R_1+2R_2)C] = 1.44/[(R_1+2R_2)C] \tag{7-9}$$

矩形波占空比 δ（高电平占矩形波的比例）为

$$\delta = \frac{t_h}{t_1+t_h} = \frac{(\ln 2)(R_1+R_2)C}{(\ln 2)(R_1+2R_2)C} = \frac{R_1+R_2}{R_1+2R_2} \tag{7-10}$$

调整电阻 R_1、R_2 和电容的值可以改变矩形波输出的周期及高低电平的比例。在电子线路的应用中，当 $R_2 > (5 \sim 10)R_1$ 时，认为 R_1 可以忽略，这时占空比 $\delta \approx 1$，即高电平时间约占矩形波周期的一半，这时多谐波振荡器输出近似为方波。

【例 7-4-2】 利用 555 多谐振荡器产生一个 10kHz 频率的方波输出，试选择电阻 R_1、R_2 和电容 C 的值。

解：根据式（7-10），电阻 R_2 与电阻 R_1 的比值越大，多谐振荡器输出的波形越接近于方波，故选 $R_2 = 10R_1$。又根据式（7-9）有

$$10 \times 10^3 = \frac{1.44}{(R_1 + 20R_1)C}$$

解得 R_1C 应满足

$$R_1C = \frac{1.44}{210} \times 10^{-3}$$

选 $R_1 = 10\text{k}\Omega$，则可求得 $C = 6857\text{pF}$，$R_2 = 10R_1 = 100\text{k}\Omega$。这时，多谐振荡器输出频率约为 10kHz 的方波。

【例 7-4-3】 利用 555 的多谐振荡器构成图 7-50 所示直流倍压电路。

解：一般来说，只有交流电才可以通过变压器升压，但直流电如何实现电压升压呢？图 7-50 所示电路就是利用 555 工作于多谐振荡器的方式来实现对直流电压升压。555 的输出端 u_o 输出周期性的矩形波电压，在其输出端再接入两个电容 C_1、C_2 和两个二极管 VD_1、VD_2，则可在 u_o 端获得 10V 电压的输出。其原理是当 555 的 u_o 输出 0 时，电源 $+V_{CC} = 5\text{V}$ 通过二极管 VD_1 对电容 C_1 进行充电，电容 C_1 充满电后，C_1 两端电压为

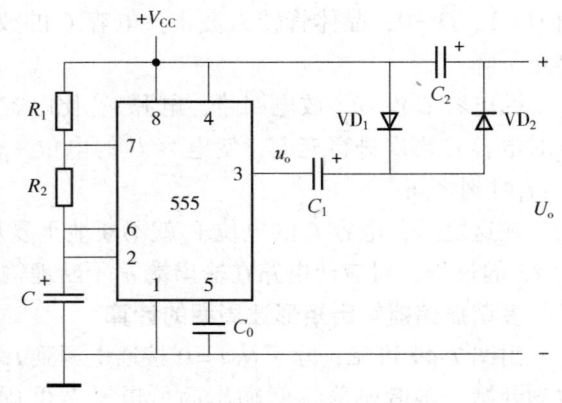

图 7-50　例 7-4-3 利用 555 多谐振荡器构成直流倍压电路

5V，极性如图 7-50 所示，C_1 右侧电位比左侧高 5V。当 555 的输出 u_o 为高电平 5V 时，因电容 C_1 两端电压不能突变，所以 C_1 右侧电位立即跳变为 10V，使得二极管 VD_2 导通，电容 C_2 右侧的电位变为 10V，即输出电压 u_o 可达 10V。

【例 7-4-4】 已知 C 大调中音各音符所对应的频率见表 7-16，由 555 构成的简易电子琴原理图如图 7-51 所示，8 个支路中的按键分别与 8 个电阻串联，每个支路中电阻 R_2 与固定的电阻 R_1 和电容 C 串联可确定一个发出不同音符的振荡频率。试选择电阻 R_1、R_2 和电容 C 的值来实现发出不同音符的简易电子琴的功能。

表 7-16　C 大调中音音阶与频率对照表

音符	1	2	3	4	5	6	7	高音 i
频率/Hz	523	587	659	698	784	880	988	1046
周期/s	0.0019	0.0017	0.0015	0.0014	0.00127	0.00113	0.00101	0.000956

解：图 7-51 的电路中有 8 个支路，每个支路上有一个按键 $K_1 \sim K_8$，控制支路的连通与断开，只有按键按下的支路才能连通并与后级的 555 构成多谐振荡器工作，而其他按键没有按下的支路相当于开路，对电路没有影响。对应每个支路电阻 R_2 的不同阻值，当按键按下时会在电路的输出端 u_o 输出一个不同频率的方波，使输出端所接的喇叭发出不同频率的声

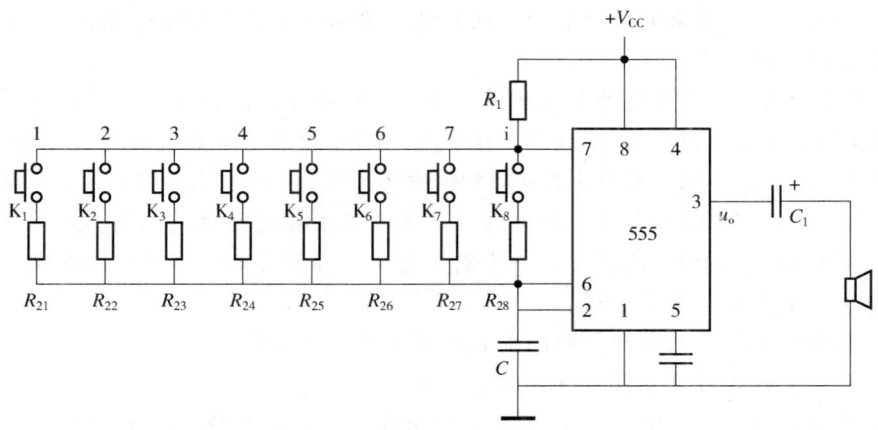

图 7-51 例 7-4-4 电路图

音。因所有支路都共用电阻 R_1 和电容 C,对应不同输出频率只是与所用电阻 R_2 的阻值不同有关,故可根据给定 R_1 和 C 的值,由式(7-9)及产生音符的频率 f,确定 R_2 的值为

$$R_2 = \frac{1}{2}\left(\frac{1.44}{fC} - R_1\right) \tag{7-11}$$

设电阻 $R_1 = 1\text{k}\Omega$,$C = 0.01\mu\text{F}$,根据式(7-11)求音符1(频率 $f = 523\text{Hz}$)所用的电阻 R_2 阻值为

$$R_2 = \frac{1}{2}\left(\frac{1.44 \times 10^6}{523 \times 0.01} - 1 \times 10^3\right) = 137167\Omega = 137\text{k}\Omega$$

同理,根据式(7-11),代入不同音符所对应的频率 f,依次可求得音符 2~$\dot{1}$ 所用电阻的阻值见表 7-17。

表 7-17 C大调中音各音符所用电阻 R_2 的阻值

音符	1	2	3	4	5	6	7	高音 $\dot{1}$
频率/Hz	523	587	659	698	784	880	988	1046
周期/s	0.0019	0.0017	0.0015	0.0014	0.00127	0.00113	0.00101	0.000956
电阻 R_2/kΩ	137	122	108	102	91	81	72	68

【思考题】

7-4-1 555 是什么类型的电路?它都有哪些方面的应用?

7-4-2 单稳态电路为什么只有一种稳定的状态?暂态时间的长短是由什么决定的?

7-4-3 如何利用 555 的单稳态电路设计一个声控灯电路?

7-4-4 对例 7-4-4 电路,如果改变电阻 R_1 和电容 C 的值(增大或减小),对电阻 R_2 阻值的选取有什么影响?

本 章 小 结

1)时序电路的基本元件是触发器,触发器需要有时钟脉冲来控制顺序工作。时钟脉冲是一系列的电压方波,时钟脉冲像打拍子一样,每输入一个时钟脉冲,电路的状态就发生一次改变。时序电路是计算机电路的基础，或者说计算机的电路都是时序电路，时钟脉冲的频率就是计算机的主频。

2）本章首先从没有时钟脉冲触发的基本 RS 触发器着手，引入 3 种带时钟脉冲触发的钟控 RS 触发器、D 触发器和 JK 触发器。触发器的触发方式有 4 种形式（高电平、低电平、上升沿和下降沿）。每个触发器的状态在时钟脉冲输入触发后按自己的特征方程来改变。

3）利用触发器可以构成各种时序电路，时序电路主要有两大类问题，第一类是时序电路的分析（或验证），这种问题是给定一个时序电路，分析其电路功能，其步骤是：
①写出所用触发器的特征方程。
②写出各触发器的输入方程，即触发器的输入端与什么变量连接。
③将输入方程代入特征方程中得到状态方程。
④根据状态方程列状态表，由状态表分析出其功能；如果需要，再画时序图和状态转换图。

第二类问题是按要求设计一个时序电路，其步骤是：
①列状态表描述所要设计的时序电路的功能。
②由状态表写出时序电路的状态方程。
③根据所采用的触发器，将状态方程变成触发器特征方程的形式。
④对比状态方程和特征方程，得出触发器的输入方程。
⑤根据输入方程连接时序电路。

4）时序电路常用的器件（部件）有寄存器和计数器，寄存器是存储二进制数的地方，它由多个触发器组成，一个触发器可以存储一位二进制数，可以并行给寄存器输入一组二进制数（置数），也可以对寄存器的值进行清 0、左移和右移等操作。常用的计数器有二进制、十进制（BCD 码）计数器、加计数器和减计数器等。各种寄存器和计数器均有成品的集成电路，可根据需要选用。

5）555 电路可以将输入模拟电压变换成数字信号 0 或 1 输出，它主要有 3 方面的应用：
①施密特触发器（波形变换、波形整形、幅值鉴别）。
②单稳态电路。
③多谐振荡器。

555 的特点是内部有一个基本 RS 触发器，以上各种应用均是利用输入电压影响基本 RS 触发器的 R 和 S 输入端的状态来达到影响 555 输出端状态。

习　题

一、单项选择题

7-1　在图 7-52 所示的电路中，具有计数器功能的电路是（　　）。

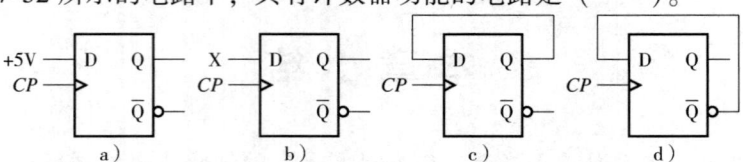

图 7-52　题 7-1 电路图

A. a)　　　　　B. b)　　　　　C. c)　　　　　　D. d)

7-2 图 7-53 所示的 D 触发器，当 $T=0$ 时，输出端 Q 具有（　　）功能。

A. 置 1
B. 清 0
C. 计数
D. 保持

图 7-53　题 7-2 图

7-3 对 JK 触发器，以下使触发器具有保持功能的输入是（　　）。

A. $J=0$，$K=0$　　B. $J=0$，$K=1$　　C. $J=1$，$K=0$　　D. $J=1$，$K=1$

7-4 施密特触发器所不能的是（　　）。

A. 波形变换　　B. 波幅鉴别　　C. 波形整形　　D. 波幅放大

二、分析计算题

7-5 已知基本 RS 触发器两个输入端 $\overline{R}_D$ 和 $\overline{S}_D$ 的波形如图 7-54 所示，试画出触发器初态为 0 时输出端 Q 的波形图。

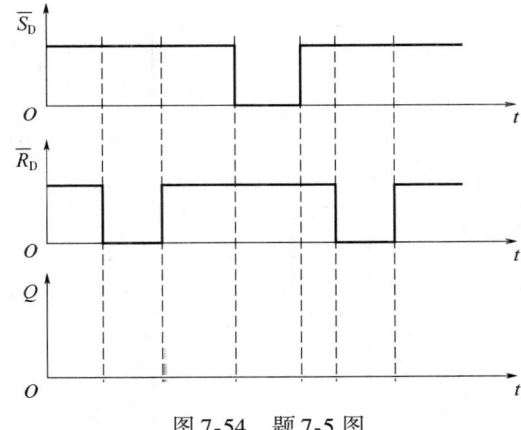

图 7-54　题 7-5 图

7-6 已知上升沿触发的 JK 触发器 J 和 K 的输入波形如图 7-55 所示，试画出输出端 Q 的波形。

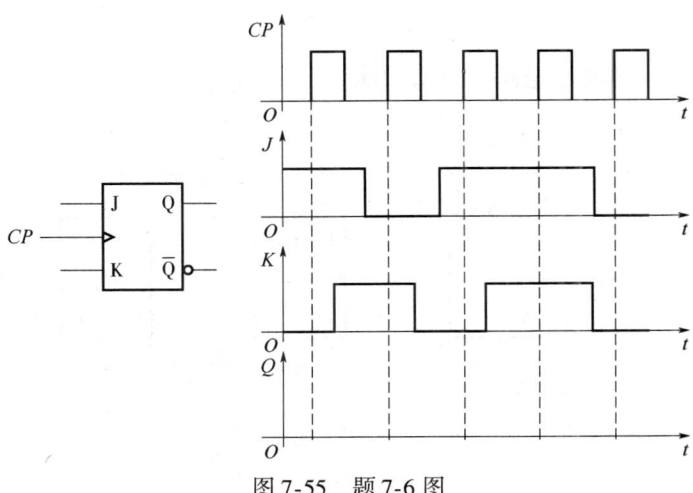

图 7-55　题 7-6 图

7-7 已知电路如图 7-56 所示,设 JK 触发器输出端 Q 的初值为 0,试写出触发器输出端 Q 与输入端 T 的特征方程,并画出触发器输出端 Q 的时序图。

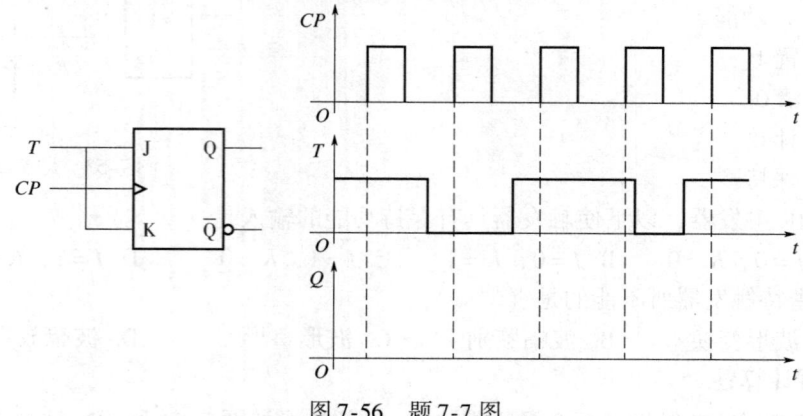

图 7-56 题 7-7 图

7-8 已知时序电路如图 7-57 所示,试画出触发器 Q_0 和 Q_1 端的波形图。

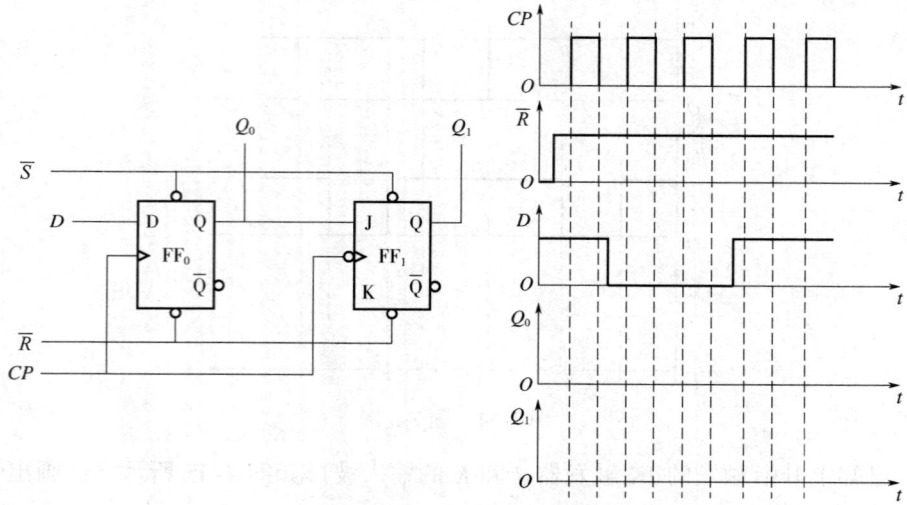

图 7-57 题 7-8 图

7-9 试分析图 7-58 时序电路的逻辑功能。

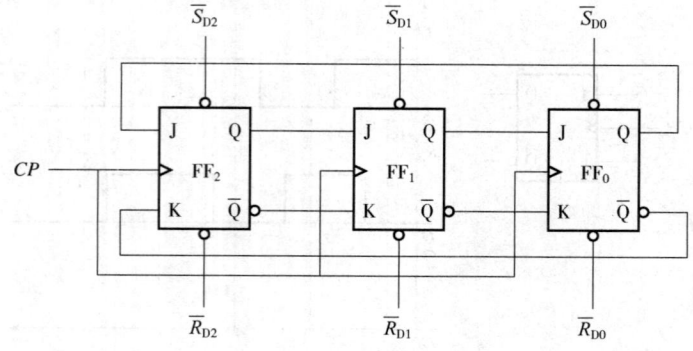

图 7-58 题 7-9 图

7-10 设计一个用 D 触发器实现的满足表 7-18 状态表功能的同步时序电路。

表 7-18 题 7-10 状态表

当前状态		输入	下个状态	
Q_1	Q_0	X	Q_{1n+1}	Q_{0n+1}
0	0	0	0	0
0	0	1	0	1
0	1	0	0	1
0	1	1	1	0
1	0	0	1	0
1	0	1	1	1
1	1	0	1	1
1	1	1	0	0

7-11 设计一个用 JK 触发器实现的满足表 7-18 状态表功能的同步时序电路。

7-12 已知某时序电路图如图 7-59 所示，当某个触发器输出 1 时，其输出端所接的彩色灯亮，试分析该逻辑电路的功能。

7-13 试用 JK 触发器实现 4 位并行输入寄存器，画出时序逻辑电路图。

7-14 试讨论 555 多谐振荡器占空比 δ 受什么因素影响。δ 的取值范围为多少？设计一个 555 多谐振荡器，使输出占空比为 1∶2，频率为 1kHz 的方波。

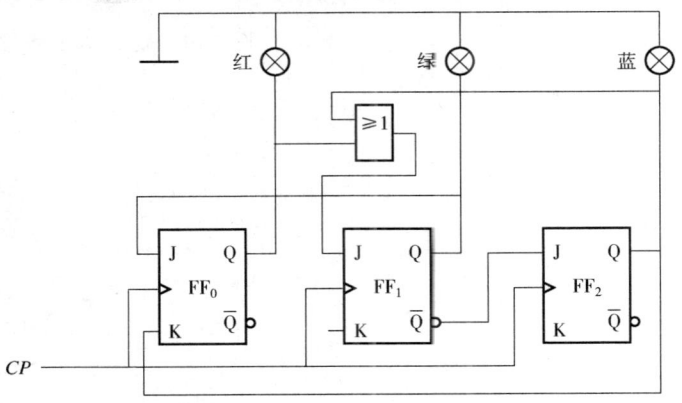

图 7-59 题 7-12 时序电路图

7-15 图 7-60 所示为 555 光控电路，图中 R 为光敏电阻，有光照时其阻值变小，无光照时其阻值变大，接近高阻态。光敏电阻的阻值控制 555 的输入电压大小，555 的输出又控制灯泡的亮灭，使白天灯泡熄灭，夜间灯泡点亮。试分析此光控电路的工作原理，设光敏电阻有光照时阻值为 1kΩ，没有光照时阻值为 1MΩ，试选取合适的电阻 R_1 和 R_2 的阻值。

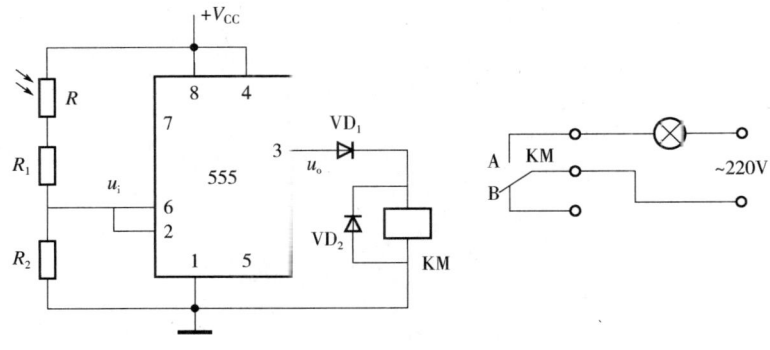

图 7-60 题 7-15 电路图

7-16 图 7-61 所示的逻辑电路为一简易触摸开关电路，当手摸金属片时，发光二极管发光，经过一段时间后，发光二极管熄灭。试说明其工作原理，并说明发光二极管的发光时间与什么有关，约为多长时间。

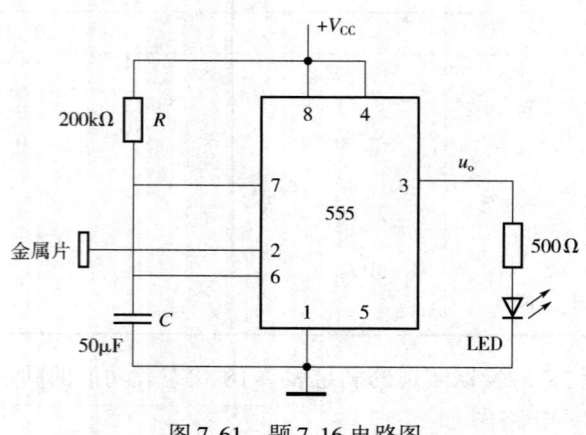

图 7-61 题 7-16 电路图

第 8 章 数/模和模/数转换

在实际的工程应用中，需要处理的物理量多为模拟量如温度、压力、速度和流量等，通过传感器可以将这些物理量转换为模拟电信号。随着数字技术的飞速发展，在现代控制、自动检测、科学实验、军事指挥等领域中，这些信号的传输、处理等都是通过数字电子计算机来实现的，这就需要首先将被处理的模拟量转换为数字量，送入数字电子计算机进行运算、处理，然后将处理的结果转换为模拟量，并为执行机构所接收。

将数字量（数字信号）转换为模拟量（模拟信号）的电路称为数/模转换器，简称 D/A 转换器或 DAC（Digital to Analog Converter）。将模拟量转换为数字量的电路称为模/数转换器，简称 A/D 转换器或 ADC（Analog to Digital Converter）。A/D 和 D/A 是计算机系统中不可缺少的接口电路。在实际应用中，通常用传感器将模拟量转换为与之成比例的电压或电流信号，然后利用 A/D 和 D/A 转换电路，可以方便地实现模拟量与数字量之间的相互转换。

一个典型的信号检测和控制系统结构框图如图 8-1 所示。在图中，被控对象的物理量（非电量）通过模拟传感器变成模拟电量，通过 ADC 转换为数字量，进入计算机（数字处理系统）进行处理，然后将处理后的数字量通过 DAC 转换为模拟电量，驱动执行机构对被控对象实现控制。

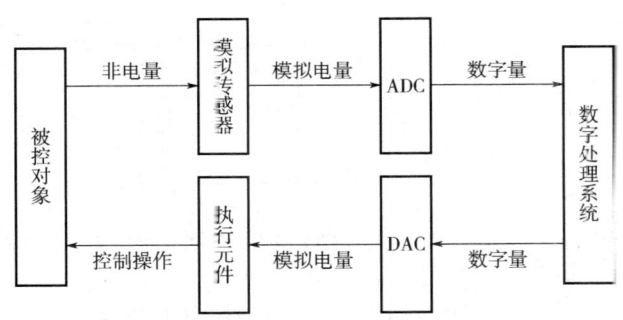

图 8-1 信号检测和控制系统结构框图

本章简要介绍 ADC 和 DAC 的基本概念、基本结构、基本原理，常用集成电路转换器的使用方法以及主要性能参数。

8.1 数/模转换器（DAC）

按照电路结构不同，常用的 DAC 有权电阻网络 DAC、T 形电阻网络 DAC、倒 T 形电阻网络 DAC 等。倒 T 形电阻网络 DAC 结构简单、速度快、精度高，是目前使用较多的一种。

8.1.1 倒 T 形电阻网络 DAC

4 位倒 T 形电阻网络 DAC 如图 8-2 所示。它由倒 T 形电阻网络、模拟电子开关和一个加法器组成。

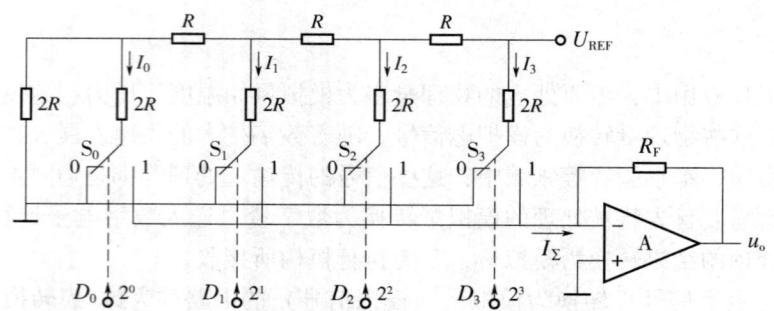

图 8-2　4 位倒 T 形电阻网络 DAC

模拟电子开关 $S_3 \sim S_0$ 受二进制数码控制。当某位数字代码为 1 时，其相应的模拟电子开关接至集成运算放大器的反相输入端（虚地）；当该位代码为 0 时，其相应的模拟电子开关把电阻接地。因此，无论代码是 1 还是 0，流过倒 T 形电阻网络各支路的电流都始终不变，从参考电压 U_{REF} 输入的总电流也是固定不变的。4 位倒 T 形电阻网络 DAC 的等效电路如图 8-3 所示。从 d、c、b、a 各点分别向左看进去的对地电阻均为 R。所以由 $a \sim d$ 各点对地的电压依次衰减 1/2，各 $2R$ 电阻支路的电流分别为

$$I_3 = \frac{U_{REF}}{2R}$$

$$I_2 = \frac{U_{REF}}{2R} \frac{1}{2R} = \frac{U_{REF}}{4R}$$

$$I_1 = \frac{U_{REF}}{4R} \frac{1}{2R} = \frac{U_{REF}}{8R}$$

$$I_0 = \frac{U_{REF}}{8R} \frac{1}{2R} = \frac{U_{REF}}{16R}$$

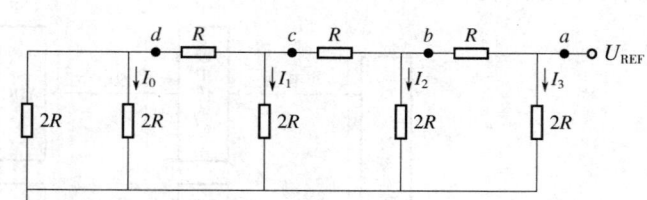

图 8-3　4 位倒 T 形电阻网络 DAC 的等效电路

由图 8-2 可知，当某位输入代码为 1 时，该位的权电流便流入加法器的反相输入端；当该位输入代码为 0 时，相应权电流接地。因此，流入集成运算放大器反相输入端的总电流与各位二进制代码有关，即

$$\begin{aligned}I_\Sigma &= D_3 I_3 + D_2 I_2 + D_1 I_1 + D_0 I_0 \\ &= \frac{U_{REF}}{R}\left(\frac{D_3}{2} + \frac{D_2}{4} + \frac{D_1}{8} + \frac{D_0}{16}\right) \\ &= \frac{U_{REF}}{2^4 R}(2^3 D_3 + 2^2 D_2 + 2^1 D_1 + 2^0 D_0)\end{aligned} \quad (8-1)$$

运算放大器的输出电压为

$$\begin{aligned}u_o &= -R_F I_\Sigma \\ &= -\frac{U_{REF} R_F}{2^4 R}(2^3 D_3 + 2^2 D_2 + 2^1 D_1 + 2^0 D_0)\end{aligned} \quad (8-2)$$

当 $R_F = R$ 时,有

$$u_o = -\frac{U_{REF}}{2^4}(2^3 D_3 + 2^2 D_2 + 2^1 D_1 + 2^0 D_0) \tag{8-3}$$

对于 n 位二进制数的倒 T 形电阻网络 DAC 输出电压的表达式为

$$u_o = -\frac{U_{REF} R_F}{2^n R}(2^{n-1} D_{n-1} + 2^{n-2} D_{n-2} + \cdots + 2^1 D_1 + 2^0 D_0) \tag{8-4}$$

【例 8-1-1】 在图 8-2 所示电路中,若 4 位二进制数为 1011,$U_{REF} = 15V$,$R_F = R$。求输出电压 u_o 的值。

解:由式 (8-3) 可得

$$\begin{aligned} u_o &= -\frac{U_{REF}}{2^4}(2^3 D_3 + 2^2 D_2 + 2^1 D_1 + 2^0 D_0) \\ &= -\frac{15}{2^4}(2^3 \times 1 + 2^2 \times 0 + 2^1 \times 1 + 2^0 \times 1) \\ &= -10.3125V \end{aligned}$$

例 8-1-1 中,若 4 位二进制数为 1111,则输出电压为

$$u_o = -\frac{15}{2^4}(1 \times 8 + 1 \times 4 + 1 \times 2 + 1 \times 1) = -14.0625V$$

以上也说明,模拟电压与数字量的大小是成正比的。

8.1.2 DAC 的主要参数

1. 分辨率

分辨率用来描述分辨输出最小电压的能力。它是指电路能够分辨的最小输出电压(对应于输入数字量只有最低有效位为 1)与满量程(最大)输出电压(对应于输入数字量所有有效位均为 1)之比。对于 n 位 DAC,其分辨率为

$$分辨率 = \frac{1}{2^n - 1} \tag{8-5}$$

式中,n 为数字量的位数。

例如,对于一个 10 位 DAC,其分辨率为

$$\frac{1}{2^{10} - 1} = \frac{1}{1023} \approx 0.001 = 0.1\% \tag{8-6}$$

如果输出模拟电压满量程为 10V,那么 10 位 DAC 能分辨的最小电压为

$$U_{LSB} = 10 \times \frac{1}{2^{10} - 1} = 10 \times \frac{1}{1023} \approx 0.01V \tag{8-7}$$

式中,下角标 LSB 为最低有效位的缩写,U_{LSB} 指输入最低位数字所对应的输出电压。

同理可知,4 位 DAC 的分辨率为 0.067,8 位 DAC 的分辨率为 0.0039。可见,位数越多,分辨率越小,其分辨能力越强,所以有时也直接用 DAC 的位数来表示分辨率,如 4 位、8 位、10 位等。

为了保证如 10 位 DAC 的转换精度,电路中的基准电压源 V_{REF}、电阻 R_F、R 的精度均应优于 0.1%。

2. 转换精度与非线性度

转换精度是指 DAC 输出模拟电压的实际值与理论值之差,即最大静态转换误差。该值一般应低于 $U_{LSB}/2$。在满刻度范围内,偏离理想转换特性的最大值称为非线性误差,它与满刻度值之比称为非线性度,常用百分比来表示。

DAC 的输入-输出特性曲线理想情况下是一条直线,如图 8-4 所示,各个数字量与所对应的模拟量的交点必然位于这条直线上。而实际上,转换器总存在一些误差,因此这些点并不是位于一条直线上,而是产生了误差 ε。其中 ε_{max} 为最大误差,而非线性度是 ε_{max} 与模拟输出量最大值的比值。

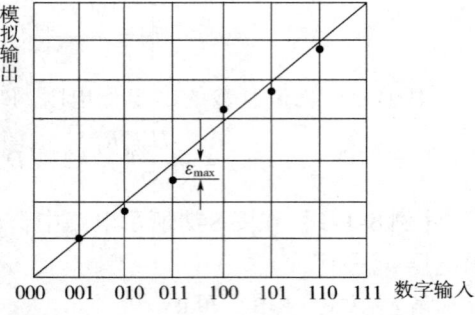

图 8-4 DAC 的输入-输出特性曲线

3. 建立时间

建立时间是描述 DAC 转换速度快慢的一个重要参数,一般是指在输入数字量改变后,输出模拟量达到稳定值所需的时间,也称转换时间。10 位或 12 位集成 DAC 的建立时间一般不超过 1μs。

除了以上参数外,在使用 DAC 时,还必须知道工作电源电压、输出方式(电压输出型还是电流输出型等)、输出值范围和输入逻辑电平等,这些都可在器件手册中查到。

8.1.3 集成 DAC

集成 DAC 种类繁多,内部结构不同,输入二进制数的位数不同,其功能和性能也就不完全相同。DAC0832 是最常用的一种集成 DAC。它是用 CMOS 工艺制成的双列直插式单片 8 位 DAC,其结构框图和引脚排列图如图 8-5 所示。

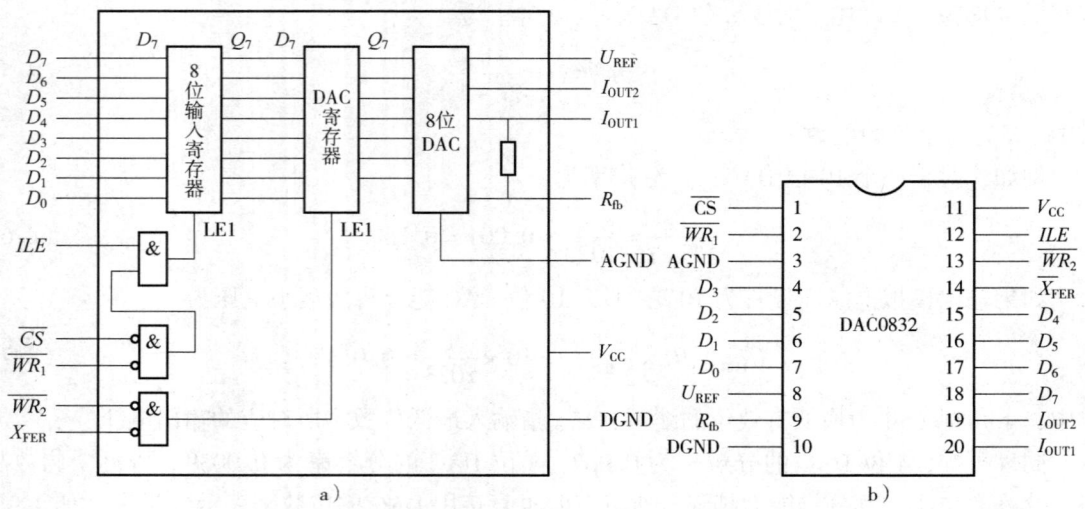

图 8-5 集成 DAC0832
a) 结构框图 b) 引脚排列图

DAC0832 由 8 位输入寄存器、8 位 DAC 寄存器、8 位 DAC 三大部分组成。两个 8 位寄存器可以实现两次缓冲，使用时不仅可以提高转换速度，而且有较大的灵活性，可根据需要接成不同的工作方式。DAC0832 采用的是倒 T 形电阻网络，无运算放大器，是电流输出，使用时需外接运算放大器。芯片内已设置了反馈电阻 R_{fb}，将 9 脚接到运算放大器的输出端即可。若运算放大器增益不够，还需外接反馈电阻。DAC0832 的分辨率为 8 位，输出电流的建立时间为 1μs，功耗为 20mW。

DAC0832 有 3 种工作方式：双缓冲器型、单缓冲器型和直通型，其电路分别如图 8-6a、图 8-6b、图 8-6c 所示。

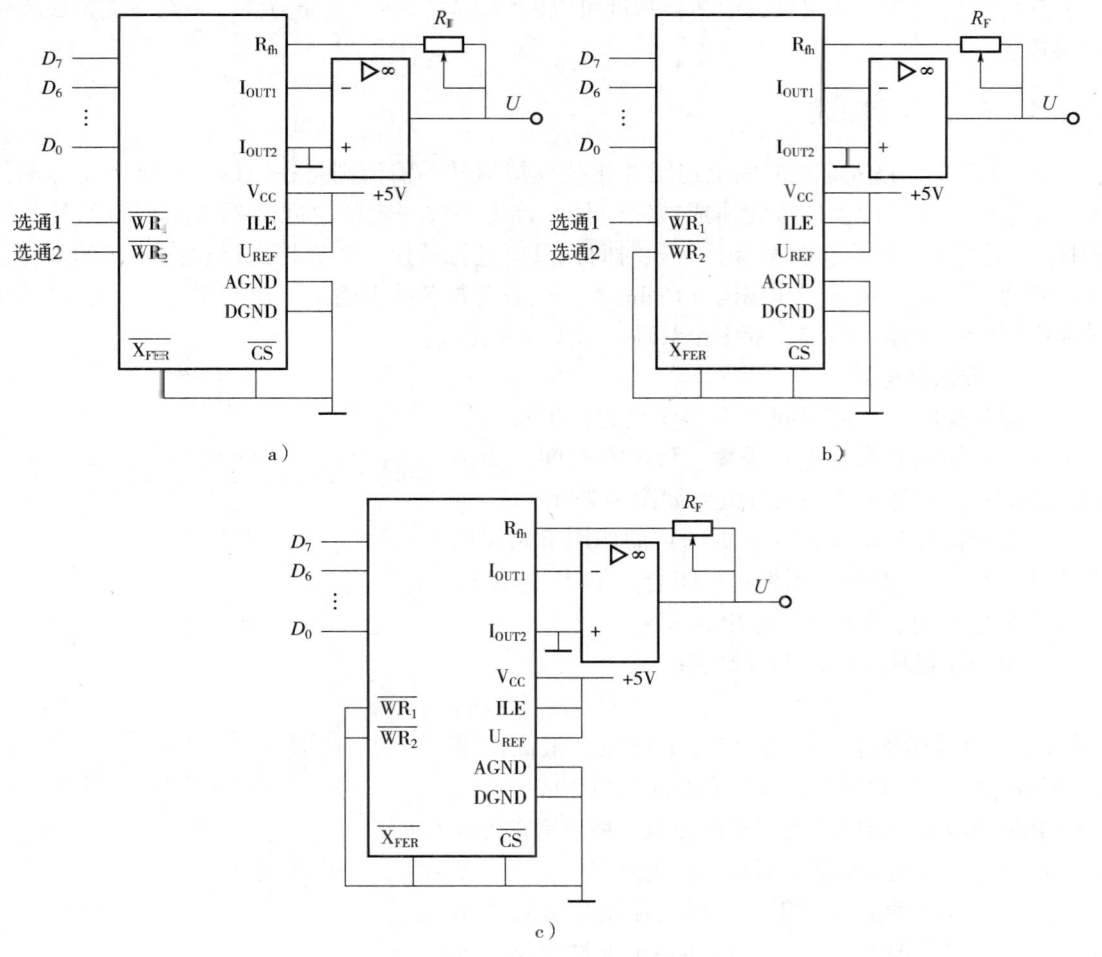

图 8-6　DAC0832 的工作方式
a) 双缓冲器型　b) 单缓冲器型　c) 直通型

【思考题】

8-1-1　DAC 的功能是什么？
8-1-2　DAC 有哪些主要参数？

8.2 模/数转换器（ADC）

ADC 可分为直接 ADC 和间接 ADC 两大类。在直接 ADC 中，输入的模拟量直接被转换成相应的数字量，如逐次逼近型 ADC、并行比较型 ADC 和计数型 ADC 等，其特点是工作速度高，转换精度容易保证。在间接 ADC 中，输入的模拟量先被转换成某种中间变量（如频率、时间等），然后将中间变量转换为最后的数字量，如单次积分型 ADC、双积分型 ADC 等，其特点是工作速度较慢，但转换精度可以做得较高，抗干扰能力强，一般在测量仪表中用得较多。

8.2.1 A/D 转换原理

在 ADC 中，输入是在时间上连续变化的模拟信号，输出则是在时间、幅度上都是离散的数字信号。要将模拟信号转换成数字信号，首先要按一定的时间间隔采集模拟信号（即采样），并将采集的模拟信号保持一段时间，以便进行转换，然后将采样保持下来的采样值进行量化（Quantization）和编码（Coding），转换成数字量来输出。由此可知，一般的 A/D 转换需要经过采样、保持、量化和编码 4 个步骤来完成。

1. 采样保持电路

采样就是将一个在时间上连续变化的模拟信号按一定的时间间隔和顺序进行采集，形成在时间上离散的模拟信号。采样示意图及其波形如图 8-7 所示。

电子模拟开关在采样脉冲 $u_S(t)$ 的作用下做周期性的变化，当 u_S 为高电平时，S 闭合，输出 $u_o = u_i$；当 u_S 为低电平时，S 断开，输出 $u_o = 0$。

根据采样定理，理论上只要满足

$$f_S \geq 2f_{imax} \tag{8-8}$$

（式中，f_S 为采样频率；f_{imax} 为信号中所包含最高次谐波分量的频率。）就能将 $u_o(t)$ 不失真地还原成 $u_i(t)$。由于电路元器件不可能达到理想的要求，所以通常 $f_S > (5 \sim 10)f_{imax}$，才能保证还原后信号不失真。

由于采样脉冲的宽度很小，因而使量化装置来不及反应，所以需要在采样门之后加一个保持电路，如图 8-8 所示，它实际上是一个存储电路，通常利用电容 C 存储电压的作用以保持样值脉冲。

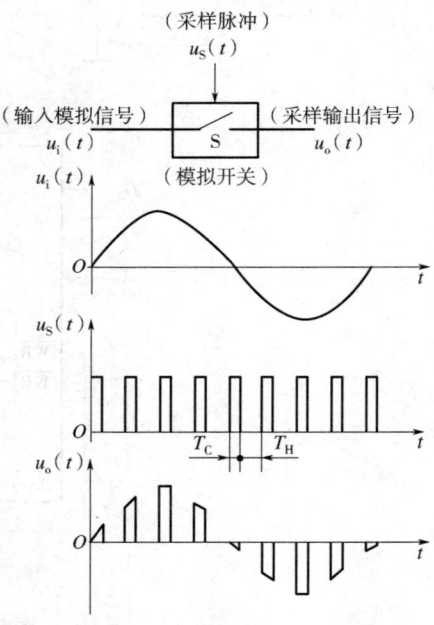

图 8-7 采样示意图及其波形

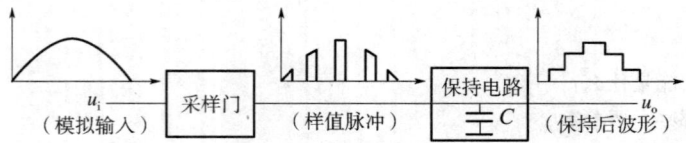

图 8-8 采样保持电路示意图及波形

最简单的采样保持电路如图 8-9 所示。场效应晶体管 VF 为采样门，高质量的电容 C 为保持元件，高输入阻抗的运算放大器 A 作为跟随器起缓冲隔离负载作用。

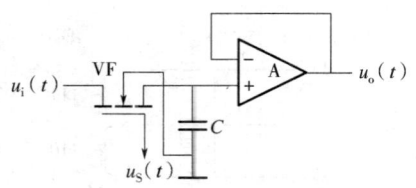

图 8-9 采样保持电路

假设电容 C 的充电时间远远小于采样脉冲宽度，不考虑电容 C 的漏电，运算放大器 A 的输入阻抗及场效应晶体管的截止阻抗均趋于无穷大，该电路就成为较理想的采样保持电路。

2. 量化编码电路

数字信号不仅在时间上是离散的，而且在幅值上也是不连续的，即任何一个数字量的大小都是以某个规定的最小数量单位的整数倍来表示的。因此，当用数字量来表示采样保持电路输出的模拟信号时，必须把它化成这个最小数量单位的整数倍，这个转化过程叫作量化，而所规定的最小数量单位叫作量化单位，用 S 表示，它是数字信号最低位为"1"而其他位均为"0"时所对应的模拟量，即 1LSB。

将量化的离散量用相应的二进制代码表示，称为编码。这个二进制代码便是 ADC 的输出信号。

量化的方法一般有舍尾取整法和四舍五入法两种形式。

（1）舍尾取整法　舍尾取整法是指当输入幅度 u_i 在某两个相邻量化值之间，即 $(K-1)S \leq u_i < KS$（S 为量化单位，K 为整数）时，取 u_i 的量化值为

$$U_i^* = (K-1)S \tag{8-9}$$

U_i^* 称为 u_i 的量化值。例如：若 S = 1/8V，则当 u_i 为 0~1/8V 时，U_i^* = 0S = 0V，所对应的输出二进制代码为 000；当 u_i 为 1/8~2/8V 时，U_i^* = 1S = 1/8V，所对应的输出二进制代码为 001……依此类推，当 u_i 为 7/8~8/8V 时，U_i^* = 7S = 7/8V，所对应的输出二进制代码为 111。由上述可以看出，在量化过程中不可避免地使量化量和输入模拟量之间存在误差，这种误差称为量化误差，舍尾取整法的最大误差为 1S。

（2）四舍五入法　四舍五入法是指当 u_i 的尾数不足 S/2 时，则舍去尾数，U_i^* 取其原整数；当 u_i 的尾数大于 S/2 时，则其量化值 U_i^* 为原整数加一个 S。例如：若 S = 2/15V，则当 u_i 为 0~1/15V 时，U_i^* = 0S = 0V，所对应的输出二进制代码为 000；当 u_i 为 1/15~2/15V 时，U_i^* = 1S = 2/15V，所对应的输出二进制代码为 001……依此类推，当 u_i 为 13/15~14/15V 时，U_i^* = 7S = 14/15V，所对应的输出二进制代码为 111。由上述可以看出，这种量化方法的最大误差为 1/2S。

图 8-10 所示为两种不同的量化方式比较。

通过对量化和编码整个过程的分析可知，不同的量化方法产生的误差不同，相对而言用四舍五入法量化时的量化误差较小，所以绝大多数 ADC 集成电路均采用四舍五入量化方式。同时也可以发现，如果用不同位数的数字量输出，量化误差也不同，输出的数字量位数越高，则量化误差越小。因此，若要减小量化误差，可以增加数字量的位数，但数字量位数的增加通常会使编码电路复杂。因此，究竟需要分多少个量化级，输出数字量采用多少位，应根据实际需要而定。

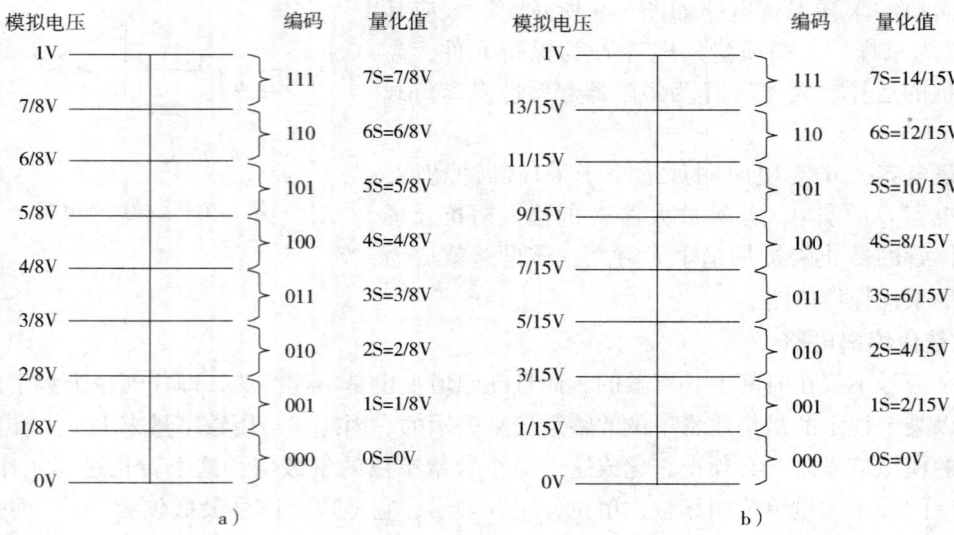

图 8-10　两种不同的量化方式
a) 舍尾取整法　b) 四舍五入法

8.2.2　逐次逼近型 ADC

逐次逼近型 ADC 的原理框图如图 8-11 所示。它由 n 位 DAC、电压比较器、逐次逼近寄存器、节拍脉冲发生器、输出寄存器等部分组成。在转换开始前，ADC 输出的各位数字量全为 0。在转换开始后，节拍脉冲发生器输出的节拍脉冲首先将逐次逼近寄存器的最高位置 1，使输出数字量为 100…0，这组数码经 n 位 DAC 转换成相应的模拟电压 U_D，送到电压比较器与输入模拟电压 U_x 比较。若 $U_x > U_D$，则说明数字量不够大，应将最高位的 1 保留；若 $U_x < U_D$，则说明数字量过大，应将最高位的 1 清除。然后按上述方法把逐次逼近寄存器的次高位置 1，并经过比较，确定这个 1 是否保留。如此逐位比较，直至进行到最低位。比较完毕后，逐次逼近寄存器中的状态就是与输入模拟电压 U_x 对应的数字量。

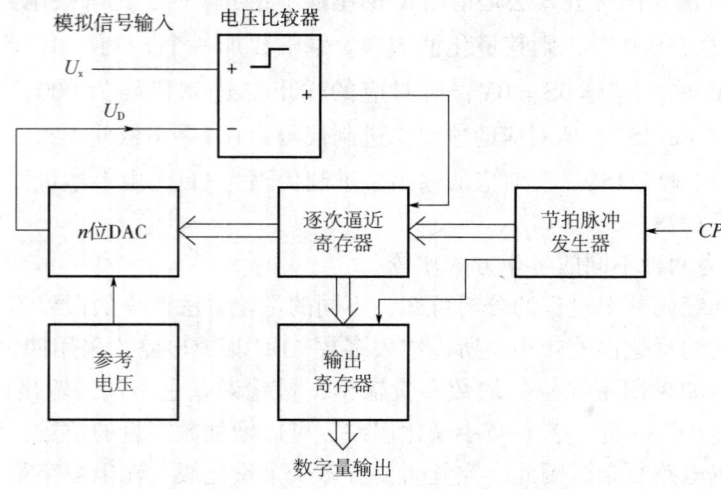

图 8-11　逐次逼近型 ADC 的原理框图

3 位逐次逼近型 ADC 电路如图 8-12 所示。5 个 D 触发器构成节拍脉冲发生器，它的初始状态为 $Q_A Q_B Q_C Q_D Q_E = 10000$。在时钟脉冲 CP 作用下，节拍脉冲发生器产生的脉冲波形如图 8-13 所示。逐次逼近寄存器由基本 RS 触发器 $F_2 \sim F_0$ 组成。为便于讨论，设 DAC 的参考电压 $U_{REF} = 5V$，待转换电压 $U_x = 3.13V$。ADC 的工作过程分析如下。

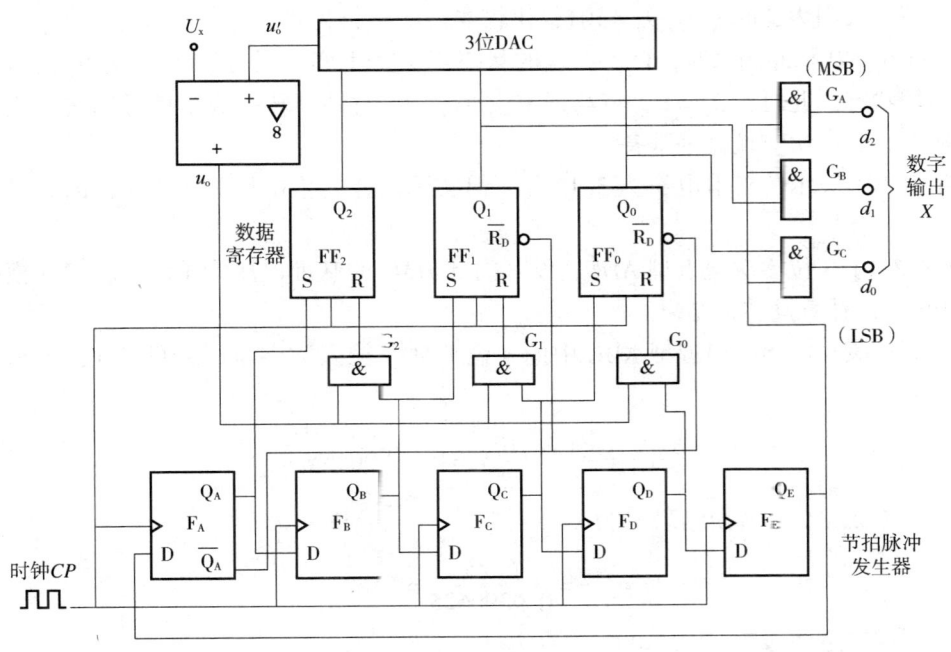

图 8-12　3 位逐次逼近型 ADC 电路

当第 1 个 CP 脉冲到来时，Q_A 由 1 变为 0，使寄存器中 FF_2 置 1，FF_1、FF_0 均复 0，即 $Q_2 Q_1 Q_0 = 100$。经 DAC 转换，得到模拟电压 $u'_o = 2.5V$。该电压送到电压比较器的同相输入端与 U_x 进行比较，因为 $U_x > u'_o$ 所以电压比较器的输出 u_o 为低电平 0。同时，第一个 CP 脉冲使节拍脉冲发生器的 $Q_B = 1$，$Q_A = Q_C = Q_D = Q_E = 0$，即 $Q_A Q_B Q_C Q_D Q_E = 01000$。

当第 2 个 CP 脉冲到来时，寄存器的 FF_1 被置 1，FF_0 被复 0。又因为原来 u_o 为低电平 0，FF_2 的输入端 $S_2 = R_2 = 0$，状态保持不变，使 $Q_2 Q_1 Q_0 = 110$。经 DAC 转换后，得到模拟

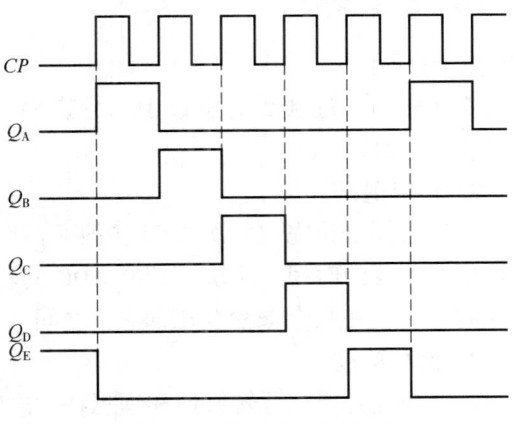

图 8-13　节拍脉冲波形图

电压 $u'_o = 3.75V$。由于 $U_x < u'_o$，所以电压比较器的输出 u_o 为高电平 1。同时，第 2 个 CP 脉冲使节拍脉冲发生器的状态变为 $Q_A Q_B Q_C Q_D Q_E = 00100$。

当第 3 个 CP 脉冲到来时，寄存器中的 FF_0 被置 1；由于 FF_2 的两个输入端均为 0，所以状态仍保持不变。又因为原来 $u_o = 1$，使 FF_1 的 S_1 输入端为 0，R_1 为 1，所以 FF_1 被复 0。寄存器状态为 $Q_2 Q_1 Q_0 = 101$。经 DAC 转换后，输出 $u'_o = 3.125V$。因为 $U_x > u'_o$，所以电压比较

器输出 u_o 为低电平 0。同时，第 3 个 CP 脉冲使 $Q_A Q_B Q_C Q_D Q_E = 00010$。

当第 4 个 CP 脉冲到来时，由于各基本 RS 触发器的输入端都为 0，所以状态保持不变，即 $Q_2 Q_1 Q_0 = 101$。此时 FF_2、FF_1、FF_0 的状态就是转换结果。同时，节拍脉冲发生器的状态变为 $Q_A Q_B Q_C Q_D Q_E = 00001$。由于 $Q_E = 1$，所以 FF_2、FF_1、FF_0 的状态通过与门 G_A、G_B、G_C 送到输出端。又因为此时 $Q_2 Q_1 Q_0 = 101$，比较器输出 u_o 仍为 0。

当第 5 个 CP 脉冲到来时，$FF_2 \sim FF_0$ 的状态仍保持不变。同时，$Q_A Q_B Q_C Q_D Q_E = 10000$，返回到初始状态。此时，$Q_E = 0$，将与门 G_A、G_B、G_C 封锁，转换输出信号随之消失，完成一次转换，并为下次转换做好准备。

数字量 101 表示的模拟电压为 3.125V，但实际的待转换电压为 3.13V，因此量化误差为 0.005V。

【例 8-2-1】 8 位逐次逼近型 ADC，设其内部 DAC 的基准电压为 10V。若输入模拟电压 $U_x = 6.25V$，试计算其转换结果。

解：对于该 8 位逐次逼近型 ADC 中的 8 位 DAC，输入数字量的最低位 1，表示模拟量的变化值 U_1

$$U_1 = \frac{U_{REF}}{2^8} = \frac{10}{2^8} V = 0.0390625V$$

对 $U_x = 6.25V$，其转换结果 Y 为

$$Y = \frac{U_x}{U_1} = \frac{6.25}{0.0390625} = (160)_{10}$$

将 Y 写成二进制数为 10100000。

8.2.3 主要参数

1. 分辨率

常用输出二进制数的位数表示分辨率，如 8 位、10 位等。位数越多，量化误差越小，转换精度越高。

2. 转换时间

转换时间是指完成一次 A/D 转换所需时间，即从接到转换信号到输出端得到稳定数字量输出所需要的时间。逐次比较型 ADC 的转换时间一般在 10~100μs 之间，双积分 ADC 的转换时间一般在几十毫秒至几百毫秒之间。

3. 相对精度

相对精度是指实际转换值和理想特性之间的最大偏差。

此外，还有输入模拟电压范围、稳定性、电源功率消耗等参数。在选用时务必挑选参数合适的 ADC，并注意其性能价格比，在使用时可查阅有关手册。

8.2.4 集成 ADC

目前半导体器件生产厂家已经设计并生产出多种多样的 A/D 芯片。ADC0809 是常见的集成 ADC，它是采用 CMOS 工艺制成的 8 位逐次逼近型 ADC，适用于分辨率较高、转换速率适中的场合。ADC0809 的结构框图和引脚排列图如图 8-14 所示。

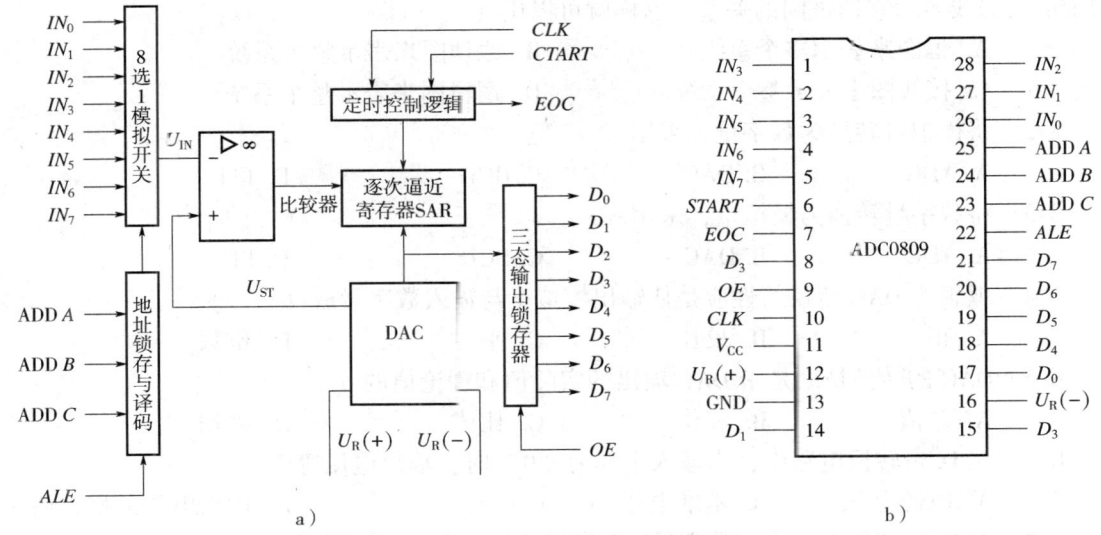

图 8-14 ADC0809 的结构框图和引脚排列图
a) 结构框图 b) 引脚排列图

【思考题】

8-2-1 ADC 的功能是什么？

8-2-2 ADC 有哪些主要参数？

本 章 小 结

1）将数字量（数字信号）转换为模拟量（模拟信号）的电路称为数/模转换器，简称 D/A 转换器或 DAC。将模拟量转换为数字量的电路称为模/数转换器，简称 A/D 转换器或 ADC。A/D 和 D/A 是计算机系统中不可缺少的接口电路。

2）DAC 和 ADC 是现代数字系统中不可或缺的数字信号与模拟信号相互转换的电路，它们解决了数字电路和模拟电路的接口问题。

3）DAC 的种类很多，本章中讨论了倒 T 形电阻网络型 DAC 及其工作原理。由于倒 T 形电阻网络 DAC 只要求两种阻值的电阻，因此最适用于集成工艺，集成 DAC 普遍采用这种电路结构。DAC 的主要技术指标是分辨率、转换精度和建立时间。

4）在 ADC 中，应用较多、转换速度较快、精确度较高的是逐次比较型 ADC。

5）ADC 和 DAC 的发展趋势是高速度、高分辨率、易与微型计算机接口，以满足各个领域对信息处理的要求。

习 题

一、单项选择题

8-1 把系统按功能分出各个单元电路，每个单元电路是一个子系统，各个子系统之间用带箭头的线表示它们之间的关系,这样就可以用(   )。
  A. 框图来表示整个系统   B. 原理图来表示整个系统
  C. 接线图来表示整个系统   D. 逻辑图来表示整个系统

8-2 将模拟量转换为数字量,采用(   )。
  A. ADC   B. DAC   C. BCD   D. TTL

8-3 将数字量转换为模拟量,采用(   )。
  A. ADC   B. DAC   C. BCD   D. TTL

8-4 理想的 DAC 转换特性应是使输出模拟量与输入数字量成(   )。
  A. 正比   B. 反比   C. 平方   D. 倒数

8-5 DAC 的转换精度是指 DAC 输出的实际值和理论值的(   )。
  A. 差值   B. 和值   C. 比值   D. 乘积

8-6 在 D/A 转换电路中,当输入全部为"0"时,输出电压等于(   )。
  A. 电源电压   B. 基准电压   C. 0   D. 输出电压的最大值

8-7 在 D/A 转换电路中,数字量的位数越多,分辨输出最小电压的能力(   )。
  A. 越稳定   B. 越弱   C. 越强   D. 无影响

8-8 权电阻网络型和倒 T 形电阻网络型 DAC 的主要区别是(   )。
  A. 权电阻网络型只要求两种阻值的电阻
  B. 输出位数不同
  C. 倒 T 形电阻网络型只要求两种阻值的电阻
  D. 权电阻网络型只要求一种阻值的电阻

8-9 以下哪项不是 DAC 的技术指标(   )。
  A. 分辨率   B. 转换精度   C. 建立时间   D. 输入信号

二、分析计算题

8-10 要求某 D/A 转换电路输出的最小分辨电压 U_{LSB} 约为 5mV,最大满度输出电压 $U_o = 10V$,试求该电路输入二进制数字量的位数 N 应是多少?

8-11 在一个 4 位倒 T 形电阻网络 DAC 中,已知 $U_{REF} = 5V$,$R_F = 3R$,试求 $d_3 \sim d_0$ 分别为 0101、0111、1011、1111 时的输出电压 u_o。

8-12 4 位逐次逼近型 ADC,已知基准电压 $U_{REF} = 5V$,输入的模拟电压 $U_x = 3.46V$,试计算转换结果。

第三篇
实验指导书

电子技术是一门实践性很强的课程，要求考生必须按要求完成一定数量的实验，通过实验可以加深对课程内容的理解，验证有关定理，观察某些电子电路的特性和变化过程，以达到理论与实践相结合的目的。

电子技术各个实验的目的和内容不同，实验步骤也不同，但基本要求相同。为了培养考生的良好习惯，充分发挥考生的主观能动性，促使考生独立思考、独立完成实验并有所收获，对参与实验的考生提出以下基本要求：

(1) 实验前的预习

1) 实验前要对实验内容进行预习，明确实验目的，了解所用实验仪器及其使用方法。

2) 复习相关理论知识，掌握实验电路基本原理。

3) 根据实验内容明确要完成的实验任务，拟出实验方法和步骤，设计实验表格，初步估算实验（包括参数和波形）结果。

(2) 实验中的要求

1) 参加实验者要自觉遵守实验室规则，确保人身安全。

2) 了解实验仪器和实验电路的布局，明确电源电压大小和开关方式。

3) 根据实验内容，按实验方案连接并测试电路。

4) 认真记录实验条件、实验数据、波形，发生故障独立思考，并记录发生故障原因、排除故障的过程和方法。

5) 设备或电路发生故障应立即切断电源，报告指导教师，等待处理。

6) 在连接电路操作或修改线路时，务必切断电源，不可带电操作。

(3) 实验报告的撰写

考生在完成每个实验后，均须撰写实验报告。撰写实验报告是实验教学中的重要环节，是培养考生科学实验的总结能力和分析思维能力的有效手段，也是一项重要的基本功训练。实验报告内容应包括实验目的、实验内容、实验原理、实验电路、实验仪器和元器件、实验结果以及分析讨论等。

实验报告主要包括以下内容：

(1) 预习报告

1) 列出实验目的、基本实验原理。

2) 确定电路结构，画出电路原理图。

3) 了解实验所用元器件类型及参数。

4) 根据实验内容拟出实验表格、实验步骤，明确实验中需要获取的各种参数的测量方法。

(2) 实验数据记录和处理

1) 记录实验数据和波形。实验原始数据的记录是科学实验的重要环节，因此记录实验数据要真实、详尽、可靠。

2) 记录实验过程中出现的故障、发现的问题及解决的方法。

实验过程中，发现测量结果与预想的发生矛盾，通过检查电路，发现某块电路接错，或某元件、某导线故障，逐一排除，改正或更换后重新测量。

(3) 实验结果与分析

1) 列出实验结果。根据需要，实验结果可用表格、波形图或文字表示。

2) 实验结果分析。将实验结果与理论分析相比较，对于不一致的实验结果应分析其原因。

3）实验的收获、体会及改进建议。

实验报告是一份技术总结，是完成一个实验的答卷。实验报告要求内容齐全，表达清楚，文字、图表简洁、工整。

实验 1　整流、滤波电路

一、实验目的

1）掌握二极管单相半波整流电路、单相桥式整流电路的连接方法。
2）掌握单相电阻性负载桥式整流有、无滤波两种情况下输入电压、输出电压的关系。
3）学习对整流电路的交流、直流电压和电流的测量方法。
4）学习对整流电路的输入、输出电压波形的观测方法。

二、实验电路

单相半波整流电路如实验图 1-1 所示，单相桥式整流电路如实验图 1-2 所示。

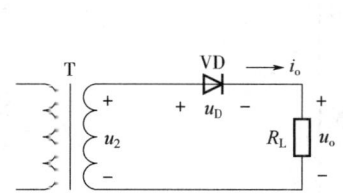
实验图 1-1　单相半波整流电路

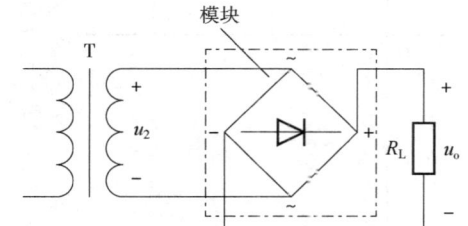
实验图 1-2　单相桥式整流电路

三、实验仪器及设备

降压变压器 T（220V/10V）	1 台
示波器	1 台
数字万用表	1 块
整流二极管（1N4007）	1 只
整流模块（2A/400V）	1 个
负载电阻（100Ω/1W）	1 个
电解电容（1000μF/25V）	1 个

四、实验内容

1）分别测量单相半波整流电路和桥式整流电路无滤波情况下输入电压、输出电压的关系；观测输入电压、输出电压的波形。

2）在负载电阻两端并联 1000μF 电解电容（注意：电解电容是有极性的，不允许接反，否则将导致电容爆炸），测量单相电阻性负载桥式整流有滤波情况下输入电压、输出电压的关系；观测输入电压、输出电压的波形。

3）充分理解滤波电容的作用。

主要操作内容有：

1）单相半波整流电路和桥式整流电路的连接；使用万用表测量并记录单相半波整流电路输入、输出电压的数值；分别测量并记录单相桥式整流电路（固定电阻负载）有、无电容滤波时输入、输出电压的数值；填写实验表 1-1。

实验表 1-1 整流电路电压记录表

交流输入 u_i __V		半波	桥式	
			无滤波	有滤波
u_o/V	测量值			
	理论值			
	误差			

2）用示波器观察桥式整流电路有、无电容滤波时输入、输出电压的波形，将波形分别记录于实验图 1-3、实验图 1-4 中。

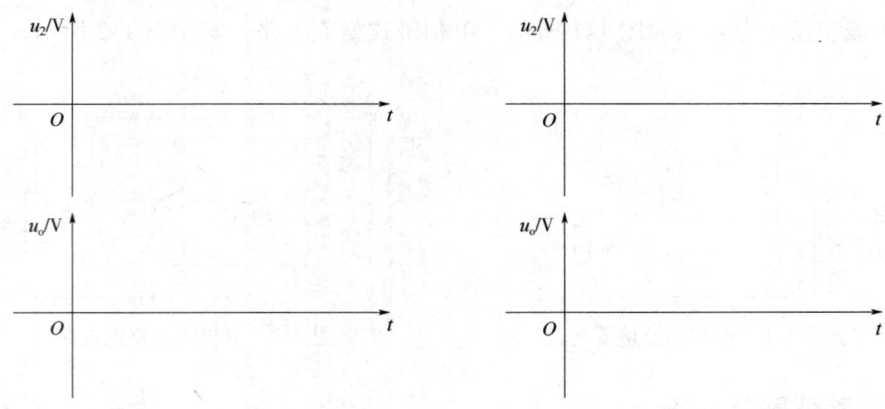

实验图 1-3　有滤波波形（记录）　　　实验图 1-4　无滤波波形（记录）

五、实验要求及注意事项

1）做好实验预习，弄清整流电路的工作原理及其应用。写好预习报告。

2）掌握整流模块的使用与接线方法，注意整流二极管、整流模块及电解电容的符号与极性的连接关系。

3）整理实验数据，写出合格的实验报告。

4）总结每种电路的特点。

5）总结实验的收获及体会。

六、思考题

1）在输入电压、负载电阻相同的情况下，半波整流电路与桥式整流电路输出电压及二极管电流有什么差别？

2）使用万用表测量整流电路输入电压和输出电压分别采用什么档位？

3）桥式整流电路有、无电容滤波时输入、输出电压的波形有什么区别？

实验 2　晶体管放大电路

一、实验目的

1）掌握晶体管放大电路静态工作点的概念及其调试方法。
2）掌握静态工作点对放大电路工作状态的影响。
3）学习放大电路技术指标的测试方法。

二、实验电路（见实验图 2-1）

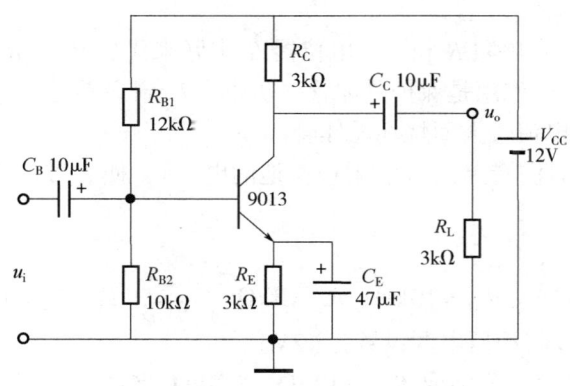

实验图 2-1　单管放大电路

三、实验仪器及设备

信号发生器	1 台
示波器	1 台
直流稳压电源	1 台
数字万用表	1 块

四、实验说明

对于由单个晶体管等分立元件组成的放大电路来说，静态工作点（即 U_{BE}、U_{CE}、I_B、I_C）调整是一项重要的工作，因为静态工作点决定晶体管的工作状态。若静态工作点设置太低（I_B 太小），容易产生截止失真；反之，则将产生饱和失真，它不仅影响电路能否正常工作，也影响电路的技术指标。

(1) 静态工作点的测量

U_{BE}：发射结的正向偏压，为 0.7V，一般不必测量。

U_{CE}：可用万用表直流电压档直接测量晶体管 C 和 E 极之间的电压。

I_C：通常是通过 V_E 换算得出，$I_C = V_E/R_E$。

I_B：通过 I_C 换算得出，$I_B = I_C/\beta$。

静态工作点的测量在组装、修理电路，以及电路的调试中经常用到。

(2) 调整方法　在晶体管确定以后，影响工作点的因素有：电源电压 V_{CC}、负载电阻 R_C、基极偏置电阻 R_{B1}、R_{B2}。其中任意一个元件参数的变化，都将使工作点发生变化。但是一般情况下，电路确定以后，R_C、R_E、V_{CC} 已经确定，工作点主要取决于 I_B 的选择，即主要由 R_{B1}、R_{B2} 的取值决定，如图 4-1 所示的分压偏置电路。

$$V_B = \frac{V_{CC}}{R_{B1} + R_{B2}} R_{B2}$$

$$I_B = \frac{V_B - U_{BE}}{R_B + (1+\beta)R_E} \quad (\text{其中 } R_B = R_{B1} /\!/ R_{B2})$$

可见改变 R_{B1}、R_{B2} 均可改变 V_B 值，进而改变 I_B。在实际中，一般是调整 R_{B1} 来实现静态工作点调整的。

操作方法：

1) 一般是用一个固定电阻 R 和一个电位器 R_p 串联来代替 R_{B1}，R 的阻值稍小于 R_{B1}，R_p 与 R_{B1} 阻值相当即可，R 的作用是保护晶体管，防止当 R_p 调到零时，V_{CC} 全部加到晶体管的发射结，使流过晶体管的电流过大而烧坏晶体管。

2) 调整 R_E，并同时测量 V_{EQ}，（发射极对地的电压），使 I_{CQ} 为设定值。

五、实验内容

(1) 按图组装电路　设 $R_{B2} = 10\text{k}\Omega$、$R_C = 3\text{k}\Omega$、$R_E = 3\text{k}\Omega$、$C_1 = C_2 = 10\mu\text{F}$，电源 $V_{CC} = 12\text{V}$，连接并检查电路（将稳压电源设置为 12V）。

(2) 测量静态工作点　分别取 $R_{B1} = 12\text{k}\Omega$、$8.2\text{k}\Omega$、$51\text{k}\Omega$，用万用表直流电压档测量晶体管引脚 E、B、C 的对地电压，填入实验表 2-1。

实验表 2-1　电压测量

$R_{B1}/\text{k}\Omega$	测量值/V			由测量得出的计算值			理论值		
	V_E	V_B	V_C	U_{BE}/V	U_{CE}/V	I_C/mA	U_{BE}/V	U_{CE}/V	I_C/mA
12									
8.2									
51									

(3) 测量放大器的电压放大倍数

1) 放大器的电压放大倍数 $A_u = U_o/U_i$。

2) 测量方法：

①将信号源设置频率为 1kHz、电压为 20mV，接到输入端；负载开路，用示波器观察输出波形。改变信号的幅度使输出波形在不失真情况下最大，用示波器（或万用表交流电压

档）测量输出端电压 U_o，根据信号源设置的 U_i，求出放大器的电压放大倍数 A_u。

②用示波器同时观察输入和输出波形，对应画出其波形草图，讨论其相位关系。

③在输出端与地间接一个 $R_L=3\text{k}\Omega$ 的负载电阻，再测量 A_u。讨论负载对 A_u 的影响。将上述测量数据填入表2-2，并简单分析 A_u 变化的原因。

实验表 2-2　测量电压放大倍数

		U_i/mV	U_o/mV	A_u	结论
$R_L=\infty$（开路）	$C_E=0$				
	$C_E=47\mu\text{F}$				
$R_L=3\text{k}\Omega$	$C_E=0$				
	$C_E=47\mu\text{F}$				

六、实验要求及注意事项

1）实验前必须做好预习，并对此电路进行理论计算：静态工作点（U_{CE}、I_C）、A_u（以 $R_{B1}=12\text{k}\Omega$ 为准），按要求写出预习报告。

2）回答并理解思考题，以便在实验中加以应用。

3）实验结束后将数据整理好，在预习报告的基础上完成实验报告。

4）将实验结果与理论计算值进行比较，如果误差超过10%时，分析误差产生原因。

七、思考题

1）静态工作点如何调整和测量？简要写出操作过程。

2）放大器的电压放大倍数 $A_u=U_o/U_i$ 时，为什么必须在输出不失真的条件下测量？

3）测量时若把示波器的地线与测量线接反，会出现什么情况？

实验3　集成运算放大器的基本运算电路

一、实验目的

1）掌握集成运算放大器的正确使用方法。

2）了解集成运算放大器的特点及其基本运算关系。

二、集成运算放大器简介

集成运算放大器实际上是一个放大倍数很高的直流放大器（其开环增益达 10^6 以上），在应用时必须加入深度负反馈，以组成负反馈放大器，加入的反馈网络不同，实现的运算功能也不同。例如，加入线性网络（R、C 等元件组成）可实现放大、加、减、微分、积分等。

集成运算放大器与数字集成电路都是由多个引脚组成（有8、14脚等），引脚的排列顺序也相同，都是由其上的标志（其表面上有一个圆点或顶端有一凹槽）开始逆时针数，分别为1、2…，如实验图3-1所示。集成电路型号不同，引

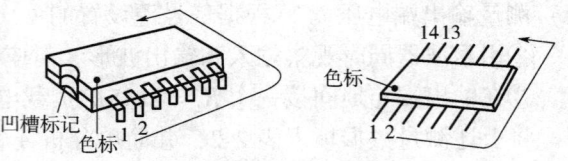

实验图3-1 集成电路外形及引脚识别标记

脚的数量及功能也不同，使用时应查阅相关资料明确其使用方法。

集成运算放大器LM324的引脚位置符号如实验图3-2所示，它内部有4个集成运算放大器、2个电源端，$+V_{CC}$为正电源，$-V_{SS}$为负电源。

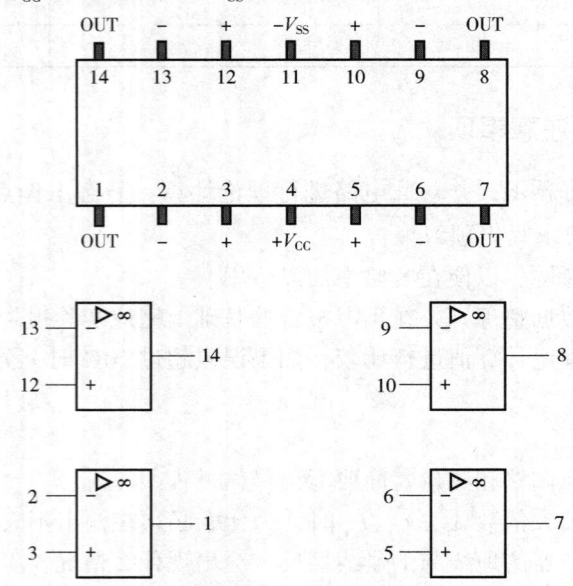

实验图3-2 集成运算放大器LM324的引脚位置

三、实验仪器及设备

信号发生器	1台
数字万用表	1块
双踪示波器	1台
直流稳压电源	1台

四、实验内容

1. 反相比例运算电路

反相比例运算电路如实验图3-3所示。

反相比例放大器的输出电压 u_o 与输入电压 u_i 成比例变化，且极性相反，即

$$A_{uF} = \frac{u_o}{u_i} = -\frac{R_F}{R_1}$$

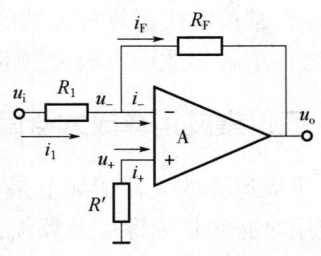

实验图3-3 反相比例运算电路

实验步骤:
① 按实验图 3-3 连接成反相比例放大器,取 $R_1 = 1\text{k}\Omega$,$R_F = 3\text{k}\Omega$,$R' = 1\text{k}\Omega$。
② 电源电压为 $\pm 12\text{V}$。
③ 为了观察输入、输出的相位关系,输入信号采用直流,由稳压电源提供。
④ 分别按实验表 3-1 输入相应输入信号,用万用表测量各自的输出电压 u_o,并与理论值比较。完成记录表内各项内容。再测量反相端对地电压。
⑤ 输入信号改由信号源提供 1kHz、1V_{p-p} 交流信号,测量该电路的电压放大倍数 A_F。用示波器观测输入、输出波形并记录于实验图 3-4 中。
⑥ 关闭实验箱上电源。
⑦ 总结实验结论。
⑧ 分析误差产生的主要原因。

实验表 3-1　测量数据

u_i		0.5V	-1V
u_o	测量值		
	理论值		
	误差		
	反相端电压 V_-		

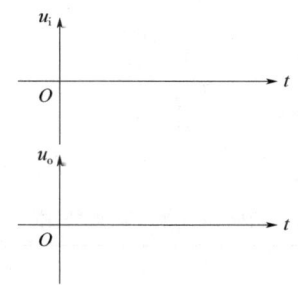

实验图 3-4　记录输入、输出波形

2. 加法运算电路

在上述电路基础上,在反相端接一电阻 $R_2 = 1.5\text{k}\Omega$,再加入另一个输入信号 u_{i2},则可实现两个信号相加,电路如实验图 3-5 所示。设 $R_1 = R_2$。

实验步骤:

1) 电路如实验图 3-5 所示,保持实验图 3-3 电路连线不变,在反相端接一电阻 $R_2 = 1.5\text{k}\Omega$,再加入另一个输入信号 u_{i2}。

2) 按实验表 3-2 输入信号大小,测量 u_o,并完成表内内容。

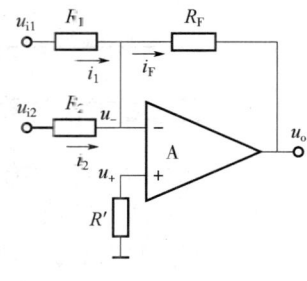

实验图 3-5　加法运算电路

3) u_i 改由信号源提供 1kHz、1V_{p-p} 交流信号,测量该电路的电压放大倍数 A_u($A_u = u_o/u_i$)。用示波器观测输入、输出波形并记录。

4) 关闭实验箱上电源。
5) 写出实验结论。
6) 分析误差产生的主要原因。

实验表 3-2　电压测量

输入/V		u_1	u_2	u_1	u_2
		1	-2	-0.5	1.5
u_o	测量值				
	理论值				
误差					

3. 同相比例运算电路

同相比例运算电路如实验图 3-6 所示,由图可见,信号从同相端输入,反馈网络仍加到反相端,属于电压串联反馈类型,故有输入阻抗高、输出阻抗低的特点。

增益为
$$K_V = 1 + \frac{R_F}{R_1}$$

实验步骤:
1) 按照实验图 3-6 连接电路。
2) 按实验表 3-3 输入信号大小,测量 u_o,并完成表内内容。
3) 测量同相、反相端的直流电压。
4) 关闭实验箱上电源。
5) 写出实验结论。
6) 分析误差产生的主要原因。

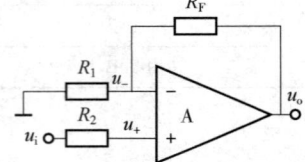

实验图 3-6　同相比例运算电路

实验表 3-3　实验数据

u_i		1V	-0.5V
u_o	测量值		
	理论值		
误差			
V_-			

五、实验要求及注意事项

1) 做好实验预习,清楚集成运算放大器的工作原理及其应用。写好预习报告。
2) 掌握集成运算放大器的使用方法。
3) 整理实验数据,写出合格的实验报告。
4) 总结每种电路的特点。
5) 总结实验的收获及体会。

六、思考题

1) 集成运算放大器实际上是一个直流放大器,其能否放大交流信号?
2) 集成运算放大器在使用中,从同相端输入时,反相端电压是否为零,为什么?
3) 在电路中怎样判断集成运算放大器是否损坏?
4) 影响输出误差的主要因素是哪些?

实验 4 TTL 门电路

一、实验目的

1) 熟悉并掌握数字电路的测试方法。
2) 验证基本逻辑门电路的逻辑功能。

二、实验仪器及设备

直流稳压电源   一台
集成逻辑门芯片   74LS00、74LS02、74LS04、74LS08、74LS10 各一片

三、实验内容

1. 四二输入与非门——74LS00

74LS00 是 4 个独立的二输入与非门,即"四与非门",其引脚中的 A、B 是输入,Y 是输出。选用实验箱上两组高低电平开关作为被测与非门 A、B 的两个输入,用一个发光二极管与 Y 相连,显示输出电平。

1) 熟悉引脚分布,如实验图 4-1 所示。
2) 改变电平开关位置,观察发光二极管,将输出电平值填入实验表 4-1 中。

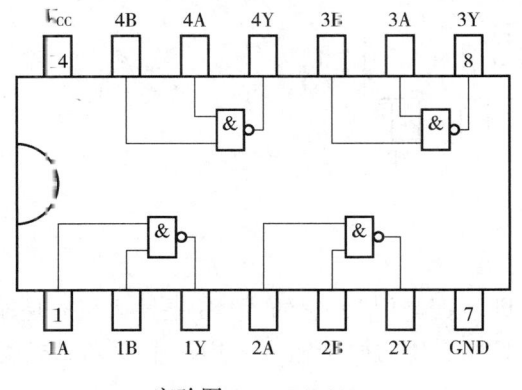

实验图 4-1 74LS00

实验表 4-1 电平测量

A	B	Y
0	0	
0	1	
1	0	
1	1	

2. 四二输入或非门——74LS02

74LS02 是 4 个独立的二输入或非门,即"四或非门",其引脚中的 A、B 是输入,Y 是输出。选用实验箱上两组高低电平开关作为被测或非门 A、B 的两个输入,用一个发光二极管与 Y 相连,显示输出电平。

1)熟悉引脚分布,如实验图 4-2 所示。

2)改变电平开关位置,观察发光二极管,将输出电平值填入实验表 4-2 中。

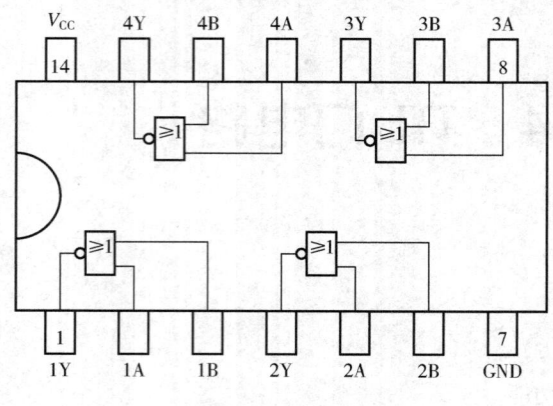

实验表 4-2　电平测量

A	B	Y
0	0	
0	1	
1	0	
1	1	

实验图 4-2　74LS02

3. 非门——74LS04

74LS04 是 6 个独立的非门,也称"六非门",它的引脚中输入端为 A,输出端为 Y,可自选任意一个非门进行测试,选用实验箱上一组高低电平开关作为被测非门的输入,用一个发光二极管显示输出电平。

1)熟悉引脚分布,如实验图 4-3 所示。

2)改变电平开关位置,观察发光二极管,将输出电平值填入实验表 4-3 中。

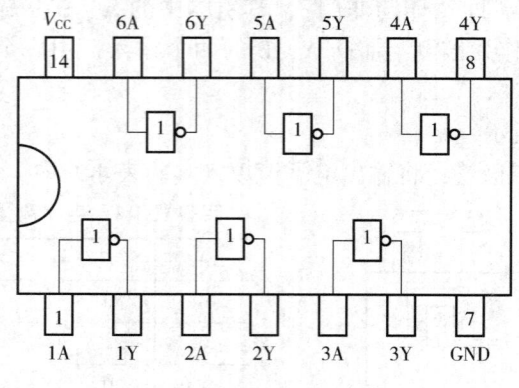

实验表 4-3　电平测量

A	Y
0	
1	

实验图 4-3　74LS04

4. 四二输入与门——74LS08

74LS08 是 4 个独立的二输入与门,即"四与门",它的 A、B 是输入,Y 是输出。选用实验箱上两组高低电平开关作为被测与门 A、B 的两个输入,用一个发光二极管显示输出电平。

1)熟悉引脚分布,如实验图 4-4 所示。

2）改变电平开关位置，观察发光二极管，将电平值填入实验表 4-4。

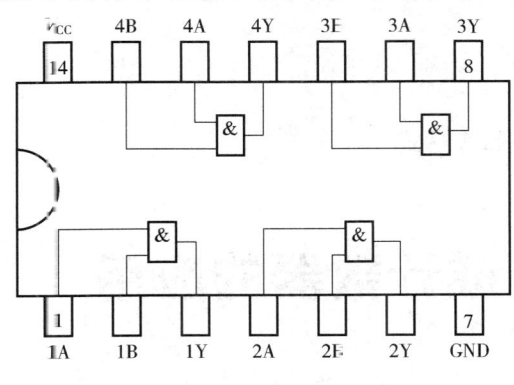

实验图 4-4　74LS08

实验表 4-4　电平测量

A	B	Y
0	0	
0	1	
1	0	
1	1	

5. 三三输入与非门——74LS10

74LS10 是 3 个独立的三输入与非门，即"三与非门"，它的引脚中 A、B、C 是输入，Y 是输出。选用实验箱上两组高低电平开关作为被测与门 A、B、C 的 3 个输入，用一个发光二极管显示输出电平。

1）熟悉引脚分布，如实验图 4-5 所示。

2）改变输入电平开关位置，观察发光二极管，将输出电平值填入实验表 4-5 中。

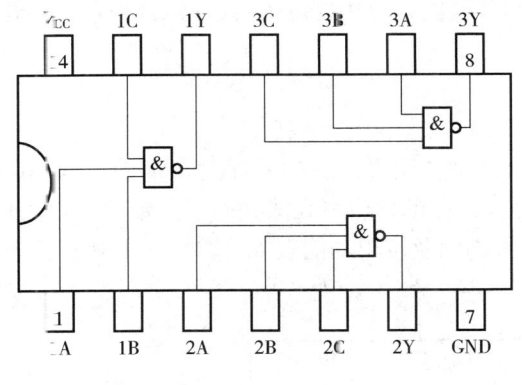

实验图 4-5　74LS10

实验表 4-5　电平测量

A	B	C	F
0	0	0	
0	0	1	
0	1	0	
0	1	1	
1	0	0	
1	0	1	
1	1	0	
1	1	1	

6. 用非门和与非门组成或门

1）电路如实验图 4-6 所示，输入用电平开关，输出接发光二极管。

2）改变输入电平开关位置，观察发光二极管，将输出电平值填入实验表 4-6 中。

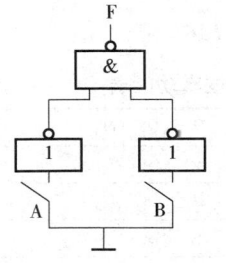

实验图 4-6　用非门和与非门组成或门

实验表 4-6　电平测量

A	B	Y
0	0	
0	1	
1	0	
1	1	

四、实验要求

1) 填写各集成门的逻辑功能表。
2) 写出各集成门电路的逻辑表达式。
3) 根据实验图 4-6 推导出或门的逻辑表达式。

实验 5　集成计数器的应用

一、实验目的

1) 熟悉集成计数器的逻辑功能和各控制端的作用。
2) 掌握集成计数器的使用方法。

二、实验仪器及设备

直流稳压电源　1 台
集成电路芯片　74LS161（4 位二进制计数器）、74LS248（7 段显示译码器）、74LS00（四二输入与非门）

三、实验内容

1) 4 位二进制计数器 74LS161。计数器是应用最广泛的时序逻辑部件，74LS161 是一种 4 位二进制或 1 位十六进制计数器，除此之外，借助异步清 0 法和同步置数法，还可以灵活地组成 2~16 中的任意一种进制。74LS161 的引脚图及逻辑功能表如实验图 5-1 和实验表 5-1 所示。

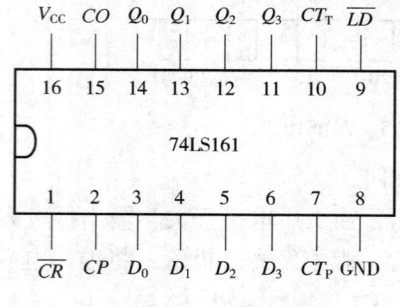

实验图 5-1　74LS161

实验表 5-1　74LS161 逻辑功能表

$\overline{CR}$	$\overline{LD}$	CT_T	CT_P	CP	D_3	D_2	D_1	D_0	Q_3	Q_2	Q_1	Q_0
0	×	×	×	×	×	×	×	×	0	0	0	0
1	0	×	×	↑	D_3	D_2	D_1	D_0	D_3	D_2	D_1	D_0
1	1	1	1	↑	×	×	×	×	计数功能			
1	1	0	×	×	×	×	×	×	保持不变			
1	1	×	0	×	×	×	×	×	保持不变			

2) 74LS248——7 段显示译码器。

74LS248 功能表及接线图如实验表 5-2 及实验图 5-2 所示。

实验表 5-2 74LS248 功能表

$\overline{LT}$	$\overline{RBI}$	D	C	B	A	数	$\overline{RBO}$
1	1	0	0	0	0	0	1
1	1	0	0	0	1	1	1
1	1	0	0	1	0	2	1
⋮	⋮	⋮	⋮	⋮	⋮	⋮	⋮
1	1	0	1	1	1	7	1
1	1	1	0	0	0	8	1
1	1	1	0	0	1	9	1
0	×	×	×	×	×	8	0
1	0	0	0	0	0	灭掉	0

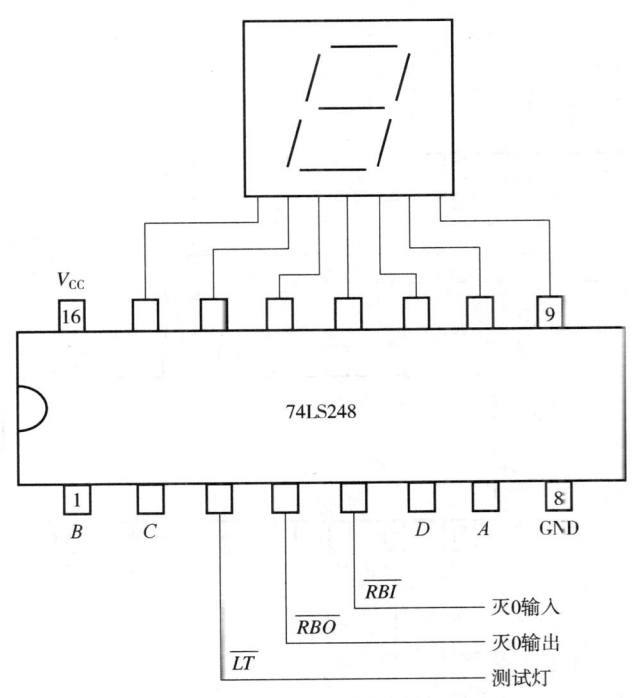

实验图 5-2 74LS248 接线图

3) 设计应用 74LS248、74LS00 和 74LS161 组成十进制加法计数器，并用 7 段数码管显示计数结果。实验电路连接如实验图 5-3 所示。

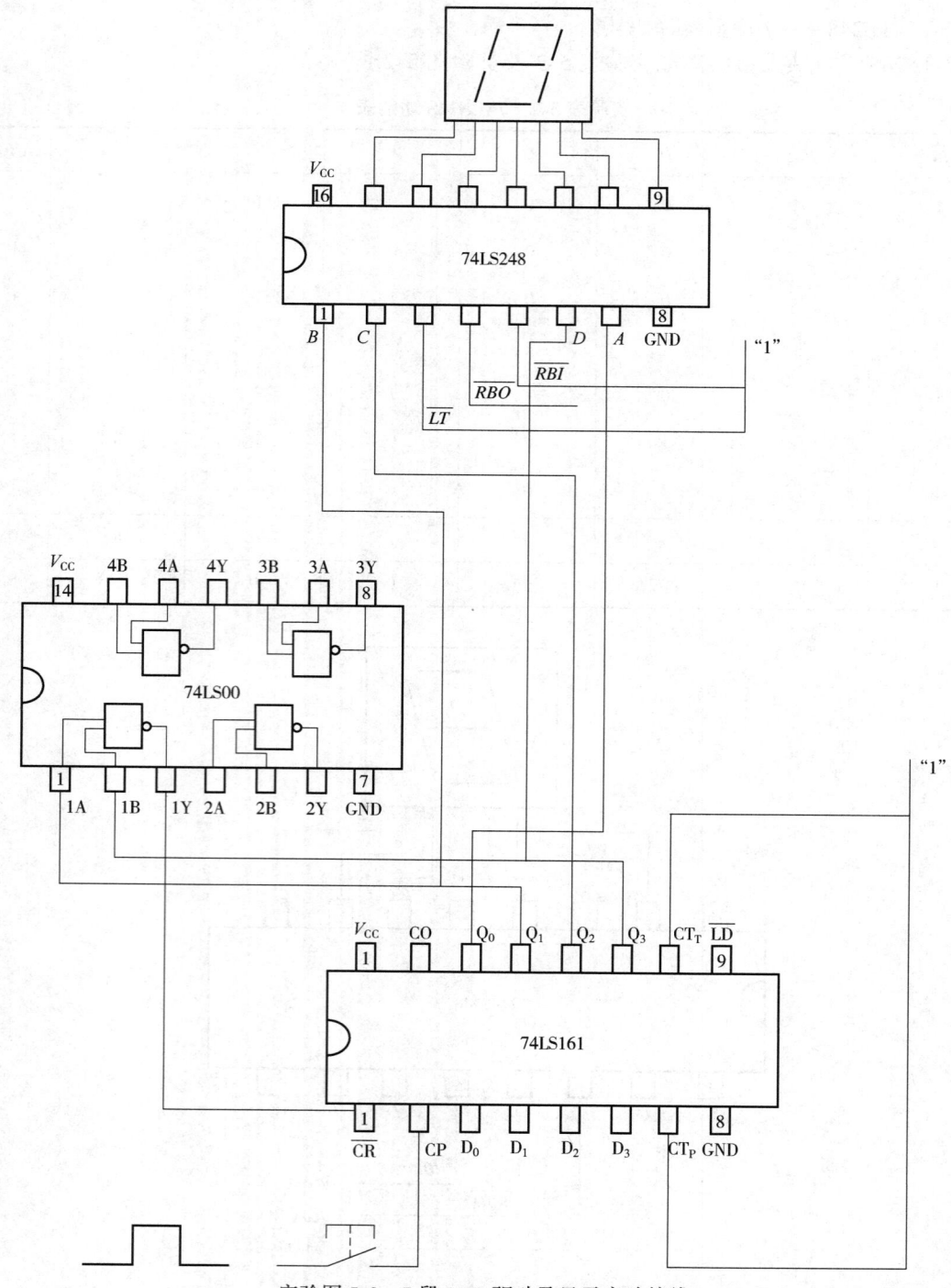

实验图 5-3　7 段 LED 驱动及显示实验接线

四、实验要求及注意事项

1）做好实验预习，清楚 74LS248、74LS00 和 74LS161 各个引脚的作用。
2）总结实验的收获及体会。

实验 6 集成 555 定时器的应用

一、实验目的

1）熟悉集成 555 定时器的逻辑功能和各控制端的作用。
2）掌握集成 555 定时器的使用方法。

二、实验仪器及设备

直流稳压电源	1 台
数字万用表	1 块
双踪示波器	1 台
集成 555 定时器	1 片
电阻、电容元件	若干
照明灯（LED）	1 个

三、实验内容

1. 使用 555 定时器组成单稳态触发器

使用 555 定时器和 R、C 定时元件设计一个照明灯节电延时开关，电路如实验图 6-1 所示。要求按下接在输入端的开关发出输入启动信号，输出端所接照明灯点亮，延迟 5s 后，照明灯自动熄灭。设计实验电路并接线。要求负脉冲触发，输出接发光二极管（LED）。观察并记录输入脉冲作用后（按下开关）LED 点亮的时间即输出脉冲宽度 t_w，记录于实验表 6-1 中。

脉冲宽度 $t_w \approx 1.1RC$。

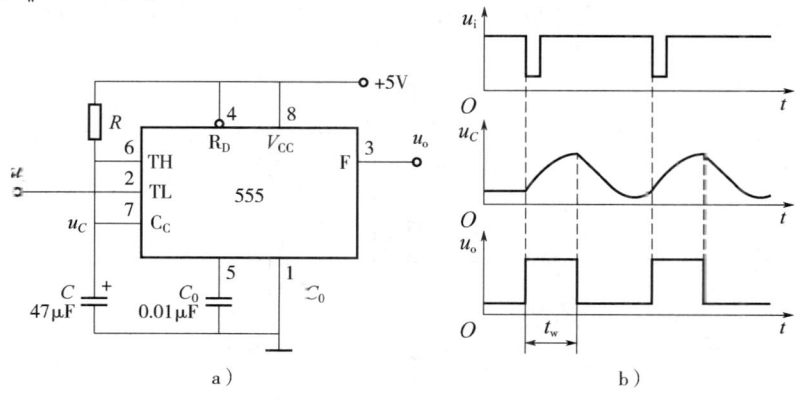

实验图 6-1 单稳态触发器
a）单稳态触发器电路 b）输入、输出波形

实验表 6-1　单稳态触发器定时测试

R	C	测量值	理论值

2. 用 555 定时器构成一个占空比可调的方波信号发生器

555 定时器很容易构成多谐振荡器（无稳态触发器），多谐振荡器的输出可以作为方波信号发生器。多谐振荡器实验参考电路如实验图 6-2 所示。调节电位器 R_2，用示波器观察输出波形占空比的变化情况。记录占空比为 3/4 时的输出电压波形，标出振荡周期、幅度及脉宽。

振荡周期 $T = t_{w1} + t_{w2} \approx 0.7(R_1 + R_2)C + 0.7R_2C$。

占空比 $\delta = \dfrac{t_{w1}}{T}$。

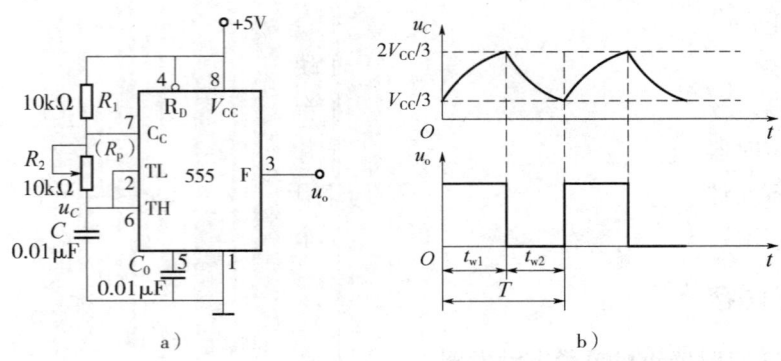

实验图 6-2　多谐振荡器
a) 多谐振荡器电路　b) 输入、输出波形

3. 使用 555 定时器实现一个变音信号发生器

利用多谐振荡器（无稳态触发器）可以实现一个变音信号发生器，改变其中的电阻值可以发出不同频率的声音，这就是电子琴的工作原理，参考电路如实验图 6-3 所示。

在实验图 6-2 的基础上改变电路，调节电路参数，使电路发出不同频率的声音。

设 $C = 0.1\mu f$，计算不同电阻值对应的输出信号周期和频率填入实验表 6-2 中。

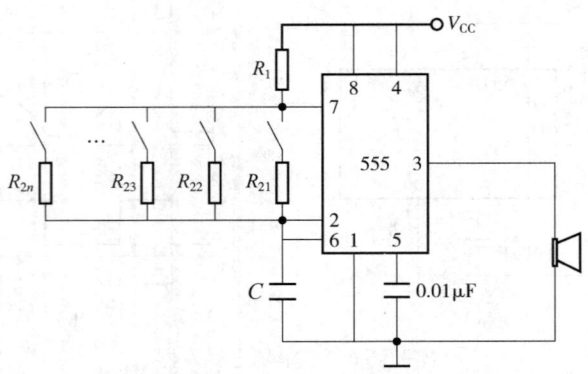

实验图 6-3　变音信号发生器

实验表 6-2　变音信号的周期与频率

$R/\mathrm{k}\Omega$	1	10	30	51
T/ms				
f/Hz				

四、实验报告要求

1）清楚 555 定时器的工作原理及各个引脚作用，做好实验所用几种电路的预习。

2）完成实验所要求记录的数据，填入表格。

3）整理实验数据，总结实验的收获与体会。

五、思考题

1）555 定时器 5 脚所加电容器起什么作用？

2）555 定时器实现的多谐振荡器的振荡频率主要由哪些元件决定？

附 录

附录 A 部分常用逻辑单元及集成电路图形符号对照表

单元名称	国家标准符号	国外常见符号
与门		
或门		
非门		
与非门		
或非门		
异或门		
同或门（异或非门）		
OD/OC 与非门		
三态输出非门		
CMOS 传输门		
与或非门		
带施密特触发特性的与非门		
全加器		

(续)

单元名称	国家标准符号	国外常见符号
SR 锁存器		
电平触发的 SR 触发器		
带异步置位、复位端的上升沿触发 D 触发器		
集成运算放大器		

附录 B 常用电子元器件参数的测量

电子电路一般由有源器件、无源器件和接插件等组成，电阻器和电容器是最常用的无源元件。

1. 电阻器

电阻器简称电阻，电阻的种类很多，有不同的分类方法，按材料分有碳膜电阻、金属膜电阻和线绕电阻等，若按结构功能分有固定电阻和可变电阻（电位器）。

电阻的标示方法有直标法和色标法。直标法是用数字和单位符号在电阻表面直接标出标称电阻值、允许误差。色标法有 4 环和 5 环两种，常见的为 4 环，如图 B-1 所示。4 环色标电阻中第 1 条色环和第 2 条色环分别表示电阻的第 1 位和第 2 位有效数字，第 3 条色环表示 10 的幂指数（10^n，n 为颜色所表示的数字），第 4 条色环表示允许误差（金色表示允许误差是 ±5%，银色表示允许误差是 ±10%）。电阻色环颜色对应数值见表 B-1。某 4 环色标电阻如图 B-2a 所示，其电阻值为 $51 \times 10^3 \Omega = 51 \text{k}\Omega$，误差为 ±5%。5 环电阻为精密电阻，第 1~3 条色环表示有效数字，第 4 条色环表示 10 的幂指数（10^n，n 为颜色所表示的数字），第 5 条色环表示允许误差。某 5 环色标电阻如图 B-2b 所示，则电阻值为 $270 \times 10^2 \Omega = 27\text{k}\Omega$，误差是 ±5%。

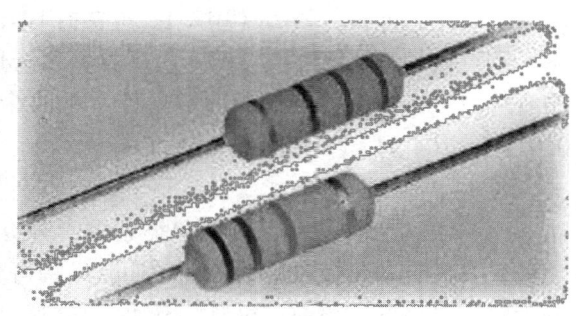

图 B-1 4 环色标电阻

表 B-1 电阻色环颜色对应数值

颜色	棕	红	橙	黄	绿	蓝	紫	灰	白	黑	金	银	无色
数字	1	2	3	4	5	6	7	8	9	0	—	—	—
误差					—					—	±5%	±10%	±20%

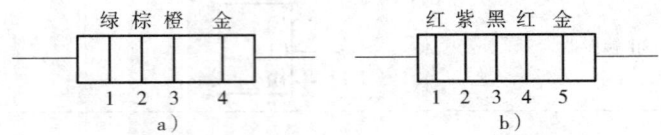

图 B-2 色环电阻的表示方法（举例）
a) 4 环色标电阻 b) 5 环色标电阻

2. 电位器

电位器又称为可调电阻，实验室常用的电位器是微调电位器，如图 B-3 所示。电阻值一般用 3 位数字标注，前 2 位表示有效数字，第 3 位是 10 的幂指数，如 104 为 $10 \times 10^4 \Omega = 100 \mathrm{k}\Omega$。

图 B-3 电位器

3. 电容器

电容的基本功能是储存电荷，主要用于交流耦合、隔直、滤波、RC 定时和 LC 谐振等。最常见的电容有云母电容、电解电容、可变电容和微调电容等。其标示方法有直读法、文字符号法和色标法。

1）直读法：主要用于体积较大的电容，一般标称容量、额定电压和允许误差。稳压电源用到的电解电容采用直读法，且注明了极性。

2）文字符号法：这种方法有几种情况，数字表示的是有效数字，字母表示数量级，如 μ、n、p 等，μ 表示微法（10^{-6}），n 表示纳法（10^{-9}F），p 表示皮法（10^{-12}F）；字母也表示小数点，如 3μ3 表示 3.3μF，3p3 表示 3.3pF；若用 3 位数字表示，其中 1、2 位表示容量的有效数字，第 3 位表示有效数字后 0 的个数，单位为 pF，如 103 表示 10×10^3 pF = 0.01μF，104 为 10×10^4 pF = 0.1μF 等。

4. 二极管

(1) 二极管种类 二极管种类繁多，分类方法如下：按照其材料可分为锗二极管和硅二极管，另有砷化镓二极管等；按照其结构可分为点接触型和面接触二极管；按照其作用可分为整流二极管、检波二极管、开关二极管、稳压二极管、发光二极管（LED）等。

(2) 用万用表判断二极管的好坏和极性 对于数字式万用表，测量二极管应使用二极管测量档。如果显示"1"或"OL",说明为断路,交换表笔;如果显示 0.7V 左右的电压值(锗管为 0.3V 左右,硅管为 0.7V 左右),则说明二极管是好的,且红表笔接的是二极管正极,黑表笔接的是二极管负极;否则二极管已损坏。

判断发光二极管,将数字万用表调到二极管测量档,红表笔接二极管的正极,黑表笔接二极管的负极。如果二极管发光则表明该发光二极管是好的,如果不发光则表明该发光二极管已损坏。

5. 晶体管

(1)晶体管的种类 晶体管有多种类型,有低频小功率晶体管,一般指特征频率在 3MHz 以下、功率小于 1W 的晶体管,主要用于收音机、电视机及各种电子设备中作低放、功放管,输出功率小于 1W;高频小功率晶体管,一般指特征频率大于 3MHz、功率小于 1W 的晶体管,主要用于高频振荡电路、放大电路中;低频大功率晶体管,主要指特征频率在 3MHz 以下、功率大于 1W 的晶体管,这类晶体管应用范围较广,如在电子音响设备的低频功率放大电路中用作功放管,在各种大电流输出的线性稳压电源中用作调整管,在低速开关电路中用作开关管等;高频大功率晶体管,主要指特征频率大于 3MHz、功率在 1W 以上的晶体管,主要用在无线通信等设备或开关稳压电源中。

晶体管按极性分 NPN 型和 PNP 型两大类,常见的 9012(PNP)、9013(NPN),外形如图 B-4 所示。

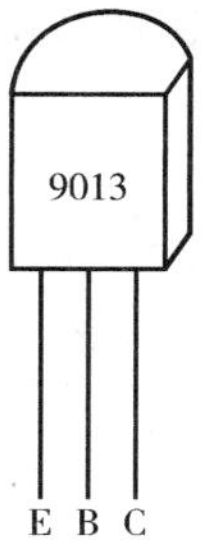

图 B-4 9013 小功率晶体管外形

(2)用万用表判断晶体管的好坏和极性 测量晶体管采用数字万用表的二极管测量档。首先分别对 3 个引脚颠倒测量,其中会出现两次二极管的导通电压值(锗管为 0.3V 左右,硅管为 0.7V 左右),那么这两次的公用极(即重复端)为晶体管的 B 极(即基极),若 B 极接的是红表笔则是 NPN 型晶体管,若 B 极接的是黑表笔则是 PNP 型晶体管。然后确认 C 极和 E 极。实际在上一步中,两个导通电压有微弱的差别,其中电压较高的为 BE 间电压,较低的为 CB 间电压,则可判断出 C 极和 E 极。另一种判别办法是将晶体管的 3 个引脚插入万用表的 hFE 测量孔,用 hFE 档测量放大倍数。

1)将晶体管分别插入 NPN 型或 PNP 型的 EBC 插孔,并改变晶体管引脚方向再分别插入,如果万用表的读数均为 0,表明晶体管已损坏。

2)将晶体管插入 NPN 型的 EBC 插孔,改变晶体管方向再插入,如果 2 次万用表的读数均为 0,再插入 PNP 型的 EBC 插孔,万用表一个读数较小,一个读数较大,那么这个晶体管是 PNP 型,且读数较大的为正确的插入顺序,3 个引脚对应万用表上所标字母。

实验内容 利用万用表测量指定电阻、电位器的阻值;利用万用表判断指定二极管、晶体管的好坏和极性。

主要操作步骤:

1)使用数字万用表测量给定电阻、电容数值;测量指定电路的电压和电流,记录数据。

2)使用数字万用表鉴别给定二极管、晶体管的好坏;指明给定二极管正、负极性;指明给定晶体管的基极、集电极、发射极。

3)按给定实验电路图接线,判断电路中稳压二极管的稳压值,记录读数。

后 记

经全国高等教育自学考试指导委员会同意，由电子、电工与信息类专业委员会负责高等教育自学考试《电子技术基础》教材的审稿工作。

本教材由天津大学贾贵玺教授负责编写。上海交通大学蔡萍教授、南京信息工程大学庄建军教授参加审稿，提出修改意见，谨向他们表示诚挚的谢意。

全国高等教育自学考试指导委员会电子、电工与信息类专业委员会最后审定通过了本教材。

全国高等教育自学考试指导委员会
电子、电工与信息类专业委员会
2023 年 5 月